"十四五"时期
国家重点出版物出版专项规划项目

航天先进技术
研究与应用系列

王子才 总主编

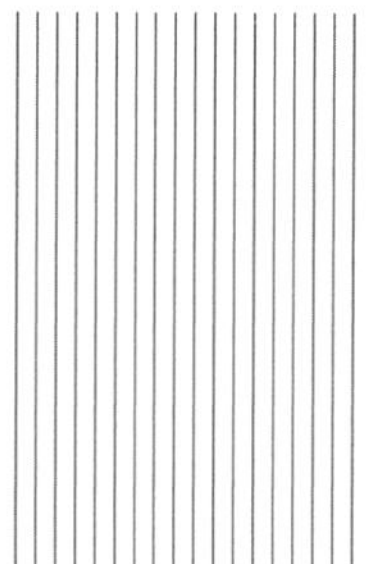

过驱动航天器动态控制分配方法和应用

Overactuated Spacecraft Dynamic Control Allocation: Theory, Method and Application

张世杰 赵亚飞 聂 涛 段晨阳 著

哈爾濱工業大學出版社
HARBIN INSTITUTE OF TECHNOLOGY PRESS

内 容 简 介

本书对过驱动航天器的控制分配方法进行了较为全面的论述。全书共10章，主要讲述了控制分配的基本概念和数学模型、过驱动航天器控制分配方法、鲁棒控制分配方法、控制分配对控制系统的影响分析等内容，介绍了推力器、反作用飞轮等典型执行机构的同构和异构控制分配方法，以及以力矩/能耗最优、能耗均衡和姿轨一体化为控制目标的控制分配方法等内容。结合作者在航天领域的工程经历，书中列举了大量仿真实例，方便读者理解各类控制分配方法并比较其异同。

本书内容深入浅出，可作为航空航天类专业本科生或研究生教材，也可作为相关从业人员的参考书。

图书在版编目(CIP)数据

过驱动航天器动态控制分配方法和应用/张世杰等著.—哈尔滨:哈尔滨工业大学出版社,2023.6

(航天先进技术研究与应用系列)

ISBN 978-7-5767-0673-4

Ⅰ.①过… Ⅱ.①张… Ⅲ.①航天器-动态控制-研究 Ⅳ.①V448.2

中国国家版本馆CIP数据核字(2023)第032669号

过驱动航天器动态控制分配方法和应用

GUOQUDONG HANGTIANQI DONGTAI KONGZHI FENPEI FANGFA HE YINGYONG

策划编辑 杜 燕

责任编辑 闻 竹 谢晓彤

出 版 哈尔滨工业大学出版社

社 址 哈尔滨市南岗区复华四道街10号 邮编150006

传 真 0451-86414749

网 址 http://hitpress.hit.edu.cn

印 刷 哈尔滨市颉升高印刷有限公司

开 本 720 mm×1 000 mm 1/16 印张21.75 字数402千字

版 次 2023年6月第1版 2023年6月第1次印刷

书 号 ISBN 978-7-5767-0673-4

定 价 98.00元

(如因印装质量问题影响阅读，我社负责调换)

前　言

航天器控制是使航天器沿预定轨道运行和保持预定姿态指向的过程，是完成航天任务的重要保障。目前，航天器控制大都由航天器自动完成，即由敏感器（包括确定方法）、控制方法和执行机构等构成闭环回路，实现对航天器的自动控制。然而，控制方法输出的是期望控制力/力矩，而非执行机构所需要的控制指令，因此，要完成航天器控制还需将期望控制量在执行机构间进行分配。

现代高性能航天器通常安装推力器、反作用飞轮、磁力矩器等多种执行机构以满足航天器的控制需求，且为确保航天器在轨可靠运行，通常采用执行机构硬件冗余的控制系统设计方案，单颗航天器上的推力器多达数十个，如神舟号飞船配置 52 台各类型推力器。另外，由于航天器质量、体积以及成本等限制，利用不同执行机构实现系统潜冗余以提高航天器的在轨可靠性。上述执行机构冗余的航天器称为过驱动航天器，过驱动航天器期望控制量的分配方案并不唯一，采用预先制定规定分配策略的传统方式已难以满足上述需求。

控制分配（Control Allocation）方法是由控制方法给出的期望控制量出发，在各类型约束条件和最优目标下，将期望控制量在冗余配置的执行机构间进行分配，使执行机构实际控制输出尽可能与期望控制相吻合的一种控制设计技术。引入控制分配环节方便了系统设计，设计控制方法的时候可以不考虑执行机构的具体特性，且针对不同故障情况只需对控制分配模块进行重新设计，而无须修改控制方法，在飞机、船舶等领域已得到了成功应用。

控制分配环节是连接控制器和执行机构的桥梁，因此执行机构的动态特性、约束等直接影响控制分配方法设计，控制分配方法作为控制系统闭环的新增环节也会显著影响控制系统的性能，同时过驱动航天器为控制过程提供了冗余的设计自由度，控制分配方法是利用该自由度的一种有效工具。

本书是国内第一部全面、完整和系统阐述过驱动航天器控制分配技术的著作，是对作者自 2006 年起，十余年在航天器动态控制分配方向研究成果的全面总结，主要内容包括航天器控制分配理论与方法、典型执行机构动态分配技术、控制分配环节余度利用技术，以及具有控制分配环节的航天器控制系统分析等多方面内容，具体分述如下。

第一部分，航天器控制分配理论与方法，主要包括第 1 ~ 4 章内容。针对航天器常采用的推力器、飞轮、磁力矩器、控制力矩陀螺等执行机构，考虑执行机构的典型动态特征、约束及配置等，提出相应的控制分配方法与鲁棒控制分配方法，并介绍了在线控制分配的控制系统分析方法，主要考虑增加控制分配环节的误差以及执行机构的不确定性等，分析对航天器控制系统的稳定性、鲁棒性和容错性等性能的影响。

第二部分，典型执行机构冗余配置的航天器控制分配方法，主要包括第 5 ~ 7 章内容。针对典型执行机构冗余配置的过驱动航天器，分别开展推力器动态分配、反作用飞轮动态分配、异构冗余配置以及编队控制动态分配等研究。

第三部分，基于控制分配的过驱动航天器控制余度利用技术，主要包括第 8 ~ 10章内容。主要针对由于控制分配环节的引入，因此在满足误差最小的期望力矩分配任务的前提下，利用执行机构冗余配置提供的控制余度来满足额外的控制能力，包括燃料最优、推力器燃料均衡、测量野值剔除等研究。

航天器控制分配是十余年前将控制分配方法引入航天器控制领域而形成的新研究方向，本书作者团队是国内最早开展航天器控制分配问题研究的团队之一，在该方向发表了数十篇国内外期刊论文，并得到了国家自然科学基金、博士点基金等项目资助。相关研究成果亦在国内某型号上得到应用，取得了良好效果。

本书在撰写过程中得到了哈尔滨工业大学卫星技术研究所相关领导和同事的全程指导与支持，在此表示由衷的感谢；在本书的撰写过程中，得到了唐生勇、邢艳军、陈寅昕、韩锋、赵祥天、刘悦、张超的大力支持，并对本书提出了很多非常诚恳的建议，在此表示诚挚的谢意。

本书围绕航天器控制分配的方法体系，拓展航天器控制研究范畴和丰富研究内容，紧密结合航天器控制的实际需求，充分考虑各类型执行机构的动态特性、约束和新目标要求等，显著提升航天器控制的能力与水平。本书可作为航空航天类专业的本科生或研究生教材，也可作为相关从业人员的参考书。

本书在撰写过程中难免存在疏漏之处，敬请读者谅解，并给予宝贵意见。

作　者

2023 年 2 月

目 录

第1章 绪论

航天器控制系统是完成航天器沿预定轨道精确运行和高精度、高稳定地保持任务姿态等任务的重要分系统，主要由敏感器、控制器和执行机构等部分组成。自航天时代伊始，航天界就围绕上述三部分开展了大量的理论研究、技术攻关、产品研制和工程应用等工作，实现了从近地到深空、从卫星到空间站等各类型航天器的姿态和轨道控制，极大地推动了航天技术的快速发展及广泛应用。

随着航天技术的发展，现代小卫星的功能日益强大，对控制系统也提出了更高的要求，因此通常会安装推力器、反作用飞轮、磁力矩器等多种执行机构以满足卫星控制需求。然而，受小卫星的质量、体积以及成本等限制，难以按照传统大型卫星常采用的硬件冗余模式进行硬件配置，由于航天器一般配置了远超过控制自由度数量的执行机构，因此航天器对期望控制量的控制分配方法并不唯一。如何完成从期望控制量出发，形成执行机构可执行的控制指令成为一大问题，因此利用不同执行机构实现系统潜冗余以提高小卫星的在轨可靠性已成为一个亟待研究的问题。2008 年开始，在航天器控制分配方向，国内陆续产生了一系列研究成果[1]。本章根据这些成果，梳理了典型过驱动航天器任务，并对控制分配的基本概念、数学模型和技术进展进行了介绍。

1.1 典型过驱动航天器任务

航天器常见的执行机构包括推力器、反作用飞轮、磁力矩器等，其中推力器既可以作为轨道控制器，也可以作为姿态控制器(作为姿态控制器时，需要成对使用)，而反作用飞轮、磁力矩器仅用于实现航天器姿态控制。

1.1.1 推力器

推力器通过相对卫星主体以极高的排气速度排出推进剂(如气体分子或离子)来获得推力，提供作用于卫星本体的力和力矩，从而改变其运动加速度和角加速度。一个推力器由各种参数来描述，基本参数包括：推力 F、比冲 I_{sp}、最小冲量作用时间 MIB、推力时间特性等。

推力器的推力 F 为

$$F = V_e \frac{\mathrm{d}m}{\mathrm{d}t} + A_e(p_e - p_a) = V_{ef}\frac{\mathrm{d}m}{\mathrm{d}t} \tag{1.1}$$

式中，V_e 为排气速度；$\frac{\mathrm{d}m}{\mathrm{d}t}$为推进剂的质量流量；$A_e$ 为管口出口面积；p_e、p_a 分别为气体压力和环境压力；V_{ef}为排出质量相对于卫星的有效排气速度。

第二个与推进剂有关的参数为比冲 I_{sp}，是衡量推进剂质量转化为推力能量的效率，定义为

$$I_{sp} = \frac{F}{g\frac{\mathrm{d}m}{\mathrm{d}t}} \tag{1.2}$$

式中，g 为地球重力常数。

推力时间特性由开启时间 T_s、关闭时间 T_{sd}和最小开启时间 T_{min}等描述。其中，开启时间 T_s 是电磁阀电信号指令发出到推力达到其最大值的 90% 所经过的时间；关闭时间 T_{sd}是关闭指令停止到推力最终衰减所经过的时间。

1.1.2 反作用飞轮

反作用飞轮是航天器高精度姿态控制的重要执行机构，已成为现代高性能微小卫星最重要的姿态控制执行机构，如美国 Clementine 月球探测器、德国的 BIRD，以及哈尔滨工业大学的试验卫星一号和试验卫星三号等微小卫星均采用反作用飞轮实现高精度姿态控制。出于卫星在轨运行可靠性考虑，反作用飞轮

通常采用3正交+1斜装构型或4斜装构型,典型4飞轮构型如图1.1所示。

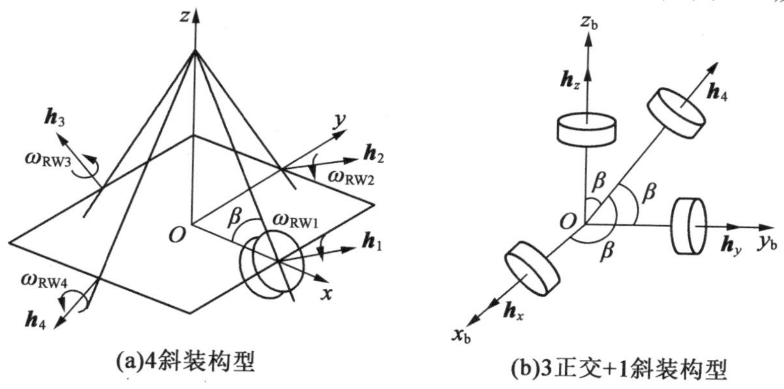

(a)4斜装构型　(b)3正交+1斜装构型

图1.1　典型4飞轮构型

反作用飞轮是利用力矩电机使飞轮加速或减速产生作用于卫星本体的反作用力矩,进而控制卫星姿态。在卫星受到周期性干扰力矩的作用时,反作用飞轮转速将周期性地变化吸收干扰力矩;当干扰力矩均值不为零时,角动量持续积累直至其转速最大值,这时反作用飞轮角动量饱和而失去控制功能,必须进行角动量卸载使飞轮转速回到低转速状态,才能继续具备控制能力。反作用飞轮的标称角动量 h_R 取决于环境干扰力矩和动量卸载时间的选择,可表示为

$$h_R = KT_P \frac{1}{\omega_0} \tag{1.3}$$

式中,K 为由两次卸载时间间隔和常值干扰力矩与最大干扰力矩之比决定的比例系数;T_P 为一个轨道周期内星体所受到的最大干扰力矩;ω_0 为轨道角速度。

由于轴承摩擦等因素的存在,因此在没有力矩控制指令输入的情况下,为维持飞轮转速恒定,也需要补偿飞轮电动机损耗,所消耗的能耗称为稳态能耗 P_0,即不用于产生控制力矩的能耗。大量的试验表明,飞轮为补偿阻力矩所需电机电流与飞轮转速之间有良好的线性关系,通过测试试验数据做线性拟合后,可表示为

$$I_f(\Omega) = I_{f0} + K_f\Omega \tag{1.4}$$

式中,Ω 为飞轮转速;I_{f0} 为克服轴承的常值摩擦所需要的电机电流;K_f 为线性拟合系数。

I_f 乘电机力矩常数 K_T,得到所需输入的控制力矩指令,其在数值上与阻力矩相等。

1.1.3　磁力矩器

磁力矩器利用通电线圈在地球磁场中运动产生力矩的原理,通过调整电流

大小获得不同大小的控制力矩，是航天器（特别是微小卫星）的主要执行机构，具有寿命长、无活动部件、不消耗燃料等优点，但所能提供的控制力矩极小，且受所在轨道位置地球磁场的限制。

磁棒磁力矩器通常由一根细长的圆柱形磁棒和外扰的线圈组成。线圈通过电流时，棒芯磁化，产生所需的磁矩。磁棒磁力矩器的磁矩 m（$\mathrm{A\cdot m^2}$）和电流 I（A）之间的表达式为

$$m=\mu_e\frac{NV}{l}I=\mu_e ANI \tag{1.5}$$

式中，μ_e 为磁棒有效磁导率；V 为磁棒体积，$\mathrm{m^3}$；l 为磁棒长度，m；A 为线圈面积，$\mathrm{m^2}$；N 为线圈匝数。

简化起见，取线圈直径近似等于磁棒直径 d（m），则线圈的功率 P（W）与电流 I（A）之间的关系为

$$P=\frac{(\pi Nd)^2}{M}\rho\sigma I^2 \tag{1.6}$$

式中，M 为线圈质量；ρ 为导线电阻率；σ 为导线质量密度。

由式（1.5）和式（1.6）可得

$$P=\frac{4Nd\rho I^2}{d_w^2}=\frac{64\rho m^2}{\pi^2\mu_e^2 Nd^3 d_w^2} \tag{1.7}$$

式中，d_w 为铜线线径。

磁力矩器制造出之后，式（1.7）右边除磁矩 m 外，其他的参数都已经确定，因此可以认为磁力矩器的电源能耗与磁矩的平方成正比。

1.2 控制分配基本概念

控制分配方法是由控制方法给出的期望控制量出发，在各类约束条件和最优目标下，将期望控制量在冗余配置的执行机构间进行分配，使执行机构的实际控制输出尽可能与期望控制量相吻合的一种控制设计技术。

具有控制分配环节的控制系统框图如图 1.2 所示，在控制方法与执行机构之间引入控制分配环节，将传统的控制系统设计分为控制方法设计和控制分配方法设计两部分，控制方法设计专注于控制律的设计而忽略执行机构的影响，而控制分配方法的设计专门负责冗余执行机构的管理以及指令的分配工作，有效隔离控制系统与执行机构之间的联系，能够提高系统对故障的容错能力，增强系统的鲁棒性。

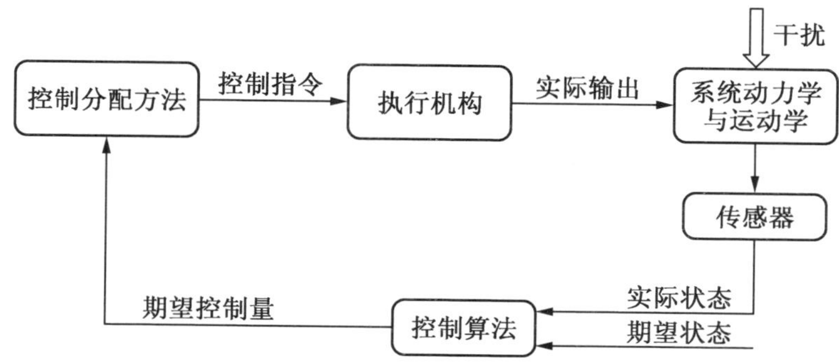

图1.2 具有控制分配环节的控制系统框图

过驱动航天器控制分配将传统控制系统设计分为控制方法和控制分配方法两部分设计,前者不考虑执行机构而专注于满足整个控制系统稳定和性能等控制方法设计,后者负责期望控制量在冗余执行机构间的分配工作。控制分配方法在一定程度上可以实现控制方法与执行机构设计解耦,简化了控制方法的设计,同时通过引入控制分配环节为控制系统设计提供了新的自由度,是过驱动航天器推力器分配的一种有效途径。

1.3 控制分配数学模型

1.3.1 航天器通用控制分配模型

执行机构作用在航天器上,产生控制力或控制力矩,从而实现航天器的轨道和姿态控制,由于航天器会配备很多执行机构,因此对于一个给定的控制量,它可以得到多种分配情况,在这种过驱动系统中,就会涉及如何分配的问题。

过驱动航天器的控制系统可以分为控制器和控制分配器。控制器用来计算出航天器的控制输入向量 $\boldsymbol{v}$(通常包含控制力和控制力矩),该输入向量的维数通常与航天器的运动自由度相同;控制分配器用于给出各个执行机构的控制输入指令 $\boldsymbol{u}$,执行机构按照该指令动作后,产生期望的控制效果。控制系统的模型可以通用化地表示为

$$\begin{cases} \dot{\boldsymbol{x}} = f(\boldsymbol{x},t) + g(\boldsymbol{x},t)\boldsymbol{v} \\ \boldsymbol{y} = l(\boldsymbol{x},t) \end{cases} \tag{1.8}$$

式中,$f(\cdot)$、$g(\cdot)$、$l(\cdot)$ 都为函数;$\boldsymbol{x}$ 为状态变量,$\boldsymbol{x} \in \mathbf{R}^n$;$t$ 为时间;$\boldsymbol{y}$ 为输出向量,$\boldsymbol{y} \in \mathbf{R}^m$;$\boldsymbol{v}$ 为输入变量,$\boldsymbol{v} \in \mathbf{R}^m$,它应该与期望控制量相等,即 $\boldsymbol{v} = \boldsymbol{v}_c$。

值得注意的是，模型(1.8)关于 $\boldsymbol{v}$ 是否是线性模型，对于控制分配方法设计来讲并不重要，如前文所述，这给控制系统的方法设计带来了方便。当然，在进行控制律设计时，考虑到可实现性，$\boldsymbol{v}$ 需要满足在可达集内。

控制器设计完之后就是控制分配方法的设计，在满足所有执行机构输出的力/力矩矢量与期望控制量相等的情况下，将期望的控制力/力矩指令 $\boldsymbol{v}_{\mathrm{d}}$ 映射到每个执行机构中，具体形式可以表示为

$$\boldsymbol{v}_{\mathrm{d}}=h(\boldsymbol{u},\boldsymbol{x},t) \tag{1.9}$$

式中，$h(\cdot)$ 为函数；$\boldsymbol{u}$ 为执行机构实际产生的控制输入，它受到执行机构饱和限制以及其他物理限制，$\boldsymbol{u}\in\mathbf{R}^{p}$。

由于航天器一般是过驱动系统，因此 $p>m$，并且解的个数通常不是唯一的，一般来讲，当执行机构模型为线性模型时，它通常可以表示为

$$\boldsymbol{v}_{\mathrm{d}}=h(\boldsymbol{u},\boldsymbol{x},t)=\boldsymbol{A}(\boldsymbol{x},t)\boldsymbol{u} \tag{1.10}$$

为了提高控制效果，经常还需要综合考虑各种执行机构的性能，控制分配模块需要处理执行机构的故障容错、冗余、控制限制因素，以及执行机构动态过程等情况，在后续章节中会加以讨论。

特别指出的是，虽然控制分配方法的初衷是与系统控制律分离设计，但是在实际的系统设计过程中，一旦控制分配方法无法完全跟踪期望的控制指令（经常在执行机构饱和时出现），就需要对系统控制律进行处理以避免性能降低。

由于控制系统是过驱动的，因此可以考虑在控制分配过程中增加优化指标，考虑优化的过驱动航天器通用控制分配模型为

$$\begin{cases}\underset{\boldsymbol{v}}{\operatorname{opt}}\ J=J(\boldsymbol{u},\boldsymbol{v}_{\mathrm{d}})\\ \text{s.t. }\boldsymbol{v}_{\mathrm{d}}=\boldsymbol{A}\boldsymbol{u}\\ \qquad u_{i\min}\leqslant u_{i}\leqslant u_{i\max}\end{cases} \tag{1.11}$$

式中，$\boldsymbol{A}$ 为冗余配置对应的控制力矩效力矩阵；$\boldsymbol{u}$ 为控制列向量，$\boldsymbol{u}=[u_1 \ \cdots \ u_n]^{\mathrm{T}}$；$n$ 为执行机构数目。

单个执行机构的输出范围为连续区间：

$$u_{i\min}\leqslant u_{i}\leqslant u_{i\max}\quad(i=1,\cdots,n) \tag{1.12}$$

针对控制分配模型(1.11)，根据不同的优化指标，如能耗最优、负载均衡等，采用不同的优化目标 $J(\boldsymbol{u},\boldsymbol{v}_{\mathrm{d}})$，可以解决不同应用场景需求的控制分配问题。

定义 $\boldsymbol{u}$ 在 $\mathbf{R}^{n}$ 中的控制子空间：

$$\boldsymbol{\Omega}=\{\boldsymbol{u}\mid\boldsymbol{u}=[u_1\ \cdots\ u_n]^{\mathrm{T}},\quad u_{i\min}\leqslant u_{i}\leqslant u_{i\max},\quad i=1,\cdots,n,\quad \boldsymbol{u}\in\mathbf{R}^{n}\} \tag{1.13}$$

根据可输出力矩范围定义的力矩可达集为

$$\boldsymbol{\Phi}_{\mathrm{T}}=\{\boldsymbol{v}\mid\boldsymbol{v}=\boldsymbol{A}\boldsymbol{u},\quad \boldsymbol{u}\in\boldsymbol{\Omega},\quad \boldsymbol{v}\in\mathbf{R}^{m}\} \tag{1.14}$$

在带有控制分配环节的姿态控制系统中，控制分配方法即是映射 $f:\boldsymbol{\Phi}_{\mathrm{T}} \mapsto \boldsymbol{\Omega}$，使得给定 $\boldsymbol{v}_{\mathrm{d}} \in \mathbf{R}^m$ 时，在 $\boldsymbol{\Omega}$ 内寻找给定优化指标下的最优解向量 $\boldsymbol{u}^*$。定义方法所能输出的所有控制量的集合为其允许控制集：

$$\boldsymbol{\Theta} = \{\boldsymbol{u} \mid \boldsymbol{u} \in \{f(\boldsymbol{v}_{\mathrm{d}}) \cap \boldsymbol{\Omega}\}\} \subseteq \boldsymbol{\Omega} \subset \mathbf{R}^n \tag{1.15}$$

定义方法所能输出的力矩集合为其分配空间：

$$\boldsymbol{\Xi} = \{\boldsymbol{v}_{\mathrm{d}} \mid \boldsymbol{v}_{\mathrm{d}} = \boldsymbol{A}\boldsymbol{u},\quad \boldsymbol{u} \in \boldsymbol{\Omega}\} \subseteq \boldsymbol{\Phi} \subset \mathbf{R}^m \tag{1.16}$$

1.3.2　航天器轨道/姿态控制分配模型

针对配置冗余推力器的航天器轨道和姿态控制过程，假定有 n 个推力器，安装于航天器本体坐标系 $Ox_{\mathrm{b}}y_{\mathrm{b}}z_{\mathrm{b}}$（坐标轴与航天器惯性主轴重合），航天器本体坐标系下推力器位置与推力方向图如图 1.3 所示，其安装位置矢量矩阵为 $[\boldsymbol{d}_1 \quad \boldsymbol{d}_2 \quad \cdots \quad \boldsymbol{d}_n]$，$\boldsymbol{d}_i = [x_i \quad y_i \quad z_i]\boldsymbol{e} = \boldsymbol{d}_i^{\mathrm{T}}\boldsymbol{e}$ 表示由航天器质心指向第 i 个推力器的位置矢量，而 $\boldsymbol{d}_i = [x_i \quad y_i \quad z_i]^{\mathrm{T}}$ 则表示 $\boldsymbol{d}_i$ 在 $Ox_{\mathrm{b}}y_{\mathrm{b}}z_{\mathrm{b}}$ 三轴上的分量大小，$\boldsymbol{e} = [\boldsymbol{e}_x \quad \boldsymbol{e}_y \quad \boldsymbol{e}_z]^{\mathrm{T}}$ 为体系的三个基矢。

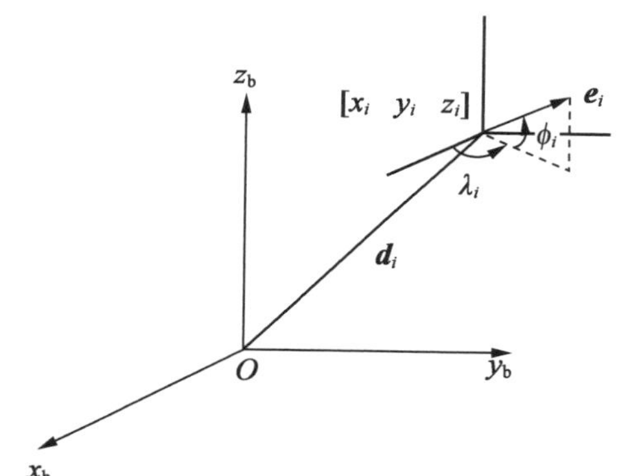

图 1.3　航天器本体坐标系下推力器位置与推力方向图

推力器单位推力矢量矩阵为 $[\boldsymbol{e}_1 \quad \boldsymbol{e}_2 \quad \cdots \quad \boldsymbol{e}_n]$，其中

$$\boldsymbol{e}_i = [\cos\alpha_i\cos\beta_i \quad \cos\alpha_i\sin\beta_i \quad \sin\alpha_i]\boldsymbol{e} = \boldsymbol{e}_i^{\mathrm{T}}\boldsymbol{e}$$

为第 i 个推力器的单位推力在 $Ox_{\mathrm{b}}y_{\mathrm{b}}z_{\mathrm{b}}$ 三轴上的分量。$\boldsymbol{e}_i = [\cos\alpha_i\cos\beta_i \quad \cos\alpha_i\sin\beta_i \quad \sin\alpha_i]^{\mathrm{T}}$ 为第 i 个推力器产生的单位推力在航天器本体坐标系三轴上的分量。

设第 i 个推力器推力大小为 $F_i(i=1,2,\cdots,n)$，且 $0 \leqslant F_i \leqslant F_i^u$，$F_i^u$ 为第 i 个推力器的最大推力，则它对航天器质心的推力为

$$\boldsymbol{U}_i = F_i\boldsymbol{e}_i \tag{1.17}$$

其产生绕质心的作用力矩为

$$\boldsymbol{T}_i = (\boldsymbol{d}_i \times \boldsymbol{e}_i) F_i \tag{1.18}$$

设所有推力器的推力组成的列阵为 $\boldsymbol{F} = [F_1 \quad F_2 \quad \cdots \quad F_n]^{\mathrm{T}}$,则其相对航天器质心的作用力矩可表示为

$$\boldsymbol{T} = [T_1 \quad T_2 \quad \cdots \quad T_n]^{\mathrm{T}} = \sum_{i=1}^{n} (\boldsymbol{d}_i \times \boldsymbol{e}_i) F_i = \boldsymbol{AF} \tag{1.19}$$

所产生的作用力可表示为

$$\boldsymbol{U} = [U_1 \quad U_2 \quad \cdots \quad U_n]^{\mathrm{T}} = \sum_{i=1}^{n} F_i \boldsymbol{e}_i = \boldsymbol{BF} \tag{1.20}$$

式(1.19)中,$\boldsymbol{A}$ 为所有推力器单位推力矢量相对航天器质心的力矩矩阵,即

$$\boldsymbol{A} = [\boldsymbol{d}_1 \times \boldsymbol{e}_1 \quad \boldsymbol{d}_2 \times \boldsymbol{e}_2 \quad \cdots \quad \boldsymbol{d}_n \times \boldsymbol{e}_n] = [\boldsymbol{a}_1 \quad \boldsymbol{a}_2 \quad \cdots \quad \boldsymbol{a}_n] \tag{1.21}$$

式(1.20)中,$\boldsymbol{B}$ 为所有推力器单位推力矢量作用于航天器的推力矩阵,即

$$\boldsymbol{B} = [\boldsymbol{e}_1 \quad \boldsymbol{e}_2 \quad \cdots \quad \boldsymbol{e}_n] = [\boldsymbol{b}_1 \quad \boldsymbol{b}_2 \quad \cdots \quad \boldsymbol{b}_n] \tag{1.22}$$

注意到 $\boldsymbol{A}$ 与 $\boldsymbol{B}$ 中元素存在着一定的联系:

$$\boldsymbol{a}_i^{\mathrm{T}} \boldsymbol{b}_i = 0 \tag{1.23}$$

式中,$\boldsymbol{a}_i$ 为 $\boldsymbol{A}$ 的第 i 列;$\boldsymbol{b}_i$ 为 $\boldsymbol{B}$ 的第 i 列。

式(1.19)~(1.23)构成控制分配问题的数学模型。可以将式(1.19)和式(1.20)合写为

$$[\boldsymbol{T} \quad \boldsymbol{U}] = [\boldsymbol{A} \quad \boldsymbol{B}]\boldsymbol{F} \tag{1.24}$$

进一步简写为

$$\boldsymbol{C} = \boldsymbol{DF} \tag{1.25}$$

其中

$$\boldsymbol{C} = [\boldsymbol{T} \quad \boldsymbol{U}], \quad \boldsymbol{D} = [\boldsymbol{A} \quad \boldsymbol{B}] \tag{1.26}$$

在式(1.26)的控制分配模型中,可以将 $\boldsymbol{D}$ 作为新的控制分配矩阵,$\boldsymbol{C}$ 作为系统控制器给出的期望控制力矩和控制力指令,为了和这种写法有延续性,可以将式(1.10)写为

$$\boldsymbol{v}_{\mathrm{d}} = \boldsymbol{DF} \tag{1.27}$$

1.4 控制分配在航天器中的技术进展

1.4.1 航天器轨道控制分配进展

推力器是航天器常用的执行机构,它利用燃料燃烧过程产生的反作用推力。当推力器的推力方向过航天器质心时,仅提供推力,能够完成轨道/轨迹控制;当推力方向不过航天器质心时,则会产生推力和力矩,是一类轨道控制和姿态控制

的执行机构。正是推力器的特殊性使得其在各类型航天任务中得到广泛应用,尤其是近年来一些货运或载人飞船、空天飞机等航天器,为确保可靠性和高机动性能,配备了远多于运动自由度数量的推力器。

俄罗斯联盟号飞船共有 27 套推力器,包括 1 台推力为 2 940 N 的轨道控制推力器、14 台推力为 130 N 的大姿态控制推力器和 12 台推力为 26 N 的小姿态控制推力器;进步号货运船配置了 29 台推力器,比联盟号多了 2 台小姿态控制推力器。

欧洲航天局研制的自动转移飞行器(ATV)(图 1.4)是一次性使用航天货运飞行器,其利用自身推进系统和导航系统飞向国际空间站并与其交会对接,为此共安装了 4 台推力为 490 N 的轨道控制推力器和 28 台推力为 220 N 的姿态控制推力器[2,3]。

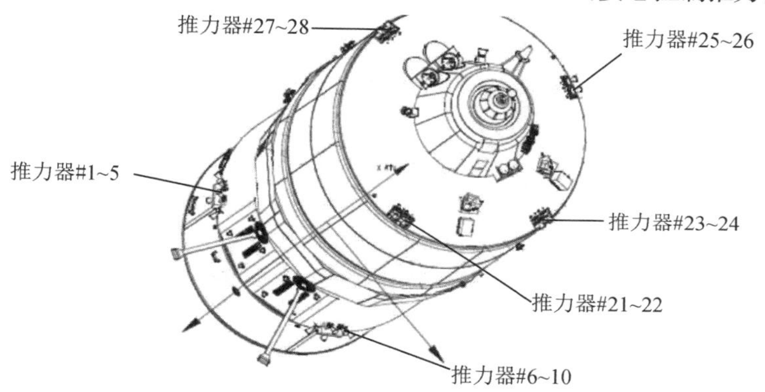

图 1.4 ATV 推力器布局

日本的 HTV 是向国际空间站运送物资的不载人货物转移飞船[4,5],HTV 推进系统采用冗余设计理念,其主推进系统包括 4 台推力为 490 N 的推力器和 28 台推力为 110 N 的姿态控制推力器(其中 16 个安装在推进舱的外壁上,12 个安装在加压货舱的外壁上),HTV 推力器布局如图 1.5 所示。

神舟载人飞船更是配置了多达 52 台推力器,分别装在 3 个舱段构成 3 套独立的推进系统[6,7],HTV(H-Ⅱ Transfer Vehicle)神舟号飞船推力器布局如图1.6所示。

为确保在轨获得较大的机动能力,美国 X-37B 轨道试验飞行器在尾部安装了 2 个主推力器,使用肼燃料,可以通过主推力器短暂工作实现大范围机动变轨。在机头两侧和上方分别安装了 6 个机动变轨推力器,机身后段两侧安装了 20 个机动变轨推力器,X-37B 推力器布局如图 1.7 所示。借助这些反作用控制系统(RCS)可精确调整轨道位置,当 X-37B 接近目标航天器时,精确控制推力的方向和大小,X-37B 保持合适的姿态,并确保缓慢接近、保持相对静止,以便让携带的机械臂等载荷对准目标航天器,以实现在轨捕获[8,9]。

图 1.5　HTV 推力器布局

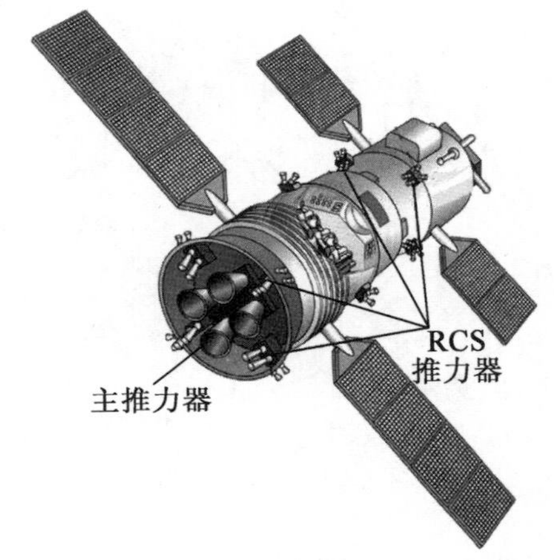

图 1.6　HTV(H－Ⅱ Transfer Vehicle)神舟号飞船推力器布局

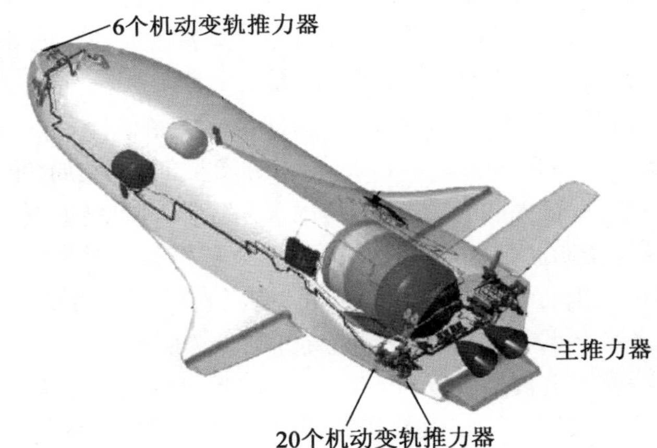

图 1.7　X－37B 推力器布局

随着航天器系统日趋复杂,控制性能日益提升,实际应用中对控制系统的安全性、可靠性和有效性都提出了越来越高的要求,利用单一驱动实现单一控制目标的传统方式已难以满足复杂控制系统的高可靠性要求,因此通常为航天器配备远多于其控制自由度数量的推力器而构成一类过驱动控制系统。过驱动控制系统的基本思想是采用多组执行机构实现近似的控制效应,并通过控制分配将控制指令合理、有效地分配到各个执行器上。过驱动控制系统在部分执行机构故障的情况下,仍然具备全向控制力或力矩输出能力。同时,冗余配置使得构型满足控制系统要求的指令并不唯一,因此需要解决航天器推力器分配问题。

20 世纪 60 年代,Crawford[10]针对阿波罗登月舱进行冗余推力器配置的控制系统设计,并定义了最小冗余系统以及冗余度判断方法,此后鲜有学者针对该类问题继续展开深入研究,直到 Peña 等[11]尝试将控制分配问题引入航天领域,该方向才再次受到热切关注[12-14],然而如何根据系统设计指标与约束条件设计出满足要求的冗余配置构型仍是亟待解决的问题。对于给定构型,可通过多种技术指标考查其控制能力。Peña 等给出了推力器系统产生任意方向力或力矩的充要条件,并解决了满足力矩输出的同时使力输出最大化、允许单个推力器失效下的构型设计等问题。对于需要具备一定抗干扰能力的控制系统,Wiktor[15]定义最小控制能力曲线描述给定配置的最小控制能力,用于评价给定构型对于有界干扰的抑制能力。Jin 等[16]在 Wiktor 工作的基础上提出基于标准最小控制能力描述方法设计的推力器构型,其生成的安全边界也可用于界定推力器系统对于有界干扰的抵抗能力。王敏等[17,18]针对复杂推力器配置提出面向任务的可行性分析方法,实现了复杂配置控制能力分析的量化估计。在控制分配问题提出伊始,Durham[19]即给出了冗余舵机配置的力矩可达集精确描述方法,Bolender 等[20]研究了非线性输出执行机构的可达集描述方法,但二者均未考虑力/力矩输出可能附带产生力矩/力输出的特殊情况。在配置冗余推力器且需重点考虑轨道、姿态耦合因素的航天控制任务中,现有方法已无法客观反映系统的实际控制能力。

目前来看,推力器控制分配方法主要可分为两大类:动态控制分配方法和静态控制分配方法[21]。动态控制分配方法是指根据推力器模型、约束条件以及最优目标,将控制分配问题转化为数学模型,并基于数学优化方法实现控制指令的实时分配,包括广义逆法、线性规划方法、二次规划方法等[22],该类控制分配方法具有容错性能强、鲁棒性好的特点,但由于需要实时优化求解,计算过程复杂,对星载计算机的要求高,在实际工程中难以得到应用。而静态控制分配方法是根据航天器预先设定的机动和控制模式确定出相应的推力器组合,并将其存储于星载计算机中,这类方法以近年由欧洲太空局在 ATV 研制时提出的指令分配在线查表法为代表[7],能够克服优化方法在线实时计算速度慢、占用过多计算资源等缺点，具有控制能力强、推力器使用效率高、实时计算速度快等优点，应用前景广阔。

Finn Ankersen 针对指令分配在线查表法，提出了推力器管理函数的概念，重点论述了该方法在星载计算机中的实现问题。而针对推力器列表的制订方法，国内学者王敏、解永春等[17,18,23]对该问题进行了详细论述，给出了一种代数方法制订最优推力器组合列表，但由于该方法是在 m 维指令由 m 个推力器完成的假设下完成列表制订，因此限制了推力器的分配空间。针对推力器的控制分配问题也曾受到重点关注，但现有控制分配方法大都是根据推力器布局，预先制订推力器分配方案列表，或预先确定一种分配方法，在运行过程中始终采用这种分配方法进行推力器分配。采用预先设置的分配方法进行控制分配的主要缺点是无法实现推力器分配的动态调整，在推力器故障时无法实时地调整分配策略。针对该问题，Ankersen 等通过定义推力器管理函数[24]、Servidia 和 Peña 引入控制分配方法[25,26]分别提出了相应的推力器动态分配方法。Jin 等针对具有冗余推力器的航天器姿态控制问题，提出了一种基于线性规划求解受约束优化问题的控制分配方法以降低系统的燃料消耗[27]。李森等针对使用推力矢量控制的航天器，提出了一种基于 SQP 方法的非线性控制分配方法，将控制分配问题转化为以力矩误差最小和对变轨推力影响最小为优化目标，以游动推力器最大摆角为约束的多目标优化问题，并引入序列二次规划进行求解，该方法较成熟，收敛性好，具有较好的解析特性。陈玮等针对航天器交会对接过程中的推力器指令分配问题，将推力器指令分配转化为非线性多目标规划，并提出了基于分支定界寻优法的控制分配方法，该方法能够实现指令分配误差和燃料消耗之间的折中，且考虑了推力器最小开机时间等限制因素[28]。

1.4.2 航天器姿态控制分配进展

出于航天器运行可靠性考虑，星上执行机构配置常存在冗余，有些学者对利用冗余的执行机构提高控制性能或系统可靠性等目标的控制方法进行了研究，Grassi 等针对 SMART－1 航天器反作用飞轮故障的情况下，利用磁力矩器辅助姿控的故障处理方案进行研究，提出了电源消耗和控制精度最优等目标下的姿态控制方法[29]。Queen 等针对飞轮和推力器联合进行姿态控制问题研究，在燃料消耗和电源能耗等最优目标下，推导姿态控制的最优控制方法[30]。Hall 等针对航天器姿态跟踪和机动问题，提出了飞轮和推力器联合控制策略，以实现快速性和跟踪精度等目标最优[31]。孙兆伟、耿云海等针对小卫星大角度姿态机动问题，设计相应的分配策略，提出了一种适用磁力矩器和反作用飞轮进行联合控制的方法，以减少机动过程中反作用飞轮速率饱和的机会[32]。Leeghim 等将变速率控制力矩陀螺（VSCMGs）、反作用飞轮以及磁力矩器等组合，设计航天器姿态机

动控制率，实现了机动过程中高精度控制的控制力矩分配，有效避免了反作用飞轮饱和与控制力矩陀螺奇异等问题[33]。

上述研究都可看作是控制分配方法在航天器姿态控制领域应用的雏形。Choi 等明确引入控制分配方法，用以解决姿态测量敏感器误差所导致的反作用飞轮控制指令急剧变化的问题[34]。郭延宁等针对冗余飞轮构型的航天器控制力矩分配问题，给出了能量最优的力矩分配方法，并考虑飞轮力矩约束对其进行了限幅处理，并对 4 飞轮和多飞轮情况分别设计了相应的力矩最优分配策略[35]。赵阳等针对具有冗余执行机构的卫星姿态控制系统，考虑幅值和速度约束条件，给出了处理冗余的控制分配方案，实现了二次最优，并给出了控制重构方法，实现了机构故障下的容错控制[36]。

可以看出，航天器控制分配问题正在引起众多学者的关注，虽然已经进行了一些卓有成效的前期研究，但这方面的研究才刚刚开始，正是这一系列的研究成果启发了我们进行本书的研究。

航天器执行机构的动态分配是一个相对较新的问题，面临多目标、多约束及多执行机构类型等诸多困难，因此，如何引入其他领域研究相对较多的控制分配技术和方法，设计适合航天器及其编队的动态控制分配方法，是一个有必要也值得深入研究的问题。

本章参考文献

[1] 唐生勇，张世杰，陈闽，等. 交会对接航天器推力分配方法研究[J]. 宇航学报，2008，29(4):6.

[2] REHDER J J, WURSTER K E. Electric vs chemical propulsion for a large-cargo orbit Transfer Vehicle[J]. Journal of spacecraft & rockets, 2012, 16(3): 129-134.

[3] JOLIVET L, MOUSSET V. Command and control of the European Automated Transfer Vehicle (ATV) during free flight to and attached phase with the international space station[C]// SpaceOps 2014 Conference. Pasadena: American Institute of Aeronautics and Astronautics, 2014.

[4] MILLER F P, VANDOME A F, MCBREWSTER J, et al. H - Ⅱ Transfer Vehicle[M]. Belin: Alphascript Publishing, 2011.

[5] TAKAHASHI T, IMADA T. The guidance and control system of the HTV[J]. Technical report of ieice sane, 1998, 98(73):9-14.

[6] 胡军，陈祖贵，刘良栋，等. 神舟飞船制导、导航与控制分系统研制与飞行结果评价[J]. 航天器工程，2004，1：24-29.

[7] 王忠贵，丁溯泉. 神舟飞船空间交会自主控制技术与工程实践[J]. 中国科学：技术科学，2013，43(10)：1081-1084.

[8] 谭勇，冉思诗. 从X－37B成功着陆看空天飞机导航飞控系统[J]. 现代军事，2015，1：54-57.

[9] 白延隆. 剖析X－37B的轨道机动能力[J]. 飞航导弹，2013(7)：12-17.

[10] CRAWFORD B S. Operation and design of multijet spacecraft control systems [D]. Cambridge：Massachusetts Institute of Technology，1968.

[11] PEÑA R S，ALONSO R，ANIGSTEIN P. Robust optimal solution to the attitude/force control problem[J]. IEEE transaction on aerospace and electronic systems，2000，36(3)：784-792.

[12] SERVIDIA P A，PEÑA R S. Thruster design for position/attitude control of spacecraft[J]. IEEE transaction on aerospace and electronic systems，2002，38(4)：1172-1180.

[13] SERVIDIA P A. Control allocation for gimballed/fixed thrusters[J]. Acta astronautica，2010，66(3-4)：587-594.

[14] 陈玮，解永春. 基于多目标规划的交会对接推力器指令分配方法[J]. 航天控制，2007，25(3)：33-38.

[15] WIKTOR P J. Minimum control authority plot—A tool for designing thruster systems[J]. Journal of guidance control & dynamics，1994，17(5)：998-1006.

[16] JIN H P，WIKTOR P，DEBRA D B. An optimal thruster configuration design and evaluation for quick step[J]. Control engineering practice，1995，3(8)：1113-1118.

[17] 王敏，解永春. 航天器复杂推力器配置控制能力分析的一种新方法[J]. 中国科学：技术科学，2010，40(8)：912-919.

[18] 王敏，解永春. 复杂推力器配置控制能力的性能指标及其应用[J]. 空间控制技术与应用，2010，36：36-41.

[19] DURHAM W C. Attainable moments for the constrained control allocation problem[J]. Journal of guidance，control，and dynamics，1994，17(6)：1371-1373.

[20] BOLENDER M A，DOMAN D B. Method for determination of nonlinear

attainable moment sets[J]. Journal of guidance, control, and dynamics, 2004, 27(5): 907-914.

[21] JOHANSEN T A, FOSSEN T I. Control allocation—A survey[J]. Automatica, 2013, 49(5):1087-1103.

[22] 杨恩泉，高金源，李卫琪. 多目标非线性控制分配方法研究[J]. 航空学报，2008，29:995-1001.

[23] 王敏，解永春. 航天器推力器配置的两项新性能指标[J]. 宇航学报，2011，32:1298-1304.

[24] ANKERSEN F, WU S F. On optimization of spacecraft thruster management function[C]// AIAA Guidance, Navigation, and Control Conference and Exhibit. Providence:American Institute of Aeronautics and Astronautics,2004.

[25] SERVIDIA P A, PEÑA R S. Spacecraft thruster control allocation problems [J]. IEEE transactions on automatic control, 2005, 50(2):245-249.

[26] SERVIDIA P A. Control allocation for gimballed/fixed thrusters[J]. Acta astronautica, 2010, 66(5):587-594.

[27] JIN J, PARK B, PARK Y, et al. Attitude control of a satellite with redundant thrusters[J]. Aerospace science and technology, 2006, 10(7):644-651.

[28] 陈玮，解永春. 基于多目标规划的交会对接推力器指令分配方法[J]. 航天控制，2007，25(3):33-38.

[29] GRASSI M, PASTENA M. Minimum power optimum control of microsatellite attitude dynamics[J]. Journal of guidance, control, and dynamics, 2000, 23(5):798-804.

[30] QUEEN E M, SILVERBERG L. Optimal control of a rigid body with dissimilar actuators[J]. Journal of guidance, control, and dynamics, 1996, 19(3):738-740.

[31] HALL C D, TSIOTRAS P, SHEN H J. Tracking rigid body motion using thrusters and momentum wheels[J]. Journal of the astronautical sciences, 2002, 50(3):311-323.

[32] SUN Z W, GENG Y H, XU G D, et al. The combined control algorithm for large-angle maneuver of HITSAT - 1 small satellite[J]. Acta astronautica, 2004, 54(7):463-469.

[33] LEEGHIM H, LEE D H, BANG H, et al. Spacecraft attitude control by combination of various torquers[J]. International journal of systems science,

2009, 40(10):995-1008.

[34] CHOI Y, BANG H, LEE H. Dynamic control allocation for shaping spacecraft attitude control command [C]// AIAA Guidance, Navigation, and Control Conference and Exhibit. Keystone: American Institute of Aeronautics and Astronautics, 2006.

[35] 郭延宁，马广富，李传江. 冗余飞轮构型下力矩分配策略设计与分析[J]. 航空学报，2010，31(11):2259-2265.

[36] 赵阳，张大伟，田浩. 冗余飞轮姿控系统控制分配与重构研究[J]. 空间控制技术与应用，2010，36(1):1-7.

第 2 章

过驱动航天器控制分配方法

在航天器任务设计过程中，为了提高任务的可靠度，执行机构通常采用冗余配置，在执行机构故障或失效的情况下，采用备份执行机构继续执行任务，从而保证整个生命周期的任务要求。在这种情况下，为了保障故障时备份执行机构能够快速响应，经常采用热备份的方式，即执行机构正常供电，处于待机状态，这种处理方式在提高可靠性的同时，也造成了资源的浪费。

控制分配将航天器控制系统设计和执行机构的控制分配剥离开，将极大简化控制系统的设计。本章针对控制分配问题，首先介绍几种经典的控制分配方法，可适用于一般的控制分配场景。针对过驱动航天器执行机构的特性，如正向推力、飞轮饱和等，在经典控制分配方法的基础上介绍了几种较为通用的控制分配方法，包括可达集、修正伪逆法和输入矩阵因子化控制分配方法等。

2.1 控制分配基本概念

在介绍过驱动航天器控制分配理论之前，先介绍控制分配方法常用的一些概念和定义。

1. 控制分配矩阵

控制分配矩阵是执行机构在航天器上控制力和力矩之间映射关系的矩阵，控制分配矩阵与执行机构在航天器上的安装位置息息相关，因此也被称为安装矩阵、效率矩阵等，直接反映了执行机构输出的力和力矩作用在航天器本体上的控制效果，用 $\boldsymbol{A}$ 表示，$\boldsymbol{A} \in \mathbf{R}^{m \times p}$。

2. 控制子空间

控制子空间 $\boldsymbol{\Omega}$ 为所有执行机构输出构成的列向量的集合，且执行机构需要满足其固有的物理约束，即

$$\boldsymbol{\Omega}=\{\boldsymbol{u}\mid\boldsymbol{u}=[u_1\quad\cdots\quad u_m]^{\mathrm{T}},\quad u_{i\min}\leqslant u_i\leqslant u_{i\max},\quad i=1,\cdots,m,\quad \boldsymbol{u}\in\mathbf{R}^p\}\tag{2.1}$$

3. 可达集

在 $\boldsymbol{u}\in\mathbf{R}^p$ 空间内，定义在给定执行机构配置下的可达集 $\boldsymbol{\Phi}_{\mathrm{T}}$ 满足

$$\boldsymbol{\Phi}_{\mathrm{T}}=\{\boldsymbol{v}_{\mathrm{d}}\mid\boldsymbol{v}_{\mathrm{d}}=\boldsymbol{A}\boldsymbol{u},\quad \boldsymbol{u}\in\boldsymbol{\Omega},\quad \boldsymbol{v}\in\mathbf{R}^m\}\tag{2.2}$$

是指在执行机构物理特性的约束下，执行机构所能产生的所有输出力矩的集合。

可达集最早是 Durham 研究飞机的控制分配问题时提出的概念，Durham 用可达集来描述执行机构所能输出的控制量集合，并将其应用于控制分配问题，该方法的核心思想是根据执行机构的构型以及输出约束条件，构造出可达集的边界（包括可达集的表面、顶点以及顶点间的连接关系），然后再寻找与期望控制量射线方向相交的表面，最后根据相交表面的顶点以及边的信息求解控制指令。

由 n 维控制量 $\boldsymbol{u}=[u_1\quad u_2\quad\cdots\quad u_n]^{\mathrm{T}}$，并且考虑到每个推力器都有输出推力大小约束，因此控制量受限于集合 $\boldsymbol{\Omega}$：

$$\boldsymbol{\Omega}=\{\boldsymbol{u}\mid u_{i\min}\leqslant u_i\leqslant u_{i\max},\quad \boldsymbol{u}\in\mathbf{R}^n\}\tag{2.3}$$

式中，$u_{i\min}$、$u_{i\max}$ 分别代表第 i 个执行机构输出的最小值和最大值。

该控制约束集合 $\boldsymbol{\Omega}$ 的边界为 $\boldsymbol{u}^*\in\partial(\boldsymbol{\Omega})$，控制向量经控制分配矩阵 $\boldsymbol{A}$ 的映射，将 n 维控制量映射到三维空间，即

$$\boldsymbol{A}:\mathbf{R}^n\rightarrow\mathbf{R}^3\tag{2.4}$$

$$\boldsymbol{\Phi}=\{\boldsymbol{v}\mid\boldsymbol{v}=\boldsymbol{A}\boldsymbol{u},\quad \boldsymbol{u}\in\boldsymbol{\Omega}\}\tag{2.5}$$

$\boldsymbol{\Phi}$ 表示控制约束集合 $\boldsymbol{\Omega}$ 的三维映射，其边界为 $\boldsymbol{v}^*\in\partial(\boldsymbol{\Phi})$，集合 $\boldsymbol{\Phi}$ 代表在控制量受限的条件下，所能实现的控制向量可达的集合，简称可达集。

为了便于后续描述，先给出控制量独立或者共面以及控制量共线的定义。

定义 2.1 对于由 n 个推力器确定的控制分配矩阵 $\boldsymbol{v}=[\boldsymbol{a}_1\quad\boldsymbol{a}_2\quad\cdots\quad\boldsymbol{a}_n]\in\mathbf{R}^{3\times n}$，若 $\forall i,j,k\in\{1,2,\cdots,n\}$ 且 $i\neq j\neq k$，$\exists\,\mathrm{rank}([\boldsymbol{a}_i\quad\boldsymbol{a}_j\quad\boldsymbol{a}_k])=3$，那么称控制量独立，否则称控制量 i、j、k 共面。

定义 2.2 对于由 n 个推力器确定的控制分配矩阵 $\boldsymbol{v}=[\boldsymbol{a}_1\quad\boldsymbol{a}_2\quad\cdots\quad\boldsymbol{a}_n]\in\mathbf{R}^{3\times n}$，若 $\forall i,j\in\{1,2,\cdots,n\}$ 且 $i\neq j$，对应的控制量 $\boldsymbol{a}_i$ 与 $\boldsymbol{a}_j$ 线性相关，那么称控制量共线。

可达集在三维空间中表现为多面体，其边界 $\partial(\boldsymbol{\Phi})$ 由顶点、线以及面构成，可达集具有以下性质。

性质 2.1 控制约束集合 $\boldsymbol{\Omega}$ 为 n 维超立方体，其边界 $\partial(\boldsymbol{\Phi})$ 包含 2^n 个顶点，

而可达集边界均由控制约束集边界 $\partial(\boldsymbol{\Phi})$ 映射产生，一般来讲，由 2^n 个顶点经控制分配矩阵 $\boldsymbol{A}$ 的映射，可生成 $2^{n-2}C_n^2$ 个虚拟控制面以及 $2^{n-1}n$ 条虚拟控制线，但只有少部分虚拟控制面和控制线在可达集的边界上。

性质 2.2　可达集中任意边界点都是由 n 个推力器以极值推力所组成的控制量经控制分配矩阵 $\boldsymbol{A}$ 映射得到。

性质 2.3　可达集中任意边界线都是由某个推力器推力在极限输出范围内变化，而其余 $(m-1)$ 个推力器以极值推力所组成的控制量经控制分配矩阵 $\boldsymbol{A}$ 映射得到。

性质 2.4　可达集中任意边界面，是由 $p(p\geqslant 2)$ 个共面推力矢量在极限输出范围内变化，而其余 $(n-p)$ 个推力器以极值推力所组成的控制量经控制分配矩阵 $\boldsymbol{A}$ 映射得到，p 个共面矢量构成二维凸多边形，该凸多边形为中心对称以及轴对称图像，当 $p=2$ 时，对应的边界面为平行四边形。

4. 零空间

控制分配矩阵 $\boldsymbol{A}$ 的零空间矩阵 $\boldsymbol{N}\in\mathbf{R}^{p\times(p-m)}$ 满足

$$\boldsymbol{AN}=0 \tag{2.6}$$

矩阵 $\boldsymbol{A}$ 的零空间矩阵记为 $\boldsymbol{N}(\boldsymbol{A})$。

基于上述概念，国内外很多学者开展关于控制分配方法的研究，下节介绍几种典型的控制分配方法。

2.2　经典航天器控制分配方法

2.2.1　伪逆法

对于控制分配问题 $\boldsymbol{v}_{\mathrm{d}}=\boldsymbol{Au}$ 的求解，可以通过定义一个目标函数：

$$J(\boldsymbol{u}) = \sum_{i=1}^{n} u_i^2 = \boldsymbol{u}^{\mathrm{T}}\boldsymbol{u} \tag{2.7}$$

求得的 $\boldsymbol{u}$ 应该满足其所有元素的平方和最小。考虑到产生的控制分配过程必须满足控制要求，即满足约束条件

$$\boldsymbol{v}_{\mathrm{d}}=\boldsymbol{Au} \tag{2.8}$$

利用 Lagrange 乘子法求解，令乘子为 $\boldsymbol{\lambda}=[\lambda_1\quad\lambda_2\quad\cdots\quad\lambda_m]^{\mathrm{T}}$，定义标量函数 $H(\boldsymbol{F},\boldsymbol{\lambda})$，给出新的目标函数：

$$H(\boldsymbol{u},\boldsymbol{\lambda})=\frac{1}{2}\boldsymbol{u}^{\mathrm{T}}\boldsymbol{u}+\boldsymbol{\lambda}^{\mathrm{T}}(\boldsymbol{v}_{\mathrm{d}}-\boldsymbol{Au}) \tag{2.9}$$

根据极值的必要条件：

$$\frac{\partial H(\boldsymbol{u},\boldsymbol{\lambda})}{\partial \boldsymbol{u}}=\boldsymbol{0} \tag{2.10}$$

$$\frac{\partial H(\boldsymbol{u},\boldsymbol{\lambda})}{\partial \boldsymbol{\lambda}}=\boldsymbol{0} \tag{2.11}$$

得

$$\begin{cases}\dfrac{\partial H(\boldsymbol{u},\boldsymbol{\lambda})}{\partial \boldsymbol{u}}=\boldsymbol{u}^{\mathrm{T}}-\boldsymbol{\lambda}^{\mathrm{T}}\boldsymbol{A}=\boldsymbol{0}\\ \dfrac{\partial H(\boldsymbol{u},\boldsymbol{\lambda})}{\partial \boldsymbol{\lambda}}=\boldsymbol{v}_{\mathrm{d}}-\boldsymbol{A}\boldsymbol{u}=\boldsymbol{0}\end{cases} \tag{2.12}$$

亦即

$$\boldsymbol{u}^{\mathrm{T}}=\boldsymbol{\lambda}^{\mathrm{T}}\boldsymbol{A}\Leftrightarrow\boldsymbol{u}=\boldsymbol{A}^{\mathrm{T}}\boldsymbol{\lambda} \tag{2.13}$$

$$\boldsymbol{v}_{\mathrm{d}}=\boldsymbol{A}\boldsymbol{u} \tag{2.14}$$

将由式(2.13)得到的 $\boldsymbol{u}$ 代入式(2.14)中,得

$$\boldsymbol{v}_{\mathrm{d}}=\boldsymbol{A}(\boldsymbol{A}^{\mathrm{T}}\boldsymbol{\lambda}) \tag{2.15}$$

经过整理,得

$$\boldsymbol{\lambda}=(\boldsymbol{A}\boldsymbol{A}^{\mathrm{T}})^{-1}\boldsymbol{v}_{\mathrm{d}} \tag{2.16}$$

两端再同时乘以 $\boldsymbol{A}^{\mathrm{T}}$,得

$$\boldsymbol{A}^{\mathrm{T}}\boldsymbol{\lambda}=\boldsymbol{A}^{\mathrm{T}}(\boldsymbol{A}\boldsymbol{A}^{\mathrm{T}})^{-1}\boldsymbol{v}_{\mathrm{d}} \tag{2.17}$$

而 $\boldsymbol{A}^{\mathrm{T}}\boldsymbol{\lambda}=\boldsymbol{u}$,故

$$\boldsymbol{u}=\boldsymbol{A}^{\mathrm{T}}(\boldsymbol{A}\boldsymbol{A}^{\mathrm{T}})^{-1}\boldsymbol{v}_{\mathrm{d}}=\boldsymbol{A}^{+}\boldsymbol{v}_{\mathrm{d}} \tag{2.18}$$

式中,$\boldsymbol{A}^{+}$ 为 $\boldsymbol{A}$ 的伪逆。

由于控制分配矩阵并非方阵,所以对于 $m\times n$ 阶控制分配矩阵 $\boldsymbol{A}$,如果 $n>m$ 并且 $\boldsymbol{A}$ 具有列满秩($\mathrm{rank}(\boldsymbol{A})=n$)的情况,此时,$n\times n$ 矩阵 $\boldsymbol{A}^{\mathrm{T}}\boldsymbol{A}$ 是可逆的,易由下式验证:

$$\boldsymbol{L}=(\boldsymbol{A}^{\mathrm{T}}\boldsymbol{A})^{-1}\boldsymbol{A}^{\mathrm{T}} \tag{2.19}$$

满足左逆矩阵的定义 $\boldsymbol{L}\boldsymbol{A}=\boldsymbol{I}$,其中 $\boldsymbol{I}$ 为单元对角阵。这种左逆矩阵唯一,常称为左伪逆矩阵。

对于 $m<n$ 并且 $\boldsymbol{A}$ 具有行满秩($\mathrm{rank}(\boldsymbol{A})=m$)的情况,此时,$m\times m$ 矩阵 $\boldsymbol{A}\boldsymbol{A}^{\mathrm{T}}$ 是可逆的,定义

$$\boldsymbol{R}=\boldsymbol{A}^{\mathrm{T}}(\boldsymbol{A}\boldsymbol{A}^{\mathrm{T}})^{-1} \tag{2.20}$$

其满足右逆矩阵的定义 $\boldsymbol{A}\boldsymbol{R}=\boldsymbol{I}$。此右逆矩阵也唯一,称为右伪逆矩阵。

利用传统伪逆方法求取的推力虽然能够实现期望控制分配,但给出的分配值有可能无法由实际推力器产生,如分配值为负或超过推力器最大推力等[1,2]。这种方法在应用上有一定的局限性,在后面的章节会对伪逆法所求结果进行修正,将其调节到执行机构可执行的范围内。

2.2.2　直接分配法

直接分配法采用伪逆法求解无约束控制分配问题，从 2.2.1 节可知，控制分配结果为 $\tilde{\boldsymbol{u}}=\boldsymbol{A}^{+}\boldsymbol{v}_{\mathrm{d}}$，若 $\tilde{\boldsymbol{u}}\in\boldsymbol{\Omega}$，因此就不需要后续的步骤，求解结果即为 $\boldsymbol{u}=\tilde{\boldsymbol{u}}$，否则在控制子空间集合内寻找其他解 $\boldsymbol{u}$ 以满足

$$
\begin{cases}
\max\limits_{\alpha\leqslant 1}\alpha \\
\text{s.t.}\ \ \boldsymbol{A}\boldsymbol{u}=\alpha\boldsymbol{v}_{\mathrm{d}} \\
\qquad\ \alpha\boldsymbol{v}_{\mathrm{d}}\in\boldsymbol{\Phi}_{\mathrm{T}}
\end{cases}
\tag{2.21}
$$

式中，α 是一个比例因子，$\alpha\in[0,1]$。

这种方法的本质是将航天器上的作用效果等比例缩小，从而使得执行机构的分配结果能够满足在其可达集内，通过这种处理后，这个问题可以转化为线性规划法、穷举法等方法进行求解[3,4]。

2.2.3　链式分配法

链式分配法的第一步仍然是求解无约束控制分配问题，若解满足约束条件，就不需要后续步骤，否则，需要将无约束优化解 $\tilde{\boldsymbol{u}}$ 投射到可行解集合 $\boldsymbol{\Omega}$ 之内，以满足执行机构的约束条件。与直接分配法不同的是，链式分配法并不是将控制效果进行等比例缩小，而是将 $\tilde{\boldsymbol{u}}=[\tilde{\boldsymbol{u}}_{\mathrm{C}}^{\mathrm{T}}\quad\tilde{\boldsymbol{u}}_{\mathrm{U}}^{\mathrm{T}}]^{\mathrm{T}}$ 分解为饱和元素 $\tilde{\boldsymbol{u}}_{\mathrm{C}}$ 以及非饱和元素 $\tilde{\boldsymbol{u}}_{\mathrm{U}}$，同时把相应的矩阵 $\boldsymbol{A}$ 分解为 $\boldsymbol{A}=[\boldsymbol{A}_{\mathrm{C}}\quad\boldsymbol{A}_{\mathrm{U}}]$，因此，$\boldsymbol{v}_{\mathrm{C}}=\boldsymbol{A}_{\mathrm{C}}\boldsymbol{u}_{\mathrm{C}}$ 代表饱和控制的分配值，而剩余的控制量 $\boldsymbol{u}_{\mathrm{U}}$ 可以通过伪逆法重新分配得到

$$
\boldsymbol{A}_{\mathrm{U}}\boldsymbol{u}_{\mathrm{U}}=\boldsymbol{v}_{\mathrm{d}}-\boldsymbol{v}_{\mathrm{C}}
\tag{2.22}
$$

如果通过这种方法得到的解 $\boldsymbol{u}_{\mathrm{U}}$ 仍然是饱和的，就需要经过多次重新分配，直到得到可行解或者无法进行进一步的改进，尽管这种方法很简单且经常很有效，但是实际上，这种方法无法保证一定可以得到可行解或者能够保证分配误差最小。

链式分配法将执行机构分成很多组，同时最优先控制分配的问题采用最高优先级组，若一组中有一个或者多个执行机构饱和，那么将这一组的值冻结起来，然后剩余的分配误差用第二组进行补偿，如此反复，直到找到可行解[5,6]，这种方法虽然不能够完全保证执行机构的分配误差最小，但是相比于伪逆法，它得到的解往往更好。

2.2.4　线性规划法

线性规划法的思想是使分配误差最小，将约束控制分配问题描述进行扩展，引入约束集合 U：

$$U=\{\boldsymbol{u}\in\mathbf{R}^n\,|\,\boldsymbol{Au}\leqslant\boldsymbol{v}_{\mathrm{d}}\}\tag{2.23}$$

目标函数常采用向量 $\boldsymbol{u}$ 的 1 范数或者无穷范数,这样就将问题转化为线性规划问题,它可以采用迭代数值线性规划法求解,通常引入其他变量就可以将问题转化为标准的线性规划问题,例如,考虑 1 范数的控制分配问题:

$$\min_{u,s}\left(\sum_{i=1}^{m}q_i\,|s_i|+\sum_{j=1}^{n}w_j\,|u_j|\right)\tag{2.24}$$

约束条件为

$$\boldsymbol{Au}=\boldsymbol{v}_{\mathrm{d}}+\boldsymbol{s}\quad(u_{\min}\leqslant u_i\leqslant u_{\max},\quad \delta_{\min}\leqslant u_i-u_l\leqslant\delta_{\max})\tag{2.25}$$

对于采用部分执行机构配置,如果满足 $u_{\min}=-u_{\max}$ 以及 $\delta_{\min}=-\delta_{\max}$,同时引入辅助变量,那么可以进一步转化为

$$s_i^+=\begin{cases}s_i & (s_i\geqslant0)\\0 & (s_i<0)\end{cases}\tag{2.26}$$

$$s_i^-=\begin{cases}-s_i & (s_i<0)\\0 & (s_i\geqslant0)\end{cases}\tag{2.27}$$

$$u_i^+=\begin{cases}u_i & (u_i\geqslant0)\\0 & (u_i<0)\end{cases}\tag{2.28}$$

$$u_i^-=\begin{cases}-u_i & (u_i\leqslant0)\\0 & (u_i>0)\end{cases}\tag{2.29}$$

其中可以得到 $s_i=s_i^+-s_i^-$, $|s_i|=s_i^++s_i^-$, $u_i=u_i^+-u_i^-$ 以及 $|u_i|=u_i^++u_i^-$,同时定义 $\boldsymbol{w}=[w_1\quad w_2\quad\cdots\quad w_p]^{\mathrm{T}}$ 以及 $\boldsymbol{q}=[q_1\quad q_2\quad\cdots\quad q_m]^{\mathrm{T}}$,可以得到以下形式的线性规划:

$$\min_{u^+,u^-,s^+,s^-}[\boldsymbol{w}^{\mathrm{T}}\quad\boldsymbol{w}^{\mathrm{T}}\quad\boldsymbol{q}^{\mathrm{T}}\quad\boldsymbol{q}^{\mathrm{T}}]\begin{bmatrix}\boldsymbol{u}^+\\\boldsymbol{u}^-\\\boldsymbol{s}^+\\\boldsymbol{s}^-\end{bmatrix}\tag{2.30}$$

约束条件为

$$[\boldsymbol{A}\quad-\boldsymbol{A}\quad-\boldsymbol{I}\quad\boldsymbol{I}]\begin{bmatrix}\boldsymbol{u}^+\\\boldsymbol{u}^-\\\boldsymbol{s}^+\\\boldsymbol{s}^-\end{bmatrix}=\boldsymbol{\tau}_{\mathrm{c}}\tag{2.31}$$

$$\begin{bmatrix}\boldsymbol{I} & -\boldsymbol{I} & \boldsymbol{0} & \boldsymbol{0}\\-\boldsymbol{I} & \boldsymbol{I} & \boldsymbol{0} & \boldsymbol{0}\end{bmatrix}\begin{bmatrix}\boldsymbol{u}^+\\\boldsymbol{u}^-\\\boldsymbol{s}^+\\\boldsymbol{s}^-\end{bmatrix}\geqslant\begin{bmatrix}\max(u_{\min},\delta_{\min}+u_l)\\-\min(u_{\max},\delta_{\max}+u_l)\end{bmatrix}\tag{2.32}$$

其他标准的线性规划形式也存在,基本思路都是通过引入相似的辅助变量转化为线性规划形式。为了保证能够产生一个可行解,上述提及的方法都是采用引入松弛因子的方法。需要注意的是,这些方法确实能够减少计算的复杂度,但是不能降低最差情形的计算复杂度,这也限制了它在后续实时分配中的应用。

对于线性规划问题的求解,最常用的方法是单纯形法、有效集法以及内点法等,这里不再介绍。对于线性规划问题来讲,它的最优解往往是在可行域的顶点取到,这样似乎更偏向于采用更少的执行机构,然而对于采用 2 范数以及无穷范数为目标函数,它们的解都会倾向于使用全部的执行机构。

2.2.5　二次规划法

控制分配问题采用 2 范数的形式进行描述,可以将问题转化为二次规划问题,它的一种常见的描述形式为[7-9]

$$\min_{u,s}\left(\sum_{i=1}^{m} q_i s_i^2 + \sum_{j=1}^{n} w_j u_j^2\right) \tag{2.33}$$

约束条件为

$$\boldsymbol{Au} = \boldsymbol{v}_{\mathrm{d}} + \boldsymbol{s} \quad (u_{\min} \leqslant u_i \leqslant u_{\max},\quad \delta_{\min} \leqslant u_i - u_l \leqslant \delta_{\max}) \tag{2.34}$$

它也可以转化为标准的二次规划问题形式:

$$\min_{u,s}\frac{1}{2}[\boldsymbol{u}^{\mathrm{T}}\quad \boldsymbol{s}^{\mathrm{T}}]\boldsymbol{H}\begin{bmatrix}\boldsymbol{u}\\ \boldsymbol{s}\end{bmatrix} \tag{2.35}$$

约束条件为

$$[\boldsymbol{A}\quad -\boldsymbol{I}]\begin{bmatrix}\boldsymbol{u}\\ \boldsymbol{s}\end{bmatrix} = \boldsymbol{\tau}_{\mathrm{c}} \tag{2.36}$$

$$\begin{bmatrix}\boldsymbol{I} & \boldsymbol{0}\\ -\boldsymbol{I} & \boldsymbol{0}\end{bmatrix}\begin{bmatrix}\boldsymbol{u}\\ \boldsymbol{s}\end{bmatrix} \geqslant \begin{bmatrix}\max(u_{\min},\delta_{\min}+u_l)\\ -\min(u_{\max},\delta_{\max}+u_l)\end{bmatrix} \tag{2.37}$$

式中,$\boldsymbol{H} = 2\mathrm{diag}(w_1,\cdots,w_p,q_1,\cdots,q_m)$,当目标函数中所有的权重都是正数时,$\boldsymbol{H}$ 是一个正定阵,同时二次规划是一个凸规划问题,通过引入松弛变量,通常可以得到唯一的最优解。

可以注意到,在很多的模型中,包括 1 范数模型都会引入松弛因子,这样做可以保证得到可行解,当求解结果没有超出约束范围时,松弛因子会自动变为零,通常称为惩罚函数法。

二次规划问题通常也可以采用有效集法或者内点法来求解,它们都被应用于控制分配问题中,本节不再详述。

2.2.6　非线性控制分配方法

上述研究方法是基于执行机构线性模型的假设开展的,对于非线性执行机构模型下的控制分配描述，目标函数及约束条件无法采用多面体数学表达式[10,11]，为了获得更好的控制性能，这种非线性描述可能还是存在的，这种控制分配问题一般采用局部近似方法，将目标函数近似为二次函数以及对约束进行线性化处理，形成一种与二次规划法相似的数值方法，只是在每个采样周期内都得进行线性/二次近似。更准确地讲，它的控制分配模型为

$$\begin{cases} \min\limits_{\zeta} J(\zeta) \\ \text{s.t.}\quad F(\zeta)=0 \\ \qquad\ \ G(\zeta)\geqslant 0 \end{cases} \tag{2.38}$$

1. 序列二次规划法

序列二次规划法的仿真结果表明，该方法可以产生足够准确的解，只是相比于基于线性控制分配问题中的二次规划法，它的计算复杂度有所增加，这种方法的计算过程如下。

初始化：根据 2.2.5 节中的二次规划法，将计算得到的解作为起始点 ζ^0。

主要计算：

(1) 在 ζ^0 处，利用数值方法进行泰勒展开，并只取前两项。

(2) 采用同样的办法，取函数 F 和 G 在 ζ^0 的一阶项。

(3) 让 $z=\zeta-\zeta^0$，然后定义非线性模型(2.38)中 QP 的近似矩阵。

(4) 采用有效集方法求解 QP 模型，然后定义一个新的解 $\zeta^1=\zeta^0+z$。

需要注意的是，对于任意的非线性控制分配问题，当采样周期不同时，往往会得到不同的结论。为了获得足够的精度，通常需要进行多次线性/二次近似，在控制周期内往往还会用到上面提及的线性或二次规划法进行多次迭代，直到找到最优解。通过 N 次迭代，它的计算时间大概会是线性或二次规划法的 N 倍。

2. 动态寻优方法

对静态非线性优化控制分配问题，可以使用李雅普诺夫函数进行优化求解，特别是在目标函数 $J'(\boldsymbol{x},\boldsymbol{u},t)=J(\boldsymbol{x},\boldsymbol{u},t)+\rho(\boldsymbol{u})$ 中引入惩罚函数 $\rho(\cdot)$，可以限制输入在限制范围内 $\boldsymbol{u}\in\boldsymbol{U}$，然后构造拉格朗日函数：

$$L(\boldsymbol{x},\boldsymbol{u},t,\boldsymbol{\lambda})=J'(\boldsymbol{x},\boldsymbol{u},t)+\boldsymbol{\lambda}^{\mathrm{T}}[\boldsymbol{v}_{\mathrm{d}}-H(\boldsymbol{x},\boldsymbol{u},t)] \tag{2.39}$$

式中，$\boldsymbol{\lambda}$ 是拉格朗日乘子，$\boldsymbol{\lambda}\in\mathbf{R}^m$。

假设用于运动控制的李雅普诺夫函数 $V_0(\boldsymbol{x},t)$，它可以构造为

$$\boldsymbol{V}(\boldsymbol{x},\boldsymbol{u},t,\boldsymbol{\lambda})=\sigma V_0(\boldsymbol{x},t)+\frac{1}{2}\left(\frac{\partial \boldsymbol{L}^{\mathrm{T}}}{\partial \boldsymbol{u}}\frac{\partial \boldsymbol{L}}{\partial \boldsymbol{u}}+\frac{\partial \boldsymbol{L}^{\mathrm{T}}}{\partial \boldsymbol{\lambda}}\frac{\partial \boldsymbol{L}}{\partial \boldsymbol{\lambda}}\right) \tag{2.40}$$

式中，某些 $\sigma>0$，希望 $\boldsymbol{V}$ 关于时间 t 的导数为负数，这样就可以构造出控制分配的更新方法：

$$\dot{\boldsymbol{u}}=-\boldsymbol{\Gamma}\boldsymbol{\alpha}+\boldsymbol{\xi},\quad \dot{\boldsymbol{\lambda}}=-\boldsymbol{K}\boldsymbol{\beta}+\boldsymbol{\phi} \tag{2.41}$$

式中，$\boldsymbol{\Gamma}$、$\boldsymbol{K}$ 都是对称正定的增益矩阵；$\boldsymbol{\alpha}$、$\boldsymbol{\xi}$、$\boldsymbol{\beta}$、$\boldsymbol{\phi}$ 都是信号信息。

控制分配的更新方法(2.41)能够渐近地跟踪最优控制分配。需要注意到，动态控制分配仅仅是渐近优化，这一特点不是特别明显，同时每一时刻对应的最优控制分配结果都在变化，这种方法最大的优点是不需要直接进行数值优化，其缺点与非线性规划方法相似，可能会因为函数的非凸性导致方法不收敛。

2.3 基于执行机构可达集的控制分配方法

本节以直接分配法为基础，介绍一种基于执行机构可达集的控制分配方法[12,13]，并针对离线计算方法与在线计算方法提出改进，最后给出仿真算例。

基于可达集信息的直接分配法主要是由离线计算与在线计算两部分组成。离线计算负责寻找并存储可达集表面信息，包括各表面顶点及其连接关系，以及各顶点对应的饱和控制量[6,14]。在线计算根据离线存储的信息，实时求解满足期望力矩的控制指令。以下分别针对可达集信息构造与在线指令生成提出改进方法。

2.3.1 配置可达集信息构造方法

离线计算的关键在于快速寻找并存储可达集的表面信息，包括可达集边界的顶点及其相互间的连接关系。首先给出预备定理确定顶点范围，然后依据控制分配矩阵的性质，分别给出两种可达集构造方法及其对比分析结果。

可达集边界 $\partial(\boldsymbol{\Phi}_{\mathrm{T}})$ 由控制子空间边界 $\partial(\boldsymbol{\Omega})$ 的子集映射而来，而 $\partial(\boldsymbol{\Omega})$ 对应的控制向量 $\boldsymbol{u}$ 中均存在饱和元素，记为 $\boldsymbol{u}_{\mathrm{sat}}$。现定义 $\bar{\boldsymbol{u}}$ 来表示 $\boldsymbol{u}$ 中所有元素均处于饱和状态，显然 $\bar{\boldsymbol{u}} \in \boldsymbol{u}_{\mathrm{sat}}$。

定理 2.1 $\partial(\boldsymbol{\Phi}_{\mathrm{T}})$ 的所有顶点为 $\boldsymbol{A}\bar{\boldsymbol{u}}$ 的子集。

证明 首先需证明 $\partial(\boldsymbol{\Phi}_{\mathrm{T}})$ 所有顶点均由 $\bar{\boldsymbol{u}}$ 经矩阵 $\boldsymbol{A}$ 映射而来。若不然，则存在控制向量 $\boldsymbol{u}_1 \notin \bar{\boldsymbol{u}}$ 映射为 $\partial(\boldsymbol{\Phi}_{\mathrm{T}})$ 顶点，即

$$\boldsymbol{u}_1 \in \boldsymbol{u}_{\mathrm{sat}}, \quad \boldsymbol{u}_1 \notin \bar{\boldsymbol{u}} \tag{2.42}$$

设 $\boldsymbol{u}_1$ 中有 $k(k<m)$ 个变量处于非饱和状态。任意选择第 $k_r(r=1,2,\cdots,k)$ 个非饱和变量作为变化量，剩余 $(k-1)$ 个非饱和变量取为定值，则存在 $\xi_{k_r,\mathrm{d}} \in [u_{k_r,\min}, u_{k_r}]$，$\xi_{k_r,\mathrm{u}} \in [u_{k_r}, u_{k_r,\max}]$，得

$$\xi_{k_r,\mathrm{d}}\boldsymbol{a}_{k_r} < u_{k_r}\boldsymbol{a}_{k_r} < \xi_{k_r,\mathrm{u}}\boldsymbol{a}_{k_r} \tag{2.43}$$

式中，$\boldsymbol{a}_{k_r}$ 为矩阵 $\boldsymbol{A}$ 的第 k_r 列。

经矩阵 $\boldsymbol{A}$ 映射后，$u_{k_r}\boldsymbol{a}_{k_r}$ 仍然位于连接 $\xi_{k_r,\mathrm{d}}\boldsymbol{a}_{k_r}$ 与 $\xi_{k_r,\mathrm{u}}\boldsymbol{a}_{k_r}$ 的线段之中，因此输出

力矩为

$$\boldsymbol{m}_1=\boldsymbol{A}\boldsymbol{u}_1=\boldsymbol{A}'_{n-k}\boldsymbol{u}_{n-k}^{\text{sat}}+\boldsymbol{A}'_{k-1}\boldsymbol{u}_{k-1}^{\text{unsat}}+u_{k_r}\boldsymbol{a}_{k_r} \tag{2.44}$$

式中，$\boldsymbol{A}'_{n-k}$为矩阵$\boldsymbol{A}$中对应$\boldsymbol{u}_1$饱和控制变量的列向量；$\boldsymbol{u}_{n-k}^{\text{sat}}$为向量$\boldsymbol{u}_1$中的饱和控制变量；$\boldsymbol{A}'_{k-1}$为矩阵$\boldsymbol{A}$中对应$\boldsymbol{u}_1$除去$u_{k_r}$后的非饱和控制变量对应的列向量；$\boldsymbol{u}_{k-1}^{\text{unsat}}$为$\boldsymbol{u}_1$中除$u_{k_r}$以外的非饱和控制变量。

显然，$\boldsymbol{m}_1$位于连接$\boldsymbol{m}_{\xi_1}$与$\boldsymbol{m}_{\xi_2}$的线段之中，且有

$$\begin{cases}\boldsymbol{m}_{\xi_1}=\boldsymbol{A}'_{n-k}\boldsymbol{u}_{n-k}^{\text{sat}}+\boldsymbol{A}'_{k-1}\boldsymbol{u}_{k-1}^{\text{unsat}}+\xi_{k_r,\text{d}}\boldsymbol{a}_{k_r}\\ \boldsymbol{m}_{\xi_2}=\boldsymbol{A}'_{n-k}\boldsymbol{u}_{n-k}^{\text{sat}}+\boldsymbol{A}'_{k-1}\boldsymbol{u}_{k-1}^{\text{unsat}}+\xi_{k_r,\text{u}}\boldsymbol{a}_{k_r}\end{cases} \tag{2.45}$$

即$\boldsymbol{A}\boldsymbol{u}_1$将不会映射为可达集的顶点。由选取$k_r$的任意性可知，$\partial(\boldsymbol{\Phi}_{\text{T}})$的顶点必然由$\bar{\boldsymbol{u}}$映射而来。

以下证明$\partial(\boldsymbol{\Phi}_{\text{T}})$的顶点为$\boldsymbol{A}\bar{\boldsymbol{u}}$的子集。利用反证法，只要在$\bar{\boldsymbol{u}}$中找到没有映射为$\partial(\boldsymbol{\Phi}_{\text{T}})$的顶点即可。$\boldsymbol{A}$的零空间为

$$\boldsymbol{N}(\boldsymbol{A})=\{\boldsymbol{\xi}\,|\,\boldsymbol{A}\boldsymbol{\xi}=\boldsymbol{0},\quad \boldsymbol{\xi}=\mathbf{R}^m\} \tag{2.46}$$

再定义$\boldsymbol{N}(\boldsymbol{A})$的一个基向量（Basis Vector）$\boldsymbol{\xi}_k$，满足

$$\boldsymbol{A}\boldsymbol{\xi}_k=\boldsymbol{0} \tag{2.47}$$

根据$\boldsymbol{\xi}_k$的元素符号定义控制向量$\boldsymbol{u}_k$：

$$\boldsymbol{u}_{k,i}=\begin{cases}\boldsymbol{u}_{k,i\max} & (\boldsymbol{\xi}_{k,i}>0)\\ \boldsymbol{u}_{k,i\min} & (\boldsymbol{\xi}_{k,i}<0)\\ \boldsymbol{u}_{k,i\max}\text{或}\ \boldsymbol{u}_{k,i\min} & (\boldsymbol{\xi}_{k,i}=0)\end{cases}\quad (i=1,2,\cdots,m) \tag{2.48}$$

$\boldsymbol{u}_k$生成力矩$\boldsymbol{m}_k=\boldsymbol{A}\boldsymbol{u}_k$也可由控制向量$\boldsymbol{u}'_k$生成：

$$\boldsymbol{A}\boldsymbol{u}'_k=\boldsymbol{A}(\boldsymbol{u}_k+k\boldsymbol{\xi}_k)=\boldsymbol{A}\boldsymbol{u}_k+k\boldsymbol{A}\boldsymbol{\xi}_k=\boldsymbol{m}_k+\boldsymbol{0}=\boldsymbol{m}_k\quad (k<0) \tag{2.49}$$

而$\boldsymbol{u}'_k$为非饱和控制向量，故$\boldsymbol{m}_k\notin\partial(\boldsymbol{\Phi}_{\text{T}})$，因此$\boldsymbol{u}_k$将不可能映射至$\partial(\boldsymbol{\Phi}_{\text{T}})$，更不可能映射为$\partial(\boldsymbol{\Phi}_{\text{T}})$的顶点。

综上所述，$\partial(\boldsymbol{\Phi}_{\text{T}})$的所有顶点为$\boldsymbol{A}\bar{\boldsymbol{u}}$的子集。

由定理2.1得出，控制分配矩阵$\boldsymbol{A}$的性质决定了集合$\boldsymbol{A}\bar{\boldsymbol{u}}$中各元素的分类。由矩阵理论可知，控制列向量$\boldsymbol{u}$在控制子空间中可表示为

$$\boldsymbol{u}=\boldsymbol{x}+\boldsymbol{y},\quad \boldsymbol{x}\perp\boldsymbol{y},\quad \boldsymbol{x}\in\boldsymbol{R}(\boldsymbol{A}),\quad \boldsymbol{y}\in\boldsymbol{N}(\boldsymbol{A}),\quad \boldsymbol{u}\in\boldsymbol{\Omega}\subset\mathbf{R}^m \tag{2.50}$$

式中，$\boldsymbol{R}(\boldsymbol{A})$为矩阵$\boldsymbol{A}$的行空间；$\boldsymbol{N}(\boldsymbol{A})$为矩阵$\boldsymbol{A}$的零空间。

根据空间几何理论，有

$$\boldsymbol{R}(\boldsymbol{A})\cap\boldsymbol{N}(\boldsymbol{A})=\{0\},\quad \dim(\mathbf{R}^m)=\dim[\boldsymbol{R}(\boldsymbol{A})]+\dim[\boldsymbol{N}(\boldsymbol{A})] \tag{2.51}$$

式中，$\dim(\boldsymbol{\Lambda})$表示空间$\boldsymbol{\Lambda}$的维数。

以下分别讨论基于$\boldsymbol{R}(\boldsymbol{A})$的可达集构造方法以及基于$\boldsymbol{N}(\boldsymbol{A})$的可达集构造方法。

1. 基于控制分配矩阵行空间的构造方法

基于 $\boldsymbol{R}(\boldsymbol{A})$ 寻找可达集顶点的方法也称为直接法，是原始直接分配法构建可达集信息所用的方法。首先取 $\boldsymbol{A}$ 的第 i 列与第 j 列，即 $\boldsymbol{A}_i$ 与 $\boldsymbol{A}_j$，对应 $\boldsymbol{u}$ 中元素 $\boldsymbol{u}_i$ 与 $\boldsymbol{u}_j$。选取向量 $\boldsymbol{t}$ 满足

$$\boldsymbol{t}^{\mathrm{T}}\boldsymbol{A}_i = \boldsymbol{0}, \quad \boldsymbol{t}^{\mathrm{T}}\boldsymbol{A}_j = \boldsymbol{0} \tag{2.52}$$

$\boldsymbol{t}$ 即为 $\boldsymbol{A}_i$、$\boldsymbol{A}_j$ 张成平面的法线方向。将上式拆分为

$$\begin{bmatrix} A_{i1} & A_{j1} \\ A_{i2} & A_{j2} \end{bmatrix}\begin{bmatrix} t_1 \\ t_2 \end{bmatrix} + \begin{bmatrix} A_{i3} \\ A_{j3} \end{bmatrix} t_3 = \boldsymbol{0} \tag{2.53}$$

令 $t_3 = 1$，若式中 2×2 子矩阵可逆，则可求出 $\boldsymbol{t}$；若不然，则将 t_3 替换为 t_2 或 t_1 再求解。当 $\boldsymbol{A}$ 中任意 3×3 子矩阵满秩时，其任意 3×3 子矩阵中必然存在可逆 2×2 子矩阵。

求得 $\boldsymbol{t}$ 后，基于信息向量求取 $\bar{\boldsymbol{u}}$ 中映射为 $\partial(\boldsymbol{\Phi}_{\mathrm{T}})$ 顶点的元素。向量 $\boldsymbol{t}^{\mathrm{T}}\boldsymbol{A}$ 中，其第 i、j 元素将为零，其余元素互有正负。从而 $\boldsymbol{t}$ 方向的 $\partial(\boldsymbol{\Phi}_{\mathrm{T}})$ 表面顶点由如下四个控制向量定义：

$$\bar{u}_{q,l} = \begin{cases} u_{l\max} & ((\boldsymbol{t}^{\mathrm{T}}\boldsymbol{A})_l > 0) \\ u_{l\min} & ((\boldsymbol{t}^{\mathrm{T}}\boldsymbol{A})_l < 0) \end{cases} \quad (q = 1,2,3,4;\quad l = 1,2,\cdots,m;\quad l \neq i,j) \tag{2.54}$$

$\bar{u}_{q,i}$ 与 $\bar{u}_{q,j}$ 取第 i、j 元素饱和状态下的四种可能组合，即

$$[\bar{u}_{q,i} \quad \bar{u}_{q,j}]^{\mathrm{T}} = \begin{cases} [u_{q,i\min} \quad u_{q,j\min}]^{\mathrm{T}} \\ [u_{q,i\min} \quad u_{q,j\max}]^{\mathrm{T}} \\ [u_{q,i\max} \quad u_{q,j\min}]^{\mathrm{T}} \\ [u_{q,i\max} \quad u_{q,j\max}]^{\mathrm{T}} \end{cases} \quad (q = 1,2,3,4) \tag{2.55}$$

同理，$\boldsymbol{t}$ 反方向的 $\partial(\boldsymbol{\Phi}_{\mathrm{T}})$ 表面顶点由如下四个控制向量定义：

$$\bar{u}'_{q,l} = \begin{cases} u_{l\min} & ((\boldsymbol{t}^{\mathrm{T}}\boldsymbol{A})_l > 0) \\ u_{l\max} & ((\boldsymbol{t}^{\mathrm{T}}\boldsymbol{A})_l < 0) \end{cases} \quad (q = 1,2,3,4;\quad l = 1,2,\cdots,m;\quad l \neq i,j) \tag{2.56}$$

$\bar{u}'_{q,i}$ 与 $\bar{u}'_{q,j}$ 取值同式(2.55)。

下面举例说明，如果

$$\begin{cases} \boldsymbol{u}_{\max} = [1 \quad 1 \quad 1 \quad 1 \quad 1]^{\mathrm{T}} \\ \boldsymbol{u}_{\min} = [-1 \quad -1 \quad -1 \quad -1 \quad -1]^{\mathrm{T}} \\ \boldsymbol{t}^{\mathrm{T}}\boldsymbol{A} = [1 \quad 0 \quad -1 \quad 0 \quad -2]^{\mathrm{T}} \end{cases} \tag{2.57}$$

则在 $\boldsymbol{t}$ 方向上的 $\partial(\boldsymbol{\Phi}_{\mathrm{T}})$ 表面四顶点对应的控制向量为

$$\begin{cases} \boldsymbol{u}_1 = [1 \quad -1 \quad -1 \quad -1 \quad -1]^{\mathrm{T}} \\ \boldsymbol{u}_2 = [1 \quad -1 \quad -1 \quad 1 \quad -1]^{\mathrm{T}} \\ \boldsymbol{u}_3 = [1 \quad 1 \quad -1 \quad -1 \quad -1]^{\mathrm{T}} \\ \boldsymbol{u}_4 = [1 \quad 1 \quad -1 \quad 1 \quad -1]^{\mathrm{T}} \end{cases} \tag{2.58}$$

对应 $\partial(\boldsymbol{\Phi}_{\mathrm{T}})$ 表面四顶点即为 $\boldsymbol{Au}_1$、$\boldsymbol{Au}_2$、$\boldsymbol{Au}_3$、$\boldsymbol{Au}_4$。同理，$\boldsymbol{t}$ 反向上的 $\partial(\boldsymbol{\Phi}_{\mathrm{T}})$ 表面四顶点对应的控制向量为

$$\begin{cases} \boldsymbol{u}_5 = [-1 \quad -1 \quad 1 \quad -1 \quad 1]^{\mathrm{T}} \\ \boldsymbol{u}_6 = [-1 \quad -1 \quad 1 \quad 1 \quad 1]^{\mathrm{T}} \\ \boldsymbol{u}_7 = [-1 \quad 1 \quad 1 \quad -1 \quad 1]^{\mathrm{T}} \\ \boldsymbol{u}_8 = [-1 \quad 1 \quad 1 \quad 1 \quad 1]^{\mathrm{T}} \end{cases} \tag{2.59}$$

对应 $\partial(\boldsymbol{\Phi}_{\mathrm{T}})$ 表面四顶点分别为 $\boldsymbol{Au}_5$、$\boldsymbol{Au}_6$、$\boldsymbol{Au}_7$、$\boldsymbol{Au}_8$。

如果取尽 $\boldsymbol{A}$ 中所有 i、j 的可能组合，按上述方法即可求得 $\partial(\boldsymbol{\Phi}_{\mathrm{T}})$ 中所有映射为 $\partial(\boldsymbol{\Phi}_{\mathrm{T}})$ 顶点的 $\bar{\boldsymbol{u}}$，且寻找顶点的同时构建出可达集表面信息。为记录表面信息，需存储 $\partial(\boldsymbol{\Phi}_{\mathrm{T}})$ 的顶点信息以及与之对应的饱和控制列向量信息。为减少离线数据对空间的占用，避免顶点信息重复存储，需要构建二进制代码列表存储顶点及可达集表面信息。

2. 基于效力矩阵零空间的构造方法

给定 m 个控制量，$\partial(\boldsymbol{\Phi}_{\mathrm{T}})$ 的顶点总数为 2^m。控制分配矩阵 $\boldsymbol{A}$ 的性质决定了其中 (m^2-m+2) 个顶点映射为 $\partial(\boldsymbol{\Phi}_{\mathrm{T}})$ 顶点，剩余顶点映射至 $\boldsymbol{\Phi}_{\mathrm{T}}$ 内部。基于效力矩阵零空间的构造方法，在顶点集合中移除映射至 $\boldsymbol{\Phi}_{\mathrm{T}}$ 内部的顶点，再根据剩余顶点信息构建可达集表面信息。

考虑 $N(\boldsymbol{A})$ 的基向量满足

$$\boldsymbol{A\xi} = \boldsymbol{0} \tag{2.60}$$

选择 $\boldsymbol{A}$ 的第 i、j、k 列构成 3×3 子矩阵，记为 $\boldsymbol{A}_i$、$\boldsymbol{A}_j$、$\boldsymbol{A}_k$。定义 $(m-3)$ 组列向量：

$$\boldsymbol{x}_1 = \begin{bmatrix} 1 \\ 0 \\ \vdots \\ 0 \end{bmatrix}, \quad \boldsymbol{x}_2 = \begin{bmatrix} 0 \\ 1 \\ \vdots \\ 0 \end{bmatrix}, \quad \cdots, \quad \boldsymbol{x}_{m-3} = \begin{bmatrix} 0 \\ 0 \\ \vdots \\ 1 \end{bmatrix} \tag{2.61}$$

依次将 $\boldsymbol{x}_l\,(l=1,2,\cdots,m-3)$ 作为 $\boldsymbol{\xi}$ 已知元素代入式(2.60)，求 $\boldsymbol{\xi}_l$ 的第 i、j、k 元素：

$$\begin{bmatrix} \xi_{l,i} \\ \xi_{l,j} \\ \xi_{l,k} \end{bmatrix} = [\boldsymbol{A}_i \quad \boldsymbol{A}_j \quad \boldsymbol{A}_k]^{-1}\boldsymbol{A}'\boldsymbol{x}_l \quad (l=1,2,\cdots,m-3) \tag{2.62}$$

式中,$\boldsymbol{A}'$为矩阵 $\boldsymbol{A}$ 移除其 i、j、k 列后的子矩阵。

最后根据 $\boldsymbol{\xi}_l$ 确定映射至 $\boldsymbol{\Phi}_{\mathrm{T}}$ 内部的 $\overline{\boldsymbol{u}}$:

$$\overline{u}_{l,i}=\begin{cases}u_{l,i\max} & (\xi_{l,i}>0)\\ u_{l,i\min} & (\xi_{l,i}<0)\\ u_{l,i\max}\text{或 }u_{l,i\min} & (\xi_{l,i}=0)\end{cases}\quad (i=1,2,\cdots,m) \tag{2.63}$$

或

$$\overline{u}'_{l,i}=\begin{cases}u_{l,i\min} & (\xi_{l,i}>0)\\ u_{l,i\max} & (\xi_{l,i}<0)\\ u_{l,i\max}\text{或 }u_{l,i\min} & (\xi_{l,i}=0)\end{cases}\quad (i=1,2,\cdots,m) \tag{2.64}$$

取尽 i、j、k 的所有可能组合,按上述方法移除映射至 $\boldsymbol{\Phi}_{\mathrm{T}}$ 内部的顶点后,剩余即为映射至 $\partial(\boldsymbol{\Phi}_{\mathrm{T}})$顶点的集合。与基于 $\boldsymbol{R}(\boldsymbol{A})$的构造方法不同,此时可达集表面信息需根据顶点的二进制代码列表进行单独构建。在代码列表中,一个可达集表面四顶点的特征表现为:四顶点二进制代码中的$(m-2)$个元素取相同值,剩余两元素取值对应两个控制量分别取极限值时的四种可能组合。取遍任意两元素的所有可能组合,再经历$(m^2-m)/2$ 次循环后,便可完全构建可达集表面信息。

3. 归一化可达集顶点

在线指令生成的过程中,为快速确定与期望控制指令相交的可达集表面,构造可达集信息时,需附加计算可达集顶点的归一化信息[3]:

$$\boldsymbol{v}_{\mathrm{d},v}^{*}=\frac{\boldsymbol{v}_{\mathrm{d},v}}{|\boldsymbol{v}_{\mathrm{d},v}|}\quad (v=1,2,\cdots,m^2-m+2) \tag{2.65}$$

式中,$\boldsymbol{v}_{\mathrm{d},v}^{*}$为 $\boldsymbol{v}_{\mathrm{d},v}$对应的归一化顶点;$\boldsymbol{v}_{\mathrm{d},v}$为 $\partial(\boldsymbol{\Phi}_{\mathrm{T}})$的第 v 个顶点;$|\boldsymbol{v}_{\mathrm{d},v}|$为 $\boldsymbol{v}_{\mathrm{d},v}$的幅值。

归一化后的可达集顶点将全部落在以原点为中心的单位球上。

2.3.2　在线指令生成方法

在闭环姿态控制系统中,控制方法给出期望力矩后,控制分配方法将期望力矩实时映射为各执行机构的控制指令。基于可达集包络面信息的直接分配法,首先需要找到与期望力矩射线方向相交的可达集表面,再根据相交表面的顶点信息确定控制指令。区别于原始直接分配法对于相交表面的序列搜索方式,改进方法的基本求解思路为:首先基于归一化可达集顶点信息,寻找期望力矩射线方向附近的顶点,再在包含所得顶点的可达集表面中寻找与期望力矩射线方向相交的表面。

1. 局部区域搜索方法

为减少相交表面的搜索量，改进方法首先将期望控制指令归一化处理，形成单位期望控制指令：

$$\boldsymbol{v}_{\mathrm{d}}^{*}=\frac{\boldsymbol{v}_{\mathrm{d}}}{|\boldsymbol{v}_{\mathrm{d}}|} \tag{2.66}$$

式中，$|\boldsymbol{v}_{\mathrm{d}}|$表示$\boldsymbol{v}_{\mathrm{d}}$的幅值。

由式(2.66)可知，$\boldsymbol{v}_{\mathrm{d}}^{*}$与$\boldsymbol{v}_{\mathrm{d}}$方向一致，且落于以原点为中心的单位球上。求取$\boldsymbol{v}_{\mathrm{d}}^{*}$与$\partial(\boldsymbol{\Phi}_{\mathrm{T}})$归一化顶点的距离并按升序排列，同时取序列中的前$q$个顶点进行后续运算：

$$\mathrm{Seq}_{v}=\min_{q}\{\|\boldsymbol{v}_{\mathrm{d},v}^{*}-\boldsymbol{v}_{\mathrm{d}}^{*}\|_{2},\quad v=1,2,\cdots,m^{2}-m+2\} \tag{2.67}$$

函数$\min_{q}$即为寻找与$\boldsymbol{v}_{\mathrm{d}}^{*}$最为接近的前$q$个归一化顶点的对应序号。该计算将表面搜索范围缩小至期望力矩射线方向附近区域。q的取值范围视可达集表面特性而定，一般情况下，与期望力矩射线方向距离最近的顶点所在表面未必与期望射线方向相交，故q取值应大于1。以下给出一反例。

图2.1中，假定顶点1至顶点6均为与$\boldsymbol{v}_{\mathrm{d}}$射线方向附近的顶点，顶点1′至顶点6′分别对应其归一化顶点。$\boldsymbol{v}_{\mathrm{d}}$射线方向与$\partial(\boldsymbol{\Phi}_{\mathrm{T}})$相交形成最大可达力矩，与单位球相交形成单位期望力矩。归一化处理后，$\partial(\boldsymbol{\Phi}_{\mathrm{T}})$中各顶点连接关系不变。假定按式(2.67)进行计算后得知，顶点6距离$\boldsymbol{v}_{\mathrm{d}}$射线方向最近，但由图2.1可以看出，与$\boldsymbol{v}_{\mathrm{d}}$射线方向相交的表面并不包含顶点6。若仅对包含顶点6的表面进行搜索，将无法找到相交表面，故实际搜索时，应取$q>1$。对于任意$\boldsymbol{v}_{\mathrm{d}}$，首先应保证搜索方法均能找到与$\boldsymbol{v}_{\mathrm{d}}$射线方向相交的表面，通常情况下，$q$取3～5即可。

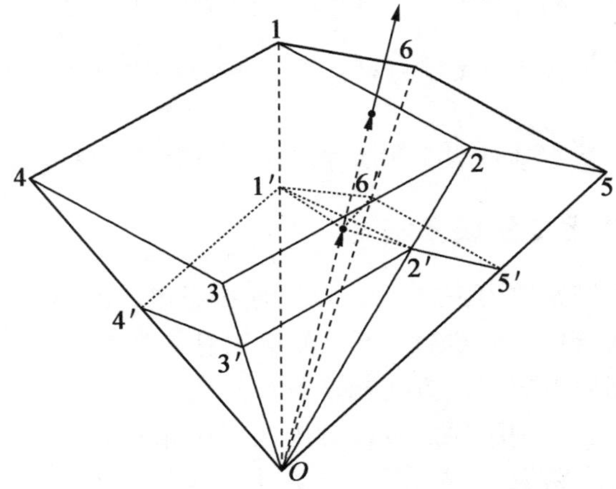

图2.1　最邻近顶点不处于相交表面反例

2. 相交表面判定方法

相交表面判定示意图如图 2.2 所示，若 $\boldsymbol{v}_{\mathrm{d}}$ 与被搜索表面相交，则 $\boldsymbol{v}_{\mathrm{d}}$ 可由表面上的三个顶点表示：

$$a\boldsymbol{v}_{\mathrm{d}}=\boldsymbol{v}_{\mathrm{d},i}+b(\boldsymbol{v}_{\mathrm{d},j}-\boldsymbol{v}_{\mathrm{d},i})+c(\boldsymbol{v}_{\mathrm{d},k}-\boldsymbol{v}_{\mathrm{d},i}) \tag{2.68}$$

式中，$\boldsymbol{v}_{\mathrm{d},i}$ 为表面的一个基点，$\boldsymbol{v}_{\mathrm{d},j}$、$\boldsymbol{v}_{\mathrm{d},k}$ 与之相邻；a 为将 $\boldsymbol{v}_{\mathrm{d}}$ 缩放至相交表面的系数。

系数 a、b、c 可通过下式求解：

$$[a\quad b\quad c]^{\mathrm{T}}=[\boldsymbol{v}_{\mathrm{d}}\quad \boldsymbol{v}_{\mathrm{d},i}-\boldsymbol{v}_{\mathrm{d},j}\quad \boldsymbol{v}_{\mathrm{d},i}-\boldsymbol{v}_{\mathrm{d},k}]^{-1}\boldsymbol{v}_{\mathrm{d},i} \tag{2.69}$$

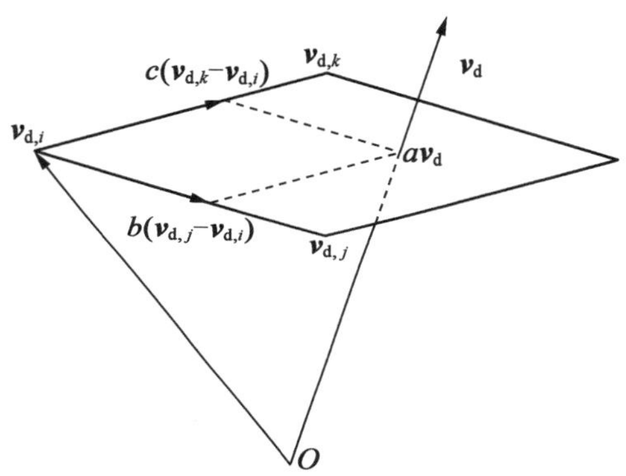

图 2.2　相交表面判定示意图

若 $\boldsymbol{v}_{\mathrm{d}}$ 与被搜索表面相交，则系数 a、b、c 应满足

$$a>0,\quad 0\leqslant b\leqslant 1,\quad 0\leqslant c\leqslant 1 \tag{2.70}$$

3. 控制指令求取方法

设相交表面顶点 $\boldsymbol{v}_{\mathrm{d},i}$、$\boldsymbol{v}_{\mathrm{d},j}$、$\boldsymbol{v}_{\mathrm{d},k}$ 对应的饱和控制量分别为 $\boldsymbol{u}_i$、$\boldsymbol{u}_j$、$\boldsymbol{u}_k$，$\boldsymbol{v}_{\mathrm{d}}$ 对应的控制指令向量为 $\boldsymbol{u}_{\mathrm{d}}$，则有

$$\boldsymbol{v}_{\mathrm{d},i}=\boldsymbol{A}\boldsymbol{u}_i,\quad \boldsymbol{v}_{\mathrm{d},j}=\boldsymbol{A}\boldsymbol{u}_j,\quad \boldsymbol{v}_{\mathrm{d},k}=\boldsymbol{A}\boldsymbol{u}_k,\quad \boldsymbol{v}_{\mathrm{d}}=\boldsymbol{A}\boldsymbol{u}_{\mathrm{d}} \tag{2.71}$$

代入式(2.68)得

$$a\boldsymbol{u}_{\mathrm{d}}=\boldsymbol{u}_i+b(\boldsymbol{u}_j-\boldsymbol{u}_i)+c(\boldsymbol{u}_k-\boldsymbol{u}_i) \tag{2.72}$$

记对应的控制指令为 $\boldsymbol{u}_{\mathrm{d}}^{*}$，且有

$$\boldsymbol{u}_{\mathrm{d}}^{*}=\boldsymbol{u}_i+b(\boldsymbol{u}_j-\boldsymbol{u}_i)+c(\boldsymbol{u}_k-\boldsymbol{u}_i) \tag{2.73}$$

考虑系数 a 的影响，修正直接分配法的最终控制指令为

$$\boldsymbol{u}_{\mathrm{d}}=\begin{cases}\boldsymbol{u}_{\mathrm{d}}^{*}/a & (a\geqslant 1)\\ \boldsymbol{u}_{\mathrm{d}}^{*} & (a<1)\end{cases} \tag{2.74}$$

$a>1$ 表示 $\boldsymbol{v}_{\mathrm{d}}$ 位于可达集内，$a=1$ 表示 $\boldsymbol{v}_{\mathrm{d}}$ 位于可达集边界，二者均可由相应指令无误差输出，$a<1$ 表示 $\boldsymbol{v}_{\mathrm{d}}$ 位于可达集外部，指令输出该方向上超过了最大可达力矩。

2.3.3 仿真算例

在前面两节中，我们分别对改进直接分配法的离线计算方法与在线计算方法进行了讨论。下面分别对改进方法进行数学仿真验证，并最终给出方法的分配流程。离线计算中，将新提出的基于效力矩阵零空间的计算方法与传统的基于效力矩阵行空间的计算方法进行对比；在线计算中，将新提出的局部区域相交表面搜索方法与现有的修正伪逆再分配法、原始直接分配法以及次梯度优化方法（SGO）等主流方法进行对比分析。

1. 离线计算仿真

以下基于 F18 – HARV 的执行机构配置，对前述的两种方法进行对比分析。离线计算均是基于控制分配矩阵及其输出极限进行数学信息构建，因此对于任意线性连续输出模型，其计算结果均可作为离线计算的参考结果。验证模型的控制分配矩阵为

$$A=\begin{bmatrix} -4.38\times10^{-2} & 4.38\times10^{-2} & -5.84\times10^{-2} & 5.48\times10^{-2} & 1.67\times10^{-2} & -6.28\times10^{-2} & 6.28\times10^{-2} & 2.92\times10^{-2} & 1.00\times10^{-5} & 1.00\times10^{-2} \\ -5.33\times10^{-1} & -5.33\times10^{-1} & -6.49\times10^{-2} & -6.49\times10^{-2} & 0.00 & 6.23\times10^{-2} & 6.23\times10^{-2} & 1.00\times10^{-5} & 3.55\times10^{-1} & 1.00\times10^{-5} \\ 1.10\times10^{-2} & -1.10\times10^{-2} & 3.91\times10^{-3} & -3.91\times10^{-3} & -7.48\times10^{-2} & 0.00 & 0.00 & 3.00\times10^{-4} & 1.00\times10^{-5} & 1.49\times10^{-1} \end{bmatrix} \tag{2.75}$$

各控制量的输出极限为

$$\begin{aligned} \boldsymbol{u}_{\min} &= [-4.19\times10^{-1}\ \ -4.19\times10^{-1}\ \ -5.24\times10^{-1}\ \ -5.24\times10^{-1}\ \ -5.24\times10^{-1}\ \ -1.40\times10^{-1}\ \ -1.40\times10^{-1}\ \ -5.24\times10^{-1}\ \ -5.24\times10^{-1}\ \ -5.24\times10^{-1}] \\ \boldsymbol{u}_{\max} &= [1.83\times10^{-1}\ \ 1.83\times10^{-1}\ \ 5.24\times10^{-1}\ \ 5.24\times10^{-1}\ \ 5.24\times10^{-1}\ \ 7.85\times10^{-1}\ \ 7.85\times10^{-1}\ \ 5.24\times10^{-1}\ \ 5.24\times10^{-1}\ \ 5.24\times10^{-1}] \end{aligned} \tag{2.76}$$

使执行机构数目由 4 到 10 依次增加，分别基于 $\boldsymbol{R}(\boldsymbol{A})$ 与 $\boldsymbol{N}(\boldsymbol{A})$ 构建配置可达集信息，离线计算时间对比图如图 2.3 所示。

由图 2.3 可知，两种构造方法的时间消耗均随执行机构数目的增加而增加。当执行机构的数目小于 10 时，基于 $\boldsymbol{N}(\boldsymbol{A})$ 的构造方法占优，可节省至少 32.22%（$m=9$ 时，前者 1.890 s，后者 1.281 s）的离线计算时间。而当执行机构的数目等于 10 时，基于 $\boldsymbol{R}(\boldsymbol{A})$ 的计算方法开始占优。可以预见：当执行机构的数目大于 10 时，基于 $\boldsymbol{R}(\boldsymbol{A})$ 的构造方法将优于基于 $\boldsymbol{N}(\boldsymbol{A})$ 的构造方法，因为此时移除顶点的

时间优势已无法抵消被移除顶点数目的增长劣势。

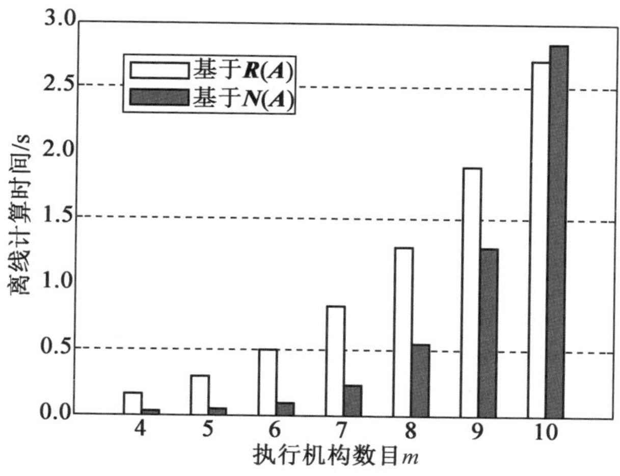

图 2.3　离线计算时间对比图

经对比分析可知，为提高可达集信息构造效率，改进方法应采取的离线计算策略为：当 $m<10$ 时，基于 $\boldsymbol{N}(\boldsymbol{A})$ 的计算方法构建配置可达集信息；当 $m\geqslant 10$ 时，基于 $\boldsymbol{R}(\boldsymbol{A})$ 的计算方法构建配置可达集信息。取 $m=10$ 时，F18 – HARV 配置的可达集包络面如图 2.4 所示。

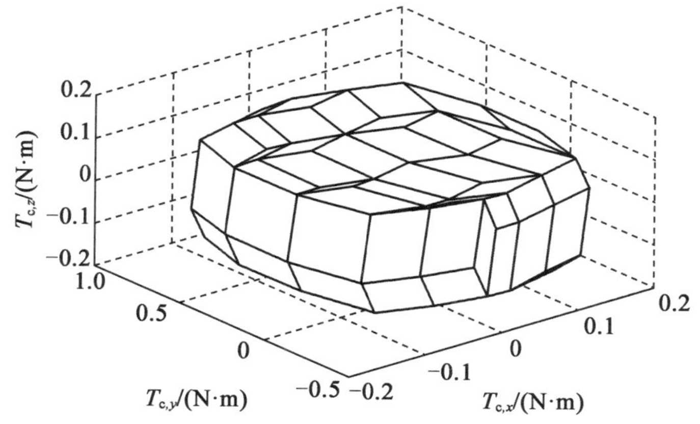

图 2.4　F18 – HARV 配置的可达集包络面

在改进方法的离线计算中，需要附加计算给定配置的归一化可达集顶点信息。为便于与后续的在线计算仿真相衔接，配置参数重写如下：

$$A=\begin{bmatrix} -0.18548 & -0.18548 & 0.18548 & 0.18548 & 0.31264 & 0.31264 & -0.31264 & -0.31264 \\ 0.31264 & -0.31264 & -0.31264 & 0.31264 & -0.18548 & 0.18548 & 0.18548 & 0.18548 \\ -0.10173 & 0.10173 & -0.10173 & 0.10173 & 0.10173 & -0.10173 & 0.10173 & -0.10173 \end{bmatrix} \tag{2.77}$$

单个推力器的推力输出区间为[0, 1]N。推力器配置的可达集包络面及可达集顶点的归一化连接关系分别如图2.5和图2.6所示。经仿真，基于$\boldsymbol{R}(\boldsymbol{A})$的构造方法耗时1.343 0 s，基于$\boldsymbol{N}(\boldsymbol{A})$的构造方法优于前者，耗时0.593 0 s，与图2.3所得结论一致。

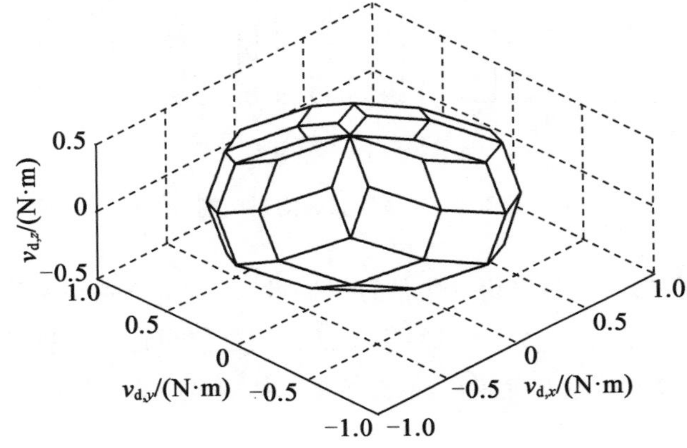

图2.5 推力器配置的可达集包络面

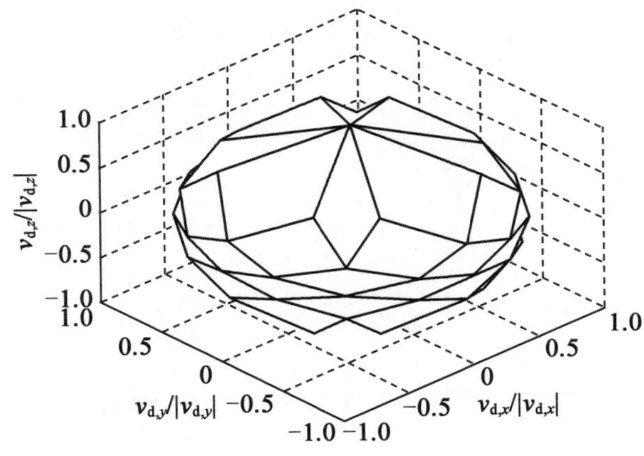

图2.6 可达集顶点的归一化连接关系

2. 在线计算仿真

以式(2.77)所示配置为例,仿真程序给出 1 000 个随机期望力矩,考查改进方法的分配特性。在仿真过程中,取 $q=3$。图 2.7 给出了改进方法在找到相交表面前所搜索的表面数目统计结果。在 86.8% 的分配结果中,搜索表面数不大于 4,这表明与期望力矩距离最近的可达集顶点仍然最有可能包含于相交表面中;13.2% 的搜索表面数大于 4,但最多不超过 8,与可达集表面总数 54 相比,被搜索表面数目明显降低。

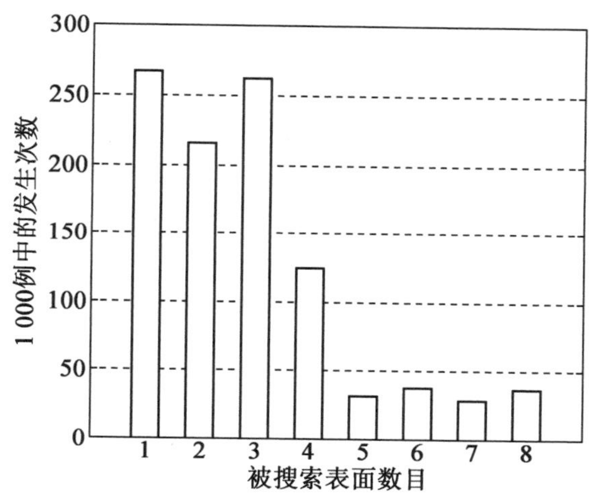

图 2.7　被搜索表面数目直方图

为考查改进方法在线分配时间特性,基于式(2.77)模型配置,将改进方法(MDA)与修正伪逆再分配法(MPIR)、直接分配法的线性规划模型 DA(SIMP)以及次梯度优化方法(SGO)进行对比分析。仿真程序同样给出 1 000 个可达集内的随机期望力矩,并对其进行统计分析,四种方法分配时间对比见表 2.1。前三种方法的最小分配时间均小于 1 ms,这是因为在 MDA 与 DA(SIMP)中,方法在早期的搜索中就找到了相交表面,中止了循环;而 MPIR 则是首循环的计算结果,即满足约束限制,可以直接输出分配结果。SGO 按固定次数优化迭代求解,分配时间限制在较小范围内,但分配结果将不时出现分配误差。

表 2.1　四种方法分配时间对比

分配方法	最小分配时间/ms	最大分配时间/ms	平均分配时间/ms
MDA	<1	16	0.85

续表 2.1

分配方法	最小分配时间/ms	最大分配时间/ms	平均分配时间/ms
MPIR	<1	16	1.68
DA(SIMP)	<1	63	8.34
SGO	2.30	6.78	2.38

在最大分配时间方面，MDA 减少了最大搜索表面数目，相对 DA(SIMP)节省 74.60%。MPIR 至多循环 8 次(执行机构总数目)求取最终解，最大分配时间与 MDA 相当。平均分配时间方面，MDA 相对 DA(SIMP)节省 89.81%，相对 MPIR 节省 49.40%，相对 SGO 节省 64.29%。这说明在可达集内不出现分配误差的前提下，修正方法可显著降低在线分配时间。部分执行机构故障情形时的结论与无执行机构故障时各个分配方法的计算结果类似，故障情形的分配时间对比(推力器 2、6 失效)见表 2.2。

表 2.2　故障情形的分配时间对比(推力器 2、6 失效)

分配方法	最小分配时间/ms	最大分配时间/ms	平均分配时间/ms
MDA	<1	16	0.73
MPIR	<1	16	1.17
DA(SIMP)	<1	46	6.95
SGO	1.82	5.80	1.98

图 2.8 给出了 MDA 的另一分配特性。基于 F18 - HARV 配置模型，将执行机构数目由 4 至 10 依次增加，考查方法分配时间随执行机构数目变化的特性。可以看出，除 $m=4$ 时 SGO 更具优势外，MDA 在其余情形均占用最少平均分配时间，且随执行机构数目的增加而缓慢增长。修正方法始终将搜索区域限制在期望力矩射线方向附近范围内，故受执行机构数目的影响较小。由此可见，MDA 在高冗余配置控制分配问题中将显现更大优势。与同性质的 DA(SIMP)相比，MDA 的分配时间更优，而与分配时间同等级的 MPIR、SGO 相比，MDA 可进行无误差分配。综合可知，MDA 在可达集内可进行期望力矩的快速高效、无误差分配。

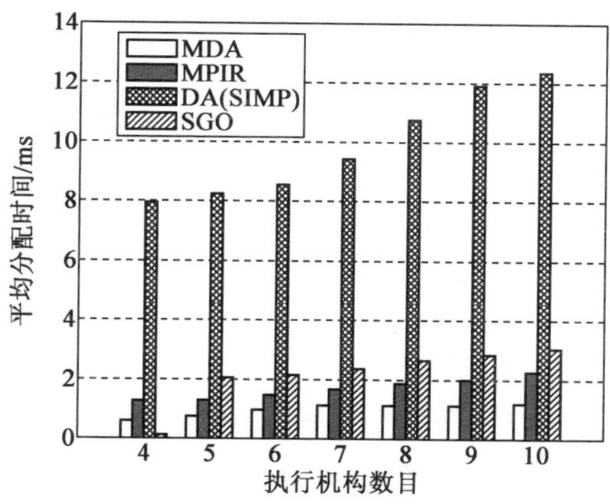

图 2.8　平均分配时间对比图

3. 改进方法流程

改进方法指令分配流程图如图 2.9 所示。从仿真结果可以看出，相比于传统分配方法，改进方法在不大幅增加数据存储量的前提下，对方法的离线计算效率和在线计算效率均有所提高。

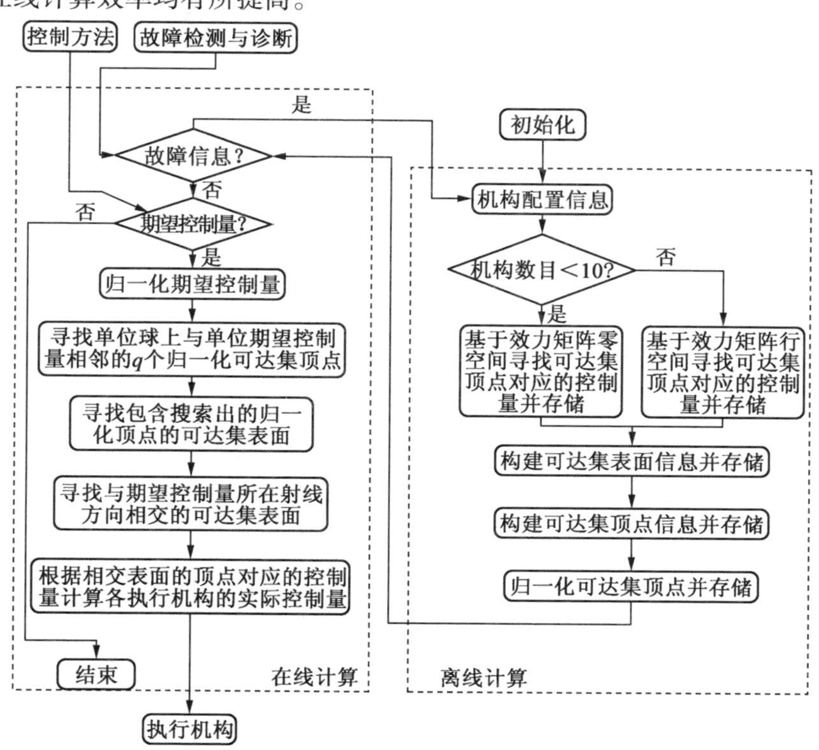

图 2.9　改进方法指令分配流程图

2.4 基于修正伪逆法的控制分配方法

控制分配问题是给出目标可达集内的任意向量,找出可用控制集内可映射为期望目标向量的控制量,适用于航天器推力器的动态分配方法除需要能够应用计算机求解,还要具有较高的计算效率和良好的分配性能。虽然基于优化方法的控制分配方法具有标准化、程式化的求解过程,但这类型分配方法的运算量大,实时性难以保证。伪逆法具有运算效率高的特性,但传统伪逆法难以考虑推力受限问题,因此需要对其进行修正以满足航天器推力动态分配问题的需求[15-17]。

本节将介绍对传统伪逆法进行修正的控制分配方法,以满足具有约束的控制分配问题需求,提出满足在轨实时应用的动态控制分配方法[18]。

根据 1.3.2 节中的控制分配模型,基于伪逆法的控制分配解为

$$\boldsymbol{F}=\boldsymbol{D}^{\mathrm{T}}(\boldsymbol{D}\boldsymbol{D}^{\mathrm{T}})^{-1}\boldsymbol{C}=\boldsymbol{D}^{+}\boldsymbol{C} \tag{2.78}$$

利用传统伪逆方法求取的推力虽然能够满足航天器的控制要求,但仍存在一定的不足。

(1)不能保证 $\boldsymbol{F}>\boldsymbol{0}$。

这样虽然求得了 $\boldsymbol{F}$,但实际中的推力器装置并不一定能够提供这样的 $\boldsymbol{F}$。一般推力器是成对安装的(图 2.10),计算结果中 $F_i<0$ 时,可以由与之成对的第 j 个推力器产生推力;其他情况下,伪逆的求取方法无效。

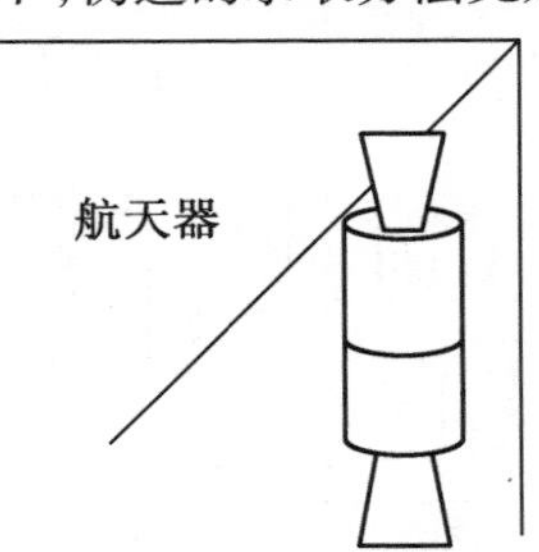

图 2.10　推力器安装

(2)$\boldsymbol{F}$ 为唯一解。

此时求得的 $\boldsymbol{F}$ 虽然能够满足轨道和姿态的控制要求,但它没有可供选择的余地,所以这个解并不一定是在推力器可执行的范围内(这里开始考虑推力器最大推力受限),也可能导致推力器无法执行。

考虑到传统伪逆法上述局限性,应研究在满足一体化控制需求的前提下,如

何将其调节到推力器可执行的范围内。针对该问题，下面给出两种伪逆法的修正方法。

2.4.1 基于链式分配法的修正伪逆法

将推力器分成若干组，每组的推力器都可以满足三轴推力及三轴力矩。运行中，如果推力器超出推力器所设定的最大或是最小推力阈值，将超限的推力器锁定在推力极限位置，将超限的力和力矩重新分配给未超限的推力器，将控制效率矩阵和推力器都进行相应的分组，由于推力器的特殊性，所以将对推力器的最大和最小推力极限位置分开考虑。

1. 推力器最小推力的修正问题

结合链式分配法的思路，考虑分离伪逆初解中的正值分量和负值分量，并将其分成两组：

$$\boldsymbol{F}_{\mathrm{pc}}=\begin{bmatrix}\boldsymbol{F}_{\mathrm{pc\_neg}}\\ \boldsymbol{F}_{\mathrm{pc\_pos}}\end{bmatrix},\quad \boldsymbol{F}_{\mathrm{pc\_neg}}<\boldsymbol{0},\quad \boldsymbol{F}_{\mathrm{pc\_pos}}>\boldsymbol{0} \tag{2.79}$$

相应地，将控制分配矩阵 $\boldsymbol{D}$ 按照对应的控制变量进行分块：

$$\boldsymbol{D}=\begin{bmatrix}\boldsymbol{D}_{\mathrm{neg}}\\ \boldsymbol{D}_{\mathrm{pos}}\end{bmatrix} \tag{2.80}$$

式中，$\boldsymbol{D}_{\mathrm{neg}}$ 为 $\boldsymbol{F}_{\mathrm{pc\_neg}}$ 所对应的控制分配矩阵子阵；$\boldsymbol{D}_{\mathrm{pos}}$ 为 $\boldsymbol{F}_{\mathrm{pc\_pos}}$ 所对应的控制分配矩阵子阵。

由于 $\boldsymbol{F}_{\mathrm{pc\_neg}}$ 为推力器无法执行的负向推力，本书设定最小推力为 0，故第一分组的推力值全部置为推力下限值 0，即 $\boldsymbol{u}_1=[0\ \ \cdots\ \ 0]$，这组推力器产生的期望量为零向量。通过叠加，初始的期望量全部累加到第二组正值推力器上，即 $\boldsymbol{M}_{\mathrm{d}}=\boldsymbol{D}_{\mathrm{pos}}\boldsymbol{u}_2$，$\boldsymbol{u}_2$ 为全正的推力器分配向量，为所求的修正后的分配值。链式分配法结构示意图如图 2.11 所示。

2. 推力器最大推力的修正问题

由于星载推力器无法提供无限推力，其总会有一个最大推力极限，而 $\boldsymbol{u}_2$ 仅考虑推力器下限问题，所以在本节中，需要解决超推力上限的问题。

对于超上限问题，还是遵循链式分配法的思路。设定最大推力为 F_i^u，若在所有超限推力器中，第 i 个推力器是超限最多的一个推力器，其推力为 F_i。将第 i 个推力器置于最大推力 F_i^u，利用饱和推力与当前分配推力相比，得到比例系数 k，$k=\dfrac{F_i^u}{F_i}$，将所有的推力器乘以比例系数 k，$\boldsymbol{u}_2'=k\boldsymbol{u}_2$，这些推力器可以产生的三轴力矩和三轴推力为 $\boldsymbol{M}_{\mathrm{d}}'=k\boldsymbol{M}_{\mathrm{d}}$，与期望量的差值为 $\boldsymbol{\delta}=\boldsymbol{M}_{\mathrm{d}}-\boldsymbol{M}_{\mathrm{d}}'$，将剩余的期望量 $\boldsymbol{\delta}$

分配给除饱和的第 i 个推力器外的其余推力器上，同时将系统效率矩阵进行修改，删除与第 i 个推力器相对应的列，效率矩阵为 $\boldsymbol{D}_3$，对效率矩阵 $\boldsymbol{D}_3$ 进行伪逆计算，得到 $\boldsymbol{P}'_{\text{pseudo}}=\boldsymbol{D}_3^{\mathrm{T}}(\boldsymbol{D}_3\boldsymbol{D}_3^{\mathrm{T}})^{-1}$，利用伪逆法求取推力为 $\boldsymbol{u}_3=\boldsymbol{P}'_{\text{pseudo}}\boldsymbol{\delta}$，此时所有的推力器的推力输出分为三个部分：$\boldsymbol{u}_1=[0\quad\cdots\quad 0]^{\mathrm{T}}$，第 i 个饱和的推力器 F_i^u，以及 $\boldsymbol{u}_3$。若 $\boldsymbol{u}_3$ 中还出现超限推力，利用上述的方法进行循环计算，最终将各个推力的输出修正至推力器可达的范围内。这种方法可以保证在修正过程中期望量的方向不改变。

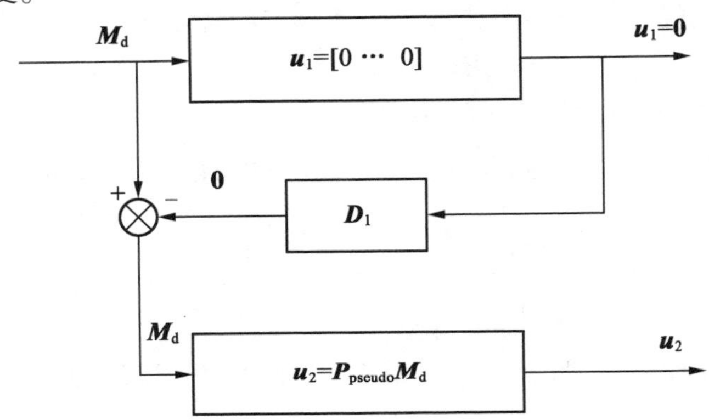

图 2.11　链式分配法结构示意图

2.4.2　基于零空间的修正伪逆法

针对伪逆法所产生的初始解，本节将介绍利用控制效率控制零空间的特性进行解的线性叠加，使超出推力器阈值的解重新落入推力器的控制子空间，并使分配所得的解满足二次线性规划优化指标的一种控制分配方法。

定理 2.2　设 $\boldsymbol{F}_n$ 是向量在 $\boldsymbol{x}$ 控制效率矩阵 $\boldsymbol{D}:\mathbf{R}^n\rightarrow\mathbf{R}^6\,(n>6)$ 的映射下形成的像的集合，那么所有被 $\boldsymbol{D}$ 映射成为零向量的向量 $\boldsymbol{x}$ 组成的集合 $\boldsymbol{F}_n$ 称为控制效率阵 $\boldsymbol{D}$ 的零空间，即

$$\boldsymbol{F}_n=\{\boldsymbol{x}\,|\,\boldsymbol{D}\boldsymbol{x}=\boldsymbol{0},\quad \boldsymbol{x}\in\mathbf{R}^n\}\tag{2.81}$$

由于 $\text{rank}(\boldsymbol{D})=6$，那么 $\boldsymbol{F}_n$ 是由 $(n-6)$ 个列向量构成的正交基张成。该正交基通过 $\boldsymbol{D}\boldsymbol{F}_n=\boldsymbol{0}$ 求出零空间 $\boldsymbol{F}_n$。设 $\boldsymbol{F}_n$ 的正交基为 $\boldsymbol{\xi}$，则 $\boldsymbol{F}_n$ 为

$$\boldsymbol{F}_n=[\boldsymbol{\xi}_1\quad\boldsymbol{\xi}_2\quad\cdots\quad\boldsymbol{\xi}_{n-6}]\quad(\boldsymbol{\xi}_i\in\mathbf{R}^n)\tag{2.82}$$

零空间的任意向量可表示为

$$\boldsymbol{x}=K_1\boldsymbol{\xi}_1+K_2\boldsymbol{\xi}_2+\cdots+K_{n-6}\boldsymbol{\xi}_{n-6}=\boldsymbol{F}_n\boldsymbol{K}\quad(\boldsymbol{\xi}_i\in\mathbf{R}^n)\tag{2.83}$$

式中，$\boldsymbol{K}=[K_1 \quad K_2 \quad \cdots \quad K_{n-6}]^{\mathrm{T}}$；$K_i$ 为任意实数。

由线性代数定理可知，若 $\boldsymbol{\eta}$ 是非齐次线性方程组的解，$\boldsymbol{\xi}$ 是齐次线性方程组（导出组）的解，则 $\boldsymbol{x}=\boldsymbol{\eta}+\boldsymbol{\xi}$ 还是非齐次线性方程组的解。

因此，基于零空间概念，可对伪逆法进行修正使其满足某种要求。

在介绍设计伪逆修正策略之前，先给出一重要定理。

定理 2.3　$\exists \boldsymbol{F}\geqslant \boldsymbol{0}$ 使 $\boldsymbol{C}=\boldsymbol{DF}$ 的充分必要条件是：$\boldsymbol{D}$ 行满秩且 $\exists \boldsymbol{F}_n>\boldsymbol{0}$，使 $\boldsymbol{DF}_n=\boldsymbol{0}$，这里 $\boldsymbol{C}=[\boldsymbol{T} \quad \boldsymbol{U}]^{\mathrm{T}}$，$\boldsymbol{D}=[\boldsymbol{A} \quad \boldsymbol{B}]^{\mathrm{T}}$。

证明　如果力和力矩在空间中任意取值且 $\boldsymbol{C}=\boldsymbol{DF}$，则 $\boldsymbol{D}$ 必须行满秩；现取 $\boldsymbol{F}_0<\boldsymbol{0}$ 使 $\boldsymbol{C}=\boldsymbol{DF}$，从而 $\boldsymbol{D}(\boldsymbol{F}-\boldsymbol{F}_0)=\boldsymbol{0}$ 且 $\boldsymbol{F}-\boldsymbol{F}>\boldsymbol{0}$，令 $\boldsymbol{F}_n=\boldsymbol{F}-\boldsymbol{F}_0$ 即可。

对于任意给定的 $\boldsymbol{C}$，取 $\boldsymbol{F}=\boldsymbol{D}^+\boldsymbol{C}+\gamma\boldsymbol{w}$，其中 $\boldsymbol{D}^+=\boldsymbol{D}^{\mathrm{T}}(\boldsymbol{DD}^{\mathrm{T}})^{-1}$ 为矩阵 $\boldsymbol{D}$ 的伪逆，γ 为任意实数，由于 $\exists \boldsymbol{F}_n>\boldsymbol{0}$，则只要 γ 取得足够大，就可以满足 $\boldsymbol{F}\geqslant\boldsymbol{0}$，这里取 $\gamma\geqslant \max\limits_{i=1,\cdots,n}(-\boldsymbol{D}^+\boldsymbol{C})_i/F_{ni}$。

1. 修正伪逆方法

根据定理 2.3，$\boldsymbol{C}$ 为推力分配的期望量，$\boldsymbol{D}$ 为航天器系统效率矩阵，$\boldsymbol{F}_n$ 为零向量空间，故结合零空间概念，令修正的伪逆解做如下修正：

$$\boldsymbol{F}=\boldsymbol{F}_{\mathrm{pc}}+\boldsymbol{x}=\boldsymbol{DD}^+\boldsymbol{C}+\boldsymbol{F}_n\boldsymbol{K} \tag{2.84}$$

等式两端同时左乘 $\boldsymbol{D}$，由定理 2.2 可知，

$$\boldsymbol{DF}=\boldsymbol{DD}^+\boldsymbol{C}+\boldsymbol{DF}_n\boldsymbol{K}=\boldsymbol{DD}^+\boldsymbol{C}=\boldsymbol{C} \tag{2.85}$$

可见加上 $\boldsymbol{F}_n\boldsymbol{K}$ 项后，并不影响推力完成克服力和力矩的工作，故只要 $\boldsymbol{K}$ 选取得当，就可以将伪逆解重新落入执行器的控制子空间。下面将结合零空间概念，设计参数 $\boldsymbol{K}$ 来解决负向伪逆解的问题。

2. 参数 $\boldsymbol{K}$ 的求解

零空间的引入使期望转矩得到了有效的分配。为了满足系统的实时性的要求，在对期望向量进行实时分配时，需要快速地找到一个向量 $\boldsymbol{K}$ 使伪逆初解重新落入控制子空间。下面将结合链式分配法的思想给出一种求解参数 $\boldsymbol{K}$ 的方法。

首先，需要对伪逆初解 $\boldsymbol{F}_{\mathrm{pc}}$ 按照对应的推力器是否出现负值进行分块：

$$\boldsymbol{F}_{\mathrm{pc}}=\begin{bmatrix}\boldsymbol{F}_{\mathrm{pc\_neg}}\\ \boldsymbol{F}_{\mathrm{pc\_pos}}\end{bmatrix},\quad \boldsymbol{F}_{\mathrm{pc\_neg}}<\boldsymbol{0},\quad \boldsymbol{F}_{\mathrm{pc\_pos}}>\boldsymbol{0} \tag{2.86}$$

相应地，将零空间正交基 $\boldsymbol{F}_n$ 按照对应的控制变量是否超出推力器下限极限进行分块：

$$\boldsymbol{F}_n=\begin{bmatrix}\boldsymbol{F}_{n\_\mathrm{neg}}\\ \boldsymbol{F}_{n\_\mathrm{pos}}\end{bmatrix} \tag{2.87}$$

式中，$\boldsymbol{F}_{n_\mathrm{neg}}$为$\boldsymbol{F}_{\mathrm{pc_neg}}$所对应的零空间正交基矩阵子阵；$\boldsymbol{F}_{n_\mathrm{pos}}$为$\boldsymbol{F}_{\mathrm{pc_pos}}$所对应的零空间正交基矩阵子阵。

式(2.84)改写为

$$\boldsymbol{u}_1=\boldsymbol{F}_{\mathrm{pc\_neg}}+\boldsymbol{F}_{n\_\mathrm{neg}}\boldsymbol{K} \tag{2.88}$$

$$\boldsymbol{u}_2=\boldsymbol{F}_{\mathrm{pc\_pos}}+\boldsymbol{F}_{n\_\mathrm{pos}}\boldsymbol{K} \tag{2.89}$$

由于推力器的推力不能产生负值，因此将$\boldsymbol{u}_1$置于其推力器最小推力极限位置（本书设定为$\boldsymbol{0}$，若推力器有最小开关时间的要求，可方便地设定为该约束），于是由式(2.88)可求得参数阵$\boldsymbol{K}$为

$$\boldsymbol{u}_1=\boldsymbol{0}$$

$$\boldsymbol{K}=\boldsymbol{F}_{n\_\mathrm{neg}}^{+}(-\boldsymbol{F}_{\mathrm{pc\_neg}}) \tag{2.90}$$

相应地，控制变量$\boldsymbol{u}_2$修正为

$$\boldsymbol{u}_2=\boldsymbol{F}_{\mathrm{pc\_pos}}+\boldsymbol{F}_{n\_\mathrm{pos}}\boldsymbol{F}_{n\_\mathrm{neg}}^{+}(-\boldsymbol{F}_{\mathrm{pc\_neg}}) \tag{2.91}$$

最终的推力输出为

$$\boldsymbol{F}=[\boldsymbol{0}\quad \boldsymbol{u}_2]^{\mathrm{T}} \tag{2.92}$$

其次，由于航天器推力器无法提供无限推力，总会有一个最大推力极限，而式(2.91)考虑推力器下限问题，所以下面需要解决超推力上限的问题。

对于超上限问题，仍采用零空间思想进行修正。设定最大推力为F_i^u，若式(2.92)的结果$\boldsymbol{u}_2$中出现超过F_i^u的分量，将$\boldsymbol{F}$按照所对应的推力器是否超出推力上限进行调整并分块得

$$\boldsymbol{u}_2=\begin{bmatrix}\boldsymbol{u}_3'\\ \boldsymbol{u}_4'\end{bmatrix},\quad \boldsymbol{u}_3'>[F^u],\quad \boldsymbol{u}_4'\leqslant[F^u] \tag{2.93}$$

将$\boldsymbol{u}_3$置于饱和位置F_i^u，$\boldsymbol{u}_3=[F_i^u\quad \cdots\quad F_i^u]^{\mathrm{T}}$，利用零空间思想，将零空间正交基$\boldsymbol{F}_n'$按照所对应的控制变量是否超出推力上限也进行分块调整为

$$\boldsymbol{F}_n'=\begin{bmatrix}\boldsymbol{F}_{n3}'\\ \boldsymbol{F}_{n4}'\end{bmatrix} \tag{2.94}$$

式中，$\boldsymbol{F}_{n3}'$为$\boldsymbol{u}_3'$所对应的零空间正交基矩阵子阵；$\boldsymbol{F}_{n4}'$为$\boldsymbol{u}_4'$所对应的零空间正交基矩阵子阵。

那么可得

$$\boldsymbol{u}_3 = \boldsymbol{u}'_3 + \boldsymbol{F}'_{n3}\boldsymbol{K}' \tag{2.95}$$

$$\boldsymbol{u}_4 = \boldsymbol{u}'_4 + \boldsymbol{F}'_{n4}\boldsymbol{K}' \tag{2.96}$$

由于 $\boldsymbol{u}_3$ 已经置于饱和推力，于是可以由式(2.95)求得参数阵 $\boldsymbol{K}'$ 为

$$\boldsymbol{K}' = \boldsymbol{F}'^{+}_{n3}(\boldsymbol{u}_3 - \boldsymbol{u}'_3) \tag{2.97}$$

同时，将所得的参数阵 $\boldsymbol{K}'$ 代入式(2.96)得

$$\boldsymbol{u}_4 = \boldsymbol{u}'_4 + \boldsymbol{F}'_{n4}\boldsymbol{F}'^{+}_{n3}(\boldsymbol{u}_3 - \boldsymbol{u}'_3) \tag{2.98}$$

最终的分配量为 $\boldsymbol{F}' = [\boldsymbol{u}_3 \quad \boldsymbol{u}_4]^{\mathrm{T}}$。

如果分配的结果出现了再次超限的情况，继续应用上述的方法进行多次修正，直到将控制分配量落入执行器的控制子空间内。

控制分配流程图如图 2.12 所示。

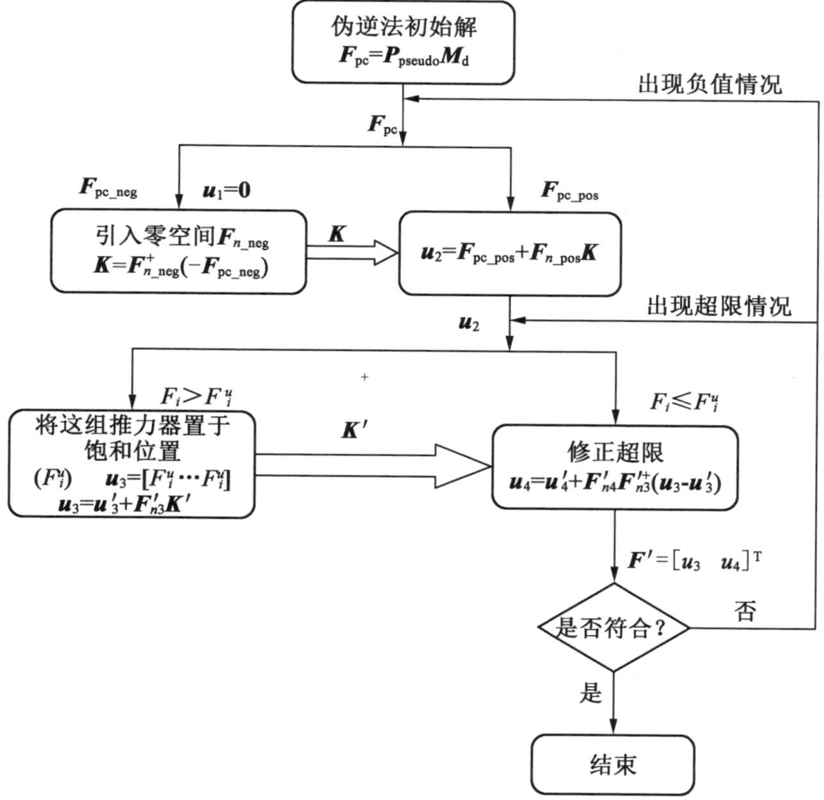

图 2.12　控制分配流程图

2.4.3 仿真算例

为验证本节给出的修正伪逆法的性能，进行数学仿真验证，选取推力器配置构型为 MicroSim 仿真平台的配置，如图 2.13 所示。

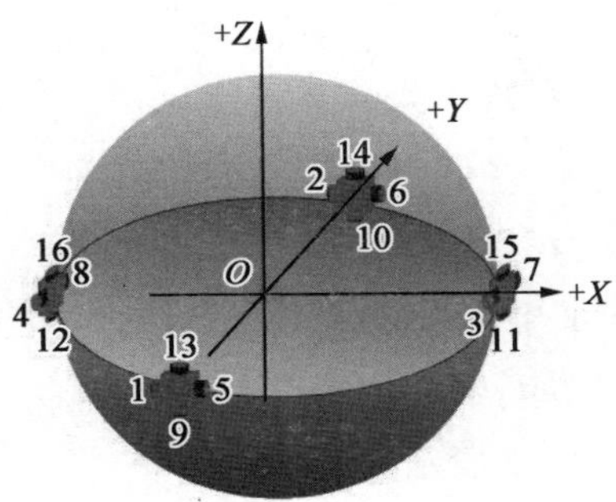

图 2.13　仿真平台的推力器配置

单个推力器最大推力 $F_i^u=0.05$ N，距质心的力臂均为 $L=0.2$ m。为验证方法的有效性，先不考虑推力器最小推力的限制，推力阈值 $0\leqslant F_i\leqslant F_i^u$ 仍然成立。所有推力器单位推力相对质心所产生的控制力矩矩阵为

$$\boldsymbol{A}=\begin{bmatrix}0&0&0&0&0&0&0&0&-0.2&0.2&0&0&0.2&-0.2&0&0\\0&0&0&0&0&0&0&0&0&0&-0.2&0.2&0&0&0.2&-0.2\\0.2&-0.2&0.2&-0.2&-0.2&0.2&-0.2&0.2&0&0&0&0&0&0&0&0\end{bmatrix}\tag{2.99}$$

而所有推力器单位推力所产生的力矩阵为

$$\boldsymbol{B}=\begin{bmatrix}1&1&0&0&-1&-1&0&0&0&0&0&0&0&0&0&0\\0&0&1&1&0&0&-1&-1&0&0&0&0&0&0&0&0\\0&0&0&0&0&0&0&0&1&1&1&1&-1&-1&-1&-1\end{bmatrix}\tag{2.100}$$

在上述仿真条件下，分别对轨道控制、姿态控制、姿轨一体化等不同控制模式进行分配，并分别与传统固定分配的控制模式相比较，两种分配方法的结果分别见表 2.3 和表 2.4。表中 $\boldsymbol{U}_c$ 为期望控制力；$\boldsymbol{T}_c$ 为期望控制力矩；$\boldsymbol{F}$ 为分配方法给出的各推力器推力；$\sum F_i$ 为所有推力器的推力总和，它与燃料消耗成正比；$\sum \boldsymbol{S}_i=\boldsymbol{U}_c+\boldsymbol{T}_c/L$ 为传统分配方法所需推力总和。

从表 2.3 中可以看出，提出的链式分配修正伪逆法能够在推力器推力的约束范围内有效地完成航天器姿轨一体化控制任务。

表 2.3　链式分配修正伪逆法在不同控制模式下的对照表

序号	控制项	期望控制量	分配结果 $\boldsymbol{F}$	$\sum F_i$/N	$\sum S_i$/N
1	$\boldsymbol{U}_c$/N $\boldsymbol{T}_c$/(N·m)	$[0.01\quad 0.01\quad 0.02]^T$ $[0\quad 0\quad 0]^T$	$[0.005\,0\quad 0.005\,0\quad 0.005\,0\quad 0.005\,0\quad 0\quad 0\quad 0\quad 0$ $0.005\,0\quad 0.005\,0\quad 0.005\,0\quad 0.005\,0\quad 0\quad 0\quad 0\quad 0]^T$	0.040 0	0.040
2	$\boldsymbol{U}_c$/N $\boldsymbol{T}_c$/(N·m)	$[0\quad 0\quad 0]^T$ $[0.003\quad 0.004\quad 0.005]^T$	$[0.006\,3\quad 0\quad 0.006\,3\quad 0\quad 0\quad 0.006\,2\quad 0\quad 0.006\,2$ $0\quad 0.007\,5\quad 0\quad 0.010\,0\quad 0.007\,5\quad 0\quad 0.010\,0\quad 0]^T$	0.060 0	0.060
3	$\boldsymbol{U}_c$/N $\boldsymbol{T}_c$/(N·m)	$[0.01\quad 0.02\quad 0.03]^T$ $[0.003\quad 0.004\quad 0.005]^T$	$[0.011\,3\quad 0\quad 0.016\,2\quad 0.003\,8\quad 0\quad 0.001\,2\quad 0$ $0\quad 0\quad 0.015\,0\quad 0\quad 0.017\,5\quad 0\quad 0\quad 0.002\,5\quad 0]^T$	0.067 5	0.120
4	$\boldsymbol{U}_c$/N $\boldsymbol{T}_c$/(N·m)	$[0.01\quad 0.02\quad 0.01]^T$ $[0.004\quad 0.001\quad 0.003]^T$	$[0.008\,8\quad 0.001\,3\quad 0.013\,7\quad 0.006\,2\quad 0\quad 0\quad 0$ $0\quad 0\quad 0.012\,5\quad 0\quad 0.005\,0\quad 0.007\,5\quad 0\quad 0\quad 0]^T$	0.055 0	0.085
5	$\boldsymbol{U}_c$/N $\boldsymbol{T}_c$/(N·m)	$[0.01\quad 0.02\quad 0.01]^T$ $[0.004\quad 0.001\quad 0.003]^T$	$[0.010\,0\quad 0\quad 0.012\,5\quad 0.007\,5\quad 0\quad 0\quad 0\quad 0$ $0\quad 0.017\,5\quad 0\quad 0\quad 0.002\,5\quad 0\quad 0.005\,0\quad 0]^T$	0.055 0	0.085
6	$\boldsymbol{U}_c$/N $\boldsymbol{T}_c$/(N·m)	$[0.08\quad 0.02\quad 0.01]^T$ $[0.004\quad 0.001\quad 0.012]^T$	$[0.055\,0\quad 0.025\,0\quad 0.025\,0\quad 0\quad 0\quad 0\quad 0\quad 0.005\,0$ $0\quad 0.012\,5\quad 0\quad 0.005\,0\quad 0.007\,5\quad 0\quad 0\quad 0]^T$	0.135 0	0.225

1 与 2:情况 1 与情况 2 为仅完成轨道或姿态控制,经分配方法得到的推力与不进行推力分配得到的结果相同,由于此时没有进行一体化的控制分配优化,因此在燃料消耗上也相同。

3 与 4:此时的期望控制力/力矩均在推力器推力约束范围内,故分配方法给出的推力能够满足轨道与姿态的控制需求,且与未采用推力分配相比,都能够显著降低燃料消耗。

5:情况 5 为 2 号和 12 号推力器失效情况下的推力分配结果,与相同条件下而无故障的情况 4 相比可看出,推力器失效时的分配结果仍能满足轨道与姿态的控制需求,说明只要能够检测到推力器故障,并实时反馈给控制分配环节,通过实时调整推力系统的控制效率矩阵,控制分配方法就能够在推力约束范围内对分配结果进行动态调整,给出满足需求的控制指令,完成控制任务,进而说明这种动态控制分配方法能够较好地实现控制系统故障隔离和动态重构,提高了控制系统的可靠性。

6:情况 6 为期望值超出推力器推力范围,此时控制分配结果无法完全满足期望控制量的需求。

从表 2.4 中可以看出,基于零空间的修正伪逆法在轨道控制、姿态控制、姿轨一体化控制、故障模式及期望控制量超限等条件下,均能够有效地完成动态分配任务,并在姿轨一体化控制模式下能够显著降低燃料消耗。

同时,在 2 号和 12 号推力器失效的情况下,基于零空间的修正伪逆法仍能够较好地完成控制系统故障隔离和动态重构,满足控制需求,提高控制系统的可靠性。

经过上述开环仿真验证,采用伪逆法对推力器推力进行初次优化,所得结果可满足航天器轨道与姿态控制要求,然后利用链式分配法及零空间对伪逆初解进行修正,得到了既满足推力约束,又满足一体化控制要求的控制量,同时仿真结果也说明,在推力器故障的情况下,控制分配方法可有效地隔离故障推力器,完成控制系统重构,且与不采用控制分配的燃料消耗的情况对比,本节所提出的两种控制分配方法均可在姿轨一体化控制模式下有效地降低系统燃料消耗。

表 2.4　基于零空间的修正伪逆法在不同控制模式下的对照表

序号	控制项	期望控制量	分配结果 $\boldsymbol{F}$	$\sum F_i$/N	$\sum S_i$/N
1	$\boldsymbol{U}_c$/N $\boldsymbol{T}_c$/(N·m)	$[0.01\ \ 0.01\ \ 0.02]^{T}$ $[0\ \ 0\ \ 0]^{T}$	[0.002 5　0.007 5　0.007 5　0.002 5　0　0　0　0 0.007 5　0.007 5　0.002 5　0.002 5　0　0　0　0]^{T}	0.040 0	0.040
2	$\boldsymbol{U}_c$/N $\boldsymbol{T}_c$/(N·m)	$[0\ \ 0\ \ 0]^{T}$ $[0.003\ \ 0.004\ \ 0.005]^{T}$	[0.006 3　0　0.006 3　0　0　0.006 2　0　0.006 2 0　0.008 8　0　0.008 8　0.006 2　0　0.011 3　0]^{T}	0.060 0	0.060
3	$\boldsymbol{U}_c$/N $\boldsymbol{T}_c$/(N·m)	$[0.01\ \ 0.02\ \ 0.03]^{T}$ $[0.003\ \ 0.004\ \ 0.005]^{T}$	[0.010 0　0　0.17 5　0.002 5　0　0.000 0　0　0 0　0.018 7　0　0.013 8　0　0　0.006 2　0]^{T}	0.068 8	0.120
4	$\boldsymbol{U}_c$/N $\boldsymbol{T}_c$/(N·m)	$[0.01\ \ 0.02\ \ 0.01]^{T}$ $[0.004\ \ 0.001\ \ 0.003]^{T}$	[0.005 6　0.004 4　0.016 9　0.003 1　0　0　0　0 0　0.015 6　0　0.001 9　0.004 4　0　0　0]^{T}	0.051 9	0.085
5	$\boldsymbol{U}_c$/N $\boldsymbol{T}_c$/(N·m)	$[0.01\ \ 0.02\ \ 0.01]^{T}$ $[0.004\ \ 0.001\ \ 0.003]^{T}$	[0.010 0　0　0.012 5　0.007 5　0　0　0　0 0　0.017 5　0　0　0.002 5　0　0.005 0　0]^{T}	0.055 0	0.085
6	$\boldsymbol{U}_c$/N $\boldsymbol{T}_c$/(N·m)	$[0.08\ \ 0.02\ \ 0.01]^{T}$ $[0.004\ \ 0.001\ \ 0.012]^{T}$	[0.005 7　0.022 5　0.022 5　0　0　0　0　0.002 5 0　0.015 6　0　0.001 9　0.004 4　0　0　0]^{T}	0.126 9	0.225

2.5　基于输入矩阵因子化的通用控制分配方法

本节以航天器姿态控制中配置冗余反作用飞轮的控制分配过程为例,考虑能耗、力矩输出受限和角动量饱和等问题,使用输入矩阵因子化的方法对控制分配矩阵进行进一步分解,得到反作用飞轮的输入和输出空间。在明确了反作用飞轮的输入和输出空间后,控制分配将换为两个空间之间的映射关系的确定,使用这一分析方法,本节得到了一种通用分配方法,可适用于不同的控制分配优化求解模型。

控制分配包含两部分的内容,即误差优化和分配优化。不同的优化目标本质上是控制分配过程不产生分配误差或尽量降低误差,如果在控制作用可达的情况下,则所有的分配结果都是无误差的。这一联系表明了控制分配误差优化问题和分配优化问题可以分开考虑,例如,对能耗最优的分配结果的修正可以转化为负载均衡的结果,且整个修正过程中不产生任何的输出。

如果将误差优化和分配优化分别考虑,那么不同优化目标对控制分配的影响将仅仅表现在分配优化这部分解上,而满足控制分配精度的误差优化解将不发生改变。继而,不同情况下的控制分配问题将可以得到统一。将不同的控制分配方法整合为一种通用的形式的关键在于将控制分配中的误差优化问题和分配优化问题进行分离,常见的分配方法中误差优化解和分配优化解互相耦合,这并不能为通用方法设计提供任何的思路。将误差优化和分配优化分离的关键又在于对执行机构运动的分析:执行机构运动向量中的哪一部分影响系统的输出误差,哪一部分影响分配优化。关于控制分配的研究最后应落脚在对执行机构固有的运动特性的分析。

通用的求解方法的基本思路为:采用效能矩阵因子化的方法[19,20],对反作用飞轮的运动特性进行分析,明确飞轮运动对分配优化和误差优化的影响,将分配优化与误差优化分离。这种方法的基本求解思路如下。

(1)效能矩阵因子化分析。

使用矩阵分析的手段对反作用飞轮的效能矩阵进行分解,对飞轮的运动特性进行分析,确定飞轮的输入和输出向量之间的映射对应关系。在冗余的反作用飞轮中,输入与输出的映射对应关系并不唯一,确定冗余度对输入与输出的影响至关重要。

(2)误差优化与分配优化分离。

飞轮的输入和输出向量之间的映射对应关系的确定明确了何种输入产生输出，何种输入会影响分配优化目标。将对应的输入向量进行分离，误差优化问题与分配优化问题将可以分别处理。

(3)通用分配方法建立。

分别对误差优化与分配优化构造对应的解，确定解的形式。由于误差优化问题与控制分配的优化目标无关，误差优化解将存在唯一确定的形式，而分配优化解将随着优化目标的不同而变化。

2.5.1 效能矩阵因子化

为了将不同的方法联系起来，本节将对效能矩阵进行进一步的分解，确定执行机构的输入和输出空间，以及二者之间的映射关系。在此基础上研究飞轮的运动特性，从而将分配优化问题与误差优化问题分离。

1. 矩阵因子化分解

引理 2.1　给定任意的控制分配矩阵 $\boldsymbol{A}\in\mathbf{R}^{m\times p}$，存在单位正交矩阵 $\boldsymbol{U}\in\mathbf{R}^{m}$ 和 $\boldsymbol{V}\in\mathbf{R}^{n}$，使得控制分配矩阵 $\boldsymbol{A}$ 可以写为

$$\boldsymbol{A}=\boldsymbol{USV}^{\mathrm{T}} \tag{2.101}$$

式中，$\boldsymbol{UU}=\boldsymbol{E}_m$；$\boldsymbol{VV}^{\mathrm{T}}=\boldsymbol{E}_n$；

$$\boldsymbol{S}=\left[\begin{array}{c:c}\boldsymbol{\sigma}^{D} & \boldsymbol{0}\\ \hdashline \boldsymbol{0} & \boldsymbol{0}\end{array}\right] \tag{2.102}$$

式中，$\boldsymbol{\sigma}^{D}\triangleq\mathrm{diag}([\sigma_1\quad\cdots\quad\sigma_r])$；$r$ 表示效能分配矩阵 $\boldsymbol{A}$ 的秩，$r=\mathrm{rank}(\boldsymbol{A})\leqslant\min\{m,n\}$。

证明　假设矩阵 $\boldsymbol{A}$ 满秩，即 $\mathrm{rank}(\boldsymbol{A})=m$，对应执行机构输出的维数为 m。考虑到矩阵 $\mathrm{rank}(\boldsymbol{A})=\mathrm{rank}(\boldsymbol{AA}^{\mathrm{T}})=\mathrm{rank}(\boldsymbol{A}^{\mathrm{T}}\boldsymbol{A})$，取矩阵 $\boldsymbol{AA}^{\mathrm{T}}$ 的一个特征值 λ 和其特征向量 $\boldsymbol{\xi}$(单位大小)，则有

$$\boldsymbol{AA}^{\mathrm{T}}\boldsymbol{\xi}=\lambda\boldsymbol{\xi} \tag{2.103}$$

在式(2.103)左右同乘以矩阵 $\boldsymbol{A}^{\mathrm{T}}$ 得

$$\begin{cases}\boldsymbol{A}^{\mathrm{T}}\boldsymbol{AA}^{\mathrm{T}}\boldsymbol{\xi}=\lambda\boldsymbol{A}^{\mathrm{T}}\boldsymbol{\xi}\\ \boldsymbol{A}^{\mathrm{T}}\boldsymbol{A}\boldsymbol{\xi}^{*}=\lambda\boldsymbol{\xi}^{*}\end{cases} \tag{2.104}$$

式中，$\boldsymbol{A}^{\mathrm{T}}\boldsymbol{\xi}$ 将向量 $\boldsymbol{\xi}^{*}$ 单位化，$\boldsymbol{A}^{\mathrm{T}}\boldsymbol{\xi}=a\boldsymbol{\xi}^{*}$。

式(2.104)表明矩阵 $\boldsymbol{A}^{\mathrm{T}}\boldsymbol{A}$ 和矩阵 $\boldsymbol{A}\boldsymbol{A}^{\mathrm{T}}$ 有着相同的特征值,且该特征值的特征向量为 $\boldsymbol{A}^{\mathrm{T}}\boldsymbol{\xi}=a\boldsymbol{\xi}^{*}$。

同样,对矩阵 $\boldsymbol{A}^{\mathrm{T}}\boldsymbol{A}$ 做上述的变换可得

$$\begin{cases}\boldsymbol{A}\boldsymbol{A}^{\mathrm{T}}\boldsymbol{A}\boldsymbol{\xi}^{*}=\boldsymbol{\lambda}\boldsymbol{A}\boldsymbol{\xi}^{*}\\ \boldsymbol{A}\boldsymbol{A}^{\mathrm{T}}\boldsymbol{\xi}=\boldsymbol{\lambda}\boldsymbol{\xi}\end{cases}\tag{2.105}$$

在控制分配矩阵满秩的情况下,矩阵 $\boldsymbol{A}\boldsymbol{A}^{\mathrm{T}}$ 和 $\boldsymbol{A}^{\mathrm{T}}\boldsymbol{A}$ 的特征值与特征向量(单位化后)可写为

$$\begin{cases}\boldsymbol{\lambda}(\boldsymbol{A}\boldsymbol{A}^{\mathrm{T}})=\{\lambda_1\quad\cdots\quad\lambda_m\}\\ \boldsymbol{\xi}(\boldsymbol{A}\boldsymbol{A}^{\mathrm{T}})=\{\bar{\boldsymbol{u}}_1\quad\cdots\quad\bar{\boldsymbol{u}}_m\}\\ \boldsymbol{\lambda}(\boldsymbol{A}^{\mathrm{T}}\boldsymbol{A})=\{\lambda_1\quad\cdots\quad\lambda_m,\quad\underbrace{0\quad\cdots\quad 0}_{n-m}\}\\ \boldsymbol{\xi}(\boldsymbol{A}^{\mathrm{T}}\boldsymbol{A})=\{\bar{\boldsymbol{v}}_1\quad\cdots\quad\bar{\boldsymbol{v}}_m,\quad\bar{\boldsymbol{v}}_{m+1}\quad\cdots\quad\bar{\boldsymbol{v}}_n\}\end{cases}\tag{2.106}$$

考虑矩阵 $\boldsymbol{A}\boldsymbol{A}^{\mathrm{T}}$ 的两组不同的特征向量和特征值,则有

$$\begin{cases}\boldsymbol{A}\boldsymbol{A}^{\mathrm{T}}\bar{\boldsymbol{u}}_i=\lambda_i\bar{\boldsymbol{u}}_i\\ \boldsymbol{A}\boldsymbol{A}^{\mathrm{T}}\bar{\boldsymbol{u}}_j=\lambda_j\bar{\boldsymbol{u}}_j\end{cases}\tag{2.107}$$

进一步考虑,进行如式(2.106)的变换,则有

$$\begin{cases}\bar{\boldsymbol{u}}_j^{\mathrm{T}}\boldsymbol{A}\boldsymbol{A}^{\mathrm{T}}\bar{\boldsymbol{u}}_i=\lambda_i\bar{\boldsymbol{u}}_j^{\mathrm{T}}\bar{\boldsymbol{u}}_i\\ \bar{\boldsymbol{u}}_i^{\mathrm{T}}\boldsymbol{A}\boldsymbol{A}^{\mathrm{T}}\bar{\boldsymbol{u}}_j=\lambda_j\bar{\boldsymbol{u}}_i^{\mathrm{T}}\bar{\boldsymbol{u}}_j\end{cases}\tag{2.108}$$

式(2.108)表明下式成立:

$$\bar{\boldsymbol{u}}_j^{\mathrm{T}}\boldsymbol{A}\boldsymbol{A}^{\mathrm{T}}\bar{\boldsymbol{u}}_i=\bar{\boldsymbol{u}}_i^{\mathrm{T}}\boldsymbol{A}\boldsymbol{A}^{\mathrm{T}}\bar{\boldsymbol{u}}_j\Rightarrow\begin{cases}(\lambda_i-\lambda_j)\bar{\boldsymbol{u}}_i^{\mathrm{T}}\bar{\boldsymbol{u}}_j=0\\ \lambda_i\neq\lambda_j\end{cases}\tag{2.109}$$

因此 $\bar{\boldsymbol{u}}_i$ 和 $\bar{\boldsymbol{u}}_j$ 正交,即矩阵 $\boldsymbol{A}\boldsymbol{A}^{\mathrm{T}}$ 的特征向量单位正交。同样,对矩阵 $\boldsymbol{A}^{\mathrm{T}}\boldsymbol{A}$ 做相同的操作,可得其特征向量$[\bar{\boldsymbol{v}}\quad\cdots\quad\bar{\boldsymbol{v}}_m]$也是单位正交的。

再考虑之前矩阵 $\boldsymbol{A}\boldsymbol{A}^{\mathrm{T}}$ 和 $\boldsymbol{A}^{\mathrm{T}}\boldsymbol{A}$ 的特征向量之间的变换关系,有

$$\begin{cases}\boldsymbol{A}^{\mathrm{T}}\bar{\boldsymbol{u}}_i=a\,\bar{\boldsymbol{v}}_i\\ (a\,\bar{\boldsymbol{v}}_i)^{\mathrm{T}}(a\,\bar{\boldsymbol{v}}_i)=\bar{\boldsymbol{u}}_i^{\mathrm{T}}\underbrace{\boldsymbol{A}\boldsymbol{A}^{\mathrm{T}}\bar{\boldsymbol{u}}_i}_{\lambda_i\bar{\boldsymbol{u}}_i}=\lambda_i\bar{\boldsymbol{u}}_i^{\mathrm{T}}\bar{\boldsymbol{u}}_i\end{cases}\tag{2.110}$$

$$\begin{cases} \boldsymbol{A}^{\mathrm{T}}\bar{\boldsymbol{v}}_i = b\,\bar{\boldsymbol{u}}_i \\ (b\,\bar{\boldsymbol{v}}_i)^{\mathrm{T}}(b\,\bar{\boldsymbol{v}}_i) = \bar{\boldsymbol{v}}_i^{\mathrm{T}}\underbrace{\boldsymbol{A}^{\mathrm{T}}\boldsymbol{A}\,\bar{\boldsymbol{v}}_i}_{\lambda_i\bar{\boldsymbol{v}}_i} = \lambda_i\bar{\boldsymbol{v}}_i^{\mathrm{T}}\bar{\boldsymbol{v}}_i \end{cases} \tag{2.111}$$

因此，$a = b = \sqrt{\lambda_i} \triangleq \sigma > 0$。

进一步对所有非零的 σ_i，式(2.111)可写为

$$\boldsymbol{A}[\cdots \quad \bar{\boldsymbol{v}}_i \quad \cdots] = [\cdots \quad \bar{\boldsymbol{u}}_i \quad \cdots]\left[\begin{array}{ccc|c} \ddots & & & \boldsymbol{0} \\ & \sigma_i & & \vdots \\ & & \ddots & \boldsymbol{0} \end{array}\right] \tag{2.112}$$

其中，定义

$$\bar{\boldsymbol{U}} \triangleq [\bar{\boldsymbol{u}}_1 \quad \cdots \quad \bar{\boldsymbol{u}}_m],\quad \boldsymbol{\sigma} \triangleq \begin{bmatrix} \sigma_1 & & \\ & \ddots & \\ & & \sigma_m \end{bmatrix},\quad \bar{\boldsymbol{V}}_w \triangleq [\bar{\boldsymbol{v}}_1 \quad \cdots \quad \bar{\boldsymbol{v}}_m] \tag{2.113}$$

由于矩阵 $\bar{\boldsymbol{V}}_w$ 的列向量为单位正交向量，因此

$$\boldsymbol{A}\,\bar{\boldsymbol{V}}_w\,\bar{\boldsymbol{V}}_w^{\mathrm{T}} = \boldsymbol{B} = \bar{\boldsymbol{U}}\boldsymbol{\sigma}^D\bar{\boldsymbol{V}}_w^{\mathrm{T}} \tag{2.114}$$

由于 $\bar{\boldsymbol{V}}_w \in \mathbf{R}^{m\times n}$，且 $\bar{\boldsymbol{v}}_i$ 为矩阵 $\boldsymbol{A}^{\mathrm{T}}\boldsymbol{A}$ 的特征值(非零)对应的特征向量，矩阵 $\boldsymbol{A}^{\mathrm{T}}\boldsymbol{A}$ 的零特征值所对应的特征向量将构成 $\bar{\boldsymbol{V}}_w$ 的正交空间，记为 $\bar{\boldsymbol{V}}_n \in \mathbf{R}^{(n-m)\times n}$。令 $\bar{\boldsymbol{V}} \triangleq [\bar{\boldsymbol{V}}_w \quad \bar{\boldsymbol{V}}_n]$，式(2.114)可写为

$$\boldsymbol{A}\,\overline{\boldsymbol{V}\boldsymbol{V}}^{\mathrm{T}} = \boldsymbol{A} = \bar{\boldsymbol{U}}\boldsymbol{S}\,\bar{\boldsymbol{V}}^{\mathrm{T}} \tag{2.115}$$

式中，$\boldsymbol{S}$ 见式(2.102)。

进一步，可将上述结果表示为

$$\boldsymbol{A} = \bar{\boldsymbol{U}}\boldsymbol{S}\,\bar{\boldsymbol{V}}^{\mathrm{T}} = [\bar{\boldsymbol{u}}_1 \quad \cdots \quad \bar{\boldsymbol{u}}_m]\left[\begin{array}{ccc|c} \sigma_1 & & & \boldsymbol{0} \\ & \ddots & & \vdots \\ & & \sigma_m & \boldsymbol{0} \end{array}\right]\begin{bmatrix} \bar{\boldsymbol{v}}_1^{\mathrm{T}} \\ \vdots \\ \bar{\boldsymbol{v}}_m^{\mathrm{T}} \\ \hline \bar{\boldsymbol{v}}_{m+1}^{\mathrm{T}} \\ \vdots \\ \bar{\boldsymbol{v}}_n^{\mathrm{T}} \end{bmatrix} = \sum_{i=1}^{m}\sigma_i\bar{\boldsymbol{u}}_i\bar{\boldsymbol{v}}_i^{\mathrm{T}} \tag{2.116}$$

当 $\mathrm{rank}(\boldsymbol{A})=k<m$ 时，矩阵 $\boldsymbol{A}^{\mathrm{T}}\boldsymbol{A}$ 和 $\boldsymbol{A}\boldsymbol{A}^{\mathrm{T}}$ 将有 $(m-k)$ 个特征值退化为 0，即 $\sigma^{D}\in\mathbf{R}^{k\times k}$，但是式(2.115)的分解形式保持不变。

通过上述过程，可将控制分配模型从动力学系统中分离出来，而引理 2.1 在此基础上又将效能矩阵进一步分解，两者的本质是相同的，都是对输入矩阵的分解，后续的章节将会给出。前者的目的是分离控制器与执行机构，而后者的意义在于对控制分配内在的输入与输出的映射关系的分析。

2. 执行机构运动分析

给定任意的反作用飞轮系统效能矩阵 $\boldsymbol{A}\in\mathbf{R}^{m\times n}$（实际中飞轮系统的输出不超过三维，此处为得到普遍结果，先忽略之），且系统可以完全输出 $\mathrm{rank}(\boldsymbol{A})=\dim(\boldsymbol{A})=m$ 维的作用，即矩阵 $\boldsymbol{u}=\boldsymbol{A}\boldsymbol{v}_{\mathrm{d}}$。从数学的角度看，控制分配问题实际上是在求解线性方程 $\boldsymbol{u}=\boldsymbol{A}\boldsymbol{v}_{\mathrm{d}}$，但由于系统具有冗余性，该方程不存在唯一解。

线性方程 $\boldsymbol{u}=\boldsymbol{A}\boldsymbol{v}_{\mathrm{d}}$ 的通解可以写为

$$\boldsymbol{v}_{\mathrm{d}}=\boldsymbol{v}_{\mathrm{p}}+\boldsymbol{v}_{\mathrm{h}} \tag{2.117}$$

式中，$\boldsymbol{v}_{\mathrm{p}}$ 为方程的特解；$\boldsymbol{v}_{\mathrm{h}}$ 为方程的齐次解，即满足 $\boldsymbol{A}\boldsymbol{v}_{\mathrm{h}}=\boldsymbol{0}$，换言之，$\boldsymbol{v}_{\mathrm{h}}$ 实际上是位于矩阵 $\boldsymbol{A}$ 的零空间内的任意向量。

由于 $\boldsymbol{A}\in\mathbf{R}^{m\times n}$，满足 $\mathrm{rank}(\boldsymbol{A})=\dim(\boldsymbol{A})=m$，对应的飞轮系统的输出也是 m 维的，是矩阵 $\boldsymbol{A}$ 的列向量所张成的空间。因此有

$$\begin{cases}\boldsymbol{u}\in\mathrm{Range}(\boldsymbol{A})=\mathrm{Span}(\boldsymbol{A})\\ \boldsymbol{v}_{\mathrm{h}}\in\mathrm{Null}(\boldsymbol{A}),\quad \dim[\mathrm{Null}(\boldsymbol{A})]=p-m\end{cases} \tag{2.118}$$

由于特解 $\boldsymbol{v}_{\mathrm{p}}\perp\boldsymbol{v}_{\mathrm{h}}$，可以断言 $\boldsymbol{v}_{\mathrm{p}}$ 位于 n 维空间中的一个 m 维的子空间中，记作 Word($\boldsymbol{A}$)。很明显，Null($\boldsymbol{A}$)与 Work($\boldsymbol{A}$)互补，即二者中向量互相垂直。

从空间映射的角度看，执行机构的作用是将 Null($\boldsymbol{A}$)和 Work($\boldsymbol{A}$)两个子空间的并集映射为空间 Range($\boldsymbol{A}$)；而控制分配的作用是找出 Range($\boldsymbol{A}$)的原像。

定理 2.4 给定任意的反作用飞轮效能矩阵，在式(2.115)的分解形式下，系统的输出空间为 $\overline{\boldsymbol{U}}$，输入空间为 $\overline{\boldsymbol{V}}$，其中子空间 $\mathrm{Span}(\bar{\boldsymbol{v}}_{m+1},\bar{\boldsymbol{v}}_{m+2},\cdots,\bar{\boldsymbol{v}}_{n})$ 为系统的零运动空间。换言之，系统的输出和输入完全位于由 $\overline{\boldsymbol{U}}$ 和 $\overline{\boldsymbol{V}}$ 的列向量所张成的空间内。

证明 对效能矩阵 $\boldsymbol{B}$ 做如式(2.115)所示的分解，可得矩阵 $\overline{\boldsymbol{U}}\in\mathbf{R}^{m\times m}$ 和 $\overline{\boldsymbol{V}}\in\mathbf{R}^{n\times n}$，且二者均为单位正交矩阵。因此，

$$\begin{cases} \text{Span}(\boldsymbol{U}) = \text{Span}(\boldsymbol{B}) \\ \text{Span}(\boldsymbol{V}) = \text{Null}(\boldsymbol{B}) \cup \text{Work}(\boldsymbol{B}) \end{cases} \tag{2.119}$$

即矩阵 $\overline{\boldsymbol{U}}$ 和 $\boldsymbol{A}$ 的列向量所张成的空间是一样的，也就是 $\overline{\boldsymbol{U}}$ 的列向量可作为 m 维空间的一组完备的正交基来表示效能矩阵 $\boldsymbol{A}$ 任意的输出。同时，矩阵 $\overline{\boldsymbol{V}}$ 的列向量也可作为一组完备的基来表示相应的效能矩阵 $\boldsymbol{A}$ 任意的输入。

考虑任意效能矩阵的任意输入 $\boldsymbol{v}$，则其可表示为

$$\boldsymbol{v} = \sum_{i=1}^{n} k_i \boldsymbol{v}_i \tag{2.120}$$

式中，$k_i = \boldsymbol{v}^{\mathrm{T}} \overline{\boldsymbol{v}}_i$。

在输入作用式(2.120)的作用下，系统的输出可写为

$$\boldsymbol{u} = \boldsymbol{A}\boldsymbol{v}_{\mathrm{d}} \tag{2.121}$$

代入式(2.115)所示的效能矩阵的分解形式，同时考虑矩阵 $\overline{\boldsymbol{V}}$ 的列向量之间的正交性，则有

$$\begin{aligned} \boldsymbol{u} &= \boldsymbol{A}\boldsymbol{v} \\ &= \boldsymbol{A}\sum_{i=1}^{m} k_i \overline{\boldsymbol{v}}_i + \underbrace{\boldsymbol{A}\sum_{i=m+1}^{n} k_i \overline{\boldsymbol{v}}_i}_{\boldsymbol{B}\overline{\boldsymbol{v}}_i = \boldsymbol{0}} \\ &= \sum_{i=1}^{m} \sigma_i \overline{\boldsymbol{u}}_i \overline{\boldsymbol{v}}_i^{\mathrm{T}} \sum_{i=1}^{m} k_i \overline{\boldsymbol{v}}_i \\ &= \sum_{i=1}^{m} \sigma_i k_i \overline{\boldsymbol{u}}_i \overline{\boldsymbol{v}}_i^{\mathrm{T}} \overline{\boldsymbol{v}}_i + \underbrace{\sum_{i,j=1, i\neq j}^{m} \sigma_i k_i \overline{\boldsymbol{u}}_i \overline{\boldsymbol{v}}_i^{\mathrm{T}} \overline{\boldsymbol{v}}_i}_{\boldsymbol{0}} \\ &= \sum_{i=1}^{m} \sigma_i k_i \overline{\boldsymbol{u}}_i \end{aligned} \tag{2.122}$$

式(2.120)和式(2.122)的结果表明，任意的输入均可以使用矩阵 $\overline{\boldsymbol{V}}$ 的列向量组合进行表示，而系统对应的输出则由矩阵 $\overline{\boldsymbol{U}}$ 的列向量组合表示，且仅有子空间 $\{v_i \mid i = 1, \cdots, m\}$ 内的输入会产生非零的输出。所以，可认为 $\text{Span}(\overline{\boldsymbol{U}})$ 为系统的输出空间，$\text{Span}(\overline{\boldsymbol{V}})$ 为系统的输入空间，$\text{Span}(\overline{\boldsymbol{v}}_{m+1}, \overline{\boldsymbol{v}}_{m+2}, \cdots, \overline{\boldsymbol{v}}_n)$ 为输入的零空间。

进一步有如下的结论。

(1) 执行机构的输出空间为 $\text{Range}(\boldsymbol{A}) = \text{Span}(\boldsymbol{A}) \triangleq \overline{\boldsymbol{U}}$。

(2)执行机构的输入空间为 $\mathrm{Work}(\boldsymbol{A})\cup\mathrm{Null}(\boldsymbol{A})\triangleq\overline{\boldsymbol{V}}$。

(3)当执行机构效能矩阵满足 $\boldsymbol{A}\in\mathbf{R}^{m\times n}$，$\mathrm{rank}(\boldsymbol{A})=r$ 时，执行机构在工作空间和零运动空间中的运动自由度分别为 $\dim[\mathrm{Work}(\boldsymbol{A})]=r$ 和 $\dim[\mathrm{Null}(\boldsymbol{A})]=n-r=\zeta$，$\zeta$ 表示执行机构的冗余度。执行运动指令 $\boldsymbol{v}\in\mathrm{Work}(\boldsymbol{A})$ 和 $\boldsymbol{v}\in\mathrm{Null}(\boldsymbol{A})$，分别构成了执行机构的两种不同运动模态。

上述结果表明，控制分配和执行机构运动实质上是在确定输入和输出空间之间的关系。后续的章节将在此基础上，研究两个空间之间的映射关系，给出一种通用的分配方法。

2.5.2 通用分配方法研究

在明确了反作用飞轮的输入和输出空间后，控制分配将转换为两个空间之间的映射关系的确定。本节将使用上一节的结论将分配优化与误差优化问题分离，建立不同方法之间的联系，并给出通用的求解方法。

1. 飞轮控制分配方法

在以反作用飞轮为代表的线性执行机构应用中，经典的控制分配方法有广义逆方法[21]、直接分配法[22]和再分配伪逆法[23]等，其中广义逆方法最为经典，存在解析解，便于实际操作。本节首先研究广义逆方法，继而将相应的结果推广到一般方法中。

建立如下的求解模型：

$$\min_{v} J=\frac{1}{2}\boldsymbol{u}^{\mathrm{T}}\boldsymbol{P}\boldsymbol{u}\ \text{s.t.}\ \begin{cases}\boldsymbol{v}=\boldsymbol{A}\boldsymbol{u}\\ \boldsymbol{P}=\boldsymbol{P}^{\mathrm{T}}>\boldsymbol{0}\\ \boldsymbol{u}_{\min}<\boldsymbol{u}<\boldsymbol{u}_{\max}\end{cases} \tag{2.123}$$

式中，$\boldsymbol{P}$ 为正定的对称矩阵。

对式(2.123)的求解，可使用拉格朗日乘子法。首先建立拉格朗日方程：

$$L=\frac{1}{2}\boldsymbol{u}^{\mathrm{T}}\boldsymbol{P}\boldsymbol{u}+\boldsymbol{\lambda}^{\mathrm{T}}(\boldsymbol{v}-\boldsymbol{A}\boldsymbol{u}) \tag{2.124}$$

对式(2.124)求偏导数，并令偏导数为零：

$$\begin{cases}\dfrac{\partial L}{\partial \boldsymbol{v}}=\boldsymbol{v}^{\mathrm{T}}\boldsymbol{P}-\boldsymbol{\lambda}^{\mathrm{T}}\boldsymbol{A}\triangleq\boldsymbol{0}\\ \dfrac{\partial L}{\partial \boldsymbol{\lambda}}=(\boldsymbol{v}-\boldsymbol{A}\boldsymbol{u})^{\mathrm{T}}\triangleq\boldsymbol{0}\end{cases} \tag{2.125}$$

由式(2.125)可得

$$v = P^{-1}A^{T}\lambda \tag{2.126}$$

因此有

$$v - Au = v - AP^{-1}A^{T}\lambda = 0 \tag{2.127}$$

从而可得 $\lambda = (A^{T}P^{-1}A)^{-1}v$,因此

$$\begin{aligned} u &= P^{-1}A^{T}\lambda \\ &= P^{-1}A^{T}(A^{T}P^{-1}A)^{-1}v \\ &= WA^{T}(AWA^{T})^{-1}v \\ &\triangleq A_w^{+}v \end{aligned} \tag{2.128}$$

式中,$W = P^{-1}$。式(2.128)为经典的加权伪逆法,满足 $AA_w^{+}v = v$。这一性质表明,该方法在理论上是无误差的,可以精确地跟踪控制指令。特别地,当 $W = E$ 时,式(2.128)退化为伪逆法,$u = A^{+}v = A^{T}(AA^{T})^{-1}v$。

当控制指令超过可达集边界时,可以通过允许适当的误差来进行分配。这种情况下,式(2.123)的求解范式变为

$$\min_{v} J = \frac{1}{2}u^{T}Pu + \frac{1}{2}e^{T}Qe \quad \text{s. t.} \begin{cases} v = Bu \\ e = v - Au \\ P = P^{T} > 0 \\ Q = Q^{T} > 0 \\ u_{\min} < u < u_{\max} \end{cases} \tag{2.129}$$

相应的求解方法为

$$u = A^{\dagger}v = VA^{T}(AWA^{T} + V)^{-1}v \tag{2.130}$$

式中,$Q^{-1} = V$。

上述方法称为广义奇异鲁棒方法,与之相似的有奇异鲁棒方法:

$$u = A^{+}v = A^{T}(AA^{T} + V)^{-1}v \tag{2.131}$$

上述两个方法在控制力矩陀螺控制分配与其异构型避免中得到了广泛的应用,也可以应用到反作用飞轮控制作用不在可达集之内的分配情况[24]。

可以看到,仅仅因优化目标不同,控制分配方法便有着巨大的差异。从加权伪逆方法到伪逆法,数学表达上仅仅是加权矩阵的变化,那么加权矩阵到底是如何对分配方法进行更改的？在允许误差的情况下,分配方法是如何对误差进行处理的？规划方法仅给出了最后结果,无法揭示优化目标的对分配过程的影响。

2. 通用分配方法

定理 2.5 对于如式(2.123)所示的控制分配求解模型，对应的控制分配结果可写为如下所示的通用的形式：

$$\boldsymbol{u} = \sum_{i=1}^{k} \alpha_i \bar{\boldsymbol{u}}_{w,i} + \sum_{i=1}^{n-k} \beta_i \bar{\boldsymbol{u}}_{n,i} \tag{2.132}$$

式中，$\bar{\boldsymbol{u}}_{w,i}$为反作用飞轮系统工作空间的基向量，$\bar{\boldsymbol{u}}_{w,i} \in \mathrm{Work}(\boldsymbol{A})$；$\bar{\boldsymbol{u}}_{n,i}$为反作用飞轮系统零运动空间的基向量，$\boldsymbol{u}_{n,i} \in \mathrm{Null}(\boldsymbol{A})$。

特别地，当控制指令在系统可达集之内，$\boldsymbol{v} \in \boldsymbol{\Phi}_{\mathrm{T}}$，分配结果 $\sum_{i=1}^{k} \alpha_i \bar{\boldsymbol{v}}_{w,i}$ 唯一确定，不随优化目标的变化而变化。

情况一：控制指令在可达集之内，$\boldsymbol{v} \in \boldsymbol{\Phi}_{\mathrm{T}}$。

当控制指令在可达集之内时，首先考虑较为简单的伪逆控制分配方法。根据式(2.115)所示的效能矩阵因子化公式，伪逆分配方法可写为

$$\boldsymbol{A}^{+} = \boldsymbol{A}^{\mathrm{T}}(\boldsymbol{A}^{\mathrm{T}}\boldsymbol{A})^{-1}(\bar{\boldsymbol{U}}\boldsymbol{S}\,\bar{\boldsymbol{V}}^{\mathrm{T}})^{\mathrm{T}}[(\bar{\boldsymbol{U}}\boldsymbol{S}\,\bar{\boldsymbol{V}}^{\mathrm{T}})^{\mathrm{T}}(\bar{\boldsymbol{U}}\boldsymbol{S}\,\bar{\boldsymbol{V}}^{\mathrm{T}})]^{-1} \tag{2.133}$$

应用输入和输出空间基矢量的单位正交特性，上式可转化为

$$\begin{aligned}
\boldsymbol{A}^{+} &= \boldsymbol{A}^{\mathrm{T}}(\boldsymbol{A}\boldsymbol{A}^{\mathrm{T}})^{-1} \\
&= \bar{\boldsymbol{V}}\boldsymbol{S}^{\mathrm{T}}\bar{\boldsymbol{U}}^{\mathrm{T}}(\bar{\boldsymbol{U}}\boldsymbol{S}\,\underbrace{\bar{\boldsymbol{V}}^{\mathrm{T}}\bar{\boldsymbol{V}}}_{\boldsymbol{E}_n}\boldsymbol{S}^{\mathrm{T}}\bar{\boldsymbol{U}}^{\mathrm{T}})^{-1} \\
&= \bar{\boldsymbol{V}}\boldsymbol{S}^{\mathrm{T}}\bar{\boldsymbol{U}}^{\mathrm{T}}(\bar{\boldsymbol{U}}\boldsymbol{S}\boldsymbol{S}^{\mathrm{T}}\bar{\boldsymbol{U}}^{\mathrm{T}})^{-1} \\
&= \bar{\boldsymbol{V}}\boldsymbol{S}^{\mathrm{T}}\,\underbrace{\bar{\boldsymbol{U}}^{\mathrm{T}}\bar{\boldsymbol{U}}}_{\boldsymbol{E}_m}(\boldsymbol{S}\boldsymbol{S}^{\mathrm{T}})^{-1}\bar{\boldsymbol{U}}^{\mathrm{T}} \\
&= \bar{\boldsymbol{V}}\boldsymbol{S}^{\mathrm{T}}(\boldsymbol{S}\boldsymbol{S}^{\mathrm{T}})^{-1}\bar{\boldsymbol{U}}^{\mathrm{T}} \\
&= \bar{\boldsymbol{V}}\boldsymbol{S}^{+}\bar{\boldsymbol{U}}^{\mathrm{T}}
\end{aligned} \tag{2.134}$$

式中，$\boldsymbol{E}_n$ 表示 n 阶的单位矩阵；$\boldsymbol{S}^{+} = \boldsymbol{S}^{\mathrm{T}}(\boldsymbol{S}\boldsymbol{S}^{\mathrm{T}})^{-1}$，表示为

$$\begin{aligned}
\boldsymbol{S}^{+} &= \boldsymbol{S}^{\mathrm{T}}(\boldsymbol{S}\boldsymbol{S}^{\mathrm{T}})^{-1} \\
&= \begin{bmatrix} \boldsymbol{\sigma}^{D} \\ \hdashline \boldsymbol{0} \end{bmatrix}\left(\begin{bmatrix} \boldsymbol{\sigma}^{D} & \vdots & \boldsymbol{0} \end{bmatrix}\begin{bmatrix} \boldsymbol{\sigma}^{D} \\ \hdashline \boldsymbol{0} \end{bmatrix}\right)^{-1} \\
&= \begin{bmatrix} \boldsymbol{\sigma}^{D} \\ \hdashline \boldsymbol{0} \end{bmatrix}\underbrace{(\boldsymbol{\sigma}^{2D})^{-1}}_{\boldsymbol{\sigma}^{-2D}} = \begin{bmatrix} \boldsymbol{\sigma}^{-D} \\ \hdashline \boldsymbol{0} \end{bmatrix}
\end{aligned}$$

$$
= \left[\begin{array}{ccc} \sigma_1^{-1} & & \\ & \ddots & \\ & & \sigma_m^{-1} \\ \hdashline \mathbf{0} & \cdots & \mathbf{0} \end{array}\right] \tag{2.135}
$$

继而,伪逆分配方法可写为

$$
\begin{aligned}
\boldsymbol{A}^{+} &= \boldsymbol{A}^{\mathrm{T}}(\boldsymbol{A}\boldsymbol{A}^{\mathrm{T}})^{-1} \\
&= \bar{\boldsymbol{V}}\boldsymbol{S}^{+}\bar{\boldsymbol{U}}^{\mathrm{T}} \\
&= \left[\begin{array}{ccc:ccc} \bar{\boldsymbol{u}}_1 & \cdots & \bar{\boldsymbol{u}}_m & \bar{\boldsymbol{u}}_{m+1} & \cdots & \bar{\boldsymbol{u}}_n \end{array}\right] \left[\begin{array}{ccc} \sigma_1^{-1} & & \\ & \ddots & \\ & & \sigma_m^{-1} \\ \hdashline \mathbf{0} & \cdots & \mathbf{0} \end{array}\right] \begin{bmatrix} \bar{\boldsymbol{v}}_1^{\mathrm{T}} \\ \vdots \\ \bar{\boldsymbol{v}}_m^{\mathrm{T}} \end{bmatrix} \\
&= \sum_{i=1}^{m} \sigma_i^{-1}\bar{\boldsymbol{u}}_i\bar{\boldsymbol{v}}_i^{\mathrm{T}}
\end{aligned} \tag{2.136}
$$

注意到上式的形式与效能矩阵的因子化结果十分相似。在控制指令 $\boldsymbol{v} = \sum_{i=1}^{m} k_i\bar{\boldsymbol{v}}_i$ 的作用下,控制分配结果为

$$
\begin{aligned}
\boldsymbol{u} &= \boldsymbol{B}^{+}\boldsymbol{v} \\
&= \sum_{i=1}^{m} \sigma_i^{-1}\bar{\boldsymbol{u}}_i\bar{\boldsymbol{v}}_i^{\mathrm{T}} \sum_{i=1}^{m} k_i\bar{\boldsymbol{v}}_i \\
&= \sum_{i=1}^{m} \sigma_i^{-1}k_i\bar{\boldsymbol{u}}_i \underbrace{\bar{\boldsymbol{v}}_i^{\mathrm{T}}\bar{\boldsymbol{v}}_i}_{1} + \sum_{\substack{i,j=1 \\ i \neq j}}^{m} \sigma_i^{-1}k_j\bar{\boldsymbol{u}}_i \underbrace{\bar{\boldsymbol{v}}_i^{\mathrm{T}}\bar{\boldsymbol{v}}_j}_{0} \\
&= \sum_{i=1}^{m} \sigma_i^{-1}k_i\bar{\boldsymbol{u}}_i \\
&= \sum_{i=1}^{m} \alpha_i\bar{\boldsymbol{v}}_i
\end{aligned} \tag{2.137}
$$

进而,式(2.137)的分配结果对应的反作用飞轮的系统输出 $\boldsymbol{v}_O$ 为

$$
\begin{aligned}
\boldsymbol{v}_O &= \boldsymbol{B}\boldsymbol{u} \\
&= \sum_{i=1}^{m} \sigma_i\bar{\boldsymbol{v}}_i\bar{\boldsymbol{u}}_i^{\mathrm{T}} \sum_{i=1}^{m} \sigma_i^{-1}k_i\bar{\boldsymbol{u}}_i \\
&= \sum_{i=1}^{m} \underbrace{\sigma_i\sigma_i^{-1}}_{1}k_i\bar{\boldsymbol{v}}_i \underbrace{\bar{\boldsymbol{u}}_i^{\mathrm{T}}\bar{\boldsymbol{u}}_i}_{1} + \sum_{i=1}^{m} \sigma_i\sigma_j^{-1}k_j\bar{\boldsymbol{v}}_i \underbrace{\bar{\boldsymbol{u}}_i^{\mathrm{T}}\bar{\boldsymbol{u}}_j}_{0}
\end{aligned}
$$

$$
\begin{aligned}
&= \sum_{i=1}^{m} k_i \bar{\boldsymbol{v}}_i \\
&\equiv \boldsymbol{v}
\end{aligned} \tag{2.138}
$$

很明显，伪逆的分配结果式(2.137)满足定理2.5的要求，同时注意到其是无理论误差的。

进一步，考虑加权伪逆方法 $\boldsymbol{A}_w^+$。根据 $\boldsymbol{A}^+$ 的分解结果，不失一般性，假设 $\boldsymbol{A}_w^+$ 的分解结果为 $\boldsymbol{A}_w^+ = \widetilde{\boldsymbol{V}}\widetilde{\boldsymbol{S}}_w^+\widetilde{\boldsymbol{U}}^{\mathrm{T}}$。为建立分配方法与效能矩阵之间的联系，首先定义如下两种变换：

$$
\begin{cases}
\boldsymbol{T}_u = \widetilde{\boldsymbol{U}}^{\mathrm{T}}\overline{\boldsymbol{U}} \\
\boldsymbol{T}_v = \widetilde{\boldsymbol{V}}^{\mathrm{T}}\overline{\boldsymbol{V}}
\end{cases} \tag{2.139}
$$

很明显，上式所示的两种变换满足

$$
\begin{cases}
\boldsymbol{T}_u\boldsymbol{T}_u^{\mathrm{T}} = \boldsymbol{E}_m \\
\boldsymbol{T}_v\boldsymbol{T}_v^{\mathrm{T}} = \boldsymbol{E}_n
\end{cases} \tag{2.140}
$$

应用上述的结果，可得 $\boldsymbol{A}_w^+$ 的分解结果为

$$
\begin{aligned}
\boldsymbol{A}_w^+ &= \widetilde{\boldsymbol{V}}\widetilde{\boldsymbol{S}}_w^+\widetilde{\boldsymbol{U}}^{\mathrm{T}} \\
&= \widetilde{\boldsymbol{V}}\boldsymbol{T}_v\boldsymbol{T}_v^{\mathrm{T}}\widetilde{\boldsymbol{S}}_w^+\boldsymbol{T}_u\boldsymbol{T}_u^{\mathrm{T}}\widetilde{\boldsymbol{U}}^{\mathrm{T}} \\
&= (\widetilde{\boldsymbol{V}}\widetilde{\boldsymbol{V}}^{\mathrm{T}}\overline{\boldsymbol{V}})\boldsymbol{T}_u^{\mathrm{T}}\widetilde{\boldsymbol{S}}_w^+\boldsymbol{T}_u(\overline{\boldsymbol{U}}^{\mathrm{T}}\widetilde{\boldsymbol{U}}\widetilde{\boldsymbol{U}}^{\mathrm{T}}) \\
&= \overline{\boldsymbol{V}}(\boldsymbol{T}_v^{\mathrm{T}}\widetilde{\boldsymbol{S}}_w^+\boldsymbol{T}_u)\overline{\boldsymbol{U}}^{\mathrm{T}} \\
&= \overline{\boldsymbol{V}}\boldsymbol{S}_w^+\overline{\boldsymbol{U}}^{\mathrm{T}}
\end{aligned} \tag{2.141}
$$

式中，$\boldsymbol{S}_w^+ = \boldsymbol{T}_u^{\mathrm{T}}\widetilde{\boldsymbol{S}}_w^+\boldsymbol{T}_u$。

可以断言，$\boldsymbol{S}_w^+$ 一定具有 $\boldsymbol{S}^+$ 的形式。由加权伪逆的无误差特性可得 $\boldsymbol{S}_w^+$ 的形式，以及加权伪逆法与伪逆控制分配方法之间的联系和差别。

考虑加权伪逆的无误差特性，可得如下恒等式：

$$
\boldsymbol{A}\boldsymbol{A}_w^+ \equiv \boldsymbol{E}_m = \overline{\boldsymbol{U}}\boldsymbol{S}\ \overline{\boldsymbol{V}}^{\mathrm{T}}\overline{\boldsymbol{V}}\boldsymbol{S}_w^+\overline{\boldsymbol{U}}^{\mathrm{T}} \tag{2.142}
$$

也就是 $\boldsymbol{S}\boldsymbol{S}_w^+ \equiv \boldsymbol{E}_m$ 成立。恒等式 $\boldsymbol{S}\boldsymbol{S}_w^+ \equiv \boldsymbol{E}_m$ 无疑保证了控制方法的无误差特性。因此，可以通过这一恒等关系来确定 $\boldsymbol{S}_w^+$ 的形式：

$$
\boldsymbol{S}\boldsymbol{S}_w^+ = \left[\begin{array}{c:c} \sigma^D & \boldsymbol{0}_{m\times(n-m)} \end{array}\right]\left[\begin{array}{c} \boldsymbol{S}_{w,1}^+ \\ \hdashline \boldsymbol{S}_{w,2}^+ \end{array}\right] \equiv \boldsymbol{E}_m \tag{2.143}
$$

式(2.143)按照分块矩阵的形式,给出了 $\boldsymbol{S}\boldsymbol{S}_w^+ \equiv \boldsymbol{E}_m$ 这一恒等关系,很明显可以求得

$$\begin{cases} \boldsymbol{S}_{w,1}^+ = \boldsymbol{\sigma}^{-D} \\ \boldsymbol{S}_{w,2}^+ = \boldsymbol{S}_{w,2}^+(\boldsymbol{\sigma}^D, \boldsymbol{W}) \end{cases} \tag{2.144}$$

其中,$\boldsymbol{S}_{w,2}^+ = \boldsymbol{S}_{w,2}^+(\boldsymbol{\sigma}^D, \boldsymbol{W})$ 表示待定参数,但是注意到 $\boldsymbol{S}_{w,2}^+$ 在控制分配矩阵 $\boldsymbol{A}$ 给定的情况下,仅与加权矩阵 $\boldsymbol{W}$ 有关。然而,无论 $\boldsymbol{S}_{w,2}^+ = \boldsymbol{S}_{w,2}^+(\boldsymbol{\sigma}^D, \boldsymbol{W})$ 取何值,并不影响恒等式 $\boldsymbol{S}\boldsymbol{S}_w^+ \equiv \boldsymbol{E}_m$。

进一步,将 $\boldsymbol{S}_w^+$ 写为 $\boldsymbol{S}_w^+ = \boldsymbol{S}^+ + \boldsymbol{S}_{w,2}^+$。因此,加权伪逆可写为

$$\begin{aligned} \boldsymbol{A}_w^+ &= \overline{\boldsymbol{V}}\boldsymbol{S}_w^+\overline{\boldsymbol{U}}^{\mathrm{T}} \\ &= \overline{\boldsymbol{V}}\left(\boldsymbol{S}^+ + \begin{bmatrix} \boldsymbol{0}_{m\times m} \\ \hdashline \boldsymbol{S}_{w,2}^+ \end{bmatrix}\right)\overline{\boldsymbol{U}}^{\mathrm{T}} \\ &= \underbrace{\overline{\boldsymbol{V}}\boldsymbol{S}^+\overline{\boldsymbol{U}}^{\mathrm{T}}}_{\boldsymbol{B}^+} + \overline{\boldsymbol{V}}\begin{bmatrix} \boldsymbol{0}_{m\times m} \\ \hdashline \boldsymbol{S}_{w,2}^+ \end{bmatrix}\overline{\boldsymbol{U}}^{\mathrm{T}} \\ &= \sum_{i=1}^{m} \sigma_i^{-1}\overline{\boldsymbol{u}}_{w,i}\overline{\boldsymbol{v}}_i^{\mathrm{T}} + \sum_{i=1}^{m} s_i\overline{\boldsymbol{u}}_{n,i}\overline{\boldsymbol{v}}_i^{\mathrm{T}} \end{aligned} \tag{2.145}$$

式中,$\overline{\boldsymbol{u}}_{w,i} \in \mathrm{Work}(\boldsymbol{A})$;$\overline{\boldsymbol{u}}_{n,i} \in \mathrm{Null}(\boldsymbol{A})$。

由于 $\boldsymbol{S}_{w,2}^+$ 不对系统输出产生任何影响,可以断定 $\boldsymbol{S}_{w,2}^+$ 对应的分配结果在效能矩阵的零运动空间内。

同样,给定控制指令 $\boldsymbol{v} = \sum_{i=1}^{m} k_i\overline{\boldsymbol{v}}_i$,式(2.145)对应的分配结果为

$$\begin{aligned} \boldsymbol{u} &= \boldsymbol{B}_w^+\boldsymbol{v} \\ &= \overline{\boldsymbol{V}}\boldsymbol{S}_w^+\overline{\boldsymbol{U}}^{\mathrm{T}}\sum_{i=1}^{m} k_i\overline{\boldsymbol{v}}_i \\ &= \sum_{i=1}^{m} \sigma_i^{-1}\overline{\boldsymbol{u}}_{w,i}\overline{\boldsymbol{v}}_i^{\mathrm{T}}\sum_{i=1}^{m} k_i\overline{\boldsymbol{v}}_i + \sum_{i=1}^{m} s_i\overline{\boldsymbol{u}}_{n,i}\overline{\boldsymbol{v}}_i^{\mathrm{T}}\sum_{i=1}^{m} k_i\overline{\boldsymbol{v}}_i \\ &= \sum_{i=1}^{m} k_i\boldsymbol{\sigma}_i^{-1}\overline{\boldsymbol{u}}_{w,i} + \sum_{i=1}^{m} s_ik_i\overline{\boldsymbol{u}}_{n,i} \\ &= \sum_{i=1}^{m} \alpha_i\overline{\boldsymbol{u}}_{w,i} + \sum_{i=1}^{m} \beta_i\overline{\boldsymbol{u}}_{n,i} \end{aligned} \tag{2.146}$$

对于式(2.146)所示分配结果,系统的输出可写为

$$\begin{aligned} \boldsymbol{v}_O &= \boldsymbol{B}\boldsymbol{u} \\ &= \sum_{i=1}^{m} \sigma_i \bar{\boldsymbol{v}}_i \bar{\boldsymbol{u}}_{w,i}^{\mathrm{T}} \left(\sum_{i=1}^{m} k_i \sigma_i^{-1} \bar{\boldsymbol{u}}_{w,i} + \sum_{i=1}^{m} s_i k_i \bar{\boldsymbol{u}}_{n,i} \right) \\ &= \sum_{i=1}^{m} k_i \sigma_i^{-1} \sigma_i \bar{\boldsymbol{v}}_i \bar{\boldsymbol{u}}_{w,i}^{\mathrm{T}} \bar{\boldsymbol{u}}_{w,i} \\ &= \sum_{i=1}^{m} k_i \bar{\boldsymbol{v}}_i \\ &\equiv \boldsymbol{v} \end{aligned} \tag{2.147}$$

对比伪逆和加权伪逆法的分解和分析过程,可得以下推论。

推论 2.1 在反作用飞轮系统中,当控制作用在系统的可达集之内,加权伪逆和伪逆控制分配法在理论上都是没有误差的,即执行机构处于理想的工作状态,可以完全精确地输出期望的控制作用。

推论 2.2 在反作用飞轮控制分配中,伪逆分配方法可认为是加权伪逆法在加权矩阵为单位矩阵时的一个特例。因此,任意的加权伪逆法都可以写为伪逆法与特定的系统零运动向量加和的形式。

推论 2.3 在反作用飞轮系统中,当控制作用 $(\boldsymbol{v} = \sum_{i=1}^{m} k_i \bar{\boldsymbol{v}}_i)$ 在系统的可达集之内,分配结果在工作空间中的部分必然满足

$$\boldsymbol{u} = \sum_{i=1}^{m} \alpha_i \bar{\boldsymbol{u}}_{w,i} \tag{2.148}$$

式中,$\alpha_i = k_i \sigma_i^{-1}$。

加权伪逆的无误差特性决定了其分配结果中的在工作空间中的部分与伪逆操纵方法完全相同;推而广之,若希望分配方法无误差地输出给定的控制作用,那么在工作空间中的部分的分配指令必然相同,与优化的目标没有关系。

情况二:控制指令超过可达集约束,即 $\max|\boldsymbol{v}| > \partial(\boldsymbol{\Phi})$。

情况一讨论了控制作用可以完全输出的情况,而在实际情况中,一般在控制器的设计中都未完全地考虑到执行机构的输出约束。因此,在某些情况下,分配方法必须容许有一定的误差。

考查控制分配方法(2.131),不失一般性,假设加权矩阵 $\boldsymbol{V} = \rho \boldsymbol{E}_m$,应用效能矩阵因子化的结果,可将该方法分解为

$$\begin{aligned} \boldsymbol{A}^{\ddagger} &= \boldsymbol{A}^{\mathrm{T}} (\boldsymbol{A}\boldsymbol{A}^{\mathrm{T}} + \boldsymbol{V})^{-1} \\ &= (\bar{\boldsymbol{U}}\boldsymbol{S}\,\bar{\boldsymbol{V}}^{\mathrm{T}})^{\mathrm{T}} [\bar{\boldsymbol{U}}\boldsymbol{S}\,\bar{\boldsymbol{V}}^{\mathrm{T}} (\bar{\boldsymbol{U}}\boldsymbol{S}\,\bar{\boldsymbol{V}}^{\mathrm{T}})^{\mathrm{T}} + \rho \boldsymbol{E}_m]^{-1} \end{aligned}$$

$$
\begin{aligned}
&= \overline{\boldsymbol{V}}\boldsymbol{S}^{\mathrm{T}}\overline{\boldsymbol{U}}^{\mathrm{T}}(\overline{\boldsymbol{U}}\boldsymbol{S}\,\overline{\boldsymbol{V}}^{\mathrm{T}}\overline{\boldsymbol{V}}\boldsymbol{S}^{\mathrm{T}}\overline{\boldsymbol{U}}^{\mathrm{T}} + \rho\overline{\boldsymbol{U}}\,\overline{\boldsymbol{U}}^{\mathrm{T}})^{-1} \\
&= \overline{\boldsymbol{V}}\boldsymbol{S}^{\mathrm{T}}\overline{\boldsymbol{U}}^{\mathrm{T}}(\overline{\boldsymbol{U}}\boldsymbol{S}\boldsymbol{S}^{\mathrm{T}}\overline{\boldsymbol{U}}^{\mathrm{T}} + \rho\overline{\boldsymbol{U}}\,\overline{\boldsymbol{U}}^{\mathrm{T}})^{-1} \\
&= \overline{\boldsymbol{V}}\boldsymbol{S}^{\mathrm{T}}\overline{\boldsymbol{U}}^{\mathrm{T}}\overline{\boldsymbol{U}}(\boldsymbol{S}\boldsymbol{S}^{\mathrm{T}} + \rho\boldsymbol{E}_m)^{-1}\overline{\boldsymbol{U}}^{\mathrm{T}} \\
&= \overline{\boldsymbol{V}}\boldsymbol{S}^{\ddagger}\overline{\boldsymbol{U}}^{\mathrm{T}}
\end{aligned} \tag{2.149}
$$

式中，$\boldsymbol{S}^{\ddagger} = \boldsymbol{S}(\boldsymbol{S}\boldsymbol{S}^{\mathrm{T}} + \rho\boldsymbol{E}_m)^{-1}$，可写为

$$
\begin{aligned}
\boldsymbol{S}^{\ddagger} &= \boldsymbol{S}(\boldsymbol{S}\boldsymbol{S}^{\mathrm{T}} + \rho\boldsymbol{E}_m)^{-1} \\
&= \boldsymbol{S}(\sigma^{2D} + \rho\boldsymbol{E}_m)^{-1} \\
&= \begin{bmatrix} \sigma^{D} \\ \hdashline \boldsymbol{0} \end{bmatrix} \begin{bmatrix} \ddots & & \\ & (\sigma_i^2 + \rho)^{-1} & \\ & & \ddots \end{bmatrix} \\
&= \begin{bmatrix} [\sigma/(\sigma^2 + \rho)]^{-D} \\ \hdashline \boldsymbol{0} \end{bmatrix}
\end{aligned} \tag{2.150}
$$

在控制指令为 $\boldsymbol{v} = \sum_{i=1}^{m} k_i \boldsymbol{v}_i \bar{\boldsymbol{v}}_i$ 时，对应的分配结果可写为

$$
\begin{aligned}
\boldsymbol{u} &= \boldsymbol{B}^{\ddagger}\boldsymbol{v} \\
&= \overline{\boldsymbol{V}}\boldsymbol{S}^{\ddagger}\overline{\boldsymbol{U}}^{\mathrm{T}}\boldsymbol{v} \\
&= \sum_{i=1}^{m} \bar{\boldsymbol{u}}_i \frac{\sigma_i}{\sigma_i^2 + \rho}\bar{\boldsymbol{u}}_i^{\mathrm{T}} \sum_{i=1}^{m} k_i \bar{\boldsymbol{v}}_i \\
&= \sum_{i=1}^{m} k_i \frac{\sigma_i}{\sigma_i^2 + \rho}\bar{\boldsymbol{u}}_i
\end{aligned} \tag{2.151}
$$

对应的输出为

$$
\begin{aligned}
\boldsymbol{v}_O &= \boldsymbol{A}\boldsymbol{u} \\
&= \sum_{i=1}^{m} \sigma_i \bar{\boldsymbol{v}}_i \bar{\boldsymbol{u}}_i^{\mathrm{T}} \sum_{i=1}^{m} k_i \frac{\sigma_i}{\sigma_i^2 + \rho}\bar{\boldsymbol{u}}_i \\
&= \sum_{i=1}^{m} k_i \frac{\sigma_i}{\sigma_i^2 + \rho}\bar{\boldsymbol{v}}_i \\
&= \sum_{i=1}^{m} \left(1 - \frac{\rho}{\sigma_i^2 + \rho}\right) k_i \bar{\boldsymbol{v}}_i \\
&= \boldsymbol{v} - \Delta\boldsymbol{v}
\end{aligned} \tag{2.152}
$$

式(2.152)给出了分配方法所容许的误差：

$$\Delta \boldsymbol{v} = \sum_{i=1}^{m} \rho k_i \bar{\boldsymbol{v}}_i / (\sigma_i^2 + \rho) \tag{2.153}$$

注意到，当误差矩阵变为 $\boldsymbol{Q}=\boldsymbol{0}$ 时，对应的分配方法也将退化伪逆法；而此时在式(2.152)中，$\rho=0$，$\Delta \boldsymbol{v}=\boldsymbol{0}$。

情况三：特殊的分配方法。

在某些情况下，要求执行机构满足一些特殊的要求。在推力器控制分配中，希望减小输出最大的推力器的输出，这样是为了减少某一推力器持续高输出耗尽燃料从而使整个系统无法工作的风险，这样的操作称为均衡控制分配。这样的想法也可以运用到反作用飞轮控制分配中去，假设飞轮处于角动量工作模式，那么均衡控制的想法有助于避免某一飞轮过早饱和。

负载均衡控制分配方法求解模型可写为

$$\min_{\boldsymbol{u}} (\max |\boldsymbol{u}|) \text{ s. t. } \begin{cases} \boldsymbol{v} = \boldsymbol{A}\boldsymbol{u} \\ \boldsymbol{u}_{\min} \leqslant \boldsymbol{u} \leqslant \boldsymbol{u}_{\max} \end{cases} \tag{2.154}$$

显然上式一般不存在解析解，常常转化为规划问题进行求解。注意到 $\boldsymbol{v}=\boldsymbol{A}\boldsymbol{u}$ 这一等式约束，根据引理2.1，当某一方法期望输出理想的控制作用时，其分配结果中必须包含

$$\boldsymbol{u} = \sum_{i=1}^{m} \alpha_i \bar{\boldsymbol{u}}_{w,i} \tag{2.155}$$

并且满足等式约束 $\boldsymbol{A}\sum_{i=1}^{m} \alpha_i \bar{\boldsymbol{u}}_{w,i} = \boldsymbol{v}$。注意到 $\bar{\boldsymbol{u}}_{w,i} \in \text{Work}(\boldsymbol{A})$，且在满足等式约束（误差约束）的前提下，$\alpha_i$ 对于某一给定的指令是不变的，即当前系统的自由度仅限于 $\bar{\boldsymbol{u}} \in \text{Null}(\boldsymbol{A})$。为实现分配优化所确定的目标，唯一的操作办法对当前的指令 $\sum_{i=1}^{m} \alpha_i \bar{\boldsymbol{u}}_{w,i}$ 进行修正。而 $\bar{\boldsymbol{u}} \in \text{Null}(\boldsymbol{A})$ 刚好满足这一约束条件。因此，式(2.154)的问题可写为

$$\min_{\beta} \max \left| \sum_{i=1}^{m} \alpha_i \bar{\boldsymbol{u}}_{w,i} + \sum_{i=1}^{n-m} \beta_i \bar{\boldsymbol{u}}_{n,i} \right| \text{ s. t. } \boldsymbol{u}_{\min} \leqslant \boldsymbol{u} \leqslant \boldsymbol{u}_{\max} \tag{2.156}$$

式中，β 为一定值。

很明显关于控制分配结果 $\boldsymbol{u}$ 的一个优化问题，转换为关于零运动强度的优化问题。由于最优点的搜索范围有界，$\boldsymbol{u}_{\min} \leqslant \boldsymbol{u} \leqslant \boldsymbol{u}_{\max}$ 或 $\boldsymbol{u} \in \boldsymbol{\Omega}$，也就是说，$\beta$ 的取值范围有界，因此式(2.156)的问题一定存在最优解，可为满足引理2.1的形式。

情况四：具有时变的效能矩阵的执行机构控制分配。

尽管上述讨论以线性执行机构反作用飞轮为主要研究对象，但在诸如伪逆等分配方法也经常应用在其他类型的执行机构中。此处，考虑如下角动量执行机构——控制力矩陀螺，其效能矩阵可写为

$$
\boldsymbol{v}=\boldsymbol{A}\dot{\boldsymbol{\delta}}=\begin{bmatrix} -\cos\vartheta\cos\delta_1 & \sin\delta_2 & \cos\vartheta\cos\delta_3 & -\sin\delta_4 \\ -\sin\delta_1 & -\cos\vartheta\cos\delta_2 & \sin\delta_3 & \cos\vartheta\cos\delta_4 \\ \sin\vartheta\cos\delta_1 & \sin\vartheta\cos\delta_2 & \sin\vartheta\cos\delta_3 & \sin\vartheta\cos\delta_4 \end{bmatrix}\begin{bmatrix} \dot{\delta}_1 \\ \dot{\delta}_2 \\ \dot{\delta}_3 \\ \dot{\delta}_4 \end{bmatrix} \tag{2.157}
$$

式中，δ_i 为执行机构单元运动的角度。

对于上述的执行机构运动模型，可用与反作用飞轮控制分配中的相同的方法；唯一的区别在于，必须保证 $\mathrm{rank}(\boldsymbol{A})=3$。在这样的前提下，当控制器给定控制作用指令，在当前时刻效能矩阵 $\boldsymbol{A}$ 仍为一“定常”的矩阵，所涉及的控制分配求解问题与反作用飞轮完全相同。

在上述执行机构中，各个单元之间的运动相对独立，那么便存在特殊的情况，使得效能矩降秩，即 $\mathrm{rank}(\boldsymbol{A})=2$，对应于各个执行机构单元输出共面，无法再作为一组三维空间的基矢量。这种配置方式对于反作用飞轮并不合理，使得本该输出三维作用的系统的输出全部作用于某一固定的平面内。在这种情况下，系统的工作空间降维，而零运动空间扩维；但系统整体的运动空间不变。在新的工作空间和零运动空间下，控制分配的输出仍将保持引理2.1的形式。

根据上述关于情况四的分析，可以得到以下关于引理2.1的推论。

推论2.4　对于效能矩阵，其工作空间中的基矢量分别唯一地对应于输出空间中的基矢量。当效能矩阵发生降秩时（部分执行机构故障），系统的输出空间降维，工作空间降维，而零运动空间扩维。系统输出不可达的方向，即为退化为零运动基矢量部分所对应的输出。

证明　给定控制分配结果 $\boldsymbol{u}=k\,\bar{\boldsymbol{u}}_{w,i}$（$\bar{\boldsymbol{u}}_{w,i}$ 为工作空间的某一基矢量），系统的输出为

$$
\begin{aligned}
\boldsymbol{v} &= \boldsymbol{B}\boldsymbol{u} \\
&= \sum_{j=1}^{m} k\sigma_j\bar{\boldsymbol{v}}_j(\bar{\boldsymbol{u}}_{w,j}^{\mathrm{T}}\,\bar{\boldsymbol{u}}_{w,i})
\end{aligned}
$$

$$
\begin{aligned}
&= k\sigma_i \bar{\boldsymbol{v}}_i \bar{\boldsymbol{u}}_{w,j}^{\mathrm{T}} \bar{\boldsymbol{u}}_{w,i} + \sum_{\substack{i=1 \\ i\neq j}}^{m} k\sigma_j \bar{\boldsymbol{v}}_j \underbrace{\bar{\boldsymbol{u}}_{w,j}^{\mathrm{T}} \bar{\boldsymbol{u}}_{w,i}}_{0} \\
&= k\sigma_i \bar{\boldsymbol{v}}_i
\end{aligned} \tag{2.158}
$$

输入 $\bar{\boldsymbol{u}}_{w,i}$ 唯一地对应于在 $\bar{\boldsymbol{v}}_i$ 上的输出。当系统降秩时，$\mathrm{rank}(\boldsymbol{A})=r<m$，也就是 $\det(\boldsymbol{A}\boldsymbol{A}^{\mathrm{T}})=0$ 成立。因此，根据引理 2.1 的证明过程，必有 $(m-r)$ 个 σ_i 退化为零。继而，根据式(2.158)的结果，系统的输出为零，$\boldsymbol{Au}\equiv\boldsymbol{0}$。也就是说，执行机构的零运动空间扩维：$\bar{\boldsymbol{u}}_i \in \mathrm{Null}(\boldsymbol{A})$（共 $(m-r)$ 个 $\bar{\boldsymbol{u}}_i$），在 $\bar{\boldsymbol{v}}_i$ 方向上的输出不可达。

通过上述四种情况的分析，引理 2.1 的内涵更加清晰，这一结论可应用于不同的方法和不同的执行机构中。同时，对执行机构输入和输出之间的映射有了更加深刻的认识，无论是从整体映射关系，还是到引理 2.1 所述的基矢量的映射关系。

更进一步，在控制分配方法的输入与输出空间映射中，矩阵 $\boldsymbol{S}$ 起到重要作用。此处将式(2.135)、式(2.141)和式(2.150)单独列出：

$$
\begin{cases}
\boldsymbol{A}^{+} = \boldsymbol{A}^{\mathrm{T}}(\boldsymbol{A}\boldsymbol{A}^{\mathrm{T}})^{-1} = \bar{\boldsymbol{V}}\boldsymbol{S}^{+}\bar{\boldsymbol{U}}^{\mathrm{T}} \\
\boldsymbol{A}_w^{+} = \boldsymbol{W}\boldsymbol{A}^{\mathrm{T}}(\boldsymbol{A}\boldsymbol{W}\boldsymbol{A}^{\mathrm{T}})^{-1} = \bar{\boldsymbol{V}}\boldsymbol{S}_w^{+}\bar{\boldsymbol{U}}^{\mathrm{T}} \\
\boldsymbol{A}^{\ddagger} = \boldsymbol{A}^{\mathrm{T}}(\boldsymbol{A}\boldsymbol{A}^{\mathrm{T}}+\boldsymbol{V})^{-1} = \bar{\boldsymbol{V}}\boldsymbol{S}^{\ddagger}\bar{\boldsymbol{U}}^{\mathrm{T}}
\end{cases} \tag{2.159}
$$

其中，

$$
\begin{cases}
\boldsymbol{S}^{+} = \boldsymbol{S}^{\mathrm{T}}(\boldsymbol{S}\boldsymbol{S}^{\mathrm{T}})^{-1} \\
\boldsymbol{S}_w^{+} = \boldsymbol{T}_v^{\mathrm{T}}\widetilde{\boldsymbol{S}}_w^{+}\boldsymbol{T}_u \\
\boldsymbol{S}^{\ddagger} = (\boldsymbol{S}\boldsymbol{S}^{\mathrm{T}}+\rho\boldsymbol{E}_m)^{-1}
\end{cases} \tag{2.160}
$$

特别地，观察式(2.160)可以发现，对效能矩阵 $\boldsymbol{A}$ 的操作最后完全转换为对矩阵 $\boldsymbol{S}$ 的操作。在伪逆法中，$\boldsymbol{S}^{+}=\boldsymbol{S}^{\mathrm{T}}(\boldsymbol{S}\boldsymbol{S}^{\mathrm{T}})^{-1}$，实际上就是在对矩阵 $\boldsymbol{S}$ 求伪逆。从微观的角度上看，实际上如式(2.110)和式(2.111)中的两个变换在起作用，也就是说，对效能矩阵 $\boldsymbol{A}$ 的操作，完全是对 σ_i 的操作，因为 σ_i 对应着输入和输出空间的基矢量 $\bar{\boldsymbol{u}}_i$ 和 $\bar{\boldsymbol{v}}_i$，例如对 $\boldsymbol{A}$ 的广义逆实际上是对 σ_i 取逆（倒数），反作用飞轮控制分配输入和输出的映射关系图如图 2.14 所示。

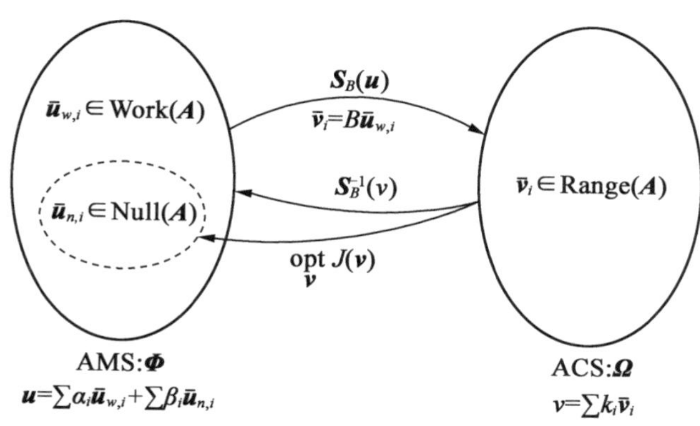

图 2.14　反作用飞轮控制分配输入和输出的映射关系图

结合上述的分析结果,可以得到以下有关反作用飞轮输入和输出之间映射关系的结论:在控制分配中,在控制指令给定的前提下,误差优化和分配优化两个问题实际上可以独立分析讨论。误差优化问题对应于对反作用飞轮运动指令的工作空间中的部分,这一结果实际上决定当前的指令对控制优化影响的基调;工作空间中的指令部分确定后,分配优化实际上是一种调节作用而已,对误差优化的结果利用系统剩余的运动自由度进行再次调整,直至最优。

2.5.3　仿真算例

考虑冗余度为 2 的飞轮系统,其效能矩阵为

$$
\boldsymbol{A}=\begin{bmatrix} 1 & 0 & 0 & \frac{1}{\sqrt{3}} & -\frac{1}{\sqrt{3}} \\ 0 & 1 & 0 & \frac{1}{\sqrt{3}} & \frac{1}{\sqrt{3}} \\ 0 & 0 & 1 & \frac{1}{\sqrt{3}} & \frac{1}{\sqrt{3}} \end{bmatrix}
$$

给定运动约束 $|v_i| \leqslant 0.5$(单个飞轮输出或加速度)。根据引理 2.1,可得效能矩阵的分解形式为

$$
\overline{\boldsymbol{U}}=\begin{bmatrix} 0 & 1 & 0 \\ -0.7071 & 0 & -0.7071 \\ -0.7071 & 0 & 0.7071 \end{bmatrix}
$$

$$
\boldsymbol{S}=\begin{bmatrix} 1.5275 & 0 & 0 & 0 & 0 \\ 0 & 1.2910 & 0 & 0 & 0 \\ 0 & 0 & 1 & 0 & 0 \end{bmatrix}
$$

$$\bar{V}=\begin{bmatrix} 0 & 0.7746 & 0 & -0.4472 & 0.4472 \\ -0.4629 & 0 & 0.7071 & -0.3780 & -0.3780 \\ -0.4629 & 0 & 0.7071 & -0.3780 & -0.3780 \\ -0.5345 & 0.4472 & 0 & 0.7146 & -0.0600 \\ -0.5345 & -0.4472 & 0 & -0.0600 & 0.7146 \end{bmatrix}$$

继而可得其工作空间与零运动空间，为后续的工作做准备。被控对象的动态模型为

$$\dot{\boldsymbol{x}}=\begin{bmatrix} 0.10 & 0 & -0.15 \\ 0.25 & -0.01 & 0 \\ 0.10 & 0.35 & 0.10 \end{bmatrix}\boldsymbol{x}+\begin{bmatrix} 1 & & \\ & 1 & \\ & & 1 \end{bmatrix}\boldsymbol{v}$$

起初始状态为 $\boldsymbol{x}_0=[2 \quad 1.5 \quad -1]$，期望的状态为 $\boldsymbol{x}=\boldsymbol{0}$。状态反馈控制器为

$$\boldsymbol{K}=\begin{bmatrix} 0.15 & 0.10 & -0.15 \\ 0.15 & 0.04 & 0 \\ 0.10 & 0.35 & 0.12 \end{bmatrix}$$

控制分配方法使用加权伪逆法，其中 $\boldsymbol{W}=\mathrm{diag}(1,2,3,2,1)$。

仿真结果如图2.15和图2.16所示，图2.15（a）~（c）给出了使用通用控制分配方法的求解结果，图2.15（d）~（f）展示了通用控制分配方法与使用广义逆方法（解析解）的误差。在300 s内，系统收敛到了稳定值，且控制分配的结果满足约束 $|v_i|\leqslant 0.5$。由于采用数值计算，两种方法在分配结果上有着一定的误差，但这种误差很小，并未对控制作用和系统状态产生较大的影响。

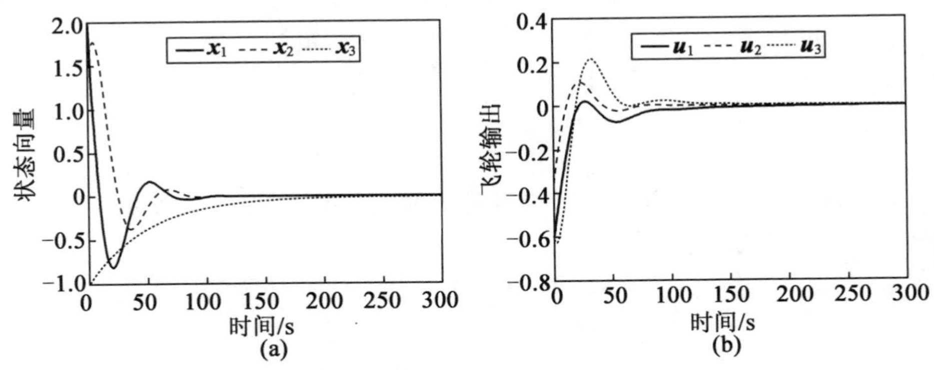

图2.15　控制分配结果对比

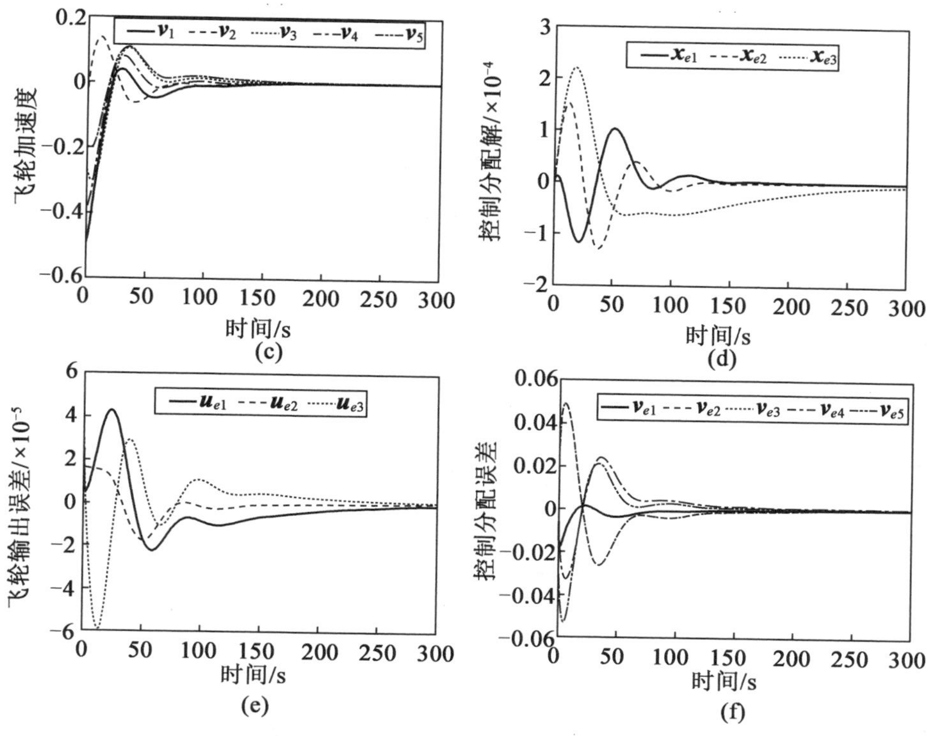

续图 2.15

将仿真结果表示在执行机构的输入和输出空间上将更加清晰。在图 2.16 (c)中,在执行机构工作空间上的误差在 10^{-5}量级,这也是二者的输出作用和系统状态没有太大的误差的根本原因。因为保证系统精确输出的分配结果在工作空间中的分量是唯一确定的,而在零运动空间内的误差 β_e 虽然较为明显,却不影响系统的输出。

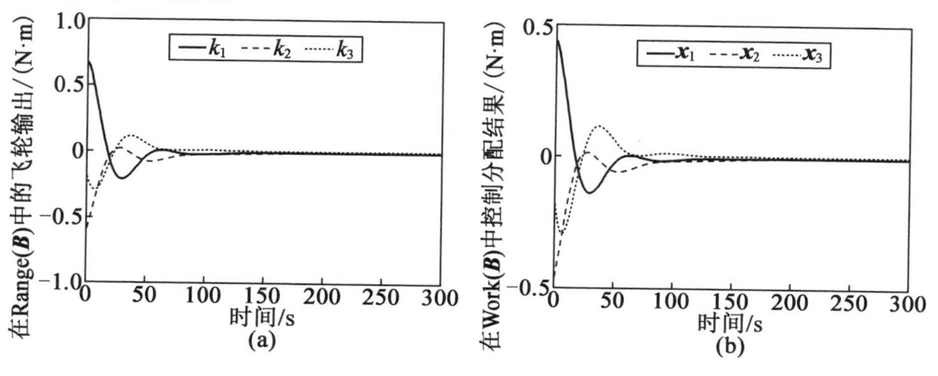

图 2.16　执行机构输入输出空间内控制分配结果对比

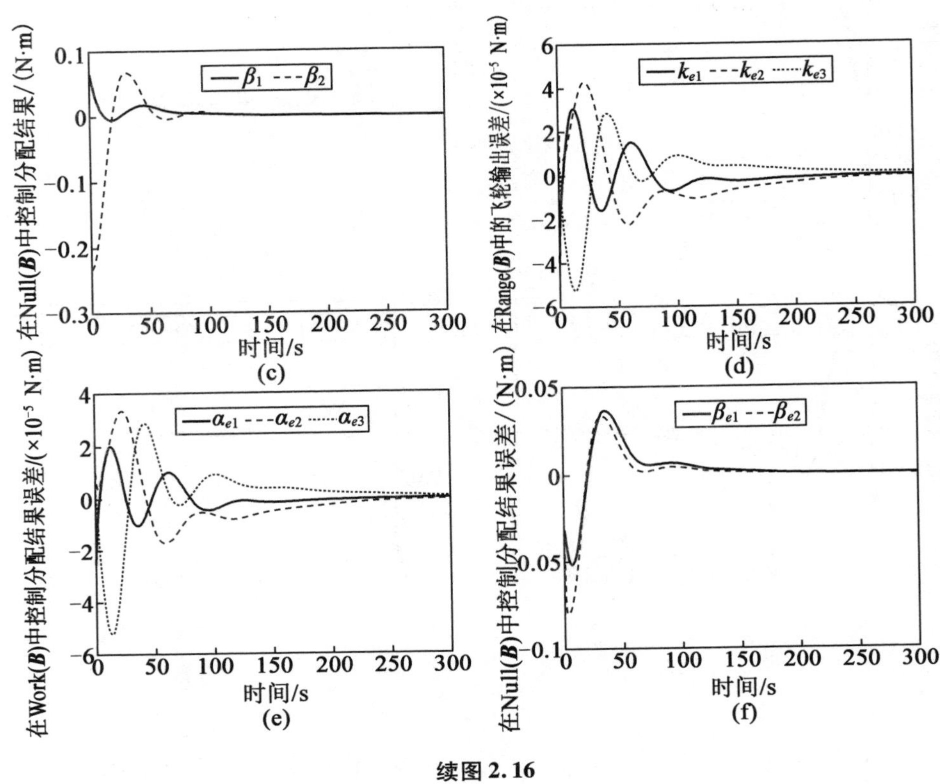

续图 2.16

图 2.17 给出了通用控制分配方法和广义逆控制分配方法作用下的控制输出和系统状态的运动路径，其中路径 1 表示通用分配方法，路径 2 表示广义逆方法。可以看到两者在运动路径上保持着一致，误差可以忽略不计，这是由于控制分配结果在工作空间中的分量(会产生输出作用的分量)相差非常小，仅为 10^{-5} 量级。在零运动空间中的误差 β_e 则体现在对优化指标的影响上，但图 2.17 中优化指标的误差最大仅为 0.008，在实际中可以接受。

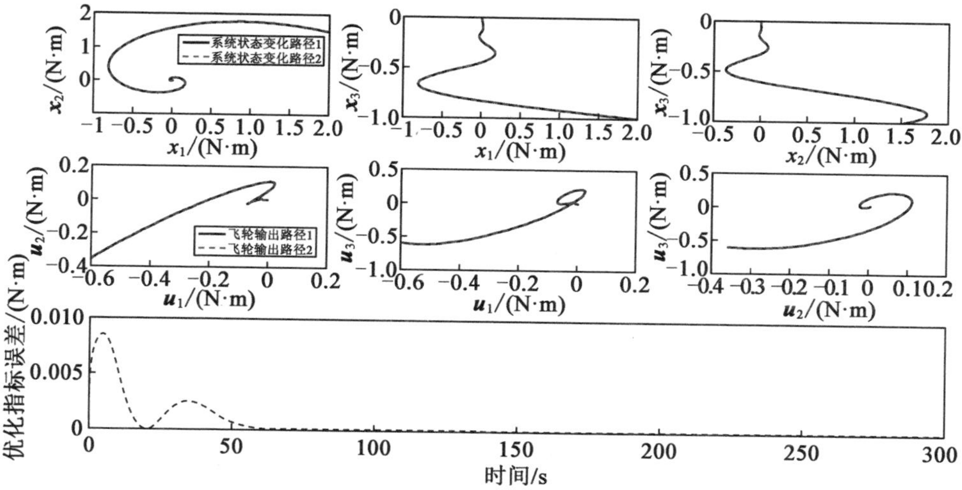

图 2.17　系统状态、控制输出运动路径及优化指标误差

2.6　本章小结

本章首先介绍了控制分配问题中常见名词概念和解释，并介绍了几种经典的控制分配方法，如伪逆法、直接分配法、链式分配法等。针对过驱动航天器执行机构特性，介绍了三种较为常见的控制分配方法，通过仿真算例进行了验证，可有效解决控制分配过程中的控制指令跟踪和最优化分配问题，并且计算量小，运算速度快，可供读者参考。

本章参考文献

[1] DURHAM W C. Attainable moments for the constrained control allocation problem[J]. Journal of guidance, control, and dynamics, 1994, 17(6): 1371-1373.

[2] BORDIGNON K A, DURHAM W C. Closed form solutions to the constrained control allocation problem[J]. Journal of guidance, control, and dynamics, 1995, 18(5):1000-1007.

[3] DURHAM W C. Computationally efficient control allocation[J]. Journal of guidance, control, and dynamics, 2001, 24(3):519-524.

[4] DEMENKOV M N. Recofigurable linear control allocation via generalized bisection[C]// AIAA Guidance, Navigation, and Control Conference and Exhibit. San Francisco: American Institute of Aeronautics and Astronautics, 2005.

[5] TEEL A R, BUFFINGTON J M. Anti-windup for an F-16's daisy chain control allocate[C]//Guidance, Navigation, and Control Conference. New Orleans: American Institute of Aeronautics and Astronautics, 1997.

[6] BORDIGNON K A. Constrained control allocation for systems with redundant control effectors[D]. PhD Thesis Blacksburg: Virginia Polytechnic Institute and State University, 1996.

[7] JOHANSEN T A, FOSSEN T I, TONDEL P. Efficient optimal constrained control allocation via multiparametric programming[J]. Journal of guidance, control, and dynamics, 2005, 28(3):506-515.

[8] 李森, 胡军. 基于序列二次规划的推力矢量控制分配方法[J]. 空间控制技术与应用, 2009, 35(4):17-21.

[9] BODSON M, FROST S A. Control allocation with load balancing[C]// AIAA Guidance, Navigation, and Control Conference. Chicago: American Institute of Aeronautics and Astronautics, 2009.

[10] 马建军, 李文强, 郑志强, 等. 不确定条件下控制分配问题的鲁棒优化方法[J]. 控制理论与应用, 2010, 27(6):731-738.

[11] SCHOFIELD B. On active set algorithms for solving bound-constrained least squares control allocation problems[C]// 2008 American Control Conference, Westin Seattle Hotel. Seattle: Institute of Electrical and Electronics Engineers, 2008.

[12] 唐生勇, 张世杰, 张育林. 一种针对冗余执行机构配置的修正直接分配方法[J]. Chinese journal of aeronautics, 2011(3):69-78.

[13] 曹喜滨, 唐生勇, 张世杰. 一种基于执行机构归一化可达集顶点的控制分配方法: CN101695961A[P]. 2012-04-18.

[14] SCHAUB H, LAPPAS V J. Redundant reaction wheel torque distribution yielding instantaneous L_2 power-optimal attitude control[J]. Journal of guidance, control, and dynamics, 2009, 32(4): 1269-1276.

[15] DAVIDSON J B, LALLMANT F J, BUNDICK W T. Integrated reconfigurable control allocation[C]// AIAA Guidance, Navigation, and Control Conference and Exhibit. Montreal: American Institute of Aeronautics and Astronautics, 2001.

[16] JIN J. Modified pseudoinverse redistribution methods for redundant controls allocations [J]. Journal of guidance, control, and dynamics, 2005, 28 (5): 1076-1079.

[17] SHI J P, ZHANG W G, LI G W, et al. Research on allocation efficiency of the redistributed pseudo inverse algorithm[J]. Science China information sciences, 2010, 53(2): 271-277.

[18] BUFFINGTON J M, ENNS D F, TEEL A R. Control allocation and zero dynamics[J]. Journal of guidance, control, and dynamics, 1998, 21(3):458-464.

[19] KIRCHENGAST M, STEINBERGER M, HORN M. Input matrix factorizations for constrained control allocation[J]. IEEE transactions on automatic control, 2018, 63(4): 1163-1170.

[20] 史静平，章卫国，李广文，等. 再分配伪逆方法分配效率研究[J]. 中国科学:信息科学, 2010, 40(4): 519-525.

[21] JOHANSEN T A, FOSSEN T I. Control allocation a-survey[J]. Automatica, 2013, 49(5): 1087-1103.

[22] NASKAR A K, PATRA S, SEN S. Reconfigurable direct allocation for multiple actuator failures[J]. IEEE transactions on control systems technology, 2015, 23(1): 397-405.

[23] KIRCHENGAST M, STEINBERGER M, HORN M. Control allocation under actuator saturation: An experimental evaluation [J]. IFAC papersonline, 2018, 51(25):48-54.

[24] WIE B. Singularity escape/avoidance steering logic for control moment gyro systems[J]. Journal of guidance, control, and dynamics, 2005, 28 (5): 948-956.

第3章

鲁棒控制分配方法

推力器安装以及空间环境变化等原因都会导致推力器输出和力、力矩之间的映射关系发生变化，从控制分配的角度来说，这种变化可归结为控制效率矩阵的改变，若不考虑上述因素，长期误差的累计效应将极为显著，有可能体现在燃料消耗增加、轨道－姿态状态改变、系统稳态时间增加、控制器性能降低等。控制分配方法大多数由控制器确定期望的控制指令，直接根据预先定义的分配方法分配给推力器执行，推力器根据分配结果执行，在航天器上产生力和力矩，从而改变航天器在轨的轨道和姿态，这种设计模式无法考虑模型的不确定性。

冗余配置推力器和控制方法为控制系统提供了新的设计自由度，能够用于改善航天器控制性能，应对更多的不确定性[1-3]。本章将针对控制效率矩阵具有不确定性的控制分配问题，探索一种相应的鲁棒控制分配策略，以结构奇异值为手段构建推力器组与控制系统性能之间的关系，在此基础上分析不同推力器对鲁棒性的影响，进而构建冗余布局设计方法，并开展故障和有不确定情况下的推力器分配问题研究[4,5]，为航天器推力器布局设计和应用提供一种理论指导和分析手段。

3.1 面向不确定性的航天器鲁棒推力分配方法

3.1.1 面向鲁棒性的冗余推力器配置与分析

本节将探索利用冗余配置推力器和控制分配为控制系统提供的设计自由度来改善航天器控制系统的鲁棒性能，重点针对控制效率矩阵具有的不确定性，以

结构奇异值为手段构建执行机构与控制系统鲁棒性能之间的关系，在此基础上分析不同推力器对鲁棒性的影响，进一步构建冗余布局设计方法。

由于难以构建出一种解析式的冗余推力器布局，因此需要提出一种迭代法进行推力器布局。其基本思想是在某一完整特定构型下，关掉某一推力器，判断由其他推力器构成的推进系统控制能力，关掉的推力器不再产生力或者力矩，假设第 i 个推力器被关掉，记 $u_i=0$，控制效率矩阵 $\boldsymbol{A}\in\mathbf{R}^{3\times n}$，引入 $\widetilde{\boldsymbol{A}}_i\in\mathbf{R}^{3\times(n-1)}$（$i=1,\cdots,n$），为控制效率矩阵 $\boldsymbol{A}$ 去掉第 i 列之后形成的矩阵。

定义反映鲁棒性的性能指标为配置矩阵的最小奇异值，当配置矩阵的最小奇异值越大时，其抗干扰能力越强，鲁棒性越强，从而评估该推力器的作用[6]。

1. 基于控制效率矩阵的鲁棒性建模

引理 3.1　下面两个条件等价：

(1) 对于任意的 $\boldsymbol{v}\in\mathbf{R}^3$，存在 $\boldsymbol{u}\geqslant\mathbf{0}$，使得 $\boldsymbol{v}=\boldsymbol{A}\boldsymbol{u}$。

(2) $\boldsymbol{A}$ 行满秩，并且存在一个正的向量 $\boldsymbol{\omega}$，和矩阵 $\boldsymbol{A}$ 构成零空间，即 $\exists\,\boldsymbol{\omega}>\mathbf{0}$，使得 $\boldsymbol{A}\boldsymbol{\omega}=\mathbf{0}$。

证明　(1)⇒(2)。

如果 $\boldsymbol{v}=\boldsymbol{A}\boldsymbol{u}$，且 $\boldsymbol{v}$ 可以取任意值，那么显然 $\boldsymbol{A}$ 必须行满秩。取任意 $\boldsymbol{u}_0<\mathbf{0}$，则有 $\boldsymbol{v}=\boldsymbol{A}\boldsymbol{u}_0$，由条件(1)知，存在 $\boldsymbol{u}\geqslant\mathbf{0}$，使得 $\boldsymbol{v}=\boldsymbol{A}\boldsymbol{u}$，因此 $\boldsymbol{A}(\boldsymbol{u}-\boldsymbol{u}_0)=\mathbf{0}$，并有 $\boldsymbol{u}-\boldsymbol{u}_0>\mathbf{0}$，令 $\boldsymbol{\omega}=\boldsymbol{u}-\boldsymbol{u}_0$，则满足(2)。

(2)⇒(1)。

给定任意 $\boldsymbol{v}$，取 $\boldsymbol{u}=\boldsymbol{A}^{\dagger}\boldsymbol{v}+\gamma\boldsymbol{\omega}$，其中 γ 可取任意常数，$\boldsymbol{A}^{\dagger}=\boldsymbol{A}^{\mathrm{T}}(\boldsymbol{A}\boldsymbol{A}^{\mathrm{T}})^{-1}$ 是矩阵 $\boldsymbol{A}$ 的伪逆，由于 $\boldsymbol{\omega}>\mathbf{0}$，那么只要选择足够大的 γ，就可以保证 $\boldsymbol{u}\geqslant\mathbf{0}$，事实上，只需要选择 $\gamma\geqslant\max\limits_{i=1,\cdots,N}(-\boldsymbol{A}^{\dagger}\boldsymbol{v})_i/\boldsymbol{\omega}_i$。

推论 3.1　下面两个条件等价：

(1) 对于任意的 $\boldsymbol{v}\in\mathbf{R}^3$，至少存在两个不同的向量 $\boldsymbol{u}^{(1)}$、$\boldsymbol{u}^{(2)}$，使得 $\boldsymbol{v}=\boldsymbol{A}\boldsymbol{u}^{(1)}=\boldsymbol{A}\boldsymbol{u}^{(2)}$。

(2) $\boldsymbol{A}$ 行满秩，并且存在非零向量 $\boldsymbol{\omega}$，和矩阵 $\boldsymbol{A}$ 构成零空间，即 $\exists\,\boldsymbol{\omega}\neq\mathbf{0}$，使得 $\boldsymbol{A}\boldsymbol{\omega}=\mathbf{0}$。

推论 3.2　在第 i 个推力器不工作的情况下，如果对于任意的期望向量 $\boldsymbol{v}$，其余的推力器仍然能够给出至少两个分配结果，则必存在一个任意元素都非零的向量 $\widetilde{\boldsymbol{\omega}}^{(i)}$，和矩阵 $\widetilde{\boldsymbol{A}}_i$ 构成零空间，使得 $\widetilde{\boldsymbol{A}}_i\widetilde{\boldsymbol{\omega}}^{(i)}=\mathbf{0}$。

证明过程由引理 3.1 的证明过程易得。只是需要指出，这里的 $\widetilde{\boldsymbol{\omega}}^{(i)}$ 的任意元素都要非零，这是因为控制分配的结果 $\boldsymbol{u}=\boldsymbol{A}^{\dagger}\boldsymbol{v}+\gamma\boldsymbol{\omega}$，如果出现某一元素为零的

情况，则根据零空间修正的观点，即使经过修正也不一定能保证解落在有效集内，因此不能保证对于任意给定的期望向量，都能够得到控制分配结果。

下面给出在某推力器不工作的情况下，对于给定的任意向量 $\boldsymbol{v}$，其余的推力器仍然能够获得期望控制量 $\boldsymbol{v}$，并且满足 $\boldsymbol{u}\geqslant\boldsymbol{0}$ 所需要的条件。

引理 3.2 对于 N 个推力器构成的控制系统，如果 $\boldsymbol{A}$ 满秩，并存在向量 $\boldsymbol{\omega}>\boldsymbol{0}$，使得 $\boldsymbol{A\omega}=\boldsymbol{0}$，那么对于任意的 $i=1,\cdots,n$，$\widetilde{\boldsymbol{A}}_i$ 也行满秩。

证明 如果对于某一 i，存在 $\mathrm{rank}(\widetilde{\boldsymbol{A}}_i)<3$，那么必有 $\mathrm{rank}(\widetilde{\boldsymbol{A}}_i)=2$，否则如果 $\mathrm{rank}(\widetilde{\boldsymbol{A}}_i)=1$，那么由 $\widetilde{\boldsymbol{A}}_i$ 的获得过程可知，无论在第 i 列添加什么样的向量，均不可能使得 $\boldsymbol{A}$ 满秩。记 $\widetilde{\boldsymbol{A}}_i$ 的零空间为 $\boldsymbol{N}(\widetilde{\boldsymbol{A}}_i)$，是由向量 $\widetilde{\boldsymbol{\omega}}^{(i)}$ 张成的空间，即

$$\widetilde{\boldsymbol{\omega}}^{(i)}=[\omega_1^{(i)}\quad\cdots\quad\omega_{n-1}^{(i)}]^{\mathrm{T}}\in\boldsymbol{N}(\widetilde{\boldsymbol{A}}_i)\tag{3.1}$$

记 $\boldsymbol{A}$ 的零空间为 $\boldsymbol{N}(\boldsymbol{A})$，那么可知

$$\boldsymbol{\omega}=[\omega_1^{(i)}\quad\cdots\quad\omega_{i-1}^{(i)}\quad 0\quad\omega_i^{(i)}\quad\cdots\quad\omega_{n-1}^{(i)}]^{\mathrm{T}}\in\boldsymbol{N}(\boldsymbol{A})\tag{3.2}$$

这与 $\boldsymbol{\omega}>\boldsymbol{0}$ 相矛盾，因此引理得证。

引理 3.3 对于一个具有 n 个推力器的控制系统，其相应的控制效率矩阵为 $\boldsymbol{A}$，在出现第 i 个推力器不工作的情况下，仍能得到期望控制量 $\boldsymbol{v}$，当且仅当以下两个条件成立：

(1) $\boldsymbol{A}$ 行满秩。

(2) 存在矩阵 $\boldsymbol{W}\in\mathbf{R}^{n\times n}$，其中 $w_{ii}=0$，$w_{ij}>0$，$i\neq j$，$i,j=1,2,\cdots,n$，满足 $\boldsymbol{AW}=\boldsymbol{0}$，其中 $\boldsymbol{0}$ 为 $3\times n$ 阶零矩阵。

证明 必要性：

如果在某推力器不工作的情况下仍能解决控制分配问题，那么显然可以解决全部推力器工作的情形（可以认为分配给未工作推力器的控制指令为 0），因此，由引理 3.3 可知 $\boldsymbol{A}$ 行满秩。由于在出现第 i 个推力器不工作的情况下，仍能得到期望控制量 $\boldsymbol{v}$，由引理 3.1 可知，对于 $\widetilde{\boldsymbol{A}}_i$，必有其对应的零空间向量，即

$$\exists\,\widetilde{\boldsymbol{\omega}}^{(i)}>\boldsymbol{0}\in\mathbf{R}^{n-1}\ \text{s.t.}\ \widetilde{\boldsymbol{A}}_i\widetilde{\boldsymbol{\omega}}^{(i)}=\boldsymbol{0}\quad(i=1,\cdots,n)\tag{3.3}$$

如果

$$\widetilde{\boldsymbol{\omega}}^{(i)}=[\tilde{\omega}_1\quad\cdots\quad\tilde{\omega}_{i-1}\quad\tilde{\omega}_i\quad\cdots\quad\tilde{\omega}_{n-1}]^{\mathrm{T}}\tag{3.4}$$

那么令

$$\boldsymbol{\omega}^{(i)}=[\tilde{\omega}_1\quad\cdots\quad\tilde{\omega}_{i-1}\quad\tilde{\omega}_i\quad\cdots\quad\tilde{\omega}_{n-1}]^{\mathrm{T}}\tag{3.5}$$

则显然有

$$A\boldsymbol{\omega}^{(i)}=\mathbf{0} \tag{3.6}$$

于是对于 $i=1,\cdots,n$，令

$$\boldsymbol{W}=[\boldsymbol{\omega}^{(1)} \quad \boldsymbol{\omega}^{(2)} \quad \cdots \quad \boldsymbol{\omega}^{(n)}] \tag{3.7}$$

必要性得证。

充分性：

因为 $w_{ii}=0, w_{ij}>0, i\neq j$，那么对任意两个向量 $\boldsymbol{\omega}^{(i)}$、$\boldsymbol{\omega}^{(j)}$ $(i\neq j)$ 做线性运算，很容易得到向量 $\boldsymbol{\omega}>\mathbf{0}$，使得 $\boldsymbol{A\omega}=\mathbf{0}$，由于 $\boldsymbol{A}$ 行满秩，那么根据引理 3.2，$\widetilde{\boldsymbol{A}}_i$ 也行满秩，且存在 $\widetilde{\boldsymbol{\omega}}>\mathbf{0}$，使得 $\widetilde{\boldsymbol{A}}_i\widetilde{\boldsymbol{\omega}}=\mathbf{0}$，根据引理 3.1，可知对于任意的期望向量，仍能给出分配结果。

引理 3.4　对于具有推力器不工作的控制分配问题，仍能够完成控制分配任务所需的最小执行机构数目是 6。

证明　由引理 3.3，对于具有 5 个推力器的构型，在推力器不工作的情况下，仍能得到期望控制量 $\boldsymbol{v}$，则存在矩阵 $\boldsymbol{W}\in\mathbf{R}^{5\times5}$，其中 $w_{ii}=0, w_{ij}>0, i\neq j, i,j=1,\cdots,n$，满足 $\boldsymbol{AW}=\mathbf{0}$，且有 $\mathrm{rank}(\boldsymbol{W})\leqslant2$，但实际上，由于 $\boldsymbol{W}$ 中必然包含如下的分块矩阵：

$$\boldsymbol{W}=\begin{bmatrix}\boldsymbol{W}_{11} & \boldsymbol{W}_{12}\\ \boldsymbol{W}_{21} & \boldsymbol{W}_{22}\end{bmatrix}$$

$$\boldsymbol{W}_{11}=\begin{bmatrix}0 & w_{12} & w_{13}\\ w_{21} & 0 & w_{23}\\ w_{31} & w_{32} & 0\end{bmatrix} \tag{3.8}$$

明显有

$$|\boldsymbol{W}_{11}|=\begin{vmatrix}0 & w_{12} & w_{13}\\ w_{21} & 0 & w_{23}\\ w_{31} & w_{32} & 0\end{vmatrix}=w_{12}w_{23}w_{31}+w_{21}w_{32}w_{13}>0 \tag{3.9}$$

故

$$\mathrm{rank}(\boldsymbol{W}_{11})=3, \quad \mathrm{rank}(\boldsymbol{W})\geqslant3 \tag{3.10}$$

与 $\mathrm{rank}(\boldsymbol{W})\leqslant2$ 相矛盾，因此具有 5 个推力器的情况下，如果某一执行机构失效，对于期望的伪控制指令，不能保证给出相应的控制分配结果。

2. 推力器布局设计

定义反映鲁棒性的性能指标为配置矩阵的最小奇异值，即 $\boldsymbol{C}$ 矩阵的最小奇异值。当配置矩阵的最小奇异值越大时，其抗干扰能力越强，鲁棒性越强。

控制效率矩阵存在不确定性的情况下,重点是某一推力器不可用时,实际的控制效率矩阵在标称矩阵附近的一个集合内,即不确定集内,导致在实际的控制分配过程中,实际的控制分配矩阵在标称值的基础上加了一个偏差矩阵 $\delta\boldsymbol{A}$。下面介绍不确定性的定量表示方法。

定义 3.1 (鲁棒裕度)在控制效率矩阵存在不确定性的情况下,鲁棒裕度是对其容许偏差的一种定量表示,记为 $\rho_m(\boldsymbol{A})$,其数学表达式为

$$\rho_m(\boldsymbol{A}) = \{\min \overline{\sigma}(\delta\boldsymbol{A}) \mid \mathrm{rank}(\boldsymbol{A}+\delta\boldsymbol{A})<3\} \tag{3.11}$$

式中,$\overline{\sigma}(\delta\boldsymbol{A})$ 为偏差矩阵 $\delta\boldsymbol{A}$ 的最大奇异值。

定理 3.1 对于一个具有 n 个推力器的构型,$\boldsymbol{A}$ 满秩,且 $\exists\,\boldsymbol{\omega}>\boldsymbol{0}$,使得 $\boldsymbol{A\omega}=\boldsymbol{0}$,那么鲁棒裕度 $\rho_m(\boldsymbol{A})$ 有界,即

$$\frac{\lambda}{1+\lambda}\underline{\sigma}(\boldsymbol{A}) \leqslant \rho_m(\boldsymbol{A}) \leqslant \min_{i=1,\cdots,n} \underline{\sigma}(\widetilde{\boldsymbol{A}}_i) \tag{3.12}$$

式中,$\widetilde{\boldsymbol{A}}_i$ 前面已经定义;$\underline{\sigma}(\boldsymbol{A})$ 为 $\boldsymbol{A}$ 的最小奇异值;

$$\lambda = \max_{\substack{\boldsymbol{\omega}>\boldsymbol{0}\\ \boldsymbol{A}\boldsymbol{w}=\boldsymbol{0}}}\left(\frac{1}{\|\boldsymbol{\omega}\|_2}\min_{i=1,\cdots,n}\omega_i\right) \tag{3.13}$$

特别地,在 $n=4$ 时,有

$$\rho_m(\boldsymbol{A}) = \min_{i=1,\cdots,4} \underline{\sigma}(\widetilde{\boldsymbol{A}}_i) \tag{3.14}$$

证明 对于一个行满秩控制效率矩阵 $\boldsymbol{A}$,其最小奇异值 $\underline{\sigma}(\boldsymbol{A})$ 满足

$$\underline{\sigma}(\boldsymbol{A}) = \min\{\overline{\sigma}(\delta\boldsymbol{A}) \mid \mathrm{rank}(\boldsymbol{A}+\delta\boldsymbol{A})<3\} \tag{3.15}$$

下面对鲁棒裕度的概念举例简单说明。考虑 4 个推力器的控制分配问题,控制效率矩阵为

$$\boldsymbol{A} = \begin{bmatrix} -0.984\,8 & -0.984\,8 & 0.984\,8 & 0.984\,8 \\ 0.811\,2 & -0.811\,2 & 0.811\,2 & -0.811\,2 \\ 0.173\,6 & -0.173\,6 & -0.173\,6 & 0.173\,6 \end{bmatrix} \tag{3.16}$$

满足行满秩,并且存在正的零空间向量,因此能够解决控制分配问题,容易计算鲁棒裕度 $\rho_m(\boldsymbol{A})=0.243$,并且有 $\rho_m(\boldsymbol{A})=\underline{\sigma}(\boldsymbol{A}_1)=\underline{\sigma}(\boldsymbol{A}_2)=\underline{\sigma}(\boldsymbol{A}_3)=\underline{\sigma}(\boldsymbol{A}_4)$。若干扰矩阵为

$$\delta\boldsymbol{A} = \begin{bmatrix} 0.000\,6 & 0.015\,5 & 0.015\,6 & 0 \\ -0.000\,7 & -0.018\,9 & -0.019\,1 & 0 \\ 0.006\,7 & 0.169\,5 & 0.170\,8 & 0 \end{bmatrix} \tag{3.17}$$

可以算得 $\overline{\sigma}(\delta\boldsymbol{A})=0.243$,此时不能完成控制分配任务。此时 $\boldsymbol{A}+\delta\boldsymbol{A}$ 必然

不存在正的零空间向量，事实上，其零空间向量为

$$\boldsymbol{\omega}=[0.0277 \quad 0.7041 \quad 0.7095 \quad 0]^{\mathrm{T}} \tag{3.18}$$

因此，这个干扰是一种最小干扰。如果干扰稍微减少，可以发现仍然满足 $\mathrm{rank}(\boldsymbol{A}+\delta\boldsymbol{A})=3$，且存在正的零空间向量，完成控制分配任务。

3. 容错控制分配方法

推力器故障情形下的分配的基本思想是：通过对执行机构输出值的观测，如果能够察觉到是哪个执行机构出现失效，那么可以通过控制分配器的方法将该执行机构的输出值置 0，同时满足执行机构的约束，完成控制分配过程。基于该思想的失效情形的控制分配框图如图 3.1 所示。

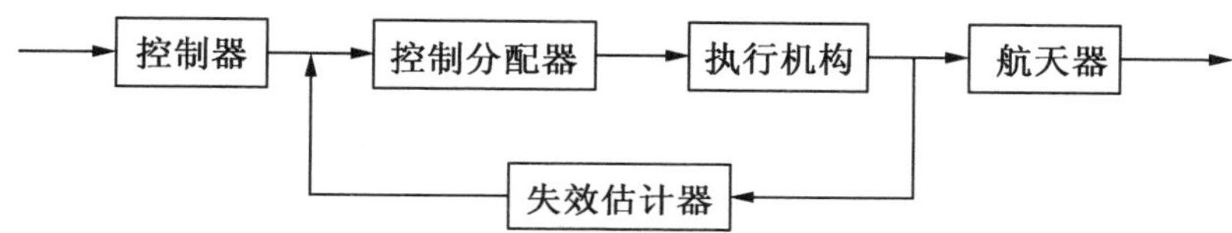

图 3.1　失效情形的控制分配框图

首先，给出力矩最优下的控制分配模型：

$$\begin{cases}\min\ \boldsymbol{u}^{\mathrm{T}}\boldsymbol{u}\\ \mathrm{s.t.}\ \ \boldsymbol{Au}=\boldsymbol{v}\\ \qquad \boldsymbol{u}_{\min}\leqslant\boldsymbol{u}\leqslant\boldsymbol{u}_{\max}\end{cases} \tag{3.19}$$

以具有 N 个执行机构的控制分配过程为例，当第 i 个执行机构失效时，应有 $u_i=0$，且仍然需要满足 $\boldsymbol{Au}=\boldsymbol{v}$ 和饱和约束。

由于控制分配方法一般为离线运算，因此期望的是不需要对控制分配方法进行重新设计，而是用一种最小的代价来实现控制分配。于是，在模型的基础上，进一步提出改进的模型：

$$\begin{cases}\min\ \boldsymbol{u}^{\mathrm{T}}\boldsymbol{Ku}\\ \mathrm{s.t.}\ \ \boldsymbol{Au}=\boldsymbol{v}\\ \qquad \boldsymbol{u}_{\min}\leqslant\boldsymbol{u}\leqslant\boldsymbol{u}_{\max}\end{cases} \tag{3.20}$$

式中，$\boldsymbol{K}$ 矩阵是根据失效情况确定的对角阵，称之为失效矩阵。

在所有执行机构正常工作的情况下，

$$\boldsymbol{K}=\begin{bmatrix}1 & & \\ & \ddots & \\ & & 1\end{bmatrix} \tag{3.21}$$

在第 i 个执行机构失效的情况下，

$$\boldsymbol{K}=\begin{bmatrix}1 & & & & \\ & \ddots & & & \\ & & 0 & & \\ & & & \ddots & \\ & & & & 1\end{bmatrix}\rightarrow 第\ i\ 行 \tag{3.22}$$

在第 i 个执行机构失效的情况下，如果能够找到模型的最优解，那么最优指标优化过程实际上是使剩下的执行机构的指标最优，同时还满足约束条件。则容易求得式(3.20)的最优解为

$$\boldsymbol{u}=\boldsymbol{K}\boldsymbol{A}^{\mathrm{T}}(\boldsymbol{A}\boldsymbol{K}\boldsymbol{A}^{\mathrm{T}})^{-1}\boldsymbol{v} \tag{3.23}$$

下面的问题就是如何设计失效估计器，从而得到失效矩阵 $\boldsymbol{K}$。这里可以这样考虑，在处于稳定状态之前，一般执行机构的输出曲线在过零点时，不会驻留在零点。如果某个执行机构在几个相邻的采样周期内输出一直为0，而其他的执行机构是有输出的，那么可以认为该执行机构失效。

3.1.2 基于椭球不确定集的鲁棒推力分配方法

椭球不确定集方法是一种概率分布方法，通过对不确定性边界进行约束，将不确定集描述为确定参数模型。由于这种方法在对推力器安装等偏差进行建模时，只需要边界点的信息，甚至在未知端点信息时，可以根据经验设计，因此在导弹、飞机、航天器上执行机构的不确定性描述中具有很广泛的应用。在推力器分配问题中引入不确定集，可以将不确定分配问题等价为确定性分配模型，从而采用数学优化方法进行求解，由于椭球不确定集仅需要不确定性边界信息，容易建立，因此为推力器分配不确定问题提供了一个有效途径。

本节将针对控制效率矩阵具有不确定性的推力分配问题，对推力器安装等导致控制效率矩阵偏差进行分析，采用椭球不确定集表示控制效率矩阵不确定性，基于把不确定参数优化问题转化为确定参数优化问题的思想，将推力器分配模型转化为数学上可以求解的模型，并通过内点法进行求解。

推力器只能产生一个方向的推力，需要多个推力器组合以产生姿态控制所需的各个方向的姿态控制力矩，只考虑姿态控制，并考虑到指标优化，控制分配模型为

$$\begin{cases}\text{opt. } f(\boldsymbol{F}) \\ \text{s.t. } \boldsymbol{T}=\boldsymbol{A}\boldsymbol{F} \\ \qquad \boldsymbol{0}\leqslant\boldsymbol{F}\leqslant\boldsymbol{F}_{\max}\end{cases} \tag{3.24}$$

控制效率矩阵 $\boldsymbol{A}$ 与推力器的位置、角度密切相关。在航天器实际在轨运行过程中，在太阳引力、地球重力的作用下，都会影响航天器质心的位置，此外，推力器在安装的过程中出现的安装角和位置误差，这些因素都决定了控制效率矩阵存在不确定性。记 $\Delta\boldsymbol{A}(t)$ 为控制效率矩阵偏差，$\boldsymbol{A}_{\mathrm{act}}$ 为实际控制效率矩阵，则

$$\boldsymbol{A}_{\mathrm{act}}=\Delta\boldsymbol{A}+\boldsymbol{A} \tag{3.25}$$

作用在航天器上的实际力矩为

$$\boldsymbol{T}_{\mathrm{act}}=\boldsymbol{A}_{\mathrm{act}}=\boldsymbol{F} \tag{3.26}$$

推力分配偏差为

$$\boldsymbol{T}_{\mathrm{act}}-\boldsymbol{T}=\boldsymbol{A}_{\mathrm{act}}\boldsymbol{F}-\boldsymbol{A}\boldsymbol{F}=\Delta\boldsymbol{A}\boldsymbol{F} \tag{3.27}$$

由于姿轨控制模型和姿态控制模型对于解决控制效率矩阵不确定问题没有区别，因此这里以姿态控制模型为例进行了推导。以分配误差最小为指标，航天器姿态控制的控制效率矩阵不确定问题模型可以写成

$$\begin{cases}\min\ \|\boldsymbol{F}\|\\ \text{s. t.}\ \ \boldsymbol{T}=\boldsymbol{A}_{\mathrm{act}}\boldsymbol{F}\\ \qquad\ \ \boldsymbol{0}\leqslant\boldsymbol{F}\leqslant\boldsymbol{F}_{\max}\end{cases} \tag{3.28}$$

由此可见，该模型中具有不确定参数，使模型难以求解。在不考虑模型不确定因素的情况下，一般采用伪逆法进行求解。

1. 鲁棒控制分配方法

针对航天器推力器分配过程中的控制效率矩阵不确定性问题，本节拟给出一种鲁棒控制分配方法，该方法通过对模型中的不确定参数进行建模，从而将不确定参数模型转化为可以采用数学手段求解的推力器分配模型。具体的过程如下。

①采用椭球不确定集对控制效率矩阵不确定性进行描述。

②将控制效率矩阵偏差建模为椭球不确定集，得到具有确定性参数的推力器分配模型。

③将推力器分配模型进行合理转化，以便采用数学手段求解。

④采用数学方法给出模型的“满意解”，从而解决推力分配问题。

(1)控制效率矩阵不确定性的椭球不确定集描述。

首先给出椭球和椭球不确定集的定义。

定义3.2　（椭球的定义）假设在 $\boldsymbol{A}\in\mathbf{R}^k$ 维欧式几何空间内，存在矩阵 $\boldsymbol{A}\in\mathbf{R}^{m\times n}$ 和向量 $\boldsymbol{x}=[x_1\quad\cdots\quad x_n]^{\mathrm{T}}$，其中 $m\leqslant k,n\leqslant k$，那么称满足

$$U=\{f(\boldsymbol{x})\in\mathbf{R}^k\mid\|\boldsymbol{A}\boldsymbol{x}\|_2\leqslant1\} \tag{3.29}$$

的集合为由矩阵 $\boldsymbol{A}$ 和函数 $f(\cdot)$ 确定的椭球，其中 $f(\boldsymbol{x})$ 为由 $\boldsymbol{x}^n \to \boldsymbol{x}^k$ 的投影函数，具体包括以下三种情形。

①$m=n=k$，且矩阵 $\boldsymbol{A}$ 非奇异，这种情形下由矩阵 $\boldsymbol{A}$ 确定的椭球为 $\mathbf{R}^k$ 维空间内的标准椭球。

②$m=n<k$，且矩阵 $\boldsymbol{A}$ 非奇异，这种情形下由矩阵 $\boldsymbol{A}$ 确定的椭球在 $\mathbf{R}^k$ 维空间内，向量 $\boldsymbol{x}$ 在 $(k-n)$ 维空间内没有定义，可以想象，投影后的集合 U 在 $\mathbf{R}^k$ 空间内为一扁平的椭球体。

③矩阵 $\boldsymbol{A}$ 奇异，$m \neq n$，那么向量 $\boldsymbol{x}$ 在 $(n-m)$ 维上径向无界，投影后的集合 U 在 $\mathbf{R}^k$ 空间中表现为一椭圆柱体。

定义 3.3 （椭球不确定集的定义）若以下条件成立，则称不确定集 $\boldsymbol{\Xi}$ 是椭球不确定集。

①$\boldsymbol{\Xi}$ 为有限多个椭球体的交集。

②$\boldsymbol{\Xi}$ 有界。

③存在矩阵 $\boldsymbol{A}$ 和函数 $f(\cdot)$，使得 $\boldsymbol{\Xi}=\{f(\boldsymbol{x}) \in \mathbf{R}^k \mid \|\boldsymbol{A}\boldsymbol{x}\|_2 \leqslant 1\}$。

椭球不确定集模型作为不确定性的定量描述的优势如下。

①从数学的观点来看，椭球体有简单的参数化表达式，容易实现。

②有概率分布的随机不确定性问题，都可以找到一个合适的椭球体不确定集来描述。

③椭球不确定集的交集可以近似更复杂的不确定集。

④具有不确定集描述的优化模型，比较容易分析，并且方便计算机处理。

如前所述，推力器分配问题是在满足推力器上限约束的条件下，给出分配问题的一个合理解。因此对于提出的鲁棒优化方法的核心思想，是对于每种不确定集内的参数组合，通过对鲁棒参考模型的求解，满足所有的约束条件，使得给出的解是合适的。也就是说，需要更关注多次、大量工作状态下的性能，而不是某一次的性能。

(2)鲁棒参考模型。

解决控制效率矩阵具有不确定性问题的鲁棒优化方法，核心思想是将原始控制分配模型转化为可通过数学方法求解的凸优化问题，其关键是能够建立相应的替代模型，称鲁棒参考模型，然后利用相关的优化理论对其求最优解。

针对实际问题，如何寻找其鲁棒参考模型，是解决不确定参数控制分配问题的关键。显然，鲁棒参考模型与原问题模型息息相关，因此首先应该确定原问题的控制分配模型，确定哪些决策变量会带来不确定性，对具有不确定性的变量要确定其变化范围，给出完整的描述，从而确定控制分配模型的目标函数、约束函

数以及不确定变量的变化范围。

鲁棒参考模型的建立过程如下。

①分析原问题，确定问题的目标函数、约束条件和优化变量。

②确定出现不确定的变量和其变化范围。

③推导其等效模型，以消除不确定变量带来的模型不可求解。

下面针对上面提出的控制分配模型，建立相应的鲁棒参考模型，并对其进行分析。选择燃料最优为优化目标，并考虑控制效率矩阵存在不确定性，则鲁棒参考模型为

$$\begin{cases}\min\ \|\boldsymbol{F}\| \\ \text{s.t.}\ \ \boldsymbol{A}_{\text{act}}\boldsymbol{F}=\boldsymbol{T}, \quad \forall \boldsymbol{a}_i\in\boldsymbol{\Xi}_i^{(1)}, \quad \forall i \\ \qquad \boldsymbol{0}\leqslant\boldsymbol{F}\leqslant\boldsymbol{F}_{\max}\end{cases} \tag{3.30}$$

式中，$\boldsymbol{a}_i$ 为不确定矩阵 $\boldsymbol{A}$ 的第 i 列，且属于不确定集 $\boldsymbol{\Xi}_i^{(1)}$。

(3)鲁棒推力分配的锥优化模型。

针对推力器分配中的控制效率矩阵的不确定性情况，做以下假设。

①控制效率矩阵 $\boldsymbol{A}$ 存在不确定性，但是其可变元素 a_{ij} 在不确定集内有随机性，并且彼此之间变化独立。

②随机变量 a_{ij} 存在标称值，即理想状态下的取值。

③矩阵参数服从正态分布，不确定集为一标准的椭球。

定理 3.2　带有椭球不确定性的鲁棒控制分配问题：

$$\begin{cases}\min\ \|\boldsymbol{x}\| \\ \text{s.t.}\ \ \boldsymbol{A}\boldsymbol{x}\geqslant\boldsymbol{b}, \quad \forall \boldsymbol{a}_i\in\boldsymbol{\Xi}_i, \quad \forall i \\ \qquad \boldsymbol{0}\leqslant\boldsymbol{x}\leqslant\boldsymbol{x}_{\max}\end{cases} \tag{3.31}$$

若满足：

①矩阵 $\boldsymbol{A}$ 有不确定性，但每一列取值均位于椭球范围内：

$$\boldsymbol{\Xi}_i=\{\boldsymbol{a}_i\,|\,\boldsymbol{a}_i=\bar{\boldsymbol{a}}_i+\boldsymbol{\Theta}_i\boldsymbol{k}_i, \quad \|\boldsymbol{k}_i\|\leqslant\rho\} \tag{3.32}$$

式中，$i=1,\cdots,n$；$\bar{\boldsymbol{a}}_i$ 为标称值；$\boldsymbol{\Theta}_i$ 为对称正定矩阵。

②列 $\boldsymbol{a}_i$ 的不确定性是相互独立的，上述模型与以下确定的锥优化问题等价：

$$\begin{cases}\min\ \|\boldsymbol{x}\| \\ \text{s.t.}\ \ \bar{\boldsymbol{a}}_i^{\mathrm{T}}\boldsymbol{x}-\rho\|\boldsymbol{\Theta}_i\boldsymbol{x}\|\geqslant\boldsymbol{b}_i, \quad \forall i=1,\cdots,n \\ \qquad \boldsymbol{0}\leqslant\boldsymbol{x}\leqslant\boldsymbol{x}_{\max}\end{cases} \tag{3.33}$$

则带有椭球不确定性的鲁棒控制分配问题可改写成

$$\begin{cases} \min \ \|\boldsymbol{x}\| \\ \text{s. t.} \ \ \boldsymbol{a}_i^{\mathrm{T}}\boldsymbol{x} + \boldsymbol{x}^{\mathrm{T}}\boldsymbol{\Theta}_i\boldsymbol{k}_i \geqslant \boldsymbol{b}_i \\ \qquad \boldsymbol{\Omega} = \{\boldsymbol{k}_i \mid \|\boldsymbol{k}_i\| \leqslant \rho\} \\ \qquad \boldsymbol{0} \leqslant \boldsymbol{x} \leqslant \boldsymbol{x}_{\max} \\ \qquad \forall i = 1, \cdots, n \end{cases} \tag{3.34}$$

进一步改写成

$$\begin{cases} \min \ \|\boldsymbol{x}\| \\ \text{s. t.} \ \ \boldsymbol{a}_i^{\mathrm{T}}\boldsymbol{x} - \boldsymbol{b}_i + \min\limits_{\boldsymbol{k}_i \in \boldsymbol{\Omega}} \boldsymbol{x}^{\mathrm{T}}\boldsymbol{\Theta}_i\boldsymbol{k}_i \geqslant \boldsymbol{0} \\ \qquad \boldsymbol{\Omega} = \{\boldsymbol{k}_i \mid \|\boldsymbol{k}_i\| \leqslant \rho\} \\ \qquad \boldsymbol{0} \leqslant \boldsymbol{x} \leqslant \boldsymbol{x}_{\max} \\ \qquad \forall i = 1, \cdots, n \end{cases} \tag{3.35}$$

由于 $\boldsymbol{\Theta}_i$ 正定,且 $\boldsymbol{x} \geqslant \boldsymbol{0}$,因此有

$$\min_{\boldsymbol{k}_i \in \boldsymbol{\Omega}} \boldsymbol{x}^{\mathrm{T}}\boldsymbol{\Theta}_i\boldsymbol{k}_i = -\rho\|\boldsymbol{\Theta}_i^{\mathrm{T}}\boldsymbol{x}\| \tag{3.36}$$

成立,代入可得

$$\begin{cases} \min \ \|\boldsymbol{x}\| \\ \text{s. t.} \ \ \boldsymbol{a}_i^{\mathrm{T}}\boldsymbol{x} - \boldsymbol{b}_i - \rho\|\boldsymbol{\Theta}_i^{\mathrm{T}}\boldsymbol{x}\| \leqslant \boldsymbol{0} \\ \qquad \boldsymbol{0} \leqslant \boldsymbol{x} \leqslant \boldsymbol{x}_{\max} \\ \qquad \forall i = 1, \cdots, n \end{cases} \tag{3.37}$$

式(3.30)中的姿态控制推力分配模型可以改写为

$$\begin{cases} \min \ \|\boldsymbol{F}\| \\ \text{s. t.} \ \ \begin{bmatrix} \boldsymbol{A}_{\mathrm{act}} \\ -\boldsymbol{A}_{\mathrm{act}} \end{bmatrix} \boldsymbol{F} \geqslant \begin{bmatrix} \boldsymbol{T} \\ -\boldsymbol{T} \end{bmatrix} \\ \qquad \boldsymbol{0} \leqslant \boldsymbol{x} \leqslant \boldsymbol{x}_{\max} \end{cases} \tag{3.38}$$

记

$$\boldsymbol{C} = \begin{bmatrix} \boldsymbol{A}_{\mathrm{act}} \\ -\boldsymbol{A}_{\mathrm{act}} \end{bmatrix}, \quad \boldsymbol{D} = \begin{bmatrix} \boldsymbol{T} \\ -\boldsymbol{T} \end{bmatrix} \tag{3.39}$$

于是

$$\begin{cases} \min\ \|\boldsymbol{F}\| \\ \text{s. t.}\ \ \boldsymbol{CF} \geqslant \boldsymbol{D} \\ \qquad \boldsymbol{0} \leqslant \boldsymbol{F} \leqslant \boldsymbol{F}_{\max} \end{cases} \tag{3.40}$$

则模型具有定理 3.2 中的形式,并可以转化为锥二次优化问题:

$$\begin{cases} \min\ \|\boldsymbol{F}\| \\ \text{s. t.}\ \ \rho\|\boldsymbol{\Theta}_i^{\mathrm{T}}\boldsymbol{F}\| \geqslant \boldsymbol{c}_i^{\mathrm{T}}\boldsymbol{F} - \boldsymbol{d}_i \\ \qquad \boldsymbol{0} \leqslant \boldsymbol{F} \leqslant \boldsymbol{F}_{\max} \\ \qquad \forall\, i = 1, \cdots, 2n \end{cases} \tag{3.41}$$

通过上述转化,将鲁棒参考模型转化为一个锥二次优化问题,从而将一个具有不确定参数的推力器分配问题转化成一个具有确定参数的锥二次优化问题,并且可以通过数学手段求解。

(4)基于内点法的求解方法。

将控制效率矩阵不确定控制分配问题转化为一个锥二次优化问题,考虑在计算效率上的需求,可以采用基于内点法思想的数值解法,这里给出求解过程。

这里的欧式范数默认为 2 范数,如果将模型中的不等式约束为

$$\rho\|\boldsymbol{\Theta}_i^{\mathrm{T}}\boldsymbol{F}(t)\| \leqslant \boldsymbol{c}_i^{\mathrm{T}}\boldsymbol{F}(t - \Delta T) - \boldsymbol{d}_i \tag{3.42}$$

式中,ΔT 为采样周期。

那么,推力器推力的鲁棒分配问题实际上是如下数学问题:

$$\begin{cases} \min\ \|\boldsymbol{Ax} - \boldsymbol{b}\| \\ \|\boldsymbol{x}\| \leqslant \rho_0 \end{cases} \tag{3.43}$$

其对偶问题是

$$\begin{cases} \|\boldsymbol{Ax} - \boldsymbol{b}\| \leqslant \mu \\ \|\boldsymbol{x}\| = \min \end{cases} \tag{3.44}$$

定理 3.3　$\boldsymbol{x}$ 是式(3.43)的解,当且仅当存在 $\lambda > 0$,使

$$\boldsymbol{A}^{\mathrm{T}}(\boldsymbol{Ax} - \boldsymbol{b}) = -\lambda\boldsymbol{x} \tag{3.45a}$$

$$\varphi = \boldsymbol{x}^{\mathrm{T}}\boldsymbol{x} - \rho_0^2 = 0 \tag{3.45b}$$

求解过程采用对式(3.45a)和式(3.45b)进行交叉迭代的方法,即对式(3.45a)按给定 λ 求解 $\boldsymbol{x}$ 而后代入式(3.45b),根据 φ 的符号调整 λ 值直至最后求得 λ_0 和 $\boldsymbol{x}_0$。这一方法的关键是用豪斯荷德变换将 $\boldsymbol{A}$ 化简成双对角矩阵后再求解。

记 $\boldsymbol{e}_1 = [1\quad 0\quad \cdots\quad 0]^{\mathrm{T}}$,对任何向量 $\boldsymbol{a} = [\alpha_1\quad \cdots\quad \alpha_n]^{\mathrm{T}} \in \mathbf{R}^n$,则有豪斯荷

德变换:

$$\boldsymbol{V}=\boldsymbol{I}-\frac{\boldsymbol{u}\boldsymbol{u}^{\mathrm{T}}}{\pi},\quad \pi=\frac{1}{2}\boldsymbol{u}^{\mathrm{T}}\boldsymbol{u} \tag{3.46}$$

使得 $\boldsymbol{V}\boldsymbol{a}=-\sigma\boldsymbol{e}_1$,其中 $\boldsymbol{u}=\boldsymbol{a}+\sigma\boldsymbol{e}_1$,$\sigma=\|\boldsymbol{a}\|\operatorname{sgn}(\alpha_1)$,若 $\boldsymbol{a}=\boldsymbol{0}$,则 $\boldsymbol{V}=\boldsymbol{I}$。记

$$\boldsymbol{A}=[\boldsymbol{a}_1\quad \boldsymbol{a}_2\quad \cdots\quad \boldsymbol{a}_n] \tag{3.47}$$

令 $\boldsymbol{Q}_1$ 为针对 $\boldsymbol{A}$ 建立的豪斯荷德变换,则有

$$\boldsymbol{B}_1=\boldsymbol{Q}_1\boldsymbol{A}=\begin{bmatrix}\delta_1 & \beta_{12} & \cdots & \beta_{1n}\\ 0 & \beta_{22} & \cdots & \beta_{2n}\\ \vdots & \vdots & & \vdots\\ 0 & \beta_{m2} & \cdots & \beta_{mn}\end{bmatrix} \tag{3.48}$$

式中,$\delta_1=\|\boldsymbol{a}_1\|\operatorname{sgn}(\alpha_{11})$。

令 $\boldsymbol{b}_1=[\beta_{12}\quad \cdots\quad \beta_{1n}]^{\mathrm{T}}$,有

$$\boldsymbol{U}'=\boldsymbol{I}_{n-1}-\frac{\boldsymbol{u}'\boldsymbol{u}'^{\mathrm{T}}}{\pi'},\quad \pi'=\frac{1}{2}\boldsymbol{u}'^{\mathrm{T}}\boldsymbol{u}' \tag{3.49}$$

式中,$\boldsymbol{u}'=\boldsymbol{b}_1+\|\boldsymbol{b}_1\|\operatorname{sgn}(\beta_{12})\boldsymbol{e}_1$,显然

$$\boldsymbol{b}_1^{\mathrm{T}}\boldsymbol{U}'=[\varepsilon_1\quad 0\quad \cdots\quad 0] \tag{3.50}$$

而 $\varepsilon_1=\|\boldsymbol{b}_1\|\operatorname{sgn}(\beta_{12})$,由此可令

$$\boldsymbol{U}_1=\begin{bmatrix}1 & \boldsymbol{0}\\ \boldsymbol{0} & \boldsymbol{U}'\end{bmatrix} \tag{3.51}$$

则有

$$\boldsymbol{A}_1=\boldsymbol{B}_1\boldsymbol{U}_1=\begin{bmatrix}\delta_1 & \varepsilon_1 & 0 & \cdots & 0\\ 0 & \beta'_{22} & \beta'_{23} & \cdots & \beta'_{2n}\\ 0 & \beta'_{32} & \beta'_{33} & \cdots & \beta'_{3n}\\ \vdots & \vdots & \vdots & & \vdots\\ 0 & \beta'_{m2} & \beta'_{m3} & \cdots & \beta'_{mn}\end{bmatrix} \tag{3.52}$$

不难看出,重复上述过程可得到

$$\begin{cases}\boldsymbol{A}_1=\boldsymbol{A}\\ \boldsymbol{A}_2=\boldsymbol{Q}_1\boldsymbol{A}_1\boldsymbol{U}_1\\ \quad\vdots\\ \boldsymbol{A}_{n-1}=\boldsymbol{Q}_{n-2}\boldsymbol{A}_{n-2}\boldsymbol{U}_{n-2}\\ \boldsymbol{A}_n=\boldsymbol{Q}_{n-1}\boldsymbol{A}_{n-1}\boldsymbol{U}_{n-1}\\ \boldsymbol{A}_{n+1}=\boldsymbol{Q}_n\boldsymbol{A}_n\boldsymbol{U}_n\end{cases} \tag{3.53}$$

可将 $\boldsymbol{A}$ 化成上双对角矩阵 $\boldsymbol{A}_{n+1}$，这里 $\boldsymbol{Q}_i$、$\boldsymbol{U}_i$ 均为豪斯荷德变换。

对于过驱动航天器，控制效率矩阵 $\boldsymbol{A}_{m\times n}$ 满足 $m<n$，存在 $(2m-1)$ 个豪斯荷德变换 $\boldsymbol{Q}_1,\cdots,\boldsymbol{Q}_{m-1},\boldsymbol{U}_1,\cdots,\boldsymbol{U}_m$，使得

$$\boldsymbol{Q}_{m-1}\cdots\boldsymbol{Q}_1\boldsymbol{A}\boldsymbol{U}_1\cdots\boldsymbol{U}_m=(\mathrm{LO}) \tag{3.54}$$

式中

$$(\mathrm{LO})=\begin{bmatrix} \delta_1 & 0 & \cdots & \cdots & 0 \\ \varepsilon_1 & \delta_2 & 0 & \cdots & 0 \\ 0 & \varepsilon_2 & \ddots & \ddots & \vdots \\ \vdots & \ddots & \ddots & \delta_{m-1} & 0 \\ 0 & \cdots & 0 & \varepsilon_{m-1} & \delta_m \end{bmatrix} \tag{3.55}$$

通过上述过程，将待求解问题转换为

$$\begin{bmatrix} \delta_1 & 0 & \cdots & \cdots & 0 \\ \varepsilon_1 & \delta_2 & 0 & \cdots & 0 \\ 0 & \varepsilon_2 & \ddots & \ddots & \vdots \\ \vdots & \ddots & \ddots & \delta_{m-1} & 0 \\ 0 & \cdots & 0 & \varepsilon_{m-1} & \delta_m \end{bmatrix}\begin{bmatrix} \xi_1 \\ \xi_2 \\ \xi_3 \\ \vdots \\ \xi_n \end{bmatrix}=\begin{bmatrix} \varphi_1 \\ \varphi_2 \\ \varphi_3 \\ \vdots \\ \varphi_n \end{bmatrix} \tag{3.56}$$

将 $\boldsymbol{A}$ 分解为 $\boldsymbol{A}=\boldsymbol{LU}$，其中

$$\boldsymbol{L}=\begin{bmatrix} \beta_1 & 0 & \cdots & & 0 \\ \varepsilon_1 & \beta_2 & & & \\ 0 & \varepsilon_2 & \ddots & \ddots & \vdots \\ \vdots & \ddots & \ddots & \beta_{m-1} & 0 \\ 0 & \cdots & 0 & \varepsilon_{m-1} & \beta_m \end{bmatrix}$$

$$\boldsymbol{U}=\begin{bmatrix} 1 & \gamma_1 & 0 & \cdots & 0 \\ 0 & 1 & & \ddots & \vdots \\ & & \ddots & \ddots & 0 \\ \vdots & & \ddots & 1 & \gamma_{n-1} \\ 0 & \cdots & & 0 & 1 \end{bmatrix} \tag{3.57}$$

进而求解方程组

$$\begin{cases} \boldsymbol{Lz}=\boldsymbol{f} \\ \boldsymbol{Ux}=\boldsymbol{z} \end{cases} \tag{3.58}$$

于是问题可求。

整个求解思路整理如下。

①给出初始 λ_0 的值，满足 $\lambda_0>0$。

②将矩阵 $\boldsymbol{A}$ 写成列向量的分量形式，求出相应的豪斯荷德变换矩阵。

③将 $\boldsymbol{A}$ 转化为双对角阵。

④将矩阵 $\boldsymbol{A}$ 进行 $\boldsymbol{LU}$ 分解，求出 $\boldsymbol{x}$。

⑤将 $\boldsymbol{x}$ 的值代入，判断 φ 的符号。

⑥改变 λ 值，重复上述过程，直到满足 $\varphi=0$，结束，给出解 $\boldsymbol{x}$。

2. 仿真与结果分析

(1)容错推力分配。

如果出现某一个推力器失效，那么在必然有失效的情况下的力/力矩可达集小于原力/力矩可达集。一旦给出的推力器指令超过其阈值，则需要对其修正以保证重新落入可达集内，如果期望的控制力/力矩始终在失效情况下的力/力矩可达集内，那么就可以用 4 个推力器实现失效情况下的控制分配方法。本节就以 4 个推力器为例，仿真分析该方法的有效性和可行性。

在仿真过程中，定义 $\Delta\boldsymbol{v}=\boldsymbol{A}\boldsymbol{u}-\boldsymbol{v}_{\mathrm{d}}$ 且 $\Delta\boldsymbol{v}$ 的分量表达式为

$$\Delta\boldsymbol{v}=[\Delta v_1\quad \Delta v_2\quad \Delta v_3]$$

在未采用失效方法的情况下，30 s 时某一推力器失效，推力器失效时的控制力矩和控制分配误差曲线如图 3.2 所示。可见，在推力器失效后，控制分配出现了较大的误差。推力器失效时的姿态四元数与姿态角速度变化曲线如图 3.3 所示，可见系统在 150 s 的仿真时间内，没有完全稳定，但由于控制器方法的鲁棒性，控制过程仍然是收敛的。

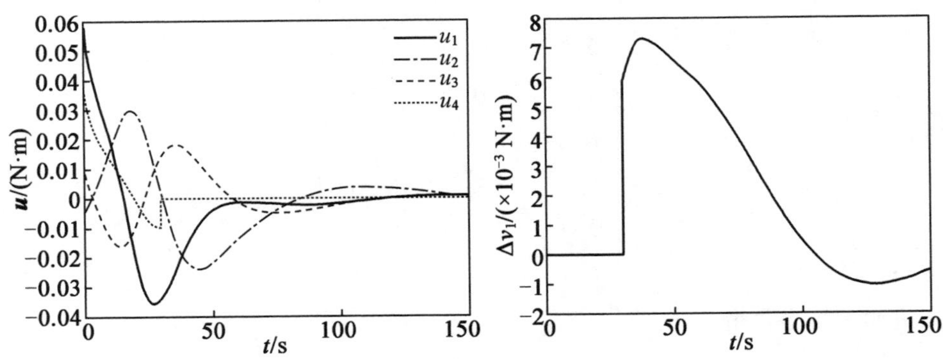

图 3.2　推力器失效时的控制力矩与控制分配误差曲线

在图 3.3 中，推力器失效模块的作用是在 30 s 时，随即指定一个推力器失效，失效估计器模块的采样周期为 0.1 s，如果认定某推力器失效后，对应的元素 k_i 为置 0，形成失效矩阵 $\boldsymbol{K}$。

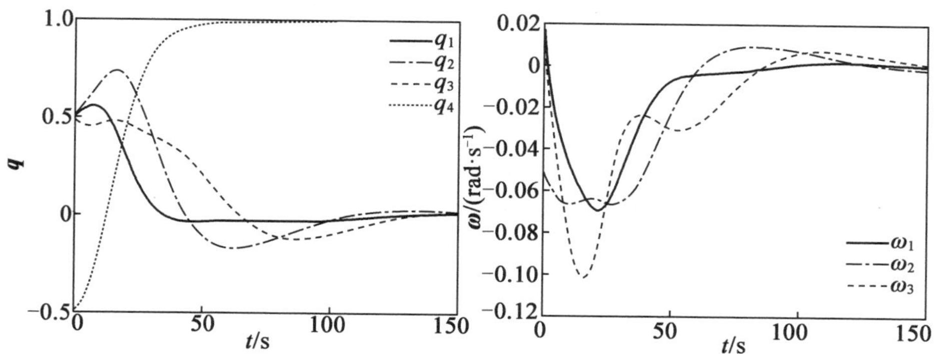

图 3.3　推力器失效时的姿态四元数与姿态角速度变化曲线

采用控制分配方法得到的推力输出和控制分配误差如图 3.4 所示，从左侧的图可以看出，推力器在 30 s 时失效，失效估计器在推力器失效后产生相应的失效矩阵，从而对其他的推力器进行再分配，在分配过程中，控制分配误差保持在 0 值附近，说明这种控制分配方法是有效的。

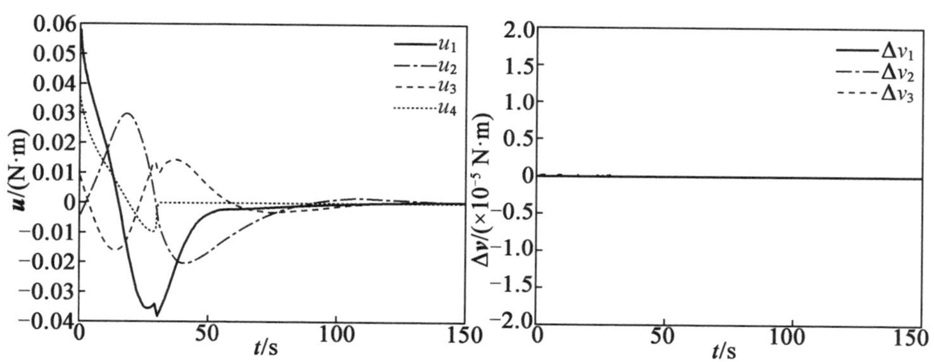

图 3.4　采用控制分配方法得到的推力输出和控制分配误差曲线

采用控制分配方法时的姿态四元数和姿态角速度曲线如图 3.5 所示，可见该控制分配过程是稳定的，因此说明了该方法的可行性和有效性。

(2)鲁棒推力分配方法。

本节对本章给出的鲁棒控制分配方法进行仿真验证。推力器姿态控制的控制效率矩阵为

$$A_1 = \begin{bmatrix} 0 & 0 & 0 & 0 & 0 & 0 & 0 & 0 & -0.16 & 0.16 \\ 0 & 0 & 0 & 0 & 0 & 0 & 0 & 0 & 0 & 0 \\ 0.16 & -0.16 & 0.16 & -0.16 & -0.16 & 0.16 & -0.16 & 0.16 & 0 & 0 \end{bmatrix}$$

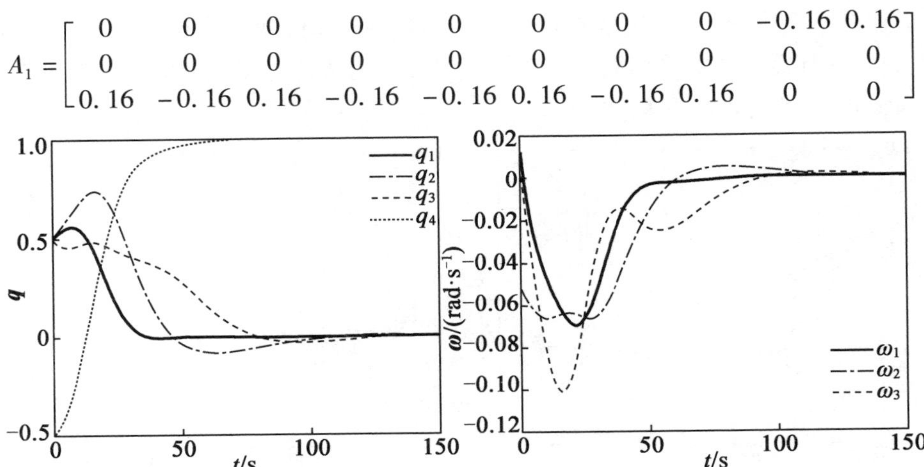

图 3.5　采用控制分配方法时的姿态四元数和姿态角速度曲线

设定小卫星转动惯量 $\boldsymbol{I}=[0.15\quad 0\quad 0;0\quad 0.15\quad 0;0\quad 0\quad 0.15]\ \mathrm{kg\cdot m^2}$；初始四元数 $\boldsymbol{q}(t_0)=[0.7035\quad -0.4708\quad 0.3430\quad 0.4073]^{\mathrm{T}}$，初始姿态角 $\varphi_0=30°$，$\theta_0=60°$，$\psi_0=-50°$；初始姿态角速度 $\boldsymbol{\omega}_{b0}=[0\quad 0\quad 0]^{\mathrm{T}}$；控制器采用 PD 控制律，设置控制律参数 $k_p=0.32$，$k_d=0.8$。

图 3.6 所示为采用鲁棒推力分配策略时的姿态四元数和姿态角速度曲线，从图可见推力分配能够使得追踪星相对主星的角速度趋于 0，并调整了方向，能够完成交会对接任务，说明鲁棒推力分配方法能够将初始状态偏差控制到期望状态，从而说明了该方法的可行性。

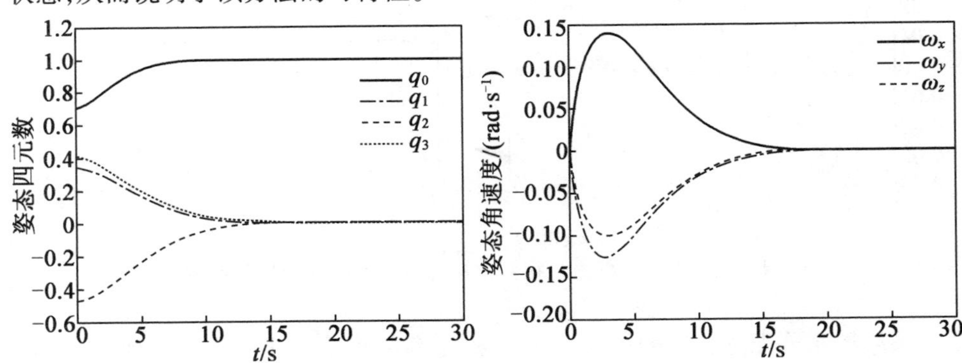

图 3.6　采用鲁棒推力分配策略时的姿态四元数和姿态角速度曲线

图 3.7 给出了控制效率矩阵具有 20% 不确定性时的分配力矩偏差曲线，表 3.1 给出了进行 10 次随机仿真的结果，可见鲁棒推力分配能够完成姿态控制任

务，误差曲线光滑、平稳，3 个坐标轴方向的力矩累积偏差减小约 20%，分配力矩最大偏差减小约 26%，从而说明了该方法的有效性。

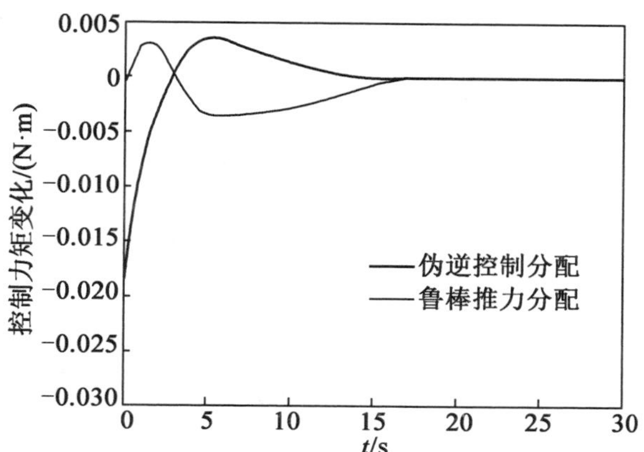

图 3.7　控制效率矩阵具有 20%不确定性时的分配力矩偏差曲线

表 3.1　控制效率矩阵具有 20%不确定性时的仿真结果

控制分配方法	力矩累积误差/($N \cdot m^{-1}$)			分配力矩最大偏差/($N \cdot m^{-1}$)		
	x 轴	y 轴	z 轴	x 轴	y 轴	z 轴
伪逆控制分配	0.324 5	0.236 4	0.280 7	0.018 1	0.013 2	0.015 6
鲁棒推力分配	0.266 2	0.193 6	0.219 1	0.011 6	0.008 5	0.014 6

表 3.2 给出了控制效率矩阵具有 10%不确定性时，随机仿真 10 次的仿真结果，可见此时鲁棒分配方法同样是有效的，并且鲁棒分配方法的误差变化幅度减小，在 0 值线两侧分布更加均匀，计算表明，力矩累积误差减小了约 40.7%，分配力矩最大偏差减小了约 16.3%。

表 3.2　控制效率矩阵具有 10%不确定性时的仿真结果

控制分配方法	力矩累积误差/($N \cdot m^{-1}$)			分配力矩最大偏差/($N \cdot m^{-1}$)		
	x 轴	y 轴	z 轴	x 轴	y 轴	z 轴
伪逆控制分配	0.256 8	0.187 1	0.222 2	0.014 0	0.010 2	0.012 1
鲁棒推力分配	0.118 5	0.086 4	0.190 1	0.010 9	0.007 9	0.011 6

表 3.3 是控制效率矩阵具有 5%不确定性时，随机仿真 10 次的仿真结果，计算表明，力矩累积误差减小了约 36.5%，分配力矩最大偏差减小了约 19.9%。通

过以上仿真表明该鲁棒分配方法的正确性和有效性。

表 3.3 控制效率矩阵具有 5%不确定性时的分配力矩偏差

控制分配方法	力矩累积误差/(N·m^{-1})			分配力矩最大偏差/(N·m^{-1})		
	x 轴	y 轴	z 轴	x 轴	y 轴	z 轴
伪逆控制分配	0.107 7	0.078 4	0.093 1	0.005 6	0.004 1	0.004 9
鲁棒推力分配	0.058 3	0.042 5	0.076 5	0.004 1	0.003 0	0.004 6

3.2 航天器控制分配的鲁棒优化方法

对于控制系统的设计而言,控制分配器的数学模型一般是已知的,在此基础上,对其采用各种数学优化方法或者某种固定分配模式,便可以得到控制分配的结果。但是,在实际的控制过程中,控制分配模型是会存在不确定性的,具体体现在以下几种情形[7,8]。

(1)执行机构意外失效。

(2)控制效率矩阵的不确定性。

(3)执行机构输出的不确定性。

对于第一种情形,实际上正体现了冗余设计的最初理念,即在执行机构意外失效的情况下仍然能够完成控制系统的任务,实现对航天器姿态的控制。但是,传统的执行机构冗余设计并没有考虑控制分配的优化问题,而是采用执行机构冷备份方式,或者根据预先定义的分配策略执行控制任务。本节考虑的场景是在所有执行机构都正常工作的情况下,实现对某一指标的优化;且当某一执行机构意外失效时,仍能实现对某一指标的优化分配。

对于第二种情形,是真实控制系统不可避免的情形。控制效率矩阵与执行机构的安装构型密切相关,而实际安装情况不可能与理论上的完全一致,安装位置或者安装角会存在一定偏差,因此导致控制效率矩阵产生一定的不确定性。

对于第三种情形,在控制器给出控制指令后,执行机构的输出可能并不能完全实现这一指令,而是具有一定的偏差。

以上三种情形的存在导致控制分配问题具有诸多不确定性,部分学者对该情况下的控制分配方法进行了研究,然而仍存在诸多问题,尤其是对于航天领域应用时的特殊问题更鲜有涉及,因此有必要对此类问题进行更深入的研究。

本节将针对航天器动态控制分配问题,分析可能出现的不确定因素,研究控

制分配的鲁棒优化方法，以提高控制分配性能。

3.2.1　执行机构失效时的控制分配方法

1. 失效情况下控制分配的理论基础

针对飞轮、推力器等冗余配置的执行机构，假设第 i 个执行机构出现失效，记 $\boldsymbol{u}_i=\boldsymbol{0}$；控制效率矩阵为 $\boldsymbol{A}\in\mathbf{R}^{3\times n}$，引入 $\widetilde{\boldsymbol{A}}_i\in\mathbf{R}^{3\times(n-1)}\ (i=1,\cdots,n)$ 为控制效率矩阵 $\boldsymbol{A}$ 去掉第 i 列之后形成的矩阵。下面根据引理 3.1 给出推论 3.3。

推论 3.3　在第 i 个执行机构失效的情况下，如果对于任意的期望向量 $\boldsymbol{v}$，其余的执行机构仍然能够给出至少两个分配结果，则必存在一个任意元素都非零的向量 $\widetilde{\boldsymbol{\omega}}^{(i)}$ 和矩阵 $\widetilde{\boldsymbol{A}}_i$ 构成零空间，使得 $\widetilde{\boldsymbol{A}}_i\widetilde{\boldsymbol{\omega}}^{(i)}=\boldsymbol{0}$。

证明过程由引理 3.1 的证明过程易得。只是需要指出，这里的 $\widetilde{\boldsymbol{\omega}}^{(i)}$ 的任意元素都要非零。这是由于控制分配的结果 $\boldsymbol{u}=\boldsymbol{A}^{\dagger}\boldsymbol{v}+\gamma\boldsymbol{\omega}$，如果出现某一元素为零的情况，则根据零空间修正的观点，对于该执行机构出现超出其允许范围的情况，将得不到修正，因此不能保证对于任意给定的期望向量都能够得到控制分配结果。

由于引理 3.1 中执行机构的输出量为正，因而适用于推力器等不能产生负的输出量的执行机构（以下简称 1 类执行机构）；但对于飞轮等执行机构，尤其是力矩飞轮，由于其转动方向可以发生变化，可产生正负力矩，因此适用于推论 3.2 和推论 3.3 所阐述的情形（以下简称 2 类执行机构）。

下面给出在某执行机构失效的情况下，对于给定的任意向量 $\boldsymbol{v}$，其余的执行机构仍然能够获得期望控制量 $\boldsymbol{v}$，并且满足 $\boldsymbol{u}\geqslant\boldsymbol{0}$ 所需要的条件。

引理 3.5　对于一个具有 n 个 1 类执行机构的构型，如果 $\boldsymbol{A}$ 满秩，并存在向量 $\boldsymbol{\omega}>\boldsymbol{0}$，使得 $\boldsymbol{A}\boldsymbol{\omega}=\boldsymbol{0}$，那么对于任意的 $i=1,\cdots,n$，$\widetilde{\boldsymbol{A}}_i$ 也行满秩。

证明　如果对于某一 i，存在 $\operatorname{rank}(\widetilde{\boldsymbol{A}}_i)<3$，那么必有 $\operatorname{rank}(\widetilde{\boldsymbol{A}}_i)=2$，否则如果 $\operatorname{rank}(\widetilde{\boldsymbol{A}}_i)=1$，那么由 $\widetilde{\boldsymbol{A}}_i$ 的获得过程可知，无论在第 i 列添加什么样的向量，均不可能使得 $\boldsymbol{A}$ 满秩。记 $\widetilde{\boldsymbol{A}}_i$ 的零空间为 $\boldsymbol{N}(\widetilde{\boldsymbol{A}}_i)$，是由向量 $\widetilde{\boldsymbol{\omega}}^{(i)}$ 张成的空间，即

$$\widetilde{\boldsymbol{\omega}}^{(i)}=[\omega_1^{(i)}\quad\cdots\quad\omega_{n-1}^{(i)}]^{\mathrm{T}}\in\boldsymbol{N}(\widetilde{\boldsymbol{A}}_i)\tag{3.59}$$

记 $\boldsymbol{A}$ 的零空间为 $\boldsymbol{N}(\boldsymbol{A})$，那么可知

$$\boldsymbol{\omega}=[\omega_1^{(i)}\quad\cdots\quad\omega_{i-1}^{(i)}\quad 0\quad\omega_i^{(i)}\quad\cdots\quad\omega_{n-1}^{(i)}]^{\mathrm{T}}\in\boldsymbol{N}(\boldsymbol{A})\tag{3.60}$$

这与 $\boldsymbol{\omega}>\boldsymbol{0}$ 相矛盾，因此引理得证。

引理 3.6　对于一个具有 n 个 1 类执行机构的构型，其相应的控制效率矩阵为 $\boldsymbol{A}$，在出现第 i 个执行机构失效的情况下，仍能得到期望控制量 $\boldsymbol{v}$，当且仅当以

下两个条件成立。

(1)$\boldsymbol{A}$ 行满秩。

(2)存在矩阵 $\boldsymbol{W}\in\mathbf{R}^{n\times n}$,其中 $w_{ii}=0,w_{ij}>0,i\neq j$ 且 $i,j=1,\cdots,n$,满足 $\boldsymbol{AW}=\boldsymbol{0}$,其中 $\boldsymbol{0}$ 为 $3\times n$ 阶零矩阵。

证明 必要性:

如果在出现执行机构失效的情况下仍能解决控制分配问题,那么显然可以解决执行机构没有失效的情形(即分配给失效的执行机构的指令为0),因此,由引理3.1可知 $\boldsymbol{A}$ 行满秩。由于在第 i 个执行机构失效的情况下,仍能得到期望控制量 $\boldsymbol{v}$,由引理3.1可知,对于 $\widetilde{\boldsymbol{A}}_i$,必有其对应的零空间向量,即

$$\begin{cases}\exists\,\widetilde{\boldsymbol{\omega}}^{(i)}>\boldsymbol{0}\in\mathbf{R}^{n-1}\\ \text{s.t. }\widetilde{\boldsymbol{A}}_i\widetilde{\boldsymbol{\omega}}^{(i)}=\boldsymbol{0}\quad(i=1,\cdots,n)\end{cases}\tag{3.61}$$

如果

$$\widetilde{\boldsymbol{\omega}}^{(i)}=\begin{bmatrix}\widetilde{\omega}_1 & \cdots & \widetilde{\omega}_{i-1} & \widetilde{\omega}_i & \cdots & \widetilde{\omega}_{n-1}\end{bmatrix}^{\mathrm{T}}\tag{3.62}$$

那么令

$$\boldsymbol{\omega}^{(i)}=\begin{bmatrix}\widetilde{\omega}_1 & \cdots & \widetilde{\omega}_{i-1} & 0 & \widetilde{\omega}_i & \cdots & \widetilde{\omega}_{n-1}\end{bmatrix}^{\mathrm{T}}\tag{3.63}$$

则显然有

$$\boldsymbol{A\omega}^{(i)}=\boldsymbol{0}\tag{3.64}$$

于是对于 $i=1,\cdots,n$,令

$$\boldsymbol{W}=\begin{bmatrix}\boldsymbol{\omega}^{(1)} & \boldsymbol{\omega}^{(2)} & \cdots & \boldsymbol{\omega}^{(n)}\end{bmatrix}\tag{3.65}$$

必要性得证。

充分性:

因为 $w_{ii}=0,w_{ij}>0,i\neq j$,那么对任意两个向量 $\boldsymbol{\omega}^{(i)}$、$\boldsymbol{\omega}^{(j)}(i\neq j)$ 做线性运算,很容易得到向量 $\boldsymbol{\omega}>\boldsymbol{0}$,使得 $\boldsymbol{A\omega}=\boldsymbol{0}$,由于 $\boldsymbol{A}$ 行满秩,那么根据引理3.5,$\widetilde{\boldsymbol{A}}_i$ 也行满秩,且存在 $\widetilde{\boldsymbol{\omega}}>\boldsymbol{0}$,使得 $\widetilde{\boldsymbol{A}}_i\widetilde{\boldsymbol{\omega}}=\boldsymbol{0}$,根据引理3.1可知,对于任意的期望向量,仍能给出分配结果。

推论3.4 对于一个具有 n 个2类执行机构的构型,其相应的控制效率矩阵为 $\boldsymbol{A}$,在出现第 i 个执行机构失效的情况下,仍能得到期望控制量 $\boldsymbol{v}$,并且至少存在两个不同的分配向量 $\boldsymbol{u}^{(1)}$、$\boldsymbol{u}^{(2)}$,使得 $\boldsymbol{v}=\boldsymbol{Au}^{(1)}=\boldsymbol{Au}^{(2)}$,则有:

(1)$\boldsymbol{A}$ 行满秩。

(2)存在非零矩阵 $\boldsymbol{W}\in\mathbf{R}^{n\times n}$,其中 $w_{ii}=0,w_{ij}\neq 0,i,j=1,\cdots,n$ 且 $i\neq j$,满足 $\boldsymbol{AW}=\boldsymbol{0}$,其中 $\boldsymbol{0}$ 为 $3\times n$ 阶零矩阵。

证明　对于任意的期望控制量,至少存在两个不同的分配向量 $\boldsymbol{u}^{(1)}$、$\boldsymbol{u}^{(2)}$,使得 $\boldsymbol{v}=\boldsymbol{A}\boldsymbol{u}^{(1)}=\boldsymbol{A}\boldsymbol{u}^{(2)}$,由推论3.1可知,$\boldsymbol{A}$ 行满秩,由推论3.3可知,存在一个非零向量 $\widetilde{\boldsymbol{\omega}}^{(i)}$ 和矩阵 $\widetilde{\boldsymbol{A}}_i$ 构成零空间,即 $\exists\,\widetilde{\boldsymbol{\omega}}^{(i)}\neq\boldsymbol{0}$,使得 $\widetilde{\boldsymbol{A}}_i\widetilde{\boldsymbol{\omega}}^{(i)}=\boldsymbol{0}$。

与引理3.6的构造过程类似,可以得到

$$\boldsymbol{\omega}^{(i)}=[\widetilde{\omega}_1\quad\cdots\quad\widetilde{\omega}_{i-1}\quad 0\quad\widetilde{\omega}_i\quad\cdots\quad\widetilde{\omega}_{n-1}]^{\mathrm{T}}\tag{3.66}$$

满足

$$\boldsymbol{A}\boldsymbol{\omega}^{(i)}=\boldsymbol{0}\tag{3.67}$$

对于 $i=1,\cdots,n$,令

$$\boldsymbol{W}=[\widetilde{\boldsymbol{\omega}}^{(1)}\quad\widetilde{\boldsymbol{\omega}}^{(2)}\quad\cdots\quad\widetilde{\boldsymbol{\omega}}^{(n)}]\neq\boldsymbol{0}\tag{3.68}$$

则有 $\boldsymbol{AW}=\boldsymbol{0}$,其中 $\boldsymbol{0}$ 为 $3\times n$ 阶零矩阵,$w_{ii}=0,i=1,\cdots,n$。

推论3.5　对于一个具有 n 个2类执行机构的构型,其相应的控制效率矩阵 $\boldsymbol{A}$ 满秩,且对于任意 i,$\widetilde{\boldsymbol{A}}_i$ 也满秩,存在非零矩阵 $\boldsymbol{W}\in\mathbf{R}^{n\times n}$,其中 $w_{ii}=0,i=1,\cdots,n$,满足 $\boldsymbol{AW}=\boldsymbol{0}$,其中 $\boldsymbol{0}$ 为 $3\times n$ 阶零矩阵,则在出现第 i 个执行机构失效的情况下,仍能得到期望控制量 $\boldsymbol{v}$。

证明　因为 $\boldsymbol{W}\neq\boldsymbol{0}$,那么很容易得到列向量 $\boldsymbol{\omega}^{(i)}\neq\boldsymbol{0}$,使得 $\boldsymbol{A}\boldsymbol{\omega}^{(i)}=\boldsymbol{0}$,由于 $\boldsymbol{A}$ 行满秩,$\widetilde{\boldsymbol{A}}_i$ 也行满秩,那么显然存在 $\widetilde{\boldsymbol{\omega}}\neq\boldsymbol{0}$,使得 $\widetilde{\boldsymbol{A}}_i\widetilde{\boldsymbol{\omega}}=\boldsymbol{0}$,根据推论3.1可知,对于任意的期望向量,仍能给出分配结果。

引理3.7　对于具有1类执行机构失效的控制分配问题,仍能够完成控制分配任务所需的最小执行机构数目是6。

证明　由引理3.6,对于具有5个1类执行机构的构型,在执行机构失效的情况下,仍能得到期望控制量 $\boldsymbol{v}$,则存在矩阵 $\boldsymbol{W}\in\mathbf{R}^{5\times 5}$,其中 $w_{ii}=0,w_{ij}>0,i\neq j$ 且 $i,j=1,\cdots,n$,满足 $\boldsymbol{AW}=\boldsymbol{0}$,且有 $\mathrm{rank}(\boldsymbol{W})\leqslant 2$,但实际上,由于 $\boldsymbol{W}$ 中必然包含如下的分块矩阵:

$$\boldsymbol{W}=\begin{bmatrix}\boldsymbol{W}_{11} & \boldsymbol{W}_{12}\\ \boldsymbol{W}_{21} & \boldsymbol{W}_{22}\end{bmatrix}$$

$$\boldsymbol{W}_{11}=\begin{bmatrix}0 & w_{12} & w_{13}\\ w_{21} & 0 & w_{23}\\ w_{31} & w_{32} & 0\end{bmatrix}\tag{3.69}$$

明显有

$$|\boldsymbol{W}_{11}|=\begin{vmatrix}0 & w_{12} & w_{13}\\ w_{21} & 0 & w_{23}\\ w_{31} & w_{32} & 0\end{vmatrix}=w_{12}w_{23}w_{31}+w_{21}w_{32}w_{13}>0\tag{3.70}$$

故

$$\operatorname{rank}(\boldsymbol{W}_{11})=3,\quad \operatorname{rank}(\boldsymbol{W})\geqslant 3 \tag{3.71}$$

与 $\operatorname{rank}(\boldsymbol{W})\leqslant 2$ 相矛盾,因此,在具有 5 个 1 类执行机构的情况下,如果某一执行机构失效,对于期望的伪控制指令,不能保证给出相应的控制分配结果。

推论 3.6 对于具有 2 类执行机构失效的控制分配问题,仍能够完成控制分配任务所需的最小执行机构的数目是 5。

证明 根据推论 3.2,只要满足 $\widetilde{\boldsymbol{A}}_i$ 行满秩,存在任意元素都非零的向量 $\widetilde{\boldsymbol{\omega}}$,使得 $\widetilde{\boldsymbol{A}}_i\widetilde{\boldsymbol{\omega}}=\boldsymbol{0}$,便可以完成控制分配任务。

对于执行机构的数目等于 4 的情况,矩阵 $\boldsymbol{A}$ 满秩,且对于任意 i,$\widetilde{\boldsymbol{A}}_i$ 也满秩,那么使得 $\widetilde{\boldsymbol{A}}_i\widetilde{\boldsymbol{\omega}}=\boldsymbol{0}$ 的向量必为零向量,因而保证对任意的期望控制向量 $\boldsymbol{v}$,只能给出唯一的控制分配结果,方法给出的结果可能超出了饱和限制而无法修正,因此,不能实现任意的期望控制力矩,故这类问题所需要执行机构的数目至少是 5。

以上各引理和推论构成了部分执行机构失效的控制分配问题的理论基础。

2. 失效情况下的控制分配方法

部分执行机构失效情况控制分配的基本思想是:通过对执行机构输出值的观测,如果能够察觉到是哪个执行机构出现失效,那么就可以通过控制分配器的方法将该执行机构的输出值置 0,同时满足执行机构的约束,完成控制分配过程。基于该思想的失效情形的控制分配框图如图 3.1 所示。

首先,给出力矩最优下的控制分配模型:

$$\begin{cases}\min\ \boldsymbol{u}^{\mathrm{T}}\boldsymbol{u}\\ \text{s.t.}\ \ \boldsymbol{A}\boldsymbol{u}=\boldsymbol{v}\\ \qquad \boldsymbol{u}_{\min}\leqslant\boldsymbol{u}\leqslant\boldsymbol{u}_{\max}\end{cases} \tag{3.72}$$

以具有 n 个执行机构的控制分配过程为例,当第 i 个执行机构失效时,应有 $u_i=0$,且仍然需要满足 $\boldsymbol{A}\boldsymbol{u}=\boldsymbol{v}$ 和饱和约束。

由于控制分配方法一般为离线运算,因此期望的是不需要对控制分配方法进行重新设计,而是用一种最小的代价来实现控制分配。于是,在模型的基础上,进一步提出如下改进的模型:

$$\begin{cases}\min\ \boldsymbol{u}^{\mathrm{T}}\boldsymbol{K}\boldsymbol{u}\\ \text{s.t.}\ \ \boldsymbol{A}\boldsymbol{u}=\boldsymbol{v}\\ \qquad \boldsymbol{u}_{\min}\leqslant\boldsymbol{u}\leqslant\boldsymbol{u}_{\max}\end{cases} \tag{3.73}$$

式中,$\boldsymbol{K}$ 矩阵是根据失效情况确定的对角阵,称为失效矩阵。

在所有执行机构正常工作的情况下，

$$K=\begin{bmatrix}1 & & \\ & \ddots & \\ & & 1\end{bmatrix} \tag{3.74}$$

在第 i 个执行机构失效的情况下，

$$K=\begin{bmatrix}1 & & & & \\ & \ddots & & & \\ & & 0 & & \\ & & & \ddots & \\ & & & & 1\end{bmatrix}\rightarrow \text{第 } i \text{ 行} \tag{3.75}$$

不难理解，在第 i 个执行机构失效的情况下，如果能够找到模型的最优解，那么最优指标优化过程实际上是使剩下的执行机构的指标最优，同时还满足了约束条件。

容易求得的最优解为

$$\boldsymbol{u}=\boldsymbol{K}\boldsymbol{A}^{\mathrm{T}}(\boldsymbol{A}\boldsymbol{K}\boldsymbol{A}^{\mathrm{T}})^{-1}\boldsymbol{v} \tag{3.76}$$

下面的问题就是如何设计失效估计器，从而得到失效矩阵 $\boldsymbol{K}$。这里可以这样考虑，在处于稳定状态之前，一般执行机构的输出曲线在过零点时，不会驻留在零点。如果某个执行机构在几个相邻的采样周期内输出一直为 0，而其他的执行机构是有输出的，那么可以认为该执行机构出现了失效。

3. 仿真分析

下面针对上面提出的控制分配方法进行仿真。对于执行机构为飞轮的情形，如果出现某一个飞轮失效，一般情形下，由于失效情况下的力矩可达集小于原力矩可达集，一旦给出的执行机构指令超过约束，那么需要对其进行修正，因此至少存在一个冗余的飞轮，即至少需要 4 个可以继续正常工作的飞轮。特殊地，如果期望的控制力矩始终在失效情况下的力矩可达集内，那么就可以用 4 个飞轮实现失效情况下的控制分配方法。本节就以 4 个飞轮为例，仿真分析该方法的有效性和可行性。

在未采用失效方法的情况下，30 s 时某一执行机构失效，未采用失效方法时的控制分配力矩和控制分配误差曲线如图 3.8 所示。可见，在执行机构失效后，控制分配出现了较大的误差。未采用失效方法时的姿态四元数和姿态角速度如图 3.9 所示，可见系统在 150 s 的仿真时间内，没有完全稳定，但由于控制器方法的鲁棒性，控制过程仍然是收敛的。

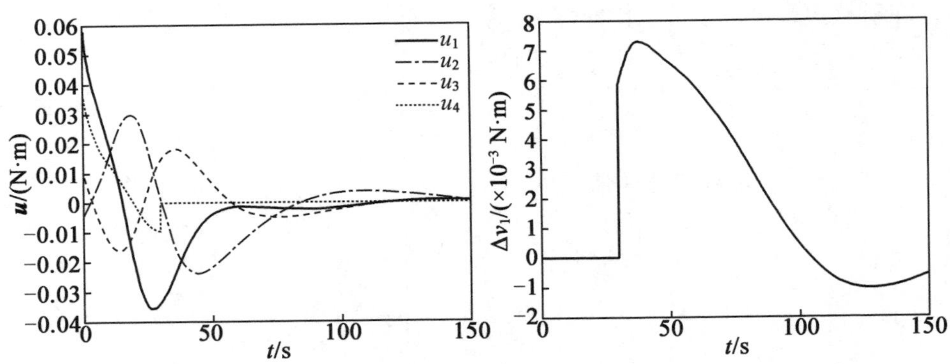

图 3.8　未采用失效方法时的控制分配力矩和控制分配误差曲线

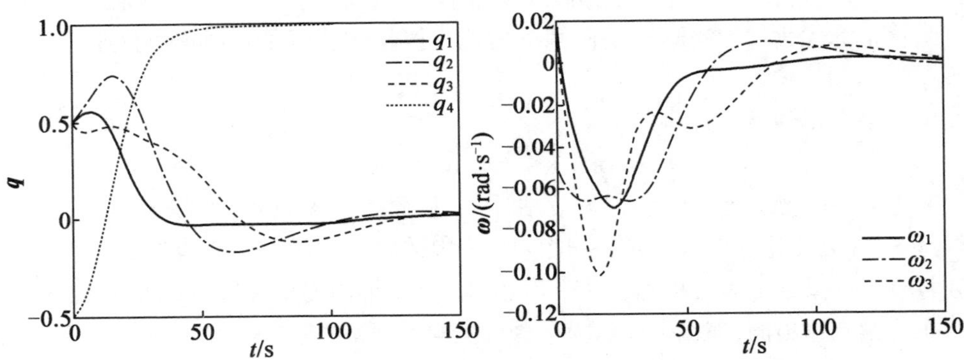

图 3.9　未采用失效方法时的姿态四元数和姿态角速度曲线

在图 3.10 中，Actuator Failure 模块的作用是在 30 s 时，随机指定一个执行机构失效。Failure - estimated 模块的采样周期为 0.1 s，如果认定某执行机构失效后，对应的元素 k_i 置为 0，形成失效矩阵 $\boldsymbol{K}$。

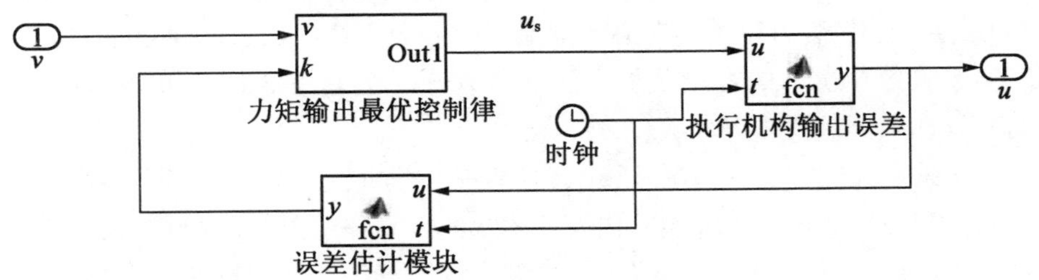

图 3.10　Simulink 控制分配框图

采用失效方法时的执行机构输出和控制分配有效性曲线如图 3.11 所示，从左侧的图可以看出，执行机构的输出值在 30 s 时失效，失效估计器在执行机构失效后，产生相应的失效矩阵，从而对其他的执行机构的分配情况进行了调整，在分配过程中，控制分配误差保持在 0 值附近，说明这种控制分配方法是有效的。

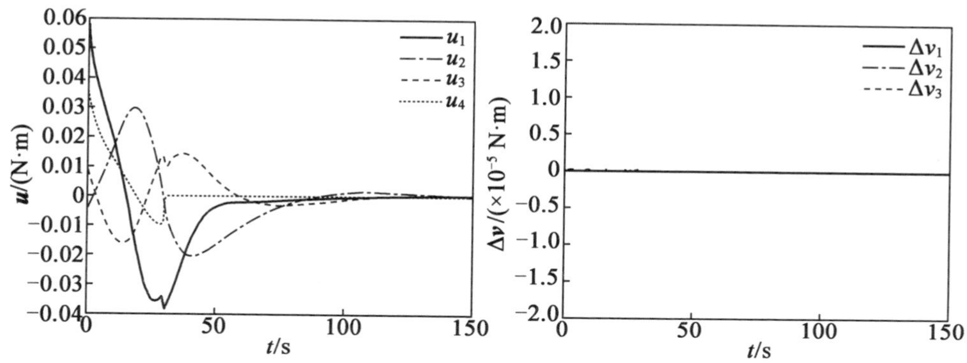

图 3.11 采用失效方法时的执行机构输出和控制分配有效性曲线

采用失效方法时的姿态四元数和姿态角速度曲线如图 3.12 所示，可见该控制分配过程是稳定的，因此说明了该方法的可行性和有效性。

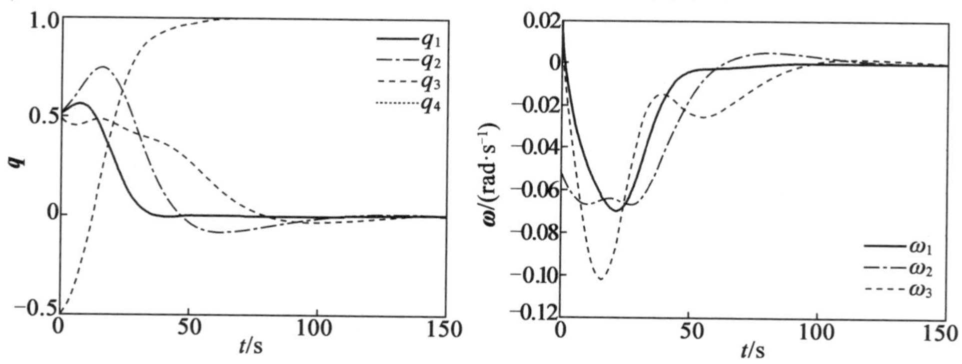

图 3.12 采用失效方法时的姿态四元数和姿态角速度曲线

3.2.2 考虑控制效率矩阵不确定性的鲁棒分配方法

对于航天器控制分配问题，由于其工作环境复杂，航天器的工作环境存在很多不确定因素，因而往往是存在误差的，这些误差往往体现在控制效率矩阵上，即出现控制效率矩阵不确定性。与传统的控制分配方法相比，其控制分配模型虽然结构上仍然大体一致，但是其目标函数和约束条件的参数却不是确定的。对于具有不确定条件下的鲁棒控制分配问题，目前还没有建立和完善统一的不确定建模下的控制分配理论和方法，本节主要讨论控制效率具有不确定性的情况下，通过对不确定参数的分析，对鲁棒控制分配模型进行分析和研究。

1. 控制效率矩阵的不确定性因素分析

以两种典型的执行机构为例，简述一下控制分配矩阵的得到过程，从而分析哪些因素可以导致控制效率矩阵出现不确定性。

(1)推力器控制分配问题。

推力器这种执行机构的特点是只能产生一个方向的推力，因此只能产生一个方向的姿态控制力矩，需要多个推力器组合以产生姿态控制所需的各个方向的姿态控制力矩。

假设有 n 个推力器，满足 $\mathbf{0}\leqslant\boldsymbol{F}\leqslant\boldsymbol{F}^u$，其中 $\boldsymbol{F}=[F_1\quad F_2\quad\cdots\quad F_n]^{\mathrm{T}}$ 为推力矢量，$\boldsymbol{F}^u$ 为推力器所能提供的推力上限(假设它们有共同的上限)。固联坐标系的基矢为 $\boldsymbol{e}=[\boldsymbol{e}_x\quad\boldsymbol{e}_y\quad\boldsymbol{e}_z]^{\mathrm{T}}$，第 i 个推力器在固联坐标系中的位置矢量为 $\boldsymbol{d}_i$，其布局示意图如图 3.13 所示，进而推力器的安装位置矩阵为 $\boldsymbol{d}=[\boldsymbol{d}_1\quad\cdots\quad\boldsymbol{d}_n]$，第 i 个推力器推力方向的单位推力 $\boldsymbol{e}_i$ 在固联坐标系中可以表示为

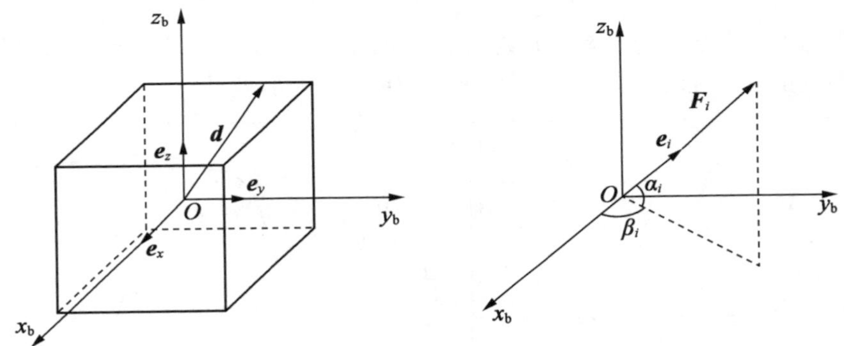

图 3.13 第 i 个推力器布局示意图

$$\boldsymbol{e}_i=[\cos\alpha_i\cos\beta_i\quad\cos\alpha_i\sin\beta_i\quad\sin\alpha_i]^{\mathrm{T}} \tag{3.77}$$

式中，α_i 为第 i 个推力器产生推力的方向与其在 x_bOy_b 平面投影之间的夹角，推力方向投影到推力方向以逆时针为正(小于 360°)，否则为负。

同时，定义由推力矢量方向在 x_bOy_b 平面投影到 Ox_b 轴正向的逆时针方向为正(小于等于 180°)，否则为负。于是第 i 个推力器产生的推力矢量为

$$\boldsymbol{F}_i=\boldsymbol{F}_i\boldsymbol{e}_i \tag{3.78}$$

那么所有推力器产生的推力在星体上的合力为

$$\boldsymbol{U}=\sum_{i=1}^{n}\boldsymbol{F}_i=\sum_{i=1}^{n}\boldsymbol{F}_i\boldsymbol{e}_i \tag{3.79}$$

定义推力器的推力向量：

$$\boldsymbol{F}=[F_1 \quad F_2 \quad \cdots \quad F_n]^{\mathrm{T}} \tag{3.80}$$

则推力的合力可以表示为

$$\boldsymbol{U}=\boldsymbol{B}\boldsymbol{F} \tag{3.81}$$

式中

$$\boldsymbol{B}=[\boldsymbol{e}_1 \quad \cdots \quad \boldsymbol{e}_n] \tag{3.82}$$

考虑推力作用在星体上产生的力矩 $\boldsymbol{T}$,单个推力器作用在星体上的力矩为

$$\boldsymbol{T}_i=\boldsymbol{d}_i\times\boldsymbol{F}_i=(\boldsymbol{d}_i\times\boldsymbol{e}_i)\boldsymbol{F}_i \tag{3.83}$$

那么作用在星体上的合力矩为

$$\boldsymbol{T}=\sum_{i=1}^{n}\boldsymbol{T}_i=\sum_{i=1}^{n}(\boldsymbol{d}_i\times\boldsymbol{e}_i)\boldsymbol{F}_i \tag{3.84}$$

写成

$$\boldsymbol{T}=\boldsymbol{A}\boldsymbol{F} \tag{3.85}$$

式中

$$\boldsymbol{A}=[\boldsymbol{d}_1\times\boldsymbol{e}_1 \quad \cdots \quad \boldsymbol{d}_i\times\boldsymbol{e}_i \quad \cdots \quad \boldsymbol{d}_n\times\boldsymbol{e}_n] \tag{3.86}$$

可以看出矩阵 $\boldsymbol{A}$ 的第 i 列 $\boldsymbol{a}_i$ 和矩阵 $\boldsymbol{B}$ 的第 i 列 $\boldsymbol{b}_i$ 之间满足

$$\boldsymbol{a}_i^{\mathrm{T}}\boldsymbol{b}_i=0 \tag{3.87}$$

于是得到推力器控制分配的模型:

$$\begin{cases}\text{opt. } f(\boldsymbol{F})\\ \text{s. t. } \boldsymbol{U}=\boldsymbol{B}\boldsymbol{F}\\ \qquad \boldsymbol{T}=\boldsymbol{A}\boldsymbol{F}\\ \qquad \boldsymbol{0}\leqslant\boldsymbol{F}\leqslant\boldsymbol{F}^u\end{cases} \tag{3.88}$$

实际的控制分配过程中,可以不存在 $f(\boldsymbol{F})$,但如果存在针对推力向量 $\boldsymbol{F}$ 的某一指标作为优化指标,那么实际上这就是一种基于优化思想的控制分配过程。

从推力器控制模型的建立过程可以看出,这里的控制效率矩阵体现在矩阵 $\boldsymbol{A}$ 和 $\boldsymbol{B}$ 上,而矩阵 $\boldsymbol{A}$ 和 $\boldsymbol{B}$ 显然与推力器的安装位置、系统的质心位置有关。在实际问题中,随着推力器燃料的消耗,系统的质心位置可能会发生变化;此外,太阳引力、地球重力梯度都会对卫星的质心造成影响;推力器在安装的过程中,不可避免地出现安装角误差,这些因素都决定了控制效率矩阵 $\boldsymbol{A}$ 和 $\boldsymbol{B}$ 存在不确定性。

(2)飞轮控制分配问题。

飞轮的安装构型相对推力器构型来说,要简单一些。4 个飞轮下的典型构型有 3 正交 +1 斜装构型和 4 斜装构型,3 正交 +1 斜装构型如图 3.14 所示。

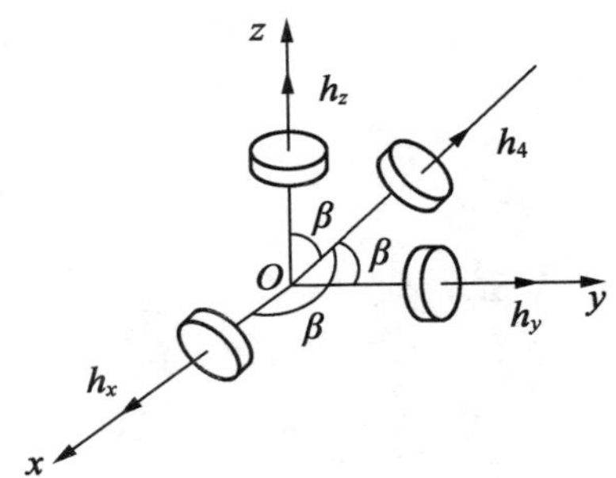

图 3.14　3 正交 +1 斜装构型

对于力矩工作模式的飞轮而言，实际的飞轮力矩输出指令与期望指令成正比，力矩模式的飞轮等效模型框图如图 3.15 所示，其中 T_w 为飞轮机电时间常数，大约为几十秒，K_m 和 R 为力矩常数和电机电阻，K_1 为增益系数。

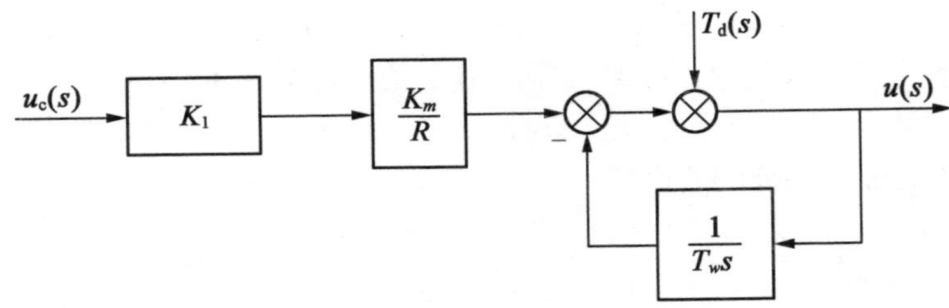

图 3.15　力矩模式的飞轮等效模型框图

容易得到飞轮实际输出力矩 $u(s)$ 与期望力矩 $u_c(s)$ 之间满足

$$\frac{u(s)}{u_c(s)}=\frac{s}{s+\dfrac{1}{T_w}}\left(\frac{K_m}{R}K_1\right) \tag{3.89}$$

在选择比例系数 K_1 时，常选择 $K_1=R/K_m$，由于 T_w 通常很小（机电时间常数 T_w 通常为几十秒），零极点很接近，近似相互抵消。在设计姿态控制系统时，可认为力矩模式飞轮为一个增益为 1 的比例环节。

在认为飞轮理想工作的情况下，对于给定的飞轮力矩指令，飞轮都能无误差、无延迟地完成（有误差的情形是下面要研究的内容，有延迟的情形实际上说明了飞轮具有动力学特性，在后面的控制分配方法中也给出了具体的解决办法），飞轮的输出力矩作用在卫星上产生的合力矩向量 $\boldsymbol{v}$ 和飞轮输出力矩向量 $\boldsymbol{u}$ 之间满足

$$\boldsymbol{v}=\boldsymbol{A}\boldsymbol{u} \tag{3.90}$$

式中，$\boldsymbol{A}$ 由飞轮的安装构型决定，称为飞轮控制分配问题的控制效率矩阵。

在 3 正交 +1 斜装构型下，$\beta=\arccos(1/\sqrt{3})=54.74°$，对应的控制效率矩

阵为

$$A=\begin{bmatrix}1 & 0 & 0 & \frac{1}{\sqrt{3}}\\ 0 & 1 & 0 & \frac{1}{\sqrt{3}}\\ 0 & 0 & 1 & \frac{1}{\sqrt{3}}\end{bmatrix} \tag{3.91}$$

显然，对于执行机构为飞轮的控制系统，最可能出现安装偏差，进而导致控制效率矩阵出现不确定性。

综上，导致控制效率矩阵出现不确定性的因素主要如下。

①燃料消耗或者其他因素带来的质心变化。

②执行机构在安装过程中的位置或者角度偏差。

③运行环境的变化等。

本节的目标就是在控制效率矩阵存在不确定性的情况下，给出一种鲁棒分配策略，它实际上是基于一种次优的分配思想，即在存在不确定且系统有冗余的情况下，代表一种保守的思想，在寻求最优解有困难时，能够给出一种次优的控制分配策略。

2. 鲁棒参考模型的建立

解决控制效率矩阵具有不确定性问题的鲁棒优化方法，核心思想是将原始控制分配模型转化为可通过数学方法求解的凸优化问题，其关键是能够建立相应的替代模型，称为鲁棒参考模型，然后利用相关的优化理论对其求最优解。

针对实际问题，如何寻找其鲁棒参考模型，是解决不确定参数控制分配问题的关键。显然，鲁棒参考模型与原问题模型息息相关，因此，首先应该确定原问题的控制分配模型，确定哪些决策变量会带来不确定性，对具有不确定性的变量要确定其变化范围，给出完整的描述，从而确定控制分配模型的目标函数、约束函数以及不确定变量的变化范围。Ben - Tal 等对线性和非线性模型下的不确定模型进行了研究，证明可以通过数学推导得到原控制分配问题的鲁棒参考模型。

鲁棒参考模型的建立过程如下。

(1)分析原问题，确定问题的目标函数、约束条件和优化变量。

(2)确定出现不确定的变量和其变化范围。

(3)推导其等效模型，以消除不确定变量带来的模型不可求解。

下面针对上面提出的控制分配模型，建立相应的鲁棒参考模型，并对其进行分析。

选择燃料最优为优化目标，并考虑控制效率矩阵存在不确定性，则鲁棒参考模型可以写为

$$\begin{cases} \min \ \boldsymbol{c}^{\mathrm{T}}\boldsymbol{F} \\ \text{s.t.} \ \boldsymbol{AF}=\boldsymbol{T}, \quad \forall \boldsymbol{a}_i \in \boldsymbol{\Xi}_i^{(1)}, \quad \forall i \\ \qquad \boldsymbol{BF}=\boldsymbol{U}, \quad \forall \boldsymbol{b}_i \in \boldsymbol{\Xi}_i^{(2)}, \quad \forall i \\ \qquad \boldsymbol{0} \leqslant \boldsymbol{F} \leqslant \boldsymbol{F}^u \end{cases} \tag{3.92}$$

式中，$\boldsymbol{a}_i$ 为不确定矩阵 $\boldsymbol{A}$ 的第 i 列，且属于不确定集 $\boldsymbol{\Xi}_i^{(1)}$。

椭球不确定集模型作为不确定性的定量描述的优势如下。

(1)从数学的观点来看，椭球体有简单的参数化表达式，容易实现。

(2)有概率分布的随机不确定性问题，都可以找到一个合适的椭球体不确定集来描述。

(3)如果选择的椭球不确定集合适的话，那么椭球体的交集可以近似更复杂的不确定集。

(4)具有不确定集描述的优化模型比较容易分析，并且方便计算机处理。

如上面所讲，控制分配问题最根本的问题是在满足约束条件的情况下，给出控制分配问题的一个合理解。因此，本书提出的鲁棒优化方法的核心思想，是对于每种不确定集内的参数组合，通过对鲁棒参考模型的求解，满足所有的约束条件，使得给出的解是合适的。

定义 3.4 (椭球的定义)假设在 $\mathbf{R}^k$ 维欧式几何空间内，存在矩阵 $\boldsymbol{A} \in \mathbf{R}^{m\times n}$ 和向量 $\boldsymbol{x}=[x_1 \ \ \cdots \ \ x_n]^{\mathrm{T}}$，其中 $m\leqslant k, n\leqslant k$，那么称满足

$$\boldsymbol{U}=\{f(\boldsymbol{x}) \in \mathbf{R}^k \mid \|\boldsymbol{Ax}\|_2 \leqslant 1\} \tag{3.93}$$

的集合为由矩阵 $\boldsymbol{A}$ 和函数 $f(\cdot)$ 确定的椭球，其中 $f(\boldsymbol{x})$ 为由 $\boldsymbol{x}^n \to \boldsymbol{x}^k$ 的投影函数，具体包括以下三种情形。

(1)$m=n=k$，且矩阵 $\boldsymbol{A}$ 非奇异，这种情形下由矩阵 $\boldsymbol{A}$ 确定的椭球为 $\mathbf{R}^k$ 维空间内的标准椭球。

(2)$m=n<k$，且矩阵 $\boldsymbol{A}$ 非奇异，这种情形下由矩阵 $\boldsymbol{A}$ 确定的椭球在 $\mathbf{R}^k$ 维空间内，向量 $\boldsymbol{x}$ 在 $(k-n)$ 维空间内没有定义，可以想象，投影后的集合 $\boldsymbol{U}$ 在 $\mathbf{R}^k$ 空间内为一扁平的椭球体。

(3)矩阵 $\boldsymbol{A}$ 奇异，$m\neq n$，那么向量 $\boldsymbol{x}$ 在 $(n-m)$ 维上径向无界，投影后的集合 $\boldsymbol{U}$ 在 $\mathbf{R}^k$ 空间中表现为一椭圆柱体。

定义 3.5 (椭球不确定集的定义)若以下条件成立，则称不确定集 $\boldsymbol{\Xi}$ 为椭球不确定集。

(1)$\boldsymbol{\Xi}$ 为有限多个椭球体的交集。

(2)$\boldsymbol{\Xi}$ 有界。

(3)存在矩阵 $\boldsymbol{A}$ 和函数 $f(\cdot)$，使得 $\boldsymbol{\Xi}=\{f(\boldsymbol{x}) \in \mathbf{R}^k \mid \|\boldsymbol{Ax}\|_2 \leqslant 1\}$。

结论 3.1 带有椭球不确定性的鲁棒控制分配问题：

$$
\begin{cases}
\min\ \boldsymbol{c}^{\mathrm{T}}\boldsymbol{x} \\
\text{s. t.}\ \ \boldsymbol{A}\boldsymbol{x} \geqslant \boldsymbol{b}, \quad \forall \boldsymbol{a}_i \in \boldsymbol{\Xi}_i, \quad \forall i \\
\qquad \boldsymbol{0} \leqslant \boldsymbol{x} \leqslant \boldsymbol{x}_{\max}
\end{cases}
\tag{3.94}
$$

若满足：

(1)矩阵 $\boldsymbol{A}$ 有不确定性，但每一行取值均位于椭球范围内：

$$
\boldsymbol{\Xi}_i = \{\boldsymbol{a}_i \mid \boldsymbol{a}_i = \bar{\boldsymbol{a}}_i + \boldsymbol{\Theta}_i\boldsymbol{k}_i, \quad \|\boldsymbol{k}_i\| \leqslant \rho\}
\tag{3.95}
$$

式中，$i=1,2\cdots,n$；$\bar{\boldsymbol{a}}_i$ 为标称值；$\boldsymbol{\Theta}_i$ 为对称正定矩阵。

(2)行 $\bar{\boldsymbol{a}}_i$ 的不确定性是相互独立的，则模型(3.94)与以下确定的锥优化问题等价：

$$
\begin{cases}
\min\ \boldsymbol{c}^{\mathrm{T}}\boldsymbol{x} \\
\text{s. t.}\ \ \bar{\boldsymbol{a}}_i^{\mathrm{T}}\boldsymbol{x} - \rho\|\boldsymbol{\Theta}_i\boldsymbol{x}\| = \boldsymbol{b}_i \quad (\forall i = 1,2,\cdots,n) \\
\qquad \boldsymbol{0} \leqslant \boldsymbol{x} \leqslant \boldsymbol{x}_{\max}
\end{cases}
\tag{3.96}
$$

证明　带有椭球不确定性的鲁棒控制分配问题(3.96)可改写为

$$
\begin{cases}
\min\ \boldsymbol{c}^{\mathrm{T}}\boldsymbol{x} \\
\text{s. t.}\ \ \boldsymbol{a}_i^{\mathrm{T}}\boldsymbol{x} + \boldsymbol{x}^{\mathrm{T}}\boldsymbol{\Theta}_i\boldsymbol{k}_i \geqslant \boldsymbol{b}_i \\
\qquad \boldsymbol{\Omega} = \{\boldsymbol{k}_i \mid \|\boldsymbol{k}_i\| \leqslant \rho\} \\
\qquad \boldsymbol{0} \leqslant \boldsymbol{x} \leqslant \boldsymbol{x}_{\max} \\
\qquad \forall i = 1,2,\cdots,n
\end{cases}
\tag{3.97}
$$

进一步改写为

$$
\begin{cases}
\min\ \boldsymbol{c}^{\mathrm{T}}\boldsymbol{x} \\
\text{s. t.}\ \ \boldsymbol{a}_i^{\mathrm{T}}\boldsymbol{x} - \boldsymbol{b}_i + \min\limits_{\boldsymbol{k}_i \in \boldsymbol{\Omega}} \boldsymbol{x}^{\mathrm{T}}\boldsymbol{\Theta}_i\boldsymbol{k}_i \geqslant 0 \\
\qquad \boldsymbol{\Omega} = \{\boldsymbol{k}_i \mid \|\boldsymbol{k}_i\| \leqslant \rho\} \\
\qquad \boldsymbol{0} \leqslant \boldsymbol{x} \leqslant \boldsymbol{x}_{\max} \\
\qquad \forall i = 1,2,\cdots,n
\end{cases}
\tag{3.98}
$$

由于 $\boldsymbol{\Theta}_i$ 正定，且 $\boldsymbol{x} \geqslant \boldsymbol{0}$，因此有

$$
\min_{\boldsymbol{k}_i \in \boldsymbol{\Omega}} \boldsymbol{x}^{\mathrm{T}}\boldsymbol{\Theta}_i\boldsymbol{k}_i = -\rho\|\boldsymbol{\Theta}_i^{\mathrm{T}}\boldsymbol{x}\|
\tag{3.99}
$$

成立，将式(3.99)代入式(3.98)可得

$$\begin{cases}\min\ \boldsymbol{c}^{\mathrm{T}}\boldsymbol{x} \\ \text{s.t.}\ \ \boldsymbol{a}_i^{\mathrm{T}}\boldsymbol{x}-\boldsymbol{b}_i-\rho\|\boldsymbol{\Theta}_i^{\mathrm{T}}\boldsymbol{x}\|\geqslant 0 \\ \qquad \boldsymbol{0}\leqslant\boldsymbol{x}\leqslant\boldsymbol{x}_{\max} \\ \qquad \forall i=1,\cdots,n\end{cases} \tag{3.100}$$

于是,一个具有不确定参数的鲁棒优化问题转化成一个具有确定参数的锥二次优化问题,并且可以通过数学手段求解。

3. 实际问题鲁棒参考模型的转化

如果能将控制分配模型转化为结论 3.1 中的模型,那么就可以得到类似的转化模型,求出其鲁棒最优解。

如果执行机构约束为 $\boldsymbol{0}\leqslant\boldsymbol{u}\leqslant\overline{\boldsymbol{u}}$ 的情形,那么正好满足结论 3.1 所需的条件。

如果执行机构约束为 $\underline{\boldsymbol{u}}\leqslant\boldsymbol{u}\leqslant\overline{\boldsymbol{u}}$ 的情形,那么令 $\boldsymbol{x}=\boldsymbol{u}-\underline{\boldsymbol{u}}$,$\boldsymbol{x}_{\max}=\overline{\boldsymbol{u}}-\underline{\boldsymbol{u}}$,将模型转化为

$$\begin{cases}\min\ \boldsymbol{c}^{\mathrm{T}}(\boldsymbol{x}+\underline{\boldsymbol{u}}) \\ \text{s.t.}\ \ \boldsymbol{A}\boldsymbol{x}=\boldsymbol{v}-\boldsymbol{A}\,\underline{\boldsymbol{u}} \\ \qquad \boldsymbol{0}\leqslant\boldsymbol{x}\leqslant\boldsymbol{x}_{\max}\end{cases} \tag{3.101}$$

进一步写成

$$\begin{cases}\min\ \boldsymbol{c}^{\mathrm{T}}(\boldsymbol{x}+\underline{\boldsymbol{u}}) \\ \text{s.t.}\ \ \begin{bmatrix}\boldsymbol{A} \\ -\boldsymbol{A}\end{bmatrix}\boldsymbol{x}\geqslant\begin{bmatrix}\boldsymbol{v}-\boldsymbol{A}\,\underline{\boldsymbol{u}} \\ -\boldsymbol{v}+\boldsymbol{A}\,\underline{\boldsymbol{u}}\end{bmatrix} \\ \qquad \boldsymbol{0}\leqslant\boldsymbol{x}\leqslant\boldsymbol{x}_{\max}\end{cases} \tag{3.102}$$

通过结论 3.1 可知,模型(3.97)可以转化为一个确定参数的鲁棒参考模型进行求解。这里将控制效率矩阵不确定控制分配问题转化为一个锥二次规划问题,并仍然采用基于内点法进行求解。

前述章节给出了一种椭球不确定性下的控制效率矩阵的描述方法,针对具体的执行机构,这里给出更为直观的描述,首先做如下三点假设。

(1)控制效率矩阵 $\boldsymbol{A}$ 存在不确定性,但是其可变元素 a_{ij} 在不确定集内有随机性,并且彼此之间变化独立。

(2)随机变量 a_{ij} 存在标称值,即理想状态下的取值。

(3)矩阵参数服从正态分布,不确定集为一标准的椭球。

建立以下参数向量:

$$\boldsymbol{\theta}=[a_{11}\quad a_{12}\quad\cdots\quad a_{1n}\quad\cdots\quad a_{n1}\quad a_{n2}\quad\cdots\quad a_{nm}]^{\mathrm{T}}\in\mathbf{R}^{m\times n} \tag{3.103}$$

则 $\boldsymbol{\theta}$ 的变化范围在如下集合描述的空间内：

$$\boldsymbol{\theta} \in \boldsymbol{\Theta} \triangleq \{\boldsymbol{\theta} \mid (\boldsymbol{\theta}-\boldsymbol{\theta}_c)^{\mathrm{T}} \boldsymbol{W} (\boldsymbol{\theta}-\boldsymbol{\theta}_c) \leqslant 1\} \tag{3.104}$$

式中，$\boldsymbol{\theta}_c$ 为正态分布均值；$\boldsymbol{W}$ 为正定对称矩阵，定义椭球半轴的长度和方向。

4. 仿真分析

以控制效率矩阵存在10%不确定性为例，对这种方法进行仿真验证。

随机5次试验的控制分配误差曲线如图3.16所示，可以看出虽然有时采用鲁棒控制分配误差可能比原始控制分配方法误差大，但是通过多次仿真可以看出，采用鲁棒控制分配后的分配误差在总体上更接近零值，体现了这种方法的有效性。

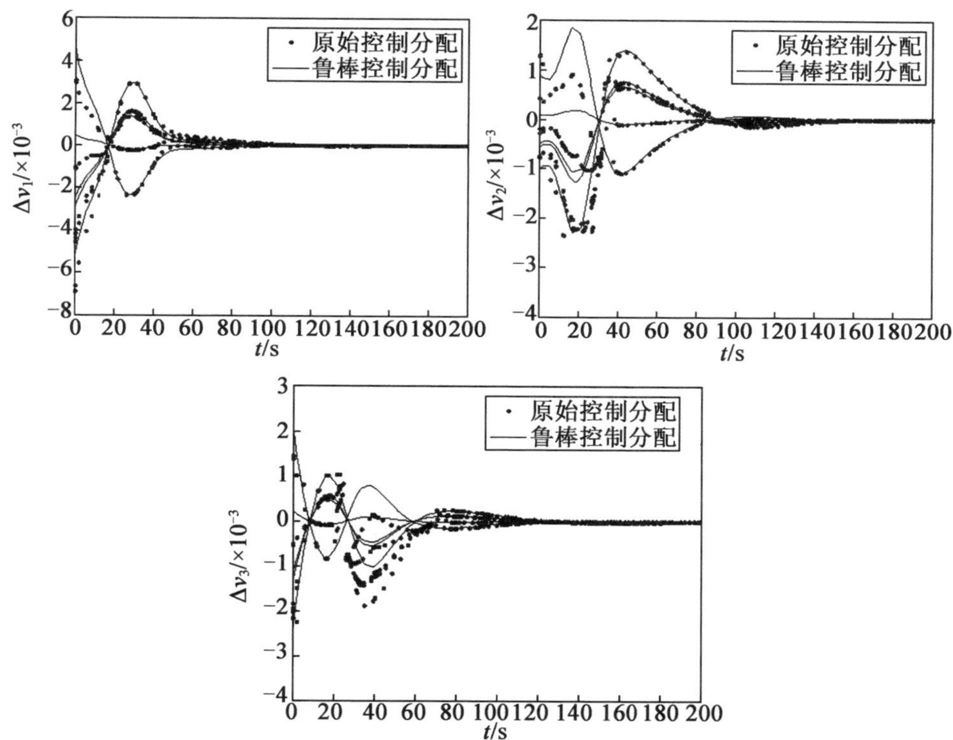

图3.16　随机5次试验的控制分配误差曲线

3.2.3　执行机构输出偏差下的控制分配策略

在理想情况下，对于控制分配方法给出的指令，认为执行机构在执行过程中是没有误差的。但是在实际的控制过程中，执行机构由于存在动力学等因素，不可避免地存在误差。本节所考虑的误差主要分以下两种。

(1)比例误差或常值误差。

(2)执行机构动力学带来的误差。

误差的存在对控制分配的有效性有较大的影响,因此本节将研究如何在执行机构存在以上两种误差的情况下,仍然能够保证分配的有效性。一般情况下,执行机构都是具有动力学特性的,可以分别建立其一阶和二阶动力学模型,寻求新的控制分配策略,本节只讨论第一种误差下的分配方法。

1. 比例误差和常值误差下的分配思想

执行机构在 t 时刻存输出误差,导致执行机构的实际输出为

$$\boldsymbol{u}(t)=\boldsymbol{u}_{\mathrm{c}}(t)+\boldsymbol{\delta}(t) \tag{3.105}$$

式中,$\boldsymbol{u}_{\mathrm{c}}(t)$为控制分配方法在未考虑干扰的情况下给出的期望执行机构指令;$\boldsymbol{\delta}(t)$为执行机构的输出干扰,且干扰与 $\boldsymbol{u}_{\mathrm{c}}(t)$呈比例关系,为

$$\boldsymbol{\delta}(t)=k\boldsymbol{u}_{\mathrm{c}}(t),\quad |k|<1 \tag{3.106}$$

由于以上干扰的存在,因此控制分配过程具有偏差:

$$\boldsymbol{e}=\boldsymbol{A}\boldsymbol{u}(t)-\boldsymbol{v}_{\mathrm{c}}(t)=\boldsymbol{A}[\boldsymbol{u}_{\mathrm{c}}(t)+\boldsymbol{\delta}(t)]-\boldsymbol{v}_{\mathrm{c}}(t)=k\boldsymbol{A}\boldsymbol{u}_{\mathrm{c}}(t) \tag{3.107}$$

对于飞轮而言,力矩最优的控制分配模型为

$$\begin{cases}\min\ \boldsymbol{u}^{\mathrm{T}}(t)\boldsymbol{u}(t)\\ \text{s.t.}\ \ \boldsymbol{A}\boldsymbol{u}(t)=\boldsymbol{v}(t)\\ \qquad \boldsymbol{u}_{\min}\leqslant\boldsymbol{u}(t)\leqslant\boldsymbol{u}_{\max}\end{cases} \tag{3.108}$$

将式(3.105)和式(3.106)代入式(3.108),有

$$\begin{cases}\min\ (1+k)^{2}\boldsymbol{u}_{\mathrm{c}}^{\mathrm{T}}(t)\boldsymbol{u}_{\mathrm{c}}(t)\\ \text{s.t.}\ \ \boldsymbol{A}[\boldsymbol{u}_{\mathrm{c}}(t)+\boldsymbol{\delta}(t)]=\boldsymbol{v}(t)\\ \qquad \boldsymbol{u}_{\min}\leqslant\boldsymbol{u}_{\mathrm{c}}(t)+\boldsymbol{\delta}(t)\leqslant\boldsymbol{u}_{\max}\end{cases} \tag{3.109}$$

进一步整理有

$$\begin{cases}\min\ (1+k)^{2}\boldsymbol{u}_{\mathrm{c}}^{\mathrm{T}}(t)\boldsymbol{u}_{\mathrm{c}}(t)\\ \text{s.t.}\ \ (1+k)\boldsymbol{A}\boldsymbol{u}_{\mathrm{c}}(t)=\boldsymbol{v}(t)\\ \qquad \boldsymbol{u}_{\min}\leqslant(1+k)\boldsymbol{u}_{\mathrm{c}}(t)\leqslant\boldsymbol{u}_{\max}\end{cases} \tag{3.110}$$

比例系数有界,且满足

$$n\leqslant 1+k\leqslant m\quad (m,n>0) \tag{3.111}$$

综上各式可得鲁棒控制分配模型:

$$\begin{cases}\min\ \boldsymbol{u}_{\mathrm{c}}^{\mathrm{T}}(t)\boldsymbol{u}_{\mathrm{c}}(t)\\ \text{s. t.}\ \ \boldsymbol{A}\boldsymbol{u}_{\mathrm{c}}(t)\leqslant\dfrac{1}{n}\boldsymbol{v}(t)\\ \qquad \boldsymbol{A}\boldsymbol{u}_{\mathrm{c}}(t)\geqslant\dfrac{1}{m}\boldsymbol{v}(t)\\ \qquad \dfrac{1}{m}\boldsymbol{u}_{\min}\leqslant\boldsymbol{u}_{\mathrm{c}}(t)\leqslant\dfrac{1}{n}\boldsymbol{u}_{\max}\end{cases}\tag{3.112}$$

该模型是一个二次规划模型,可以通过数学手段求解。

对于推力器这样的执行机构,其最小推力的控制分配模型的目标函数具有线性形式,即

$$\begin{cases}\min\ \boldsymbol{c}^{\mathrm{T}}\boldsymbol{F}\\ \text{s. t.}\ \ \boldsymbol{A}\ \widetilde{\boldsymbol{F}}=\boldsymbol{T}\\ \qquad \boldsymbol{B}\ \widetilde{\boldsymbol{F}}=\boldsymbol{U}\\ \qquad \boldsymbol{0}\leqslant\widetilde{\boldsymbol{F}}\leqslant\boldsymbol{F}^{u}\end{cases}\tag{3.113}$$

推力器实际输出为

$$\widetilde{\boldsymbol{F}}=\boldsymbol{F}+\Delta\boldsymbol{F}\tag{3.114}$$

推力误差有界,即

$$\Delta\boldsymbol{F}=\begin{bmatrix}\Delta F_1\\ \vdots\\ \Delta F_n\end{bmatrix}=\begin{bmatrix}m\\ \vdots\\ m\end{bmatrix}\tag{3.115}$$

记

$$\boldsymbol{A}=[\boldsymbol{A}\quad\boldsymbol{B}]$$

$$\boldsymbol{v}=\begin{bmatrix}\boldsymbol{T}\\ \boldsymbol{U}\end{bmatrix}\tag{3.116}$$

则控制分配模型改为

$$\begin{cases}\min\ \boldsymbol{c}^{\mathrm{T}}\boldsymbol{F}\\ \text{s. t.}\ \ \boldsymbol{A}\ \widetilde{\boldsymbol{F}}=\boldsymbol{v}\\ \qquad \boldsymbol{0}\leqslant\widetilde{F}\leqslant F^{u}\end{cases}\tag{3.117}$$

由于

$$[\boldsymbol{A}\Delta\boldsymbol{F}]_i\leqslant\|\boldsymbol{A}\Delta\boldsymbol{F}\|_2\leqslant\|\boldsymbol{A}\|_2\,\|\Delta\boldsymbol{F}\|_2\tag{3.118}$$

$$\|\boldsymbol{A}\|_2=\overline{\sigma}\tag{3.119}$$

式中,$\overline{\sigma}$ 为 $\boldsymbol{A}$ 的最大奇异值。

很容易得到该问题的鲁棒控制分配模型：

$$\begin{cases} \min \ \boldsymbol{c}^{\mathrm{T}}\boldsymbol{F} \\ \text{s. t.} \ \ \boldsymbol{v} - \boldsymbol{AF} \leqslant \boldsymbol{b} \\ \qquad m \leqslant F_i \leqslant F_i^u - m \end{cases} \tag{3.120}$$

式中

$$\boldsymbol{b} = \begin{bmatrix} \bar{\sigma} m \\ \vdots \\ \bar{\sigma} m \end{bmatrix} \in \mathbf{R}^m \tag{3.121}$$

式(3.112)和式(3.120)分别得到了比例误差和常值误差下的鲁棒分配模型,并且可以通过数学方法求解,且具有标准的线性规划和二次规划形式,只要能够确定误差的界限,就可以根据上面的方法得到鲁棒最优解。

2. 仿真分析

假设执行机构误差有10%的随机干扰,对本节的方法进行仿真验证。

对没有采用鲁棒控制分配方法的控制分配过程和采用鲁棒控制分配过程得到的随机10次试验的控制分配误差曲线如图3.17所示。可以明显地看出,采用鲁棒控制分配后,控制分配误差在期望控制力矩的3个方向上的误差带位于原始控制分配方法的误差带内,说明了采用鲁棒控制分配能够有效地减小分配误差,提高控制系统精度。从一次随机试验下的姿态控制四元数和姿态角速度曲线(图3.18)可以看出,航天器最终姿态趋于期望值,因此说明了这种鲁棒控制分模型的可行性和有效性。

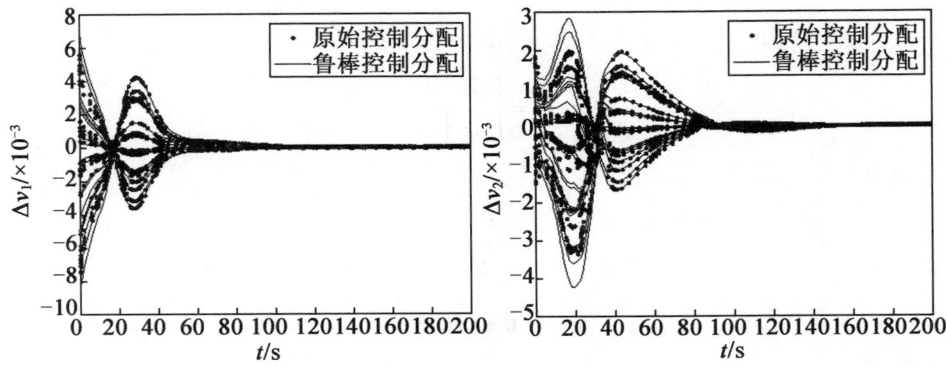

图3.17　随机10次试验的控制分配误差曲线

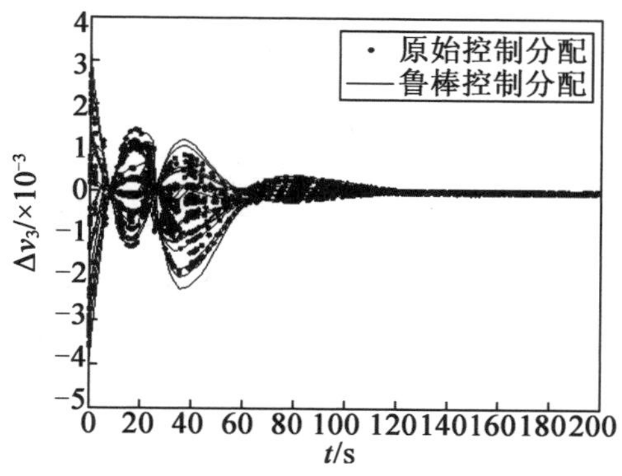

续图 3.17

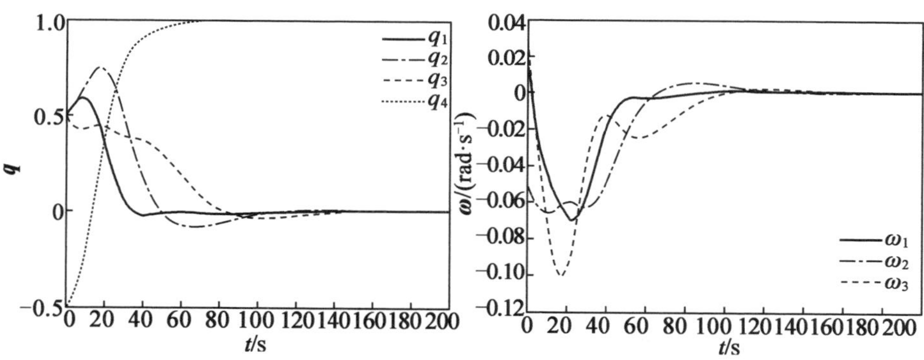

图 3.18　一次随机试验下的姿态四元数和姿态角速度曲线

3.3　本章小结

本章利用推力器冗余配置和控制分配所提供的设计自由度，介绍了面向鲁棒性的推力器布局设计以及面向推力器故障和各种不确定性的鲁棒控制分配方法。首先，以最小结构奇异值描述了冗余配置推力器系统的鲁棒性能，在此基础上定量化分析了不同推力器对鲁棒性能的影响，进而给出了冗余推力器布局设计基本思路。其次，针对推力器可能出现的失效、安装偏差、推力偏差或失效等不确定性因素，介绍了一种基于椭球不确定集的鲁棒推力分配方法。在空间交会对接的仿真场景下，该方法可以大幅降低累积分配误差和最大分配误差，提高了推力器分配环节的精度和航天器在轨运行的可靠性。最后，针对执行机构的失效和安装误差等情况，介绍了控制分配的鲁棒优化方法，可以有效跟踪期望控制指令,减小分配误差。

本章参考文献

[1] BERGE S P, FOSSEN T I. Robust control allocation of overactuated ships: Experiments with a model ship[J]. IFAC proceedings volumes, 1997, 30(22): 193-198.

[2] BURKEN J J, LU P, WU Z, et al. Two reconfigurable flight-control design methods: Robust servomechanism and control allocation[J]. Journal of guidance, control, and dynamics, 2012, 24(3): 482-493.

[3] BENETAZZO F, IPPOLITI G, LONGHI S , et al. Dynamic positioning of a marine vessel using DTVSC and robust control allocation[C]// Control & Automation. Barcelona,Spain:IEEE, 2012.

[4] JI S W, BUI V P, BALACHANDRAN B, et al. Robust control allocation design for marine vessel[J]. Ocean engineering, 2013, 63(1):105-111.

[5] ALWI H, EDWARDS C. Evaluation of a sliding mode fault-tolerant controller for the El Al incident[J]. Journal of guidance, control, and dynamics, 2010, 33(3): 677-694.

[6] ALWI H, EDWARDS C, STROOSMA O. A simulator evaluation of a model-reference sliding mode fault tolerant controller[C]// 2009 IEEE International Conference on Control and Automation. Christchurch:Institute of Electrical and Electronics Engineers, 2009.

[7] ZHANG A, WANG Y, ZHANG Z, et al. Robust control allocation for spacecraft attitude stabilization under actuator faults and uncertainty[J]. Mathematical problems in engineering, 2014(1):457-459.

[8] YONG F, MENG X Y, YANG X L, et al. Control allocation for a V/STOL aircraft based on robust fuzzy control[J]. Science China information sciences, 2011, 54: 1321-1326.

第4章 控制分配对控制系统的影响分析

在引入控制分配环节的控制系统中，控制分配环节在分配控制方法输出期望控制指令时，可能出现分配误差，新的误差将影响到原系统的稳定性，因此需考查分配误差对系统稳定性的影响。

直接分配法与伪逆法作为控制分配的两种基本方法，代表了两类典型的分配误差特征。前者在可达集内无分配误差，在可达集外的分配误差始终与期望力矩方向保持一致[1]；后者因其分配空间限制，在可达集内也可能出现分配误差，且在可达集外部的分配误差不具备方向特性[2]。

本章分别介绍直接分配法与伪逆法的分配误差模型，并详细分析两类误差对系统稳定性的影响，最后给出仿真算例。

4.1 典型控制分配方法的系统建模与分析

4.1.1 控制方法设计

控制方法设计给出期望控制序列 $\boldsymbol{v}_{\mathrm{d}}$，使航天器朝期望状态运动。设计所得期望运动轨迹应保证系统具有一定的运动稳定性。基于李雅谱诺夫稳定性定理进行控制律设计具有独特优势，设计控制律的同时可保证系统收敛特性。这里首先设计滑模变结构控制律，使系统对转动惯量不确定性具备一定的稳定鲁棒性。控制方法设计时，$\boldsymbol{a}_{\mathrm{t}}=\mathbf{0}$。

以下引理首先给出不确定性转动惯量矩阵正定的充分条件。

引理 4.1 若 $\|\cdot\|_2: \mathbf{R}^{n\times n}\to\mathbf{R}_+$ 是一相容的矩阵范数，则对任一 $\Delta\boldsymbol{J}\in\mathbf{R}^{n\times n}$，有

$$|\varepsilon_i|\leqslant\|\Delta\boldsymbol{J}\|_2,\quad \forall\varepsilon_i\in\varepsilon(\Delta\boldsymbol{J}) \tag{4.1}$$

式中，ε_i 为矩阵 $\Delta\boldsymbol{J}$ 的第 i 个特征值；$\varepsilon(\Delta\boldsymbol{J})$ 为 $\Delta\boldsymbol{J}$ 所有特征值的集合。

证明 任一相容的矩阵范数必在 $\mathbf{R}^n$ 上存在与之相容的向量范数。设 $\boldsymbol{x}$ 是 $\Delta\boldsymbol{J}$ 属于 ε_i 的特征向量，即

$$\Delta\boldsymbol{J}\boldsymbol{x}=\varepsilon_i\boldsymbol{x},\quad \boldsymbol{x}\in\mathbf{R}^n,\quad \boldsymbol{x}\neq\mathbf{0} \tag{4.2}$$

则

$$\|\Delta\boldsymbol{J}\boldsymbol{x}\|_2=\|\varepsilon_i\boldsymbol{x}\|_2=|\varepsilon_i|\,\|\boldsymbol{x}\|_2 \tag{4.3}$$

再由范数的相容性条件得

$$\|\Delta\boldsymbol{J}\boldsymbol{x}\|_2\leqslant\|\Delta\boldsymbol{J}\|_2\|\boldsymbol{x}\|_2 \tag{4.4}$$

由以上两式即得

$$|\varepsilon_i|\leqslant\|\Delta\boldsymbol{J}\|_2 \tag{4.5}$$

证毕。

引理 4.2 设 $\boldsymbol{J}=\boldsymbol{J}_0+\Delta\boldsymbol{J}$，$\boldsymbol{J}$、$\boldsymbol{J}_0$、$\Delta\boldsymbol{J}\in\mathbf{R}^{n\times n}$，其特征值按降序排列分别为

$$\mu_1\geqslant\cdots\geqslant\mu_n,\quad \lambda_1\geqslant\cdots\geqslant\lambda_n,\quad \varepsilon_1\geqslant\cdots\geqslant\varepsilon_n \tag{4.6}$$

则有

$$\lambda_i+\varepsilon_n\leqslant\mu_i\leqslant\lambda_i+\varepsilon_1\quad (i=1,\cdots,n) \tag{4.7}$$

证明从略。

说明：原定理中限定 $\boldsymbol{J}$、$\boldsymbol{J}_0$、$\Delta\boldsymbol{J}$ 均为 Hermite 阵。事实上，对于任意 $n\times n$ 矩阵 $\boldsymbol{P}$，只要其 n 个特征向量线性无关，则 $\boldsymbol{P}$ 将与 Hermite 对角矩阵相似，且其对角线元素正好对应 $\boldsymbol{P}$ 的 n 个特征值，二矩阵特征值自然相同。因此，该定理对于任意特征向量线性无关的实矩阵均成立。

定理 4.1 对于任意 $0<\varepsilon<\underline{\lambda}(\boldsymbol{J}_0)$，给定正定矩阵 $\boldsymbol{J}_0$ 及扰动矩阵 $\Delta\boldsymbol{J}$，若 $\|\Delta\boldsymbol{J}\|_2<\underline{\lambda}(\boldsymbol{J}_0)-\varepsilon$，则矩阵 $\boldsymbol{J}=\boldsymbol{J}_0+\Delta\boldsymbol{J}$ 仍然正定，且 $\mu_1<\lambda_1+\lambda_n-\varepsilon$，$\mu_n>\varepsilon$。

证明 矩阵 $\boldsymbol{J}$ 正定等价于 $\mu_i(\boldsymbol{J})>0$，$i=1,\cdots,n$。因此，按引理 4.2 的特征值降序排序方式，只要证明 $\mu_n\geqslant\lambda_n+\varepsilon_n>0$ 即可。

当 $\|\Delta\boldsymbol{J}\|_2<\underline{\lambda}(\boldsymbol{J}_0)-\varepsilon=\lambda_n-\varepsilon$ 时，有

$$\begin{aligned}&|\varepsilon_1|\leqslant\|\Delta J\|_2<\lambda_n-\varepsilon\\&\Rightarrow\varepsilon_1<\lambda_n-\varepsilon\\&\Rightarrow\mu_1\leqslant\lambda_1+\varepsilon_1<\lambda_1+\lambda_n-\varepsilon=\Delta\end{aligned} \tag{4.8}$$

同理，

$$|\varepsilon_n|\leqslant\|\Delta J\|_2<\lambda_n-\varepsilon$$

$$\Rightarrow -\lambda_n + \varepsilon < \varepsilon_n$$

$$\Rightarrow \mu_n \geqslant \lambda_n + \varepsilon_n > \varepsilon > 0 \tag{4.9}$$

证毕。

定理 4.2　如果系统的滑模面为

$$\boldsymbol{s} = \boldsymbol{\omega} + k\boldsymbol{q} \quad (k = \text{const}) \tag{4.10}$$

对于任意给定系数 $0 < \beta < 1, 0 < \varepsilon < \underline{\lambda}(\boldsymbol{J}_0)$，若星体转动惯量不确定量 $\Delta\boldsymbol{J}$ 满足 $\|\Delta\boldsymbol{J}\|_2 < \underline{\lambda}(\boldsymbol{J}_0) - \varepsilon$，系数 k 满足

$$k < \sqrt{(1-\beta)(\overline{m}_{\mathrm{d}} - \bar{z})\varepsilon / 6\Gamma^2} \tag{4.11}$$

ω 满足

$$\|\boldsymbol{\omega}(0)\| \leqslant 4k\Gamma / [(1-\beta)\varepsilon] \tag{4.12}$$

则系统在控制律

$$\boldsymbol{v}_{\mathrm{d}} = -\sum(\boldsymbol{s})\boldsymbol{m}_{\mathrm{d}} \tag{4.13}$$

作用下将在有限时间内到达滑模面，且

$$\lim_{t\to\infty}\|\boldsymbol{\omega}(t)\| = \lim_{t\to\infty}\|\boldsymbol{q}(t)\| = 0$$

$$\lim_{t\to\infty}\|q_0(t)\| = 1 \tag{4.14}$$

式中，$\boldsymbol{J}_0$ 为转动惯量矩阵 $\boldsymbol{J}$ 的标称值；$\Delta\boldsymbol{J}$ 为 $\boldsymbol{J}$ 的不确定量，$\boldsymbol{J} = \boldsymbol{J}_0 + \Delta\boldsymbol{J}$；$\|\Delta\boldsymbol{J}\|_2$ 为矩阵 $\Delta\boldsymbol{J}$ 的 l_2 范数；$\underline{\lambda}(\boldsymbol{J}_0)$ 为矩阵 $\boldsymbol{J}_0$ 的最小特征值；$\overline{\lambda}(\boldsymbol{J}_0)$ 为矩阵 $\boldsymbol{J}_0$ 的最大特征值。

系数 $\Gamma = \overline{\lambda}(\boldsymbol{J}_0) + \underline{\lambda}(\boldsymbol{J}_0) - \varepsilon$，矩阵 $\sum(\boldsymbol{s})$ 定义为

$$\sum(\boldsymbol{s}) = \mathrm{diag}[\mathrm{sgn}\, s_1 \quad \mathrm{sgn}\, s_2 \quad \mathrm{sgn}\, s_3] \tag{4.15}$$

符号函数 sgn(·)定义为

$$\mathrm{sgn}\,\psi = \begin{cases} 1 & (\psi > 0) \\ 0 & (\psi = 0) \\ -1 & (\psi < 0) \end{cases} \tag{4.16}$$

$\boldsymbol{m}_{\mathrm{d}} = [\overline{m}_{\mathrm{d}} \quad \overline{m}_{\mathrm{d}} \quad \overline{m}_{\mathrm{d}}]^{\mathrm{T}}$，$\overline{m}_{\mathrm{d}} > \bar{z}$ 为各向控制量输出幅值，其各向实际输出由饱和函数 sat(·)定义：

$$\mathrm{sat}(m_{\mathrm{d}i}) = \begin{cases} \overline{m}_{\mathrm{d}} & (m_{\mathrm{d}i} > \overline{m}_{\mathrm{d}}) \\ m_{\mathrm{d}i} & (-\overline{m}_{\mathrm{d}} \leqslant m_{\mathrm{d}i} \leqslant \overline{m}_{\mathrm{d}}) \quad (i = 1,2,3) \\ -\overline{m}_{\mathrm{d}} & (m_{\mathrm{d}i} < -\overline{m}_{\mathrm{d}}) \end{cases} \tag{4.17}$$

证明 选定如下李雅谱诺夫函数：

$$V=\frac{1}{2}\boldsymbol{s}^{\mathrm{T}}\boldsymbol{J}\boldsymbol{s} \tag{4.18}$$

当$\|\Delta\boldsymbol{J}\|_2<\bar{\lambda}(\boldsymbol{J}_0)-\varepsilon$时，由引理4.2可知$\boldsymbol{J}$正定且$\bar{\lambda}(\boldsymbol{J})>\varepsilon$、$\underline{\lambda}(\boldsymbol{J})\leqslant\Gamma$，从而保证函数$V$正定且径向无界，得函数$V$的导数为

$$\begin{aligned}\dot{V}&=\boldsymbol{s}^{\mathrm{T}}(\dot{\boldsymbol{\omega}}+k\dot{\boldsymbol{q}})\\&=\frac{1}{2}k\boldsymbol{s}^{\mathrm{T}}\boldsymbol{J}(\boldsymbol{q}^{\times}+q_0\boldsymbol{E})\boldsymbol{\omega}-k\boldsymbol{q}^{\mathrm{T}}\boldsymbol{\omega}^{\times}\boldsymbol{J}\boldsymbol{\omega}+\boldsymbol{s}^{\mathrm{T}}\boldsymbol{v}_{\mathrm{d}}+\boldsymbol{s}^{\mathrm{T}}\boldsymbol{a}_{\mathrm{t}}\\&=k\boldsymbol{s}^{\mathrm{T}}\left[\boldsymbol{q}^{\times}\boldsymbol{J}+\frac{1}{2}\boldsymbol{J}(\boldsymbol{q}^{\times}+q_0\boldsymbol{E})\right]\boldsymbol{\omega}+\boldsymbol{s}^{\mathrm{T}}\boldsymbol{v}_{\mathrm{d}}+\boldsymbol{s}^{\mathrm{T}}\boldsymbol{a}_{\mathrm{t}}\end{aligned} \tag{4.19}$$

期间用到$\boldsymbol{\omega}^{\mathrm{T}}\boldsymbol{\omega}^{\times}\boldsymbol{J}\boldsymbol{\omega}=0$，$\boldsymbol{q}^{\mathrm{T}}\boldsymbol{q}^{\times}\boldsymbol{J}\boldsymbol{\omega}=0$。考虑四元数特性$\|\boldsymbol{q}^{\times}\|\leqslant1$、$\|\boldsymbol{q}^{\times}+q_0\boldsymbol{E}\|\leqslant1$，且矩阵$\boldsymbol{J}$的特征值满足$\bar{\lambda}(\boldsymbol{J})\leqslant\bar{\lambda}(\boldsymbol{J}_0)+\underline{\lambda}(\boldsymbol{J}_0)-\varepsilon$，再将式(4.13)代入式(4.19)得

$$\begin{aligned}\dot{V}&\leqslant\frac{3}{2}k\|\boldsymbol{s}\|\|\boldsymbol{\omega}\|\Gamma-\bar{m}_{\mathrm{d}}\sum_{i=1}^{3}|s_i|+\boldsymbol{s}^{\mathrm{T}}\boldsymbol{a}_{\mathrm{t}}\\&\leqslant\frac{3}{2}k\|\boldsymbol{s}\|\|\boldsymbol{\omega}\|\Gamma-\bar{m}_{\mathrm{d}}\|\boldsymbol{s}\|+\|\boldsymbol{s}\|\bar{z}\end{aligned} \tag{4.20}$$

当$\boldsymbol{\omega}$满足式(4.12)时，

$$\dot{V}\leqslant\{6k^2\Gamma^2/[(1-\beta)\varepsilon]-(\bar{m}_{\mathrm{d}}-\bar{z})\}\|\boldsymbol{s}\| \tag{4.21}$$

当系数k满足式(4.11)时，有$\dot{V}<0$，由李雅谱诺夫稳定性定理知，$\lim\limits_{t\to\infty}\boldsymbol{s}(t)=0$。再由函数$V$本身的性质得

$$V\leqslant\frac{1}{2}\lambda_{\max}(\boldsymbol{J})\|\boldsymbol{s}\|^2\leqslant\frac{1}{2}\Gamma\|\boldsymbol{s}\|^2\Rightarrow\|\boldsymbol{s}\|\geqslant\sqrt{\frac{2V}{\Gamma}} \tag{4.22}$$

从而

$$\sqrt{\dot{V}}=\frac{\dot{V}}{2\sqrt{V}}\leqslant-\frac{\zeta\sqrt{V}}{2\sqrt{V}}=-\frac{1}{2}\zeta \tag{4.23}$$

式中，$\zeta=\left[(\bar{m}_{\mathrm{d}}-\bar{z})-\dfrac{6k^2\Gamma^2}{(1-\beta)\varepsilon}\right]\sqrt{\dfrac{2}{\Gamma}}>0$，则对上式积分有

$$\sqrt{V}\leqslant\sqrt{V[\boldsymbol{s}(0)]}-\frac{1}{2}\zeta t \tag{4.24}$$

故

$$\|\boldsymbol{s}\|\leqslant\sqrt{\frac{2V}{\lambda_{\min}(\boldsymbol{J})}}\leqslant\sqrt{\frac{2V}{\varepsilon}}\leqslant\sqrt{\frac{2}{\varepsilon}}\left\{\sqrt{V[\boldsymbol{s}(0)]}-\frac{1}{2}\zeta t\right\} \tag{4.25}$$

由此可见,给定任意初始状态 $\boldsymbol{s}(0)$,$\|\boldsymbol{s}\|$均将在有限时间内到达 $\boldsymbol{s}=\boldsymbol{0}$。

到达滑模面后,$\boldsymbol{\omega}=-k\boldsymbol{q}$,得

$$\dot{\boldsymbol{q}}=-\frac{1}{2}kq_0\boldsymbol{q}$$

$$q_0=\frac{1}{2}k\boldsymbol{q}^{\mathrm{T}}\boldsymbol{q}=\frac{1}{2}k(1-q_0^2) \tag{4.26}$$

设 t_s 时刻系统到达滑模面,则

$$q_0(t)=1-\frac{2[1-q_0(t_s)]\mathrm{e}^{-k(t-t_s)}}{1+q_0(t_s)+[1-q_0(t_s)]\mathrm{e}^{-k(t-t_s)}} \tag{4.27}$$

根据$\lim\limits_{t\to\infty}\|q_0(t)\|=1$,$\boldsymbol{\omega}=-k\boldsymbol{q}$,得$\lim\limits_{t\to\infty}\|\boldsymbol{\omega}(t)\|=\lim\limits_{t\to\infty}\|\boldsymbol{q}_0\|=0$,证毕。

说明:

(1)$\boldsymbol{Q}_{\mathrm{f}}'=[-1\quad 0\quad 0\quad 0]^{\mathrm{T}}$ 也为系统平衡点,在物理上与 $\boldsymbol{Q}_{\mathrm{f}}=[1\quad 0\quad 0\quad 0]^{\mathrm{T}}$ 对应同一点,为避免系统做多余机动,通常将滑模面修正为 $\boldsymbol{s}=\boldsymbol{\omega}+k\boldsymbol{q}\,\mathrm{sgn}\,q_0$。

(2)系统输入将在 $\boldsymbol{s}=\boldsymbol{0}$ 附近频繁换号,造成抖振现象。控制指令常被修正为

$$\boldsymbol{v}_{\mathrm{d}}=-\widetilde{\sum}(\boldsymbol{s})\boldsymbol{m}_{\mathrm{d}} \tag{4.28}$$

式中,$\widetilde{\sum}(\boldsymbol{s})=\mathrm{diag}[s_1/(|s_1|+\delta)\quad s_2/(|s_2|+\delta)\quad s_3/(|s_3|+\delta)]$,此时 $\boldsymbol{\omega}$ 与 $\boldsymbol{q}$ 将收敛于原点附近邻域内。

(3)定理证明所需约束条件(4.11)仅为系统稳定的充分条件。此处所得控制方法仅作为分析分配误差对系统稳定性影响的辅助方法,因此不对 k 的取值范围做详细讨论。

(4)定理 4.2 要求 $\boldsymbol{\omega}(0)$ 满足式(4.12),当系统不满足假设条件时,可设计控制律 $\boldsymbol{v}_{\mathrm{d}}=-\widetilde{\sum}(\boldsymbol{\omega})\boldsymbol{m}_{\mathrm{d}}$,使 $\boldsymbol{\omega}$ 在有限时间内达到预定初始值。

(5)系数 ε 事实上界定了转动惯量不确定性相对标称值的大小。当 $\varepsilon\to 0$ 时,系统对转动惯量不确定性的稳定鲁棒性就越高,但同时将减小 k 的取值范围。后者仅限于定理证明范围内,因此 ε 应尽量取小值。

控制方法以式(4.13)的形式给出期望力矩后,控制分配环节负责将其转化为各执行机构的控制指令。对于不同控制分配方法而言,其有限的分配空间势必引入对期望力矩的跟踪误差,从而影响控制方法所设计的系统稳定性[3]。以下分别对引入直接分配法和引入伪逆法的系统进行稳定性分析。

4.1.2 引入直接分配法的系统稳定性分析

直接分配法代表了基于可达集信息的一类分配方法。其分配空间 $\boldsymbol{\Xi}=\boldsymbol{\Phi}_{\mathrm{T}}$，且在分配空间内无分配误差。当期望力矩 $\boldsymbol{v}_{\mathrm{d}}\notin\boldsymbol{\Xi}$，超出配置执行能力时，其实际输出始终与期望力矩方向保持一致，分配误差与期望力矩保持同向性。下面分析该类误差对系统稳定性的影响。

在分配空间 $\boldsymbol{\Xi}$ 内，直接分配法的分配误差 $\boldsymbol{e}\equiv\boldsymbol{0}$；在 $\boldsymbol{\Xi}$ 以外，方法实际输出与期望力矩成比例，即

$$\boldsymbol{A}\boldsymbol{u}=a\boldsymbol{v}_{\mathrm{d}},\quad a\in(0,1) \tag{4.29}$$

从而分配误差为

$$\boldsymbol{e}=\boldsymbol{v}_{\mathrm{d}}-\boldsymbol{A}\boldsymbol{u}=(1-a)\boldsymbol{v}_{\mathrm{d}} \tag{4.30}$$

且

$$\|\boldsymbol{e}\|=\|\boldsymbol{v}_{\mathrm{d}}-\boldsymbol{A}\boldsymbol{u}\|=(1-a)\|\boldsymbol{v}_{\mathrm{d}}\| \tag{4.31}$$

按式(4.13)给出期望控制序列 $\boldsymbol{v}_{\mathrm{d}}$ 后，上式存在最大误差：

$$\max\{\|\boldsymbol{e}\|\}=\max\{(1-a)\|\boldsymbol{v}_{\mathrm{d}}\|\} \tag{4.32}$$

等价地，利用常数 K 界定误差上界：

$$K=\min\{a\}\in(0,1) \tag{4.33}$$

定理 4.3 系统受控制律(4.13)的作用，当采用式(4.10)所示滑模面，并以直接分配法映射控制指令时，对于任意系数 $0<\beta<1,0<\varepsilon<\underline{\lambda}(\boldsymbol{J}_0)$，若星体转动惯量不确定量 $\Delta\boldsymbol{J}$ 满足 $\|\Delta\boldsymbol{J}\|_2<\underline{\lambda}(\boldsymbol{J}_0)-\varepsilon$，$\boldsymbol{\omega}$ 满足式(4.12)，且存在系数 k 满足

$$k<\sqrt{(1-\beta)(K\bar{m}_{\mathrm{d}}-\bar{z})\varepsilon/6\Gamma^2} \tag{4.34}$$

式中，系数 K 满足

$$K\bar{m}_{\mathrm{d}}>\bar{z} \tag{4.35}$$

则系统将在有限时间内到达滑模面，且式(4.25)成立。

证明 分两种情况讨论。

(1) $\forall\boldsymbol{v}_{\mathrm{d}}\in\boldsymbol{\Xi}$，此时直接分配法无误差地跟踪控制方法发出的期望力矩指令，$\boldsymbol{e}\equiv\boldsymbol{0}$，定理 4.3 依然成立。

(2) $\exists\boldsymbol{v}_{\mathrm{d}}\notin\boldsymbol{\Xi}$，此时将出现跟踪误差，同样选定式(4.18)作为李雅谱诺夫函数，对其求导得

$$\begin{aligned}\dot{V}&=\mathrm{k}\boldsymbol{s}^{\mathrm{T}}\left[\boldsymbol{q}^{\times}\boldsymbol{J}+\frac{1}{2}\boldsymbol{J}(\boldsymbol{q}^{\times}+q_0\boldsymbol{E})\right]\boldsymbol{\omega}+a\boldsymbol{s}^{\mathrm{T}}\boldsymbol{v}_{\mathrm{d}}+\boldsymbol{s}^{\mathrm{T}}\boldsymbol{a}_{\mathrm{t}}\\&\leqslant\frac{3}{2}k\|\boldsymbol{s}\|\|\boldsymbol{\omega}\|\Gamma-a\bar{m}_{\mathrm{d}}\sum_{i=1}^{3}|s_i|+\boldsymbol{s}^{\mathrm{T}}\boldsymbol{a}_{\mathrm{t}}\end{aligned}$$

$$\leqslant \frac{3}{2}k\|\boldsymbol{s}\|\|\boldsymbol{\omega}\|\Gamma - K\overline{m}_{\mathrm{d}}\|\boldsymbol{s}\| + \|\boldsymbol{s}\|\bar{z} \tag{4.36}$$

当 $\boldsymbol{\omega}$ 满足式(4.12)时，有

$$\dot{V} \leqslant \{6k^2\Gamma^2/[(1-\beta)\varepsilon] - (K\overline{m}_{\mathrm{d}} - \bar{z})\}\|\boldsymbol{s}\| \tag{4.37}$$

当系数 k 满足式(4.34)时，有 $\dot{V}<0$，由李雅谱诺夫稳定性定理知，$\lim\limits_{t\to\infty}\boldsymbol{s}(t)=0$。后续证明同定理 4.2。

说明：如式(4.34)所示，当虚拟控制量 $\overline{m}_{\mathrm{d}}$ 超出 $\boldsymbol{\Xi}$ 时，参数 k 的选择范围变小。只要执行机构的最小输出满足式(4.35)，系统仍然渐近稳定，但由式(4.27)可知，k 的减小将导致系统收敛时间延长。

4.1.3　引入伪逆法的系统稳定性分析

伪逆法因其快速的分配时间特性在早期工程实践中得到了广泛应用，但其有限的分配空间以及分配误差的存在又制约了分配时间优势。后期的改进方法，如加权伪逆法、最优广义逆法、伪逆再分配以及修正伪逆再分配等，将分配空间 $\boldsymbol{\Xi}$ 的容积提高到 $\boldsymbol{\Phi}_{\mathrm{T}}$ 的 90% 以上，但仍然无法避免在 $\boldsymbol{\Phi}_{\mathrm{T}}$ 内部偶尔出现分配误差[4]。对于伪逆分配方法的稳定性分析同样适用于上述改进方法。

1. 伪逆法的分配误差描述

伪逆法的分配误差来自两方面：①$\boldsymbol{v}_{\mathrm{d}} \notin \boldsymbol{\Phi}_{\mathrm{T}}$，期望力矩超出配置执行能力而出现误差；②$\boldsymbol{v}_{\mathrm{d}} \in \boldsymbol{\Phi}_{\mathrm{T}} - \boldsymbol{\Xi}$，此时 $\boldsymbol{v}_{\mathrm{d}}$ 位于可达集内部，但方法本身的缺陷导致无法找到期望力矩对应的控制指令。

令控制分配的最优解为 $\boldsymbol{u}_{\mathrm{p}}^*$，经伪逆法所求解 $\boldsymbol{u}$ 可理解为在 $\boldsymbol{u}_{\mathrm{p}}^*$ 基础上存在小量偏差：

$$\boldsymbol{u} = \boldsymbol{u}_{\mathrm{p}}^* - \Delta\boldsymbol{u} \tag{4.38}$$

从而分配误差为

$$\boldsymbol{e} = \boldsymbol{A}(\boldsymbol{u}_{\mathrm{p}}^* - \boldsymbol{u}) = \boldsymbol{A}\Delta\boldsymbol{u} \tag{4.39}$$

同理，给定期望控制序列 $\boldsymbol{v}_{\mathrm{d}}$ 后，分配误差有界：

$$\|\boldsymbol{e}\| = \|\boldsymbol{A}\Delta\boldsymbol{u}\| \leqslant \|\boldsymbol{A}\|\|\Delta\boldsymbol{u}\| \tag{4.40}$$

可见，伪逆法的分配误差与直接分配法的分配误差有所区别：①伪逆法在可达集内外均出现误差；②分配误差与安装矩阵 $\boldsymbol{A}$ 相关联。

2. 稳定性分析

定理 4.4　如果系统受控制律(4.13)作用。当系统采用式(4.10)所示滑模面，并以伪逆法映射控制指令时，对于任意系数 $0<\beta<1$，$0<\varepsilon<\underline{\lambda}(\boldsymbol{J}_0)$，若星体

转动惯量不确定量 $\Delta\boldsymbol{J}$ 满足 $\|\Delta\boldsymbol{J}\|_2<\underline{\lambda}(\boldsymbol{J}_0)-\varepsilon$，设计系数 k 满足式(4.11)，$\boldsymbol{\omega}$ 满足式(4.12)，且分配误差 $\Delta\boldsymbol{u}$ 满足

$$\|\boldsymbol{A}\Delta\boldsymbol{u}\|<\xi \tag{4.41}$$

式中，$\xi=(\overline{m}_{\mathrm{d}}-\bar{z})-6k^2\Gamma^2/[(1-\beta)\varepsilon]$。

则系统将在有限时间内到达滑模面，且式(4.14)成立。

证明　选取式作为李雅谱诺夫函数，对其求导得

$$\begin{aligned}\dot{V}&=k\boldsymbol{s}^{\mathrm{T}}\left[\boldsymbol{q}^{\times}\boldsymbol{J}+\frac{1}{2}\boldsymbol{J}(\boldsymbol{q}^{\times}+q_0\boldsymbol{E})\right]\boldsymbol{\omega}+\boldsymbol{s}^{\mathrm{T}}\boldsymbol{A}\boldsymbol{u}+\boldsymbol{s}^{\mathrm{T}}\boldsymbol{a}_{\mathrm{t}}\\&\leqslant\frac{3}{2}k\|\boldsymbol{s}\|\|\boldsymbol{\omega}\|\Gamma+\boldsymbol{s}^{\mathrm{T}}(\boldsymbol{v}_{\mathrm{d}}-\boldsymbol{A}\Delta\boldsymbol{u})+\boldsymbol{s}^{\mathrm{T}}\boldsymbol{a}_{\mathrm{t}}\\&\leqslant\frac{3}{2}k\|\boldsymbol{s}\|\|\boldsymbol{\omega}\|\Gamma-\overline{m}_{\mathrm{d}}\|\boldsymbol{s}\|+\|\boldsymbol{A}\Delta\boldsymbol{u}\|\|\boldsymbol{s}\|+\|\boldsymbol{s}\|\bar{z}\end{aligned} \tag{4.42}$$

当 $\boldsymbol{\omega}$ 满足式(4.12)时，

$$\dot{V}\leqslant\left[\frac{6k^2\Gamma^2}{(1-\beta)\varepsilon}-(\overline{m}_{\mathrm{d}}-\bar{z})\right]\|\boldsymbol{s}\|+\|\boldsymbol{A}\Delta\boldsymbol{u}\|\|\boldsymbol{s}\|=-(\xi-\|\boldsymbol{A}\Delta\boldsymbol{u}\|)\|\boldsymbol{s}\| \tag{4.43}$$

当 k 满足式(4.11)、$\Delta\boldsymbol{u}$ 满足式(4.41)时，$\dot{V}<0$，由李雅谱诺夫稳定性定理知，$\lim\limits_{t\to\infty}\boldsymbol{s}(t)=0$。后续证明同定理4.2。

说明：区别于直接分配法，伪逆法的分配误差可能破坏原系统稳定性。依据式(4.13)给出的控制量幅值为常数，当 $\boldsymbol{v}_{\mathrm{d}}$ 位于 $\boldsymbol{\Xi}$ 外较小范围内时，分配误差较小，式(4.41)不难得到满足。而随着 $\boldsymbol{v}_{\mathrm{d}}$ 逐渐远离 $\boldsymbol{\Xi}$，分配误差将随之增加，直至式(4.41)不成立时，方法将难以保证系统稳定性。因此，控制方法设计 $\overline{m}_{\mathrm{d}}$ 时应兼顾配置执行能力，使 $\boldsymbol{v}_{\mathrm{d}}$ 尽量位于 $\boldsymbol{\Xi}$ 内部。

4.1.4　仿真算例

以冗余推力器配置的航天器姿态控制系统为例，分别引入直接分配法与伪逆法，考查分配误差对控制系统稳定性的影响。航天器转动惯量标称矩阵为

$$\boldsymbol{J}_0=\begin{bmatrix}20&0&0.9\\0&17&0\\0.9&0&15\end{bmatrix} \tag{4.44}$$

由此得 $\overline{\lambda}(\boldsymbol{J}_0)=20.16$，$\underline{\lambda}(\boldsymbol{J}_0)=14.84$。推力器配置参数为

$$\boldsymbol{A}=\begin{bmatrix}-0.18548&-0.18548&0.18548&0.18548&0.31264&0.31264&-0.31264&-0.31264\\0.31264&-0.31264&-0.31264&-0.31264&-0.18548&0.18548&0.18548&-0.18548\\-0.10173&0.10173&-0.10173&0.10173&0.10173&-0.10173&0.10173&0.10173\end{bmatrix} \tag{4.45}$$

且有 $u_{i\min}=0\ \mathrm{N\cdot m}$，$u_{i\max}=10\ \mathrm{N\cdot m}(i=1, 2, \cdots, 8)$。其他初始条件为：$\bar{m}_{\mathrm{d}}=5\ \mathrm{N\cdot m}$；随机干扰上界 $\bar{z}=1\ \mathrm{N\cdot m}$；$\beta=0.1$，$\varepsilon=14$，$\delta=0.1$；初始角速度 $\boldsymbol{\omega}(0)=[0.5061\quad 0.5061\quad 0.5061]^{\mathrm{T}}\ \mathrm{rad/s}$，初始姿态四元数 $\boldsymbol{Q}(0)=[0.8\quad 0.4\quad 0.2\quad 0.4]^{\mathrm{T}}$。

1. 引入直接分配法的系统稳定性仿真

考虑 $\boldsymbol{v}_{\mathrm{d}}$ 的各种可能方向，求得 $K=0.1469$ 且满足式(4.35)。根据式(4.34)求得 $k\leqslant 0.1$。$k=0.1$ 时，采用直接分配法的四元数与角速度曲线如图4.1和图4.2所示。

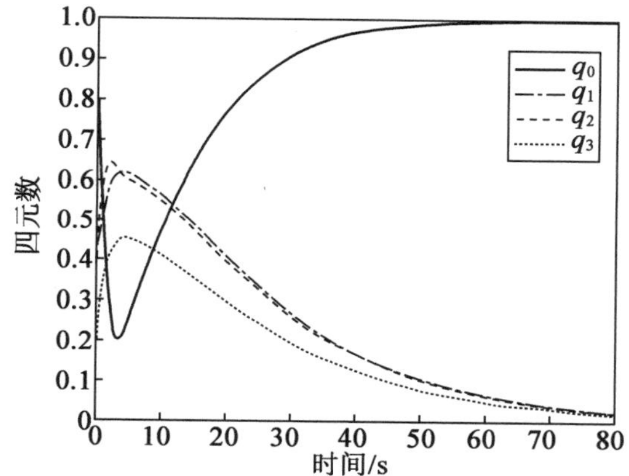

图 4.1　$k=0.1$ 时，采用直接分配法的四元数曲线

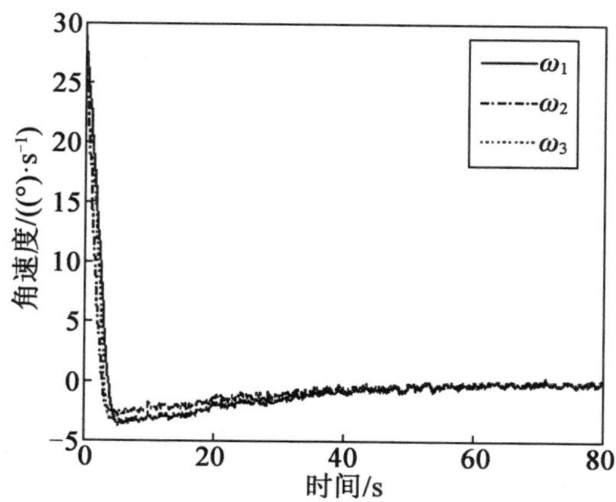

图 4.2　$k=0.1$ 时，采用直接分配法的角速度曲线

由图4.1和图4.2可以看出，系统四元数与姿态角速度均可在有限时间内收敛于稳定状态，但收敛速度较慢。在定理中，式(4.34)仅为系统稳定的充分非必

要条件,故系数 k 可适当放宽。$k=2$ 时,采用直接分配法的四元数与角速度曲线分别如图 4.3 和图 4.4 所示。此时,系统四元数与姿态角速度稳定时间明显缩短,系统动态响应特性显著提高。这说明定理存在一定的保守性。

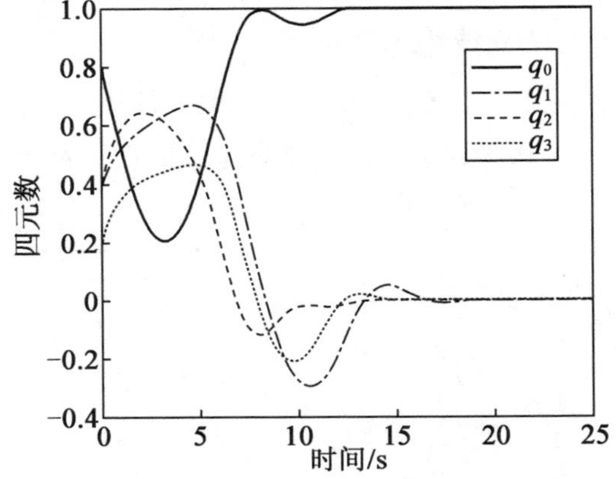

图 4.3　$k=2$ 时,采用直接分配法的四元数曲线

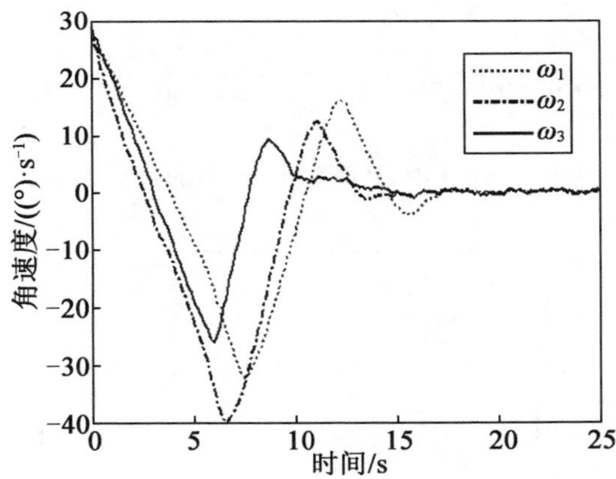

图 4.4　$k=2$ 时,采用直接分配法的角速度曲线

图 4.5 给出了 $k=2$ 时,采用直接分配法的动态分配误差曲线。可以看出,直接分配法的分配误差主要出现在机动过程早期。此时期望力矩偏大,超出执行机构配置输出能力。待系统状态到达式(4.10)所示切换面,即 $\boldsymbol{s}=\boldsymbol{0}$ 后,由于修正符号函数 $\widetilde{\sum}(\boldsymbol{s})$ 的作用,此时不再出现分配误差。

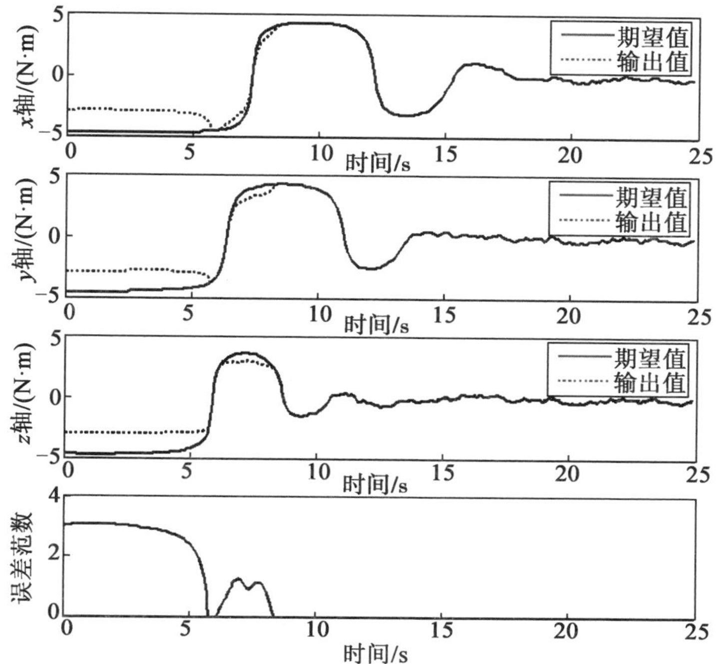

图 4.5　$k=2$ 时,采用直接分配法的动态分配误差曲线

2. 引入伪逆法的系统稳定性仿真

由定理 4.4 得 $k<0.138$。取 $k=0.1$,得 $\xi=1.9$,采用伪逆法的四元数和角速度曲线如图 4.6 和图 4.7 所示。其走势与直接分配法类似,且满足式(4.41)的限制要求,但收敛时间较直接分配法更长。

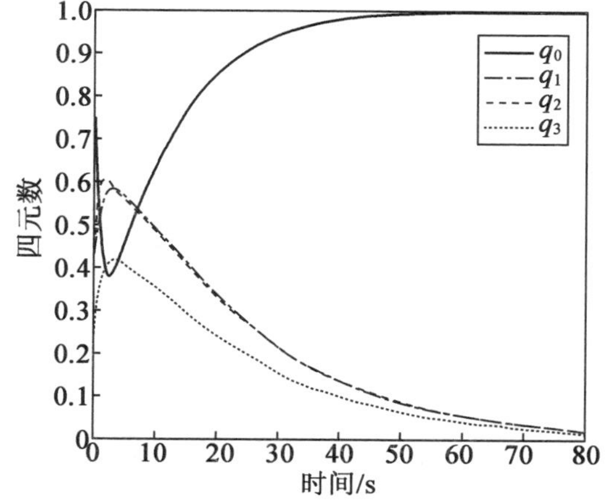

图 4.6　$k=0.1$ 时,采用伪逆法的四元数曲线

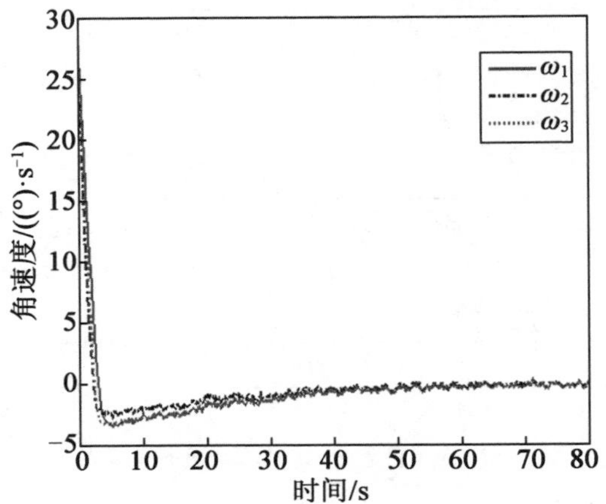

图 4.7　$k=0.1$ 时,采用伪逆法的角速度曲线

k 取值过小同样导致系统响应过慢。鉴于定理 4.4 对 k 取值的保守性,再次放宽 k 的约束,取 $k=2$,采用伪逆法的四元数、角速度和动态分配误差曲线如图 4.8 ~4.10 所示。与直接分配法相比,由于伪逆法的分配误差伴随系统整个机动过程,系统稳定时间延长,振荡周期增多。机动过程后期,期望力矩位于可达集内,伪逆法因其有限的分配空间仍然产生分配误差,加剧了系统的慢速响应。在系统趋于稳定后,期望力矩幅值并不大,但分配误差仍然存在,这说明伪逆法的分配空间 $\boldsymbol{\Xi}$ 所占 $\boldsymbol{\Phi}_{\mathrm{T}}$ 空间比例较小,即使期望力矩位于原点附近也会出现分配误差。因此,伪逆法不适用于高冗余度执行机构配置的指令分配问题。

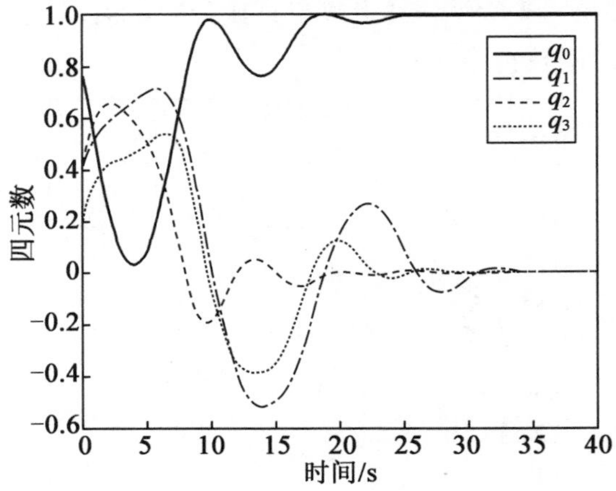

图 4.8　$k=2$ 时,采用伪逆法的四元数曲线

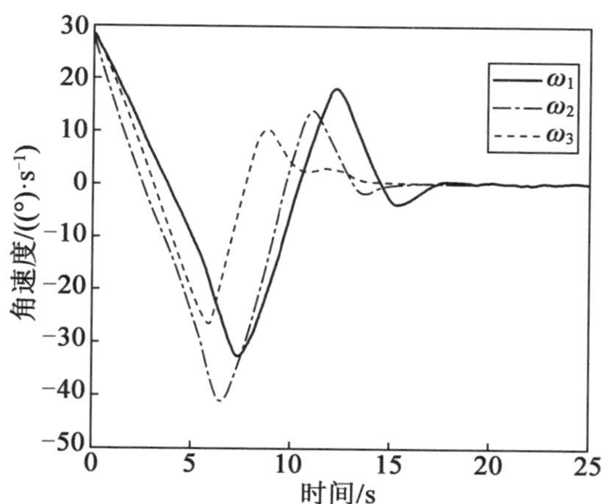

图 4.9　$k=2$ 时,采用伪逆法的角速度曲线

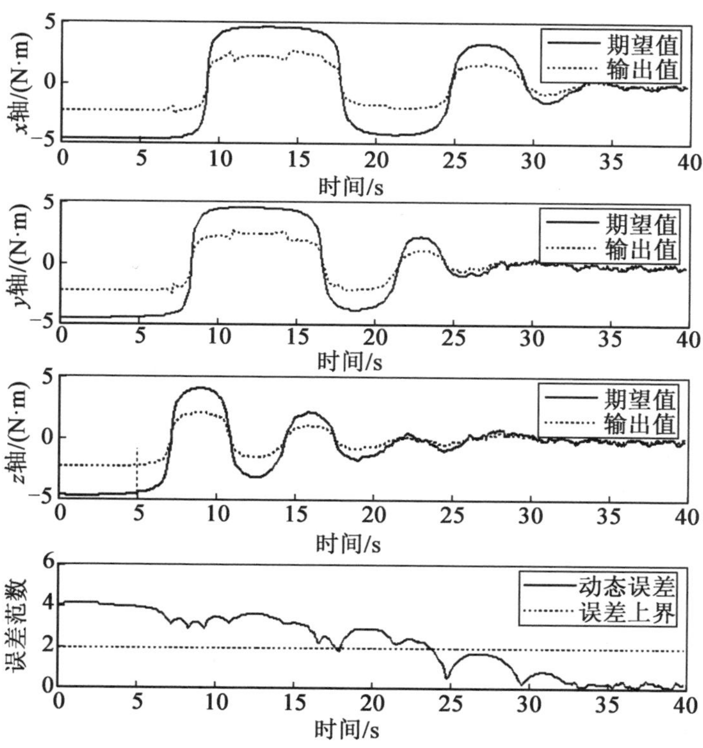

图 4.10　$k=2$ 时,采用伪逆法的动态分配误差曲线

图4.10的第4个图给出了分配误差范数序列。早期的分配误差超出了误差上限ξ，但此时系统仍然稳定，这说明定理4.4给出的误差上限同样具有保守性。在引入伪逆法的控制系统中，若其分配误差低于ξ，则系统保持稳定；若其分配误差大于ξ，则不能根据定理4.4判断系统稳定性。

4.2 控制分配环节对系统稳定性影响分析

在引入控制分配环节后，过驱动航天器控制系统设计由仅设计控制方法的传统模式转化为同时设计控制方法和分配方法的模式，且由于控制分配方法可以独立于控制方法设计，因此为控制系统设计带来了便利，尤其对具有复杂执行机构配置的控制系统。由第3章的研究可以看出，在控制效率矩阵或者执行机构输出存在不确定性时，控制分配环节会存在误差，不能很好地跟踪期望指令。相对于传统控制系统设计，由于控制分配环节对期望控制指令的跟踪性能直接影响控制系统的稳定性，甚至有可能会造成系统不稳定，因此有必要分析控制分配误差对控制系统稳定性的影响。

由控制分配环节引起的误差归结起来主要有两点。

(1)幅值误差，这种误差一般由方法引起的比例误差或者执行机构偏差导致。

(2)方向偏差，控制分配矩阵偏差或者方法本身的缺陷都会导致此类偏差。

最初，对控制分配问题的研究大多集中于控制分配方法设计上，即如何实现控制指令在冗余执行机构配置中的优化分配，从而使执行机构的输出尽可能跟随期望的控制指令。随着研究的深入，部分学者意识到控制分配环节将会对系统稳定性产生影响，开始对具有控制分配环节的系统稳定性进行分析[5]。事实上，在引入控制分配环节后，系统的闭环特征值可能会发生改变，控制方法设计时的稳定性分析结论不能直接用来评价整个系统[6]。但是，对于传统的控制系统设计，如果控制方法能够保证系统的稳定性，那么加入控制分配环节后的系统稳定性分析是能够完全参考上述结论的，因为控制分配环节的根本任务是实现控制方法给出的期望控制指令，如果控制分配能够完全实现期望控制指令，相当于控制分配环节的传递函数为1，对零极点分布没有任何影响，新系统的稳定性结论与设计控制方法时所给出的稳定性结论相同，否则，可以在控制方法的稳定性分析的基础上，对控制分配误差的影响进行详细分析。

本节以刚体微小型航天器姿态控制系统为例，对具有控制分配环节的姿态控制系统进行稳定性分析，在体坐标系下，其动力学方程可以描述为

$$\boldsymbol{J}\dot{\boldsymbol{\omega}}+\boldsymbol{\omega}\times\boldsymbol{J}\boldsymbol{\omega}=\boldsymbol{T}+\boldsymbol{T}_{\mathrm{d}} \tag{4.46}$$

式中,$\boldsymbol{J}$ 为正定的转动惯量矩阵;$\boldsymbol{\omega}$ 为星体转动角速度矢量,$\boldsymbol{\omega}=[\omega_1 \quad \omega_2 \quad \omega_3]^{\mathrm{T}}$;$\boldsymbol{T}$ 为作用在星体上的控制力矩矢量;$\boldsymbol{T}_{\mathrm{d}}$ 为作用在星体上的环境干扰力矩矢量。

用四元数

$$\boldsymbol{Q}=[q_0 \quad \boldsymbol{q}]^{\mathrm{T}}=[q_0 \quad q_1 \quad q_2 \quad q_3]^{\mathrm{T}} \tag{4.47}$$

表示的星体运动学方程可以描述如下:

$$\dot{q}_0=-\frac{1}{2}\boldsymbol{\omega}^{\mathrm{T}}\boldsymbol{q}$$

$$\dot{\boldsymbol{q}}=\frac{1}{2}\boldsymbol{\omega}\times\boldsymbol{q}+\frac{1}{2}q_0\boldsymbol{\omega} \tag{4.48}$$

四元数 $\boldsymbol{Q}$ 满足归一化约束条件:

$$q_0^2+q_1^2+q_2^2+q_3^2=1 \tag{4.49}$$

给定向量 $\boldsymbol{a}=[a_1 \quad a_2 \quad a_3]^{\mathrm{T}}$,记叉乘矩阵$[a\times]$为如下的反对称矩阵形式:

$$[a\times]=\begin{bmatrix} 0 & -a_3 & a_2 \\ a_3 & 0 & -a_1 \\ -a_2 & a_1 & 0 \end{bmatrix} \tag{4.50}$$

卫星姿态控制系统的模型如式(4.46)和式(4.48)所示,为了简化起见,不考虑干扰力矩,状态量 $\boldsymbol{Q}$ 和 $\boldsymbol{\omega}$ 的期望目标分别为

$$\boldsymbol{Q}_{\mathrm{c}}=[1 \quad 0 \quad 0 \quad 0]^{\mathrm{T}} \tag{4.51}$$

$$\boldsymbol{\omega}_{\mathrm{c}}=[0 \quad 0 \quad 0]^{\mathrm{T}} \tag{4.52}$$

定义误差四元数为

$$\boldsymbol{Q}_{\mathrm{e}}=\boldsymbol{Q}_{\mathrm{c}}^{-1}\otimes\boldsymbol{Q}=\begin{bmatrix} q_{\mathrm{c}0} & -q_{\mathrm{c}1} & -q_{\mathrm{c}2} & -q_{\mathrm{c}3} \\ q_{\mathrm{c}1} & q_{\mathrm{c}0} & -q_{\mathrm{c}3} & q_{\mathrm{c}2} \\ q_{\mathrm{c}2} & q_{\mathrm{c}3} & q_{\mathrm{c}0} & -q_{\mathrm{c}1} \\ q_{\mathrm{c}3} & -q_{\mathrm{c}2} & q_{\mathrm{c}1} & q_{\mathrm{c}0} \end{bmatrix}^{-1}\begin{bmatrix} q_0 \\ q_1 \\ q_2 \\ q_3 \end{bmatrix} \tag{4.53}$$

以及误差角速度为

$$\boldsymbol{\omega}_{\mathrm{e}}=\boldsymbol{\omega}-\boldsymbol{\omega}_{\mathrm{c}} \tag{4.54}$$

令 $\boldsymbol{q}_{\mathrm{e}}$ 为误差四元数的矢量部分,可以得到基于误差四元数的 PD 控制器的表达式:

$$\boldsymbol{T}=-k_{\mathrm{p}}\boldsymbol{q}_{\mathrm{e}}-\boldsymbol{k}_{\mathrm{d}}\boldsymbol{\omega}_{\mathrm{e}} \tag{4.55}$$

式中,k_{p} 为标量;$\boldsymbol{k}_{\mathrm{d}}$ 为正定的对角阵。

在给定的期望状态下,可以很容易地看出:

$$\boldsymbol{q}_{\mathrm{e}}=\boldsymbol{q}$$

$$\boldsymbol{\omega}_{\mathrm{e}}=\boldsymbol{\omega} \tag{4.56}$$

下面应用李雅谱诺夫定理证明上述控制律能够保证控制系统的渐进稳定性。设李雅谱诺夫函数为

$$V=\frac{1}{2}\boldsymbol{\omega}_{\mathrm{e}}^{\mathrm{T}}\boldsymbol{J}\boldsymbol{\omega}_{\mathrm{e}}+k_{\mathrm{p}}\boldsymbol{q}_{\mathrm{e}}^{\mathrm{T}}\boldsymbol{q}_{\mathrm{e}}+k_{\mathrm{p}}(q_0-1)^2 \tag{4.57}$$

显然为正定函数 $V\geqslant 0$,且关于 $\boldsymbol{\omega}_{\mathrm{e}}$ 是径向无界。对其求导,有

$$\dot{V}=\boldsymbol{\omega}_{\mathrm{e}}^{\mathrm{T}}\boldsymbol{J}\dot{\boldsymbol{\omega}}_{\mathrm{e}}+2k_{\mathrm{p}}\boldsymbol{q}_{\mathrm{e}}^{\mathrm{T}}\dot{\boldsymbol{q}}_{\mathrm{e}}+2(q_0-1)\dot{q}_0 \tag{4.58}$$

将 $\dot{\boldsymbol{q}}_{\mathrm{e}}$ 和 $\dot{q}_0$ 代入,得

$$\begin{aligned}\dot{V}&=\boldsymbol{\omega}_{\mathrm{e}}^{\mathrm{T}}\boldsymbol{J}\dot{\boldsymbol{\omega}}_{\mathrm{e}}+2k_{\mathrm{p}}\boldsymbol{q}_{\mathrm{e}}^{\mathrm{T}}\left[\frac{1}{2}\boldsymbol{\omega}_{\mathrm{e}}\times\boldsymbol{q}_{\mathrm{e}}+\frac{1}{2}q_0\boldsymbol{\omega}_{\mathrm{e}}\right]+2k_{\mathrm{p}}(q_0-1)\left(-\frac{1}{2}\boldsymbol{\omega}_{\mathrm{e}}^{\mathrm{T}}\boldsymbol{q}_{\mathrm{e}}\right)\\&=\boldsymbol{\omega}_{\mathrm{e}}^{\mathrm{T}}\boldsymbol{J}\dot{\boldsymbol{\omega}}_{\mathrm{e}}+k_{\mathrm{p}}\boldsymbol{\omega}^{\mathrm{T}}\boldsymbol{q}\end{aligned} \tag{4.59}$$

再将 $\dot{\boldsymbol{\omega}}_{\mathrm{e}}$ 代入可得

$$\begin{aligned}\dot{V}&=\boldsymbol{\omega}_{\mathrm{e}}^{\mathrm{T}}\boldsymbol{J}\dot{\boldsymbol{\omega}}_{\mathrm{e}}+k_{\mathrm{p}}\boldsymbol{\omega}^{\mathrm{T}}\boldsymbol{q}\\&=\boldsymbol{\omega}_{\mathrm{e}}^{\mathrm{T}}[-k_{\mathrm{p}}\boldsymbol{q}_{\mathrm{e}}-\boldsymbol{k}_{\mathrm{d}}\boldsymbol{\omega}_{\mathrm{e}}-\boldsymbol{\omega}_{\mathrm{e}}\times(\boldsymbol{J}\boldsymbol{\omega}_{\mathrm{e}})]+k_{\mathrm{p}}\boldsymbol{\omega}^{\mathrm{T}}\boldsymbol{q}\\&=-\boldsymbol{\omega}_{\mathrm{e}}^{\mathrm{T}}\boldsymbol{k}_{\mathrm{d}}\boldsymbol{\omega}_{\mathrm{e}}\\&\leqslant 0\end{aligned} \tag{4.60}$$

根据李雅谱诺夫定理可知,系统是渐进稳定的,且 $\boldsymbol{\omega}_{\mathrm{e}}$ 趋于 $\mathbf{0}$,$\boldsymbol{q}$ 趋于$[0\quad 0\quad 0]^{\mathrm{T}}$。

4.2.1 控制分配误差类型

控制分配环节方法输出的实际控制力矩,由于方法本身的特性或者执行机构动力学等因素,因此方法给出的实际输出与控制器的期望输出 $\boldsymbol{T}$ 不一致,即存在分配误差,从而对系统的稳定性造成影响。为了与上文一致,这里假设控制分配需要满足的约束为 $\boldsymbol{Au}=\boldsymbol{T}$,分析一下分配误差的类型。

1. 比例误差

具有比例误差的一种典型的方法是直接分配法。直接分配法是基于可达集信息来求取控制指令 $\boldsymbol{u}$ 的,当控制器给出 $\boldsymbol{T}$ 后,直接分配法首先找到与 $\boldsymbol{T}$ 相交的面,然后根据该面上的顶点对应的饱和控制指令进行适当的放缩来计算 $\boldsymbol{u}$,当控制指令在可达集内时,能够给出要求的控制指令;当超出可达集时,方法给出在 $\boldsymbol{T}$ 方向上的最大输出。因此,这种方法在力矩可达集内满足,分配误差 $\boldsymbol{e}=\mathbf{0}$,在分配空间以外,方法的输出与期望力矩成比例,即

$$\boldsymbol{Au}=k\boldsymbol{T}\quad(0<k<1) \tag{4.61}$$

从而分配误差为

$$e = T - Au = (1 - k)T \tag{4.62}$$

2. 方法允许误差

具有算法允许误差的典型方法是具有分层优化思想的控制分配方法和加权分配方法。分层优化思想的控制分配方法具有如下的形式：

$$\begin{cases} \boldsymbol{u}(t) = \arg\min\limits_{\boldsymbol{u}(t) \in \boldsymbol{\Omega}} \| \boldsymbol{W}_1[\boldsymbol{u}(t) - \boldsymbol{u}_s(t)] \|^2 \\ \boldsymbol{\Omega} = \arg\min\limits_{\boldsymbol{u}_{\min} \leqslant \boldsymbol{u}(t) \leqslant \boldsymbol{u}_{\max}} \| \boldsymbol{W}_2[\boldsymbol{A}\boldsymbol{u}(t) - \boldsymbol{T}(t)] \|^2 \end{cases} \tag{4.63}$$

式中，$\boldsymbol{u}_s(t)$ 为期望的控制输入；$\boldsymbol{u}(t)$ 为实际的控制输入；$\boldsymbol{T}(t)$ 为控制器给出期望控制指令；$\boldsymbol{W}_1$、$\boldsymbol{W}_2$ 为正定对角阵。

加权分配方法的思想是将控制分配模型的输入作为一个指标，并和设计指标一起做一个加权，即在控制分配误差最小和设计指标之间进行权衡，从而得到优化结果，这种方法的控制分配模型有如下的形式：

$$\begin{cases} \text{opt.}\ f(\boldsymbol{T}) + \| \boldsymbol{W}_1[\boldsymbol{A}\boldsymbol{u}(t) - \boldsymbol{T}(t)] \|^2 \\ \text{s.t.}\ \ \boldsymbol{u}_{\min} \leqslant \boldsymbol{u}(t) \leqslant \boldsymbol{u}_{\max} \end{cases} \tag{4.64}$$

式中，$\boldsymbol{W}_1$ 为正定对角阵。

记控制分配方法给出的最优控制为 $\boldsymbol{u}^*$，这两种情形方法的分配结果为

$$\boldsymbol{u} = \boldsymbol{u}^* - \Delta \boldsymbol{u} \tag{4.65}$$

分配误差为

$$\boldsymbol{e} = \boldsymbol{T} - \boldsymbol{A}\boldsymbol{u} = \boldsymbol{A}\Delta \boldsymbol{u} \tag{4.66}$$

3. 输出误差

记控制分配方法给出的最优控制为 $\boldsymbol{u}^*$，而执行机构的实际输出为 $\boldsymbol{u}$，二者之间有下列关系：

$$\boldsymbol{u} = \boldsymbol{u}^* - \Delta \boldsymbol{u} \tag{4.67}$$

分配误差为

$$\boldsymbol{e} = \boldsymbol{T} - \boldsymbol{A}\boldsymbol{u} = \boldsymbol{A}\Delta \boldsymbol{u} \tag{4.68}$$

4. 安装误差

这种情况下，控制效率矩阵为

$$\boldsymbol{A} = \boldsymbol{A}^* - \Delta \boldsymbol{A} \tag{4.69}$$

方法给出的实际输出为

$$\widetilde{\boldsymbol{T}} = \boldsymbol{A}\boldsymbol{u} = (\boldsymbol{A}^* - \Delta \boldsymbol{A})\boldsymbol{u} \tag{4.70}$$

分配误差为

$$\boldsymbol{e} = \boldsymbol{T} - \widetilde{\boldsymbol{T}} = \Delta \boldsymbol{A}\boldsymbol{u} \tag{4.71}$$

归结起来,控制分配误差可以总结为两种类型:一类是方向误差,在期望控制向量的方向上,实际控制向量的方向与期望控制向量的方向具有误差;另一类是幅值误差,实际控制向量与期望控制向量在大小上存在误差。通过上面的分析过程可知,比例误差只具有幅值误差,而其他类型的偏差则可能既有方向误差又有幅值误差。

4.2.2 带有控制分配环节的系统稳定性分析

本节以几种典型的分配误差为例,给出能够保证系统稳定性所需的条件。

1. 比例误差

在控制分配方法存在比例误差的情况下,执行机构实际产生的力矩为

$$\boldsymbol{T}=k(-k_{\mathrm{p}}\boldsymbol{q}_{\mathrm{e}}-\boldsymbol{k}_{\mathrm{d}}\boldsymbol{\omega}_{\mathrm{e}})\quad(0<k<1) \tag{4.72}$$

选择李雅谱诺夫函数

$$V=\frac{1}{2}\boldsymbol{\omega}^{\mathrm{T}}\boldsymbol{J}\boldsymbol{\omega}+kk_{\mathrm{p}}\boldsymbol{q}^{\mathrm{T}}\boldsymbol{q}+kk_{\mathrm{p}}(q_0-1)^2 \tag{4.73}$$

满足正定且径向无界,函数 V 的导数为

$$\begin{aligned}\dot{V}&=\boldsymbol{\omega}_{\mathrm{e}}^{\mathrm{T}}\boldsymbol{J}\dot{\boldsymbol{\omega}}_{\mathrm{e}}+kk_{\mathrm{p}}\boldsymbol{\omega}^{\mathrm{T}}\boldsymbol{q}\\&=\boldsymbol{\omega}_{\mathrm{e}}^{\mathrm{T}}[-k(k_{\mathrm{p}}\boldsymbol{q}_{\mathrm{e}}+\boldsymbol{k}_{\mathrm{d}}\boldsymbol{\omega}_{\mathrm{e}})-\boldsymbol{\omega}_{\mathrm{e}}\times(\boldsymbol{J}\boldsymbol{\omega}_{\mathrm{e}})]+kk_{\mathrm{p}}\boldsymbol{\omega}^{\mathrm{T}}\boldsymbol{q}\\&=-k\boldsymbol{\omega}_{\mathrm{e}}^{\mathrm{T}}\boldsymbol{k}_{\mathrm{d}}\boldsymbol{\omega}_{\mathrm{e}}\\&\leqslant0\end{aligned} \tag{4.74}$$

可见在 PD 控制率下,控制分配环节的方法出现比例误差时,如果满足 $0<k<1$,那么系统仍然能够保证全局一致渐近稳定。

2. 输出误差

方法允许误差和输出误差具有一样的形式,这里以输出误差为例研究对系统稳定性的影响。

这种情形下的误差表达式 $\boldsymbol{e}=\boldsymbol{A}\Delta\boldsymbol{u}$ 满足

$$\|\boldsymbol{e}\|=\|\boldsymbol{A}\Delta\boldsymbol{u}\|\leqslant\|\boldsymbol{A}\|\|\Delta\boldsymbol{u}\| \tag{4.75}$$

选取李雅谱诺夫函数

$$V=\frac{1}{2}\boldsymbol{\omega}^{\mathrm{T}}\boldsymbol{J}\boldsymbol{\omega}+k_{\mathrm{p}}\boldsymbol{q}^{\mathrm{T}}\boldsymbol{q}+k_{\mathrm{p}}(q_0-1)^2 \tag{4.76}$$

对其求导,得

$$\begin{aligned}\dot{V}&=\boldsymbol{\omega}^{\mathrm{T}}\boldsymbol{J}\dot{\boldsymbol{\omega}}_{\mathrm{e}}+k_{\mathrm{p}}\boldsymbol{\omega}^{\mathrm{T}}\boldsymbol{q}\\&=\boldsymbol{\omega}^{\mathrm{T}}[-k_{\mathrm{p}}\boldsymbol{q}-\boldsymbol{k}_{\mathrm{d}}\boldsymbol{\omega}-\boldsymbol{A}\Delta\boldsymbol{u}-\boldsymbol{\omega}\times(\boldsymbol{J}\boldsymbol{\omega})]+k_{\mathrm{p}}\boldsymbol{\omega}^{\mathrm{T}}\boldsymbol{q}\\&=-\boldsymbol{\omega}^{\mathrm{T}}\boldsymbol{k}_{\mathrm{d}}\boldsymbol{\omega}-\boldsymbol{\omega}^{\mathrm{T}}\boldsymbol{A}\Delta\boldsymbol{u}\\&\leqslant-\lambda\|\boldsymbol{\omega}\|^2+\|\boldsymbol{\omega}\|\|\boldsymbol{A}\Delta\boldsymbol{u}\|\end{aligned} \tag{4.77}$$

式中，$\boldsymbol{k}_{\mathrm{d}}=\mathrm{diag}(k_{\mathrm{d1}},k_{\mathrm{d2}},k_{\mathrm{d3}})$；$\lambda=\min\{k_{\mathrm{d1}},k_{\mathrm{d2}},k_{\mathrm{d3}}\}$。

姿态角速度 $\boldsymbol{\omega}$ 有界，满足 $\|\boldsymbol{\omega}\|\leqslant\xi$，那么式(4.77)可以进一步写成

$$\dot{V}\leqslant-\lambda\|\boldsymbol{\omega}\|^2+\|\boldsymbol{\omega}\|\|\boldsymbol{A}\|\|\Delta\boldsymbol{u}\|=-(\lambda\|\boldsymbol{\omega}\|-\|\boldsymbol{A}\|\|\Delta\boldsymbol{u}\|)\|\boldsymbol{\omega}\| \tag{4.78}$$

如果有

$$\lambda\|\boldsymbol{\omega}\|-\|\boldsymbol{A}\|\|\Delta\boldsymbol{u}\|>0 \tag{4.79}$$

那么显然满足 $\dot{V}<0$，此时

$$\|\boldsymbol{A}\|\|\Delta\boldsymbol{u}\|<\lambda\|\boldsymbol{\omega}\|<\lambda\xi \tag{4.80}$$

即当满足

$$\|\Delta\boldsymbol{u}\|<\lambda\xi/\|\boldsymbol{A}\| \tag{4.81}$$

时，系统是渐近稳定的。

3. 安装误差

这种情形下的误差表达式满足

$$\|\boldsymbol{e}\|=\|\Delta\boldsymbol{A}\boldsymbol{u}\|\leqslant\|\Delta\boldsymbol{A}\|\|\boldsymbol{u}\| \tag{4.82}$$

与输出误差部分的分析过程类似，容易得到

$$\begin{aligned}\dot{V}&\leqslant-\lambda\|\boldsymbol{\omega}\|^2+\|\boldsymbol{\omega}\|\|\Delta\boldsymbol{A}\boldsymbol{u}\|\\&\leqslant-\lambda\|\boldsymbol{\omega}\|^2+\|\boldsymbol{\omega}\|\|\Delta\boldsymbol{A}\|\|\boldsymbol{u}\|\\&=-(\lambda\|\boldsymbol{\omega}\|-\|\Delta\boldsymbol{A}\|\|\boldsymbol{u}\|)\|\boldsymbol{\omega}\|\end{aligned} \tag{4.83}$$

当满足

$$\lambda\|\boldsymbol{\omega}\|-\|\Delta\boldsymbol{A}\|\|\boldsymbol{u}\|>0 \tag{4.84}$$

时，可以保证系统的渐近稳定性，此时

$$\|\Delta\boldsymbol{A}\|<\lambda\xi/\|\boldsymbol{u}\|<\lambda\xi/\boldsymbol{u}_{\max} \tag{4.85}$$

式中，$\boldsymbol{u}_{\max}$为执行机构的约束的上限。

4.2.3　仿真分析

以比例误差为例，对控制分配的稳定性进行仿真。在 $k=0.1$ 时，由姿态四元数和姿态角速度的变化情况可以看出，系统的收敛速度较慢，仿真时间较长，虽然控制分配过程有较大的误差，但是系统最终是趋于稳定的。$k=0.9$ 时，四元数很快趋于目标四元数，角速度也很快收敛到零值，姿态四元数和姿态角速度曲线如图 4.11 和图 4.12 所示，可见系统是稳定的，系统的控制分配误差降低了一个数量级，控制分配误差曲线如图 4.13 和图 4.14 所示，说明了对于具有分配误差的控制分配过程，只要其误差类型和参数满足4.2.2 节的条件，就能够保证其系统仍然是稳定的。

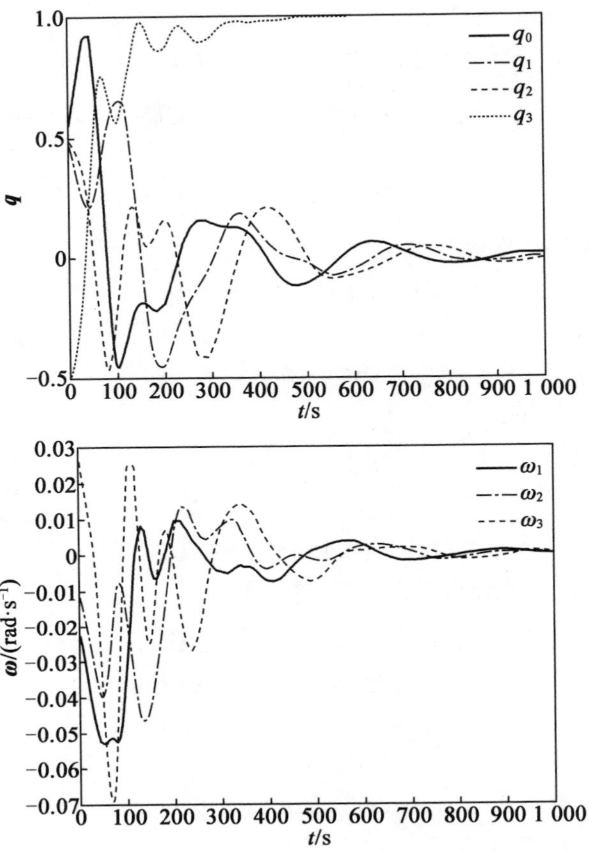

图 4.11　姿态四元数和姿态角速度曲线($k=0.1$)

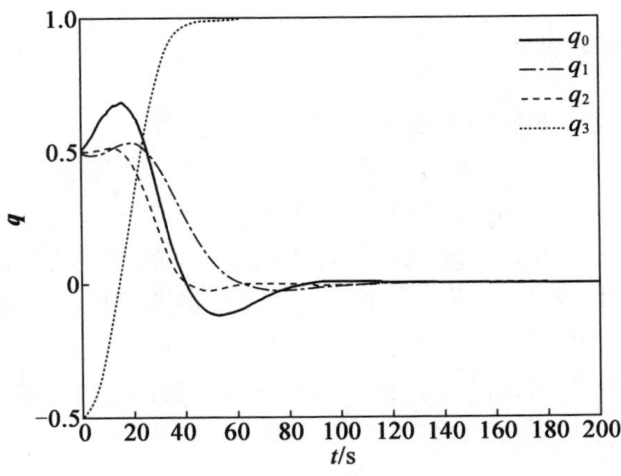

图 4.12　姿态四元数和姿态角速度曲线($k=0.9$)

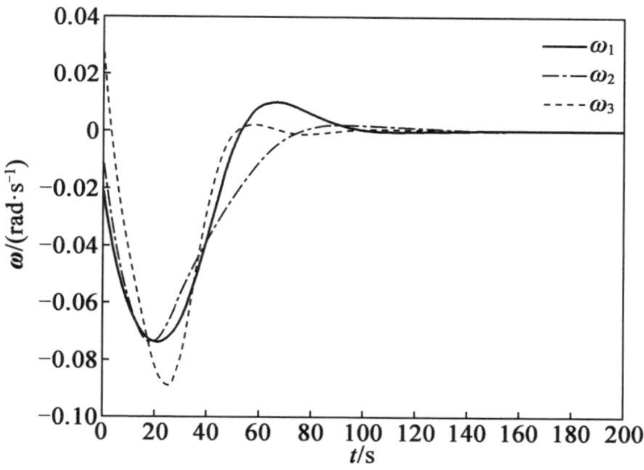

续图 4.12

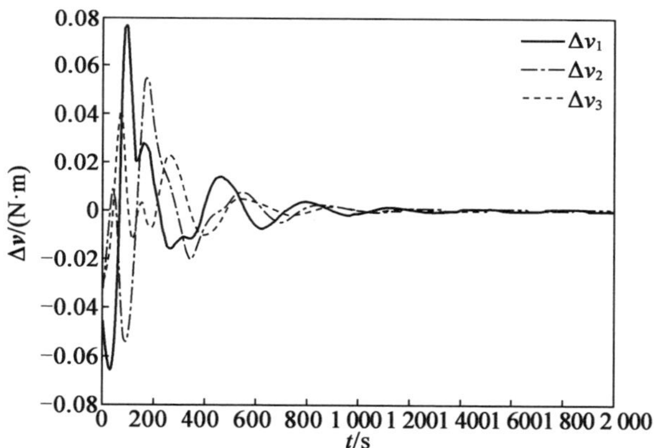

图 4.13　控制分配误差曲线($k=0.1$)

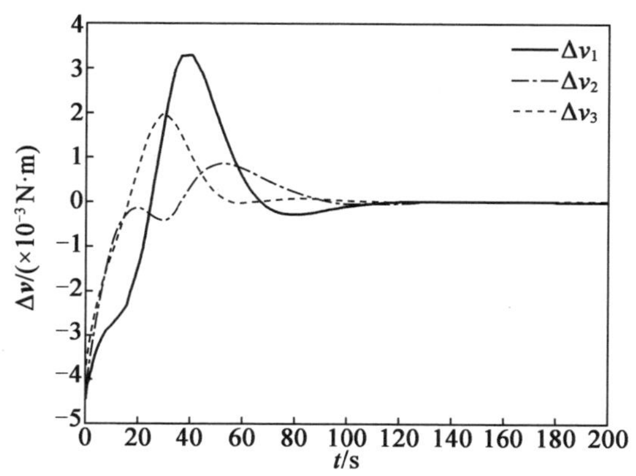

图 4.14　控制分配误差曲线($k=0.9$)

4.3 本章小结

本章研究了控制分配过程对航天器控制系统的影响,首先介绍了两种典型分配方法的分配误差模型,并分析了两种误差对系统稳定性的影响。直接分配法仅在可达集外部出现分配误差,会延长系统的收敛时间,但只要配置力矩输出足以克服最大干扰力矩,方法就可以保证原系统的稳定性能。伪逆法在可达集内外均存在分配误差,不仅会减缓系统的收敛时间,且分配误差过大时,可能导致系统稳定特性逐渐恶化。其次,根据不同的控制分配误差类型,给出了一种较为通用的控制系统稳定性分析方法,给出了仍然能够保证系统稳定性所需的条件。

前面几章介绍了几种通用的控制分配方法和鲁棒控制分配方法,并对具有控制分配环节的控制系统给出了稳定性分析方法。后续章节将在此基础上,介绍配置不同类型执行机构的过驱动航天器控制分配方法。

本章参考文献

[1] TJOENNAS J, JOHANSEN T A. Stabilization of automotive vehicles using active steering and adaptive brake control allocation[J]. IEEE transactions on control systems technology, 2010, 18(3):545-558.

[2] TONDEL P, JOHANSEN T A. Control allocation for yaw stabilization in automotive vehicles using multiparametric nonlinear programming[C]// American Control Conference. Evanston: American Automatic Control Council,2005.

[3] TJOENNAS J, JOHANSEN T A. Adaptive optimizing dynamic control allocation algorithm for yaw stabilization of an automotive vehicle using brakes[C]// 14th Mediterranean Conference on Control and Automation. Ancona: Institute of Electrical and Electronics Engineers, 2006.

[4] ZHANG A, HU Q, HUO X. Dynamic control allocation for spacecraft attitude stabilization with actuator uncertainty[J]. Proceedings of the institution of mechanical engineers, part G. journal of aerospace engineering, 2014, 228(8): 1336-1347.

[5] HU Q, LI B, FRISWELL M I. Observer-based fault diagnosis incorporating online control allocation for spacecraft attitude stabilization under actuator fail-

ures[J]. The journal of the astronautical sciences, 2013, 60: 211-236.

[6] HU Q, LI B, ZHANG A. Robust finite-time control allocation in spacecraft attitude stabilization under actuator misalignment [J]. Nonlinear dynamics, 2013, 73(1-2):53-71.

第5章

推力器控制分配方法

推力器是航天器控制中常用的一种执行机构，为保证航天器的高可靠性和高机动性，常采用冗余配置，这将导致由控制方法给出的期望控制量到推力器控制指令的分配方案不唯一。传统方案大多以解耦的思想进行控制指令的分配，对消使得每个组合仅产生一个控制量方向上的作用，这种分配模式简单易行，但是对消会导致推力器的使用效率低，难以满足现代航天器追求高性能、低成本、高可靠度的要求。

目前来看，推力器控制分配方法主要分为两大类：动态控制分配方法和静态控制分配方法。动态控制分配方法是指根据推力器模型、约束条件以及最优目标，将控制分配问题转化为数学模型，并基于数学优化方法实现控制指令的实时分配，包括广义逆法、线性规划法、二次规划法等，该类控制分配方法具有容错性能强、鲁棒性好的特点，但由于需要实时优化求解，计算过程复杂，对星载计算机的要求高，使得实时分配方法难以工程实现。而静态控制分配方法是根据航天器预先设定的机动和控制模式确定相应的推力器组合，并将其存储于星载计算机中，这类方法以近年欧洲太空局在 ATV 研制时提出的指令分配在线查表法为代表[1]，能够克服优化方法在线实时计算速度慢、占用过多计算资源等缺点，具有控制能力强、推力器使用效率高、实时计算速度快等优点，应用前景广阔。

5.1　基于在线查表法的姿态控制方法

基于在线查表法的控制分配方法主要分为离线计算和在线计算两部分，其中离线计算主要负责推力器列表的制定，而在线计算需要根据期望控制量选择最优的推力器组合并确定推力器的开关状态。

本节以推力器的动态分配问题为背景，重点考虑 ON/OFF 模式推力器，给出基于推力器列表的控制分配方法，在制定推力器列表的过程中，从单纯形法基组的几何释义出发，提出一种基于凸棱锥制定列表的方法，同时在线查表的过程中考虑到推力器的动态特性，减小分配误差。

5.1.1　基于预定列表的推力器分配方案

基于列表的推力器动态分配是一种离线计算与在线计算相结合的控制分配方法，通过离线制定出执行机构组合，而通过在线查表法确定出各执行机构的状态，该方法能够在保证计算量小的前提下，有效地获得某一性能指标的最优或者次优解[2,3]。

参考 1.2.2 节的控制分配模型，本节给出一种离线计算和在线计算相结合的分配方法[4]，基于推力器组合表的控制分配策略流程图如图 5.1 所示。

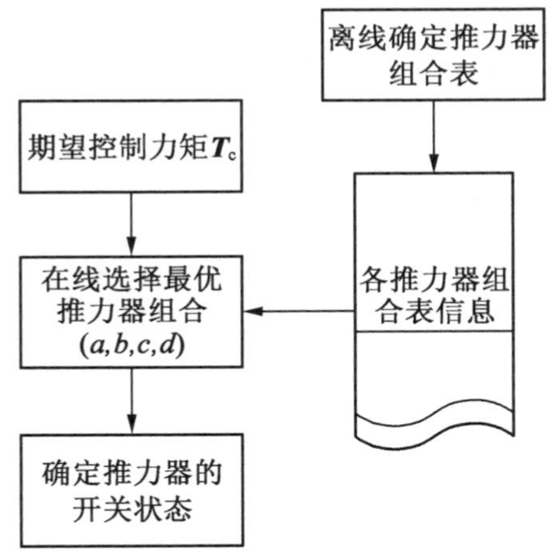

图 5.1　基于推力器组合表的控制分配策略流程图

该方法根据推力器构型，通过离线计算将性能相近的推力器按照一定的优化目标进行分组，并将推力器组合信息预先存入星载计算机中，实时计算时，只需根据期望控制力矩的情况，在线选择能够完成期望控制力矩分配的组合，而无须通过优化方法求解出能够完成期望控制量分配任务的推力器，为此简化在线寻优的过程，达到不增加在线计算量的情况下提高推力器效率的目的[5]。

通过在线查表法确定出推力器组合之后，根据推力器的工作模式，采用不同的方法进行推力器状态的确定。在过驱动航天器姿态控制问题中，对于推力器能够产生连续推力时间的情形，可以直接通过 $\boldsymbol{U}=\boldsymbol{A}^{-1}\boldsymbol{T}$ 求解确定推力器组合内各推力器的开机时长（其中 $\boldsymbol{A}^{-1}$ 为推力器组合对应的力矩控制分配矩阵的逆矩阵）；而对于推力器采用 Full - ON 和 Full - OFF 工作模式的情况，可以通过分析推力器组合中各推力器所有可能的开关状态，比较选择出分配误差最小的推力器开关状态，完成组合内各推力器开关状态的确定，这里重点讨论推力器采用 Full - ON 和 Full - OFF 工作模式的情况。

5.1.2 基于凸棱锥的推力器列表离线制定方法

凸棱锥能够用来描述多个矢量构成的空间，对于凸棱锥所围成空间中的任意矢量，都可以由构成凸棱锥的棱矢量表示。在制定推力器组合表时，以推力器力矩矢量构成的凸棱锥为单元制定推力器组合表。

基于凸棱锥确定推力器列表的基本思想是根据推力器力矩矢量构成的集合，确定其生成的凸棱锥，每一个凸棱锥对应一个推力器组合。而根据凸棱锥的定义可知[6]，凸棱锥的棱与不经过锥顶点的平面相交，交点构成凸多边形。为此，由推力器力矩矢量构成的集合 $\boldsymbol{M}$，为了确定其生成的凸棱锥，可以选取任意能够围成封闭空间的截面（一种常用的截面选取为 $x=\pm1, y=\pm1, z=\pm1$），通过确定集合 $\boldsymbol{M}$ 中的矢量与截面的交点构成的凸多边形，进而确定推力器组合。

对于平面上包含有限个点的点集，它的凸包是指平面上包围这些点的最小面积的凸多边形[4]，当所有的点都在该凸多边形上时，则点集中所有的点能构成凸多边形，为此，为了确定平面点集上的所有凸多边形，可以采用增量确定方法，它的基本原理是对于输入的点集，用点集中的前 3 个点构造初始凸多边形，然后逐次向已构成的凸多边形中添加其他点，通过确定新的凸包来判断新的点集是否构成凸包多边形，如此反复确定出所有的凸多边形。

制定推力器组合表首先是确定控制量在各截面上的交点，然后确定交点所形成的所有凸多边形，方法的具体流程如下。

步骤一：确定各截面上的交点。

①判断 n 个矢量的坐标矢量是否存在坐标为 0 的情况，当存在坐标为 0 的情况时，对所有的坐标进行旋转变换，直至不出现坐标为 0 的情况。

②按照 x 轴、y 轴以及 z 轴的分量是否大于零将坐标分为 6 组，分别定义为 $\boldsymbol{C}_{x0}$、$\boldsymbol{C}_{x1}$、$\boldsymbol{C}_{y0}$、$\boldsymbol{C}_{y1}$、$\boldsymbol{C}_{z0}$、$\boldsymbol{C}_{z1}$。

③将 $\boldsymbol{C}_{x0}$、$\boldsymbol{C}_{x1}$、$\boldsymbol{C}_{y0}$、$\boldsymbol{C}_{y1}$、$\boldsymbol{C}_{z0}$、$\boldsymbol{C}_{z1}$ 中的矢量分别沿平面 $x=-1$、$x=1$、$y=-1$、$y=1$、$z=-1$、$z=1$ 六个平面进行投影，在各个平面形成的交点坐标集合定义为 $\boldsymbol{B}_{x0}$、$\boldsymbol{B}_{x1}$、$\boldsymbol{B}_{y0}$、$\boldsymbol{B}_{y1}$、$\boldsymbol{B}_{z0}$、$\boldsymbol{B}_{z1}$。

步骤二：确定平面上的凸多边形。

基于二维凸包确定的基本思想，确定平面上点集构成的凸多边形（以点集 $\boldsymbol{B}_{z1}$ 为例），具体步骤如下。

④对于点集 $\boldsymbol{B}_{z1}$ 中的 m 个交点 $\boldsymbol{b}_1,\boldsymbol{b}_2,\cdots,\boldsymbol{b}_m$，确定点集的中心点，并计算 m 个点和点集中心点的连线与 x 轴正方向的夹角。

⑤按照夹角从小到大依次排序，分别为 $\boldsymbol{b}_{\mathrm{i1}},\boldsymbol{b}_{\mathrm{i2}},\cdots,\boldsymbol{b}_{\mathrm{im}}$。

⑥判断各顶点的凹凸性，当各个顶点都为凸顶点时，则转至步骤⑩，否则转至步骤⑦。

⑦计算凹顶点与点集中心的距离，确定出距离最小的凹顶点，并以该凹顶点作为中心顶点。

⑧以中心顶点为初始点，由与其相邻的两个顶点构成的三角形作为初始凸多边形，并将该三个顶点从顶点集合中移除。

⑨判断顶点集合是否还有顶点，若无顶点，则转至步骤⑫，否则按照步骤二中排好的顺序，依次增加顶点，同时将其从顶点集合中移除。

⑩确定加入新的顶点后所形成的凸包，并判断所有的点是否都在凸包边界上，若都构成凸包的边界，则转至步骤⑨，否则转至步骤⑪。

⑪存储凸多边形，并以中心顶点以及最晚加入的两个顶点构成的三角形作为初始凸多边形，并转至步骤⑨。

⑫输出各个凸多边形，并确定构成凸多边形顶点的力矩矢量组，该矢量组构成极大无关锥的基向量，从而确定出各基矢量所对应的推力器。

5.1.3　考虑 ON－OFF 工作模式的在线查表法

在线查表法根据离线制定出的推力器组合列表，首先通过期望控制力矩选择出推力器组合，然后再确定推力器组合内各推力器的开关状态。考虑推力器以Full－ON 和 Full－OFF 工作模式进行控制，同时考虑推力器的动态特性，引入有效力矩系数的概念对推力器的上升沿和下降沿进行等效考虑[7]。

1. 基于锥面方程的推力器组合选择

对于任一由 n 个推力器构成的推力器组合，在三维空间中形成一个顶点在原点，由推力器的力矩矢量组成棱的 n 棱凸锥，该空间为该推力器组合所管辖的区域，基于凸棱锥表面方程确定推力器组合原理图如图 5.2 所示。为了确定期望控制力矩所在凸棱锥内，只需判定控制力矩矢量与锥面之间的相对位置关系。

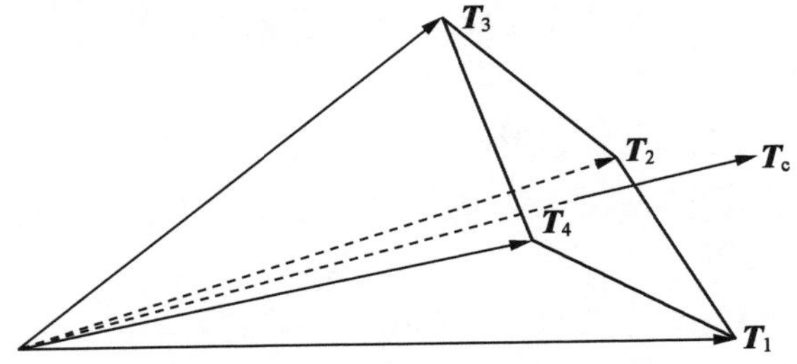

图 5.2　基于凸棱锥表面方程确定推力器组合原理图

不妨假设凸棱锥棱的序列为 $\boldsymbol{V}=\{\boldsymbol{T}_1 \quad \boldsymbol{T}_2 \quad \cdots \quad \boldsymbol{T}_n\}$，为此可以计算出相邻两条棱 $\boldsymbol{T}_i$ 和 $\boldsymbol{T}_{i+1}$ 构成锥面的平面方程为

$$f(x,y,z;n_{xi},n_{yi},n_{zi})=n_{xi}\cdot x+n_{yi}\cdot y+n_{zi}\cdot z=0 \tag{5.1}$$

式中，n_{xi}、n_{yi}、n_{zi} 为锥平面的法向量 $\boldsymbol{n}$ 的分量，计算公式为

$$\boldsymbol{n}_i=[n_{xi} \quad n_{yi} \quad n_{zi}]^{\mathrm{T}}=\boldsymbol{T}_i\times\boldsymbol{T}_{i+1} \tag{5.2}$$

而对于任意的期望控制力矩 $\boldsymbol{T}_{\mathrm{c}}$，在三维空间中的坐标分量分别为 $T_{\mathrm{c}x}$、$T_{\mathrm{c}y}$、$T_{\mathrm{c}z}$，期望控制力矩与凸棱锥之间的位置关系判定准则为

$$\begin{cases}f(T_{\mathrm{c}x},T_{\mathrm{c}y},T_{\mathrm{c}z};n_{xi},n_{yi},n_{zi})>0 & (\text{上侧})\\ f(T_{\mathrm{c}x},T_{\mathrm{c}y},T_{\mathrm{c}z};n_{xi},n_{yi},n_{zi})<0 & (\text{下侧})\end{cases} \tag{5.3}$$

基于以上准则即可判定期望控制力矩是否在凸棱锥内，对于如图 5.2 所示的推力器组合，其凸棱锥棱的序列为 $\boldsymbol{V}=\{\boldsymbol{T}_1 \quad \boldsymbol{T}_2 \quad \boldsymbol{T}_3 \quad \boldsymbol{T}_4\}$，对于任意的期望控制力矩 $\boldsymbol{T}_{\mathrm{c}}$，它在凸棱锥内部需要满足

$$f(T_{\mathrm{c}x},T_{\mathrm{c}y},T_{\mathrm{c}z};n_{xi},n_{yi},n_{zi})>0 \quad (i=1,2,3,4) \tag{5.4}$$

2. 面向最小分配误差的推力器开关状态确定

确定出期望控制力矩对应的推力器组合之后，还需确定组合中各推力器的开关状态，假设推力器组合中的推力器数目为 n，对应的开关状态组合数为 2^n 种，基于分配误差最小的原则，选择出与期望控制力矩最相近的分配方案。

考虑到推力器输出动态特性曲线，如图 5.3 所示，推力从 0 变为 $F_{\max}$ 以及从 $F_{\max}$ 下降为 0 需要一定的时间，此时推力器的控制力矩矩阵不是常值，为此引入有效力矩系数对其进行修正。

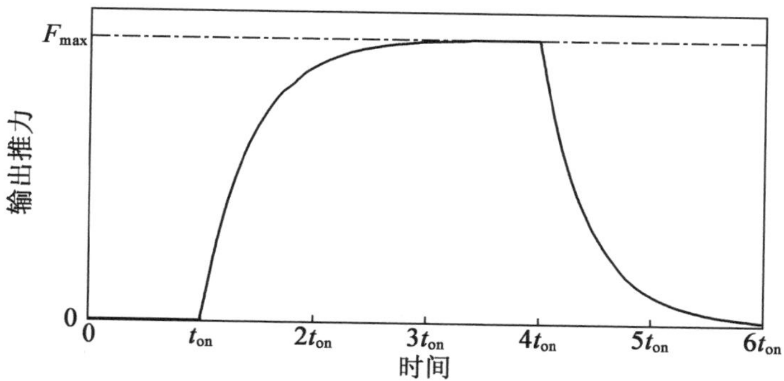

图 5.3　推力器输出动态特性曲线

当考虑推力器动态特性时,在一个控制周期内,推力器输出的平均推力为

$$F = \frac{\int_0^{t_{on}} f(t)\,\mathrm{d}t}{F_{max} t_{on}} \tag{5.5}$$

式中,t_{on}代表控制周期;F_{max}是指推力器输出的最大推力。

而有效力矩系数定义为平均推力与最大输出推力的比值,即

$$\kappa = \frac{F}{F_{max}} \tag{5.6}$$

从而推力器产生的力矩可以表示为

$$\boldsymbol{T} = \boldsymbol{AK} = [\boldsymbol{d}_1 \times \boldsymbol{e}_1 \quad \boldsymbol{d}_2 \times \boldsymbol{e}_2 \quad \cdots \quad \boldsymbol{d}_n \times \boldsymbol{e}_n] \begin{bmatrix} \kappa_1 \\ \kappa_2 \\ \vdots \\ \kappa_n \end{bmatrix} \tag{5.7}$$

式中,$\boldsymbol{A} \in \mathbf{R}^{3 \times n}$为推力器的控制力矩控制分配矩阵;$\boldsymbol{d}_i$ 为第 i 个推力器在体坐标系中的位置矢量;$\boldsymbol{e}_i$ 为第 i 个推力器产生的推力矢量在体坐标系下的坐标列阵。

考虑到推力器的动态时间比较短,可以将推力器的动态过程分为四种情况:关变为开,保持开状态,开变为关,保持关状态。分别计算出每一种动态过程对应的有效力矩系数,并认为有效力矩的系数只有这四种取值,从而对计算过程进行简化处理。

3. 在线推力器开关状态确定方法流程

在线推力器开关状态确定方法主要包括确定推力器组合以及确定组合内推力器开关状态两个过程,基于前两节的描述,可以得到在线推力器开关状态确定

方法的基本步骤如下。

(1)对于所有的推力器组合构成的凸棱锥,基于式(5.1)计算凸棱锥平面构成的平面方程。

(2)根据推力器组合中推力器力矩的方向,确定其围成空间所在的象限。

(3)确定各象限所包含的推力器组合,根据凸棱锥平面方程,列出控制指令 $\boldsymbol{T}_c$ 属于各凸棱锥区域时期望控制力在锥平面的上下侧条件。

(4)确定控制指令矢量 $\boldsymbol{T}_c$ 在三维空间所在的象限。

(5)计算与控制指令 $\boldsymbol{T}_c$ 同象限内对应的平面方程函数值,并基于式(5.3)判定准则判定控制指令与锥平面的位置关系。

(6)利用步骤(3)所确定的标准,快速判断出控制指令矢量 $\boldsymbol{T}_c$ 所属的推力器组合。

(7)根据推力器组合内推力器数目为 n,确定所有可能的开关组合为 2^n。

(8)基于前一时刻的推力器开关状态,确定各种开关状态下,推力器产生的力矩。

(9)通过比较力矩分配误差,确定力矩分配误差最小的情况下推力器开关的状态。

(10)在以上 9 个步骤中,前 3 个都是通过离线计算好预先存储在飞行器计算机中,实际应用时,只需要通过后 6 个步骤进行判断。

5.1.4 仿真分析

对在线查表法分别进行开环和闭环数学仿真验证,其中开环仿真是给定期望控制力矩,分别采用多种分配方法进行分配,通过比较分配误差来验证该方法的有效性;闭环仿真将控制分配方法应用于航天器姿态控制的闭环控制回路中,验证该方法的控制精度和效果。

1. 开环仿真

以推力器倾斜安装的航天器为例,16 个推力器的力矩控制分配矩阵为

$$A=\begin{bmatrix} 0.775 & 0.000 & -0.775 & -0.775 & 0.000 & 0.775 & 0.000 & 0.000 & 0.775 & 0.000 & -0.775 & -0.775 & 0.000 & 0.775 & 0.555 & -0.555 \\ 0.447 & 0.894 & 0.447 & -0.447 & 0.894 & -0.447 & 0.555 & -0.555 & 0.447 & 0.894 & 0.447 & -0.447 & -0.894 & -0.447 & 0.000 & 0.000 \\ 0.447 & 0.447 & 0.447 & 0.447 & 0.447 & 0.447 & 0.832 & 0.832 & -0.447 & -0.447 & -0.447 & -0.447 & -0.447 & -0.447 & -0.832 & -0.832 \end{bmatrix} \tag{5.8}$$

推力器特性参数见表 5.1。

表 5.1　推力器特性参数

参数名称	数值
推力器最大值 F_{max}	5 N
推力器延时	8 ms
推力器从 0 上升至 $0.9F_{max}$ 的时间	8 ms
推力器从 F_{max} 下降至 $0.1F_{max}$ 的时间	8 ms

推力器推力变化模型采用指数型变化方式，即

$$f=\begin{cases}0 & (\text{延时段})\\ F_{max}(1-\mathrm{e}^{\tau t}) & (\text{上升段})\\ F_{max}\mathrm{e}^{\tau t} & (\text{下降段})\end{cases}\tag{5.9}$$

根据表 5.1 的条件，可以求得时间常数 $\tau=-287.823\,1$，故推力器的推力模型为

$$f=\begin{cases}0 & (t\in(0,0.008)\text{延时段})\\ 5\times(1-\mathrm{e}^{-287.823\,1(t-0.008)}) & (t\in(0.008,0.016)\text{上升段})\\ 5\times\mathrm{e}^{-287.823\,1(t-0.016)} & (t\in(0.016,0.024)\text{下降段})\end{cases}\tag{5.10}$$

由推力器控制分配矩阵，可确定各推力器产生的力矩矢量，基于凸棱锥制定出的推力器列表见表 5.2。

表 5.2　基于凸棱锥制定出的推力器列表

组合序号	组合 1	组合 2	组合 3	组合 4	组合 5	组合 6	组合 7	组合 8	组合 9	组合 10
推力器	1	3	1	2	3	5	12	1	4	9
	2	4	6	3	4	6	13	2	5	10
	6	5	9	7	11	8	14	9	12	11
	7	7	14	10	12	13	15	10	13	15
	8	8	15	11	16	14	16			16

仿真中设置期望控制力矩为 $\boldsymbol{T}_c=[T_{cx}\quad T_{cy}\quad T_{cz}]^{\mathrm{T}}$，其中 T_{cx}、T_{cy} 和 T_{cz} 分别设置为幅值为 8 N · m、9 N · m 和 6 N · m，周期均为 4 s 的正弦信号，以 0.1 s 的时间间隔进行取样，采用基于凸棱锥制定出的推力器列表进行分配，图 5.4 所示为期望控制力矩分配图，图 5.5 所示为力矩分配误差图，每一个“ * ”的横、纵坐标分别对应

响应的采用时间和力矩分配误差。

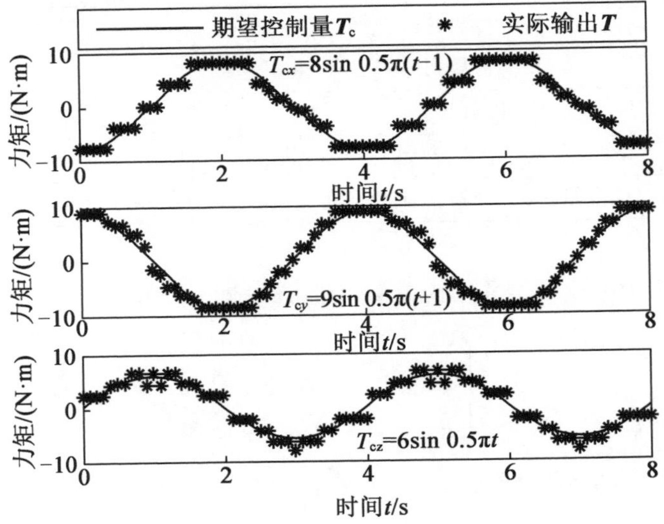

图 5.4　期望控制力矩分配图

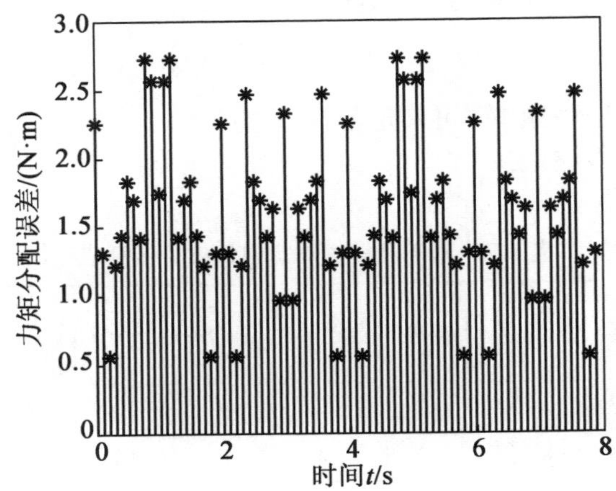

图 5.5　力矩分配误差图

由图 5.4 ~5.5 可以看出，所提出的推力器分配方法能够很好地跟踪期望指令，然而对于开关控制型推力器，其只能产生某些离散大小的力矩，因此对于绝大部分期望控制力矩，都会存在一定的分配误差，只有当期望控制力矩正好与推力器能够产生的离散力矩数值相等时，才不会有分配误差。

为了进一步说明所提在线查表法的有效性，将该方法与枚举法进行对比验证。其中，枚举法是通过离线枚举出所有可能的开关状态组合，并将其存储于星

载计算机中，在线对期望控制力矩进行分配时，枚举法通过比较分配误差确定产生最小分配误差的推力器开关状态，枚举法确定出的分配结果理论上是分配误差最小的。

仿真条件与之前的仿真条件一致，得到两种方法的力矩分配误差增量以及计算耗时对比图分别如图 5.6 和图 5.7 所示。

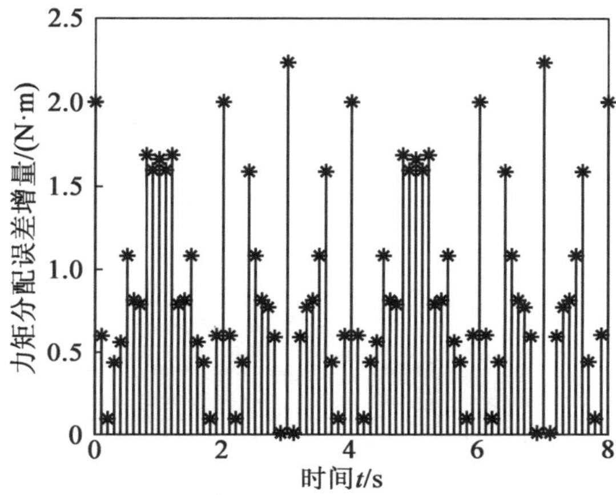

图 5.6　力矩分配误差增量

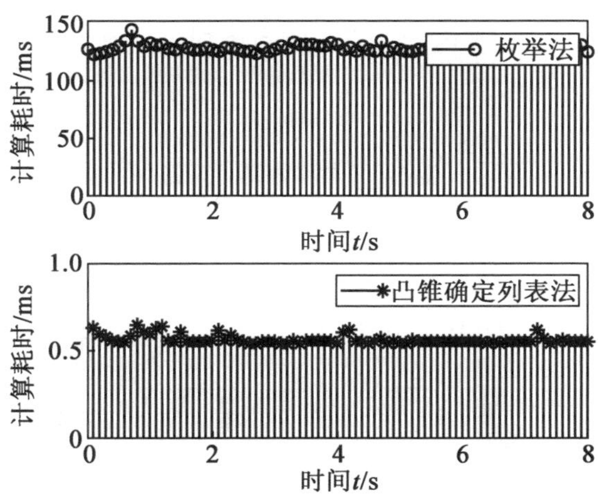

图 5.7　计算耗时对比图

对于给定的期望控制力矩仿真算例，采用基于凸棱锥制定出的列表进行分配时，最大分配误差为 2.72 N · m，平均分配误差为 1.61 N · m，而枚举法的平均力矩分配误差为 0.72 N · m，相比于分配误差最小的枚举法而言，凸锥确定列表法的分配误差有所增加，但是方法的计算速度快 3 个数量级，凸锥确定列表法的平均耗时为0.564 0 ms,而枚举法的平均计算耗时为127.09 ms。

为了进一步说明基于凸棱锥制定出的推力器组合在燃料消耗使用效率方面的性能,通过引入性能指标——燃料效能,对其进行评价,其中燃料效能的计算公式为

$$燃料效能=\frac{|M_x|+|M_y|+|M_z|}{工作推力器数目} \tag{5.11}$$

由于仿真时推力器设置为固定推力和时长,为此每个推力器开机时消耗的燃料一致,根据燃料效能的定义可知,其物理含义为平均每个推力器产生的力矩大小,燃料效能值越大,那么燃料的使用效率就越高。从图5.8可以看出,凸锥确定列表法对应的燃料效能均值为6.49 N·m,而枚举法仅为2.11 N·m。由图5.9可知,基于凸棱锥制定出的推力器列表进行分配时,使用的工作推力器数目远小于枚举法。

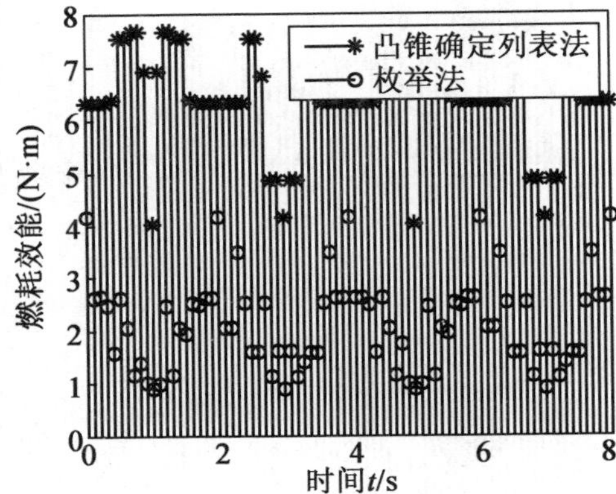

图5.8 燃料效能对比图

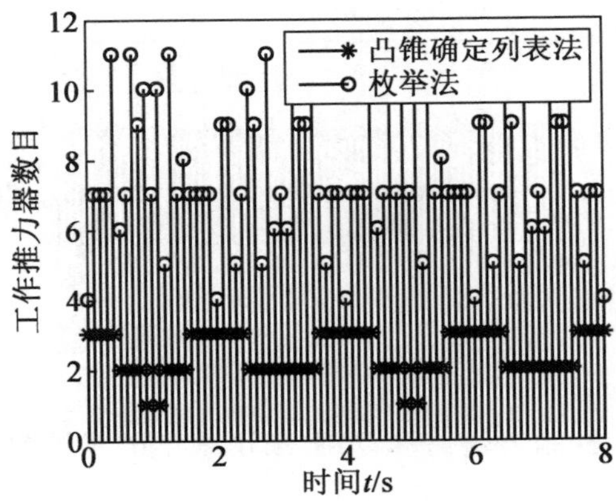

图5.9 工作推力器数目对比图

2. 闭环仿真

以小卫星姿态控制为背景，对以推力器为执行机构的航天器姿态控制进行仿真，将考虑推力器动态特性的实时控制分配在线查表法引入控制闭环中，其中推力器配置及特性与上一节仿真场景中一致，转动惯量为 $\boldsymbol{I}=[15\quad 0\quad 0;0\quad 15\quad 0;0\quad 0\quad 10]\ \mathrm{kg}\cdot\mathrm{m}^2$；卫星初始姿态角和姿态角速度都为0，跟踪目标姿态角三个通道都为60°，最大推力设置为10 N，控制器采用PD控制律，控制律参数 $k_p=9$，$k_d=10$。

由上一节给出的推力器的推力模型函数，可以计算出推力器四种开关状态变化（关变为开、保持开状态、开变为关以及保持关状态）对应的有效力矩系数分别为0.609 1、1、0.390 9、0。姿态角变化图、姿态角速度变化图、推力器开关状态图和姿态控制误差对比图如图5.10～5.13所示。

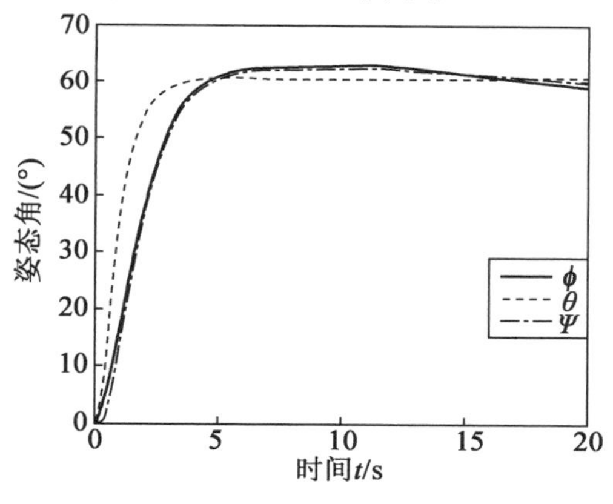

图5.10　姿态角变化图

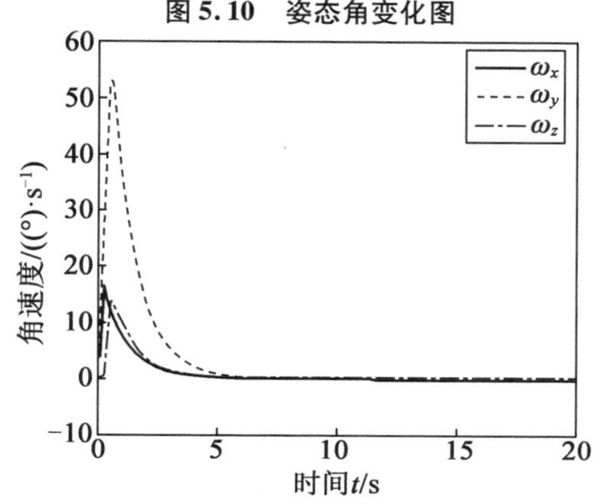

图5.11　姿态角速度变化图

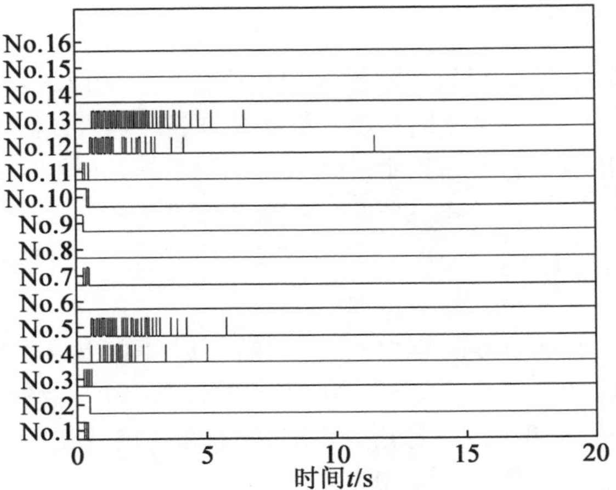

图 5.12　推力器开关状态图

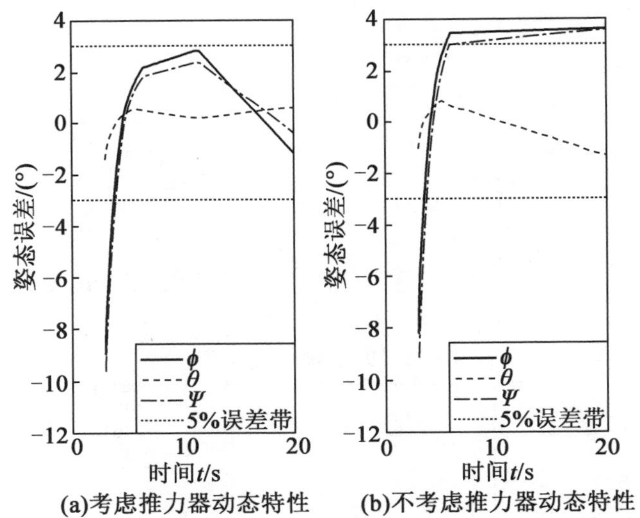

图 5.13　姿态控制误差对比图

根据以上仿真可看出，在控制系统中引入控制分配后，系统能够有效完成最终的姿态跟踪任务。由图 5.10 给出的姿态角变化图以及图 5.11 给出的姿态角速度变化图可知，经过 3.94 s 后，卫星就可以跟踪上期望姿态，系统的超调量也能控制在 5% 的范围内，而根据推力器开关状态图 5.12 可以看出，在初始一段时间，推力器的开关次数比较多，而进入稳态后，推力器的开关次数明显下降，完全能够满足系统对稳态时推力器开关频率的要求。

为了进一步验证在在线查表法中考虑推力器动态特性能够减少分配误差，提高控制精度，将考虑推力器动态特性的在线查表法(图5.13(a))与不考虑推力器动态特性的在线查表法(图5.13(b))分别引入控制闭环回路当中，得到3 s后的姿态控制误差对比图如图5.13所示，其中图5.13(a)是考虑推力器动态特性得到的仿真结果曲线。由跟踪误差对比图像可以看到，在线查表法能够将跟踪误差控制在3°范围内，而不考虑推力器动态特性时，跟踪误差只能控制在4°范围内，由此可以看到，基于在线查表法的控制分配方法能够提高姿态控制精度，有效完成姿态控制任务。

5.2 基于可达集的控制分配方法

只有在控制分配方法不会产生方向偏差的情况下，控制分配环节才不会对系统的稳定性造成影响。为保证方向偏差始终为零，本节引入推力饱和修正因子，并通过该修正因子建立实际输出量与期望控制量之间的比例关系，保证实际输出量与期望控制量的方向始终一致[8]。

可达集在三维空间中表现为凸多面体，而可达集表面能够表征推力器的最大输出能力，利用该性质对推力饱和修正因子进行计算，对超出可达集范围的期望控制量，通过饱和修正因子将其修正至可达集表面，以实现期望控制量方向上的分配误差最小。同时，每个可达集表面对应一组推力器组合，任一与之相交的期望控制力矩均可通过该推力器组合产生的力矩矢量表示，为此，确定期望控制量与可达集相交的表面，对参与分配的推力器进行预先选择，降低优化变量的个数，实现对优化求解模型的降维，进一步提高优化求解速度。

根据1.3节，以燃料最优作为优化目标的控制分配模型可以写成

$$\begin{cases} \min\ J = \boldsymbol{u}^{\mathrm{T}}\boldsymbol{u} \\ \mathrm{s.t.}\ \ \boldsymbol{A}\boldsymbol{u} = k\boldsymbol{T}_{\mathrm{d}} \\ \qquad 0 \leqslant u_i \leqslant u_{\max} \end{cases} \tag{5.12}$$

式中，$\boldsymbol{A}$ 为控制力矩分配矩阵；$\boldsymbol{T}_{\mathrm{d}}$ 代表期望控制力矩；u_i 代表第 i 个推力器的推力大小；$u_{\max}$为第 i 个推力器的输出上界值；$\boldsymbol{u}$ 为设计矢量；k 代表推力饱和修正因子。

该求解模型通过饱和修正因子 $k(0 < k \leqslant 1)$，建立实际输出的控制量 $\boldsymbol{A}\boldsymbol{u}$ 与期望控制量 $\boldsymbol{T}_{\mathrm{d}}$ 之间的比例关系，保证推力器输出的力矩矢量与期望控制力矩矢

量的方向保持一致，使得分配误差不存在方向偏差，只存在幅值偏差，控制分配环节不会影响控制系统的稳定性。同时，推力饱和修正因子的引入可以对超出推力器输出能力范围的期望控制量进行修正，以保证优化求解模型能够求解出满足推力器输出约束条件的可行解。

在求解模型中，推力饱和修正因子 k 的计算直接影响到推力器分配方法的分配误差，对超出可达集的控制量可以修正至可达集表面，实现期望控制量方向上的最小幅值误差分配。

基于可达集的控制分配方法主要分为三个步骤：计算推力饱和修正因子 k，对控制分配矩阵 $\boldsymbol{A}$ 进行降维以及优化求解。本节将重点围绕上述三个步骤进行详细展开。

5.2.1 推力饱和修正因子

推力饱和修正因子是针对期望控制量超出可达集范围的情况，对期望控制量进行修正，将期望控制量修正到可达集表面，它可以定义为推力器在期望控制量方向上的最大输出控制量 $T_{\mathrm{d,max}}$ 与期望控制向量的幅值 $\|\boldsymbol{T}_{\mathrm{d}}\|$ 之间的比值[9,10]，即

$$k=\frac{T_{\mathrm{d,max}}}{\|\boldsymbol{T}_{\mathrm{d}}\|} \tag{5.13}$$

当期望控制量在可达集范围内时，此时无须修正，推力饱和修正因子 $k=1$，修正因子 k 的具体计算公式为

$$k=\begin{cases}1 & (T_{\mathrm{d,max}}>\|\boldsymbol{T}_{\mathrm{d}}\|)\\ \dfrac{T_{\mathrm{d,max}}}{\|\boldsymbol{T}_{\mathrm{d}}\|} & (T_{\mathrm{d,max}}<\|\boldsymbol{T}_{\mathrm{d}}\|)\end{cases} \tag{5.14}$$

由以上描述可知，推力饱和修正因子的取值范围为[0,1]，它的计算重点在于确定推力器构型对应的可达集，通过确定期望控制量与可达集相交的表面，计算出推力器在期望控制量方向上的最大输出控制量 $T_{\mathrm{d,max}}$。下面将围绕可达集的确定以及最大输出控制量 $T_{\mathrm{d,max}}$ 的计算进行展开。

采用线性不等式对可达集进行表征：

$$\boldsymbol{\Phi}=\{\boldsymbol{T}\in\mathbf{R}^3:\boldsymbol{N}\boldsymbol{T}\leqslant\boldsymbol{H}\} \tag{5.15}$$

式中，$\boldsymbol{N}$ 为由可达集表面的法向量构成的矩阵，矩阵的每一行代表一个可达集表面的法向量；$\boldsymbol{H}$ 为列向量，每一行代表原点到相应可达集表面的距离，为此需要确定可达集的边界面以及边界面上任一点处的矢量值。

为了确定原点到可达集表面的距离，需要确定可达集的边界面以及边界面上的任一点对应的矢量值。由可达集的性质 2.4 可知，可达集边界 $\partial(\boldsymbol{\Phi})$ 的边界面为由 $p(p\geqslant 2)$ 个共面力矩矢量组成二维凸多边形，多边形的顶点数和边数均为 $2p$，不妨将共面控制量编号的集合记为

$$S_{i,j}=\{i、j\text{ 及与控制量 }\boldsymbol{a}_i、\boldsymbol{a}_j\text{ 共面的推力器编号}\} \tag{5.16}$$

由推力器集合 $S_{i,j}$ 构成两个关于原点对称的可达集边界面，其中一边界面的法线方向可以表示为

$$\boldsymbol{n}_{ij}=\boldsymbol{a}_i\times\boldsymbol{a}_j \tag{5.17}$$

而另一与该边界面对应的法向量方向为

$$\boldsymbol{n}_{ji}=-\boldsymbol{n}_{ji}$$

若推力器 i、j 产生的控制量 $\boldsymbol{a}_i$、$\boldsymbol{a}_j$ 共线，则无法确定边界面，为此，需要预先进行判断，对控制量共线的情况进行变换，使得控制分配矩阵 $\boldsymbol{A}$ 中的控制量都不共线。

当推力器 i、j 产生的控制量 $\boldsymbol{a}_i$、$\boldsymbol{a}_j$ 共线时，那么 $\boldsymbol{a}_j$ 必将可以用 $\boldsymbol{a}_i$ 进行表示，$\boldsymbol{a}_j=k_{ij}\boldsymbol{a}_i$，由于 $\boldsymbol{a}_i$、$\boldsymbol{a}_j$ 均为单位向量，因此 k_{ij} 的取值只能为 1 或者 -1，分别代表同向和反向，而对应控制量 u_i 的取值范围变为 $[u_{ij,\min},u_{ij,\max}]$，其中 $u_{ij,\min}$、$u_{ij,\max}$ 分别为

$$\begin{cases} u_{ij,\min}=u_{i,\min}+\min(k_{ij}u_{j,\min},k_{ij}u_{j,\max}) \\ u_{ij,\max}=u_{i,\max}+\max(k_{ij}u_{j,\min},k_{ij}u_{j,\max}) \end{cases} \tag{5.18}$$

同时，控制分配矩阵 $\boldsymbol{A}$ 可以改写为

$$\boldsymbol{A}=[\boldsymbol{a}_1\quad\cdots\quad\boldsymbol{a}_{i-1}\quad\boldsymbol{a}_i\quad\boldsymbol{a}_{i+1}\quad\cdots\quad\boldsymbol{a}_{j-1}\quad\boldsymbol{a}_j\quad\boldsymbol{a}_{j+1}\quad\cdots\quad\boldsymbol{a}_m] \tag{5.19}$$

结合可达集的性质 2.2，在边界面的法线方向 $\boldsymbol{n}_{ij}$ 上，可达集的顶点由剩余 $(m-p)$ 个推力器产生的相距最远的控制量构成，记为 $\boldsymbol{v}_{ij}$，即

$$\boldsymbol{v}_{ij}=\sum_{l=1,l\notin S_{i,j}}^{m-p}u_l^*\boldsymbol{a}_l \tag{5.20}$$

式中，顶点对应 $(m-p)$ 个推力器的控制量取值分别为

$$u_i^*=\begin{cases} u_{l,\max} & (\boldsymbol{n}_{ij}\cdot\boldsymbol{a}_l>0) \\ u_{l,\min} & (\boldsymbol{n}_{ij}\cdot\boldsymbol{a}_l<0) \end{cases}\quad (l=\{1,2,\cdots,m\text{ 且 }l\notin S_{i,j}\}) \tag{5.21}$$

再由可达集的性质 2.4 可知，可达集边界面上的 p 个共面推力器矢量在极值范围内变化，为此可达集边界面上必然存在某点，在该点对应的矢量处，p 个推力器矢量的取值均为最小值，则该矢量可以表示为

$$\boldsymbol{T}_{ij}^{*} = \boldsymbol{v}_{ij} + \sum_{k=1,k\in S_{i,j}}^{p} u_{k,\min}\boldsymbol{a}_k = \sum_{l=1,l\notin S_{i,j}}^{m-p} u_l^{*}\boldsymbol{a}_l + \sum_{k=1,k\in S_{i,j}}^{p} u_{k,\min}\boldsymbol{a}_k \tag{5.22}$$

对于任意由推力器 i、j 产生的控制量 $\boldsymbol{a}_i$、$\boldsymbol{a}_j$ 构成的表面，由式(5.17)可以确定表面的法向量 $\boldsymbol{n}_{ij}$，而表面上任一点的值可以根据式(5.22)计算 $\boldsymbol{T}_{ij}^{*}$，从而可以确定原点到该表面的距离为

$$h_{ij} = \boldsymbol{n}_{ij} \cdot \boldsymbol{T}_{ij}^{*} \tag{5.23}$$

而另一与之对称的边界面的法向量为 $\boldsymbol{n}_{ji} = -\boldsymbol{n}_{ij}$，对应的顶点矢量为 $\boldsymbol{v}_{ji}$ 以及距离 h_{ji} 可以采用同样的方法进行计算。

通过确定控制分配矩阵 $\boldsymbol{A}$ 中所有共面的可能组合 $S_{i,j}$，按上述方法即可求得原点到任一可达集表面的距离，进一步确定可达集。

为了确定推力器在期望控制量上的最大输出控制量 $T_{\mathrm{d},\max}$，需要确定期望控制量 $\boldsymbol{T}_\mathrm{d}$ 与可达集相交的表面，利用可达集相交表面判定定理，该定理描述为：原点到表面的距离与期望控制力在法线方向上的投影距离之比，在相交表面上取得最小值，即

$$\min\left(\frac{h_k}{\boldsymbol{n}_k \cdot \boldsymbol{T}_\mathrm{d}}\right) = \frac{h_{ij}}{\boldsymbol{n}_{ij} \cdot \boldsymbol{T}_\mathrm{d}} \tag{5.24}$$

式中，$\boldsymbol{n}_k$、h_k 代表可达集任意表面的法向量以及原点到该表面的距离；$\boldsymbol{n}_{ij}$、h_{ij} 代表控制量 $\boldsymbol{a}_i$、$\boldsymbol{a}_j$ 构成的可达集表面的法向量以及原点到该表面的距离。

确定相交表面示意图如图 5.14 所示，为了确定在期望控制量上的最大输出控制量 $T_{\mathrm{d},\max}$，只需确定原点到控制量与可达集交点 B 的距离：

$$T_{\mathrm{d},\max} = |OB| \tag{5.25}$$

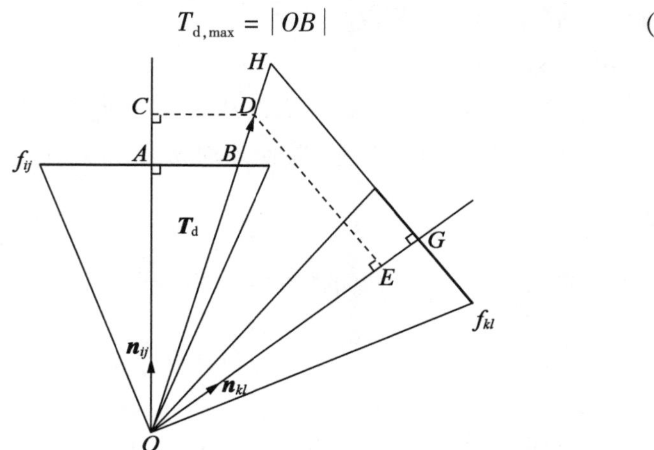

图 5.14　确定相交表面示意图

利用三角形相似关系，可得

$$\frac{|OA|}{|OC|}=\frac{|OB|}{|OD|} \tag{5.26}$$

线段 $|OA|$ 代表原点到可达集表面 f_{ij} 的距离，线段 $|OC|$ 代表期望控制量 $\boldsymbol{T}_{\mathrm{d}}$ 在法向量 $\boldsymbol{n}_{ij}$ 的投影长度，线段 $|OD|$ 代表期望控制量的幅值 $\|\boldsymbol{T}_{\mathrm{d}}\|$，它们的计算式为

$$|OA|=h_{ij} \tag{5.27}$$

$$|OC|=\boldsymbol{T}_{\mathrm{d}}\cdot\boldsymbol{n}_{ij} \tag{5.28}$$

$$|OD|=\|\boldsymbol{T}_{\mathrm{d}}\| \tag{5.29}$$

将式(5.27)～(5.29)代入式(5.26)，可以求得

$$T_{\mathrm{d,max}}=|OB|=\frac{|OA|}{|OC|}\cdot|OD|=\frac{h_{ij}}{\boldsymbol{n}_{ij}\cdot\boldsymbol{T}_{\mathrm{d}}}\|\boldsymbol{T}_{\mathrm{d}}\| \tag{5.30}$$

最后可得

$$k=\begin{cases}1 & (T_{\mathrm{d,max}}>\|\boldsymbol{T}_{\mathrm{d}}\|)\\ \dfrac{h_{ij}}{\boldsymbol{n}_{ij}\cdot\boldsymbol{T}_{\mathrm{d}}} & (T_{\mathrm{d,max}}<\|\boldsymbol{T}_{\mathrm{d}}\|)\end{cases} \tag{5.31}$$

5.2.2　控制分配矩阵降维

考虑到航天器配置的推力器数目比较多，控制分配矩阵 $\boldsymbol{A}$ 的维数比较大，控制变量 $\boldsymbol{u}$ 的维数比较大，使得优化求解过程复杂，为此本节将根据期望控制量与可达集相交的表面，预先对推力器进行选择，构造新的控制分配矩阵 $\boldsymbol{A}_i$ 以降低控制分配矩阵 $\boldsymbol{A}$ 的维数，简化优化过程。

由图 5.15 以及可达集的性质可知，任意期望控制量 $\boldsymbol{T}_{\mathrm{d}}$ 可以用与其相交的可达集表面的矢量 $\boldsymbol{v}_{ij}$ 以及构成边界面的 p 个共面矢量 $\boldsymbol{a}_l\,(l\in S_{i,j})$ 表示：

$$k\boldsymbol{T}_{\mathrm{d}}=\lambda\boldsymbol{v}_{ij}+\sum_{l\in S_{i,j}}^{p}\lambda_l\boldsymbol{a}_l \tag{5.32}$$

将矢量 $\boldsymbol{v}_{ij}$ 的计算式(5.20)代入式(5.32)，可得

$$k\boldsymbol{T}_{\mathrm{d}}=\lambda\sum_{l=1,l\notin S_{i,j}}^{m-p}u_l^*\boldsymbol{a}_l+\sum_{l\in S_{i,j}}^{p}\lambda_l\boldsymbol{a}_l \tag{5.33}$$

而根据可达集表面饱和量的确定式(5.21)，可知 u_l^* 的取值为推力器输出的推力的最大值或最小值，考虑到推力器输出的最小推力为 0，为此 u_l^* 的取值为 $u_{l,\max}$ 或者 $u_{l,\min}=0$，不妨将 u_l^* 的取值为 $u_{l,\max}$ 的推力器编号构成的集合写为

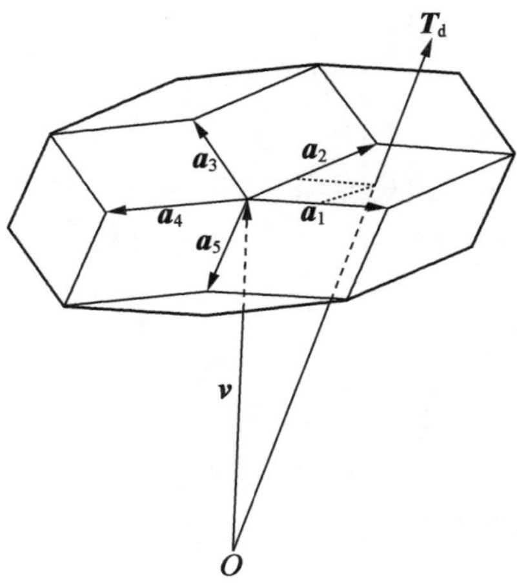

图 5.15　期望控制量表示示意图

$$Y_i = \{ l \mid u_l^* = u_{l,\max} \} \tag{5.34}$$

进一步可将式(5.33)简化为

$$k\boldsymbol{T}_{\mathrm{d}} = \lambda \sum_{l \in Y_i} u_{l,\max}^* \boldsymbol{a}_l + \sum_{l \in S_{i,j}}^{p} \lambda_l \boldsymbol{a}_l \tag{5.35}$$

由式(5.35)可知,对于任意的期望控制量 $\boldsymbol{T}_{\mathrm{d}}$,均可由相交表面的基矢量组进行表示,而基矢量组可以表示为

$$G_i = \{ \boldsymbol{a}_w \mid w \in (Y_i \cup S_{i,j}) \} \tag{5.36}$$

而构成基矢量的推力器编号可以用 $\boldsymbol{Q}_i$ 表示,其中 $\boldsymbol{Q}_i$ 为

$$\boldsymbol{Q}_i = \{ q \mid G_i \text{ 集合中矢量对应的推力器编号} \} \tag{5.37}$$

从而可以确定期望控制量 $\boldsymbol{T}_{\mathrm{d}}$ 对应的降维控制分配矩阵 $\boldsymbol{A}_q$ 为

$$\boldsymbol{A}_q = [\boldsymbol{d}_{q,1} \times \boldsymbol{e}_{q,1} \quad \boldsymbol{d}_{q,2} \times \boldsymbol{e}_{q,2} \quad \cdots \quad \boldsymbol{d}_{q,p} \times \boldsymbol{e}_{q,p}] \tag{5.38}$$

式中,第一个下标 $q \in \boldsymbol{Q}_i$ 代表推力器编号;第二个下标代表序号;p 为集合 $\boldsymbol{Q}_i$ 中元素的数目,代表选择的推力器个数。

为此降维后的控制分配求解模型,具体形式为

$$\begin{cases} \min\limits_{U} \boldsymbol{u}^{\mathrm{T}} \boldsymbol{u} \\ \text{s.t.} \ \ \boldsymbol{A}_q \boldsymbol{u} = \boldsymbol{T}_q \\ \qquad 0 \leqslant u_w \leqslant u_{\max} \\ \qquad w \in \boldsymbol{Q}_i \end{cases} \tag{5.39}$$

式中,$\boldsymbol{A}_q$ 为降维后的力矩控制分配矩阵;$\boldsymbol{Q}_i$ 为与期望控制力矩 $\boldsymbol{T}_{\mathrm{d}}$ 对应的推力器

编号集合；T_q 为修正期望控制力矩，$T_q = kT_d$，其中修正因子 k 由式(5.31)确定，而对于优化模型(5.39)的求解将在下一节进行详细描述。

5.2.3　内点法求解

内点法通过构造增广拉格朗日函数，将具有等式约束和不等式约束的优化问题转化为无约束优化问题进行求解，利用一阶优化条件确定内点集合，由障碍因子 σ 定义中心路径，不断地迭代逐渐减小障碍因子 σ 的取值，使得优化求解变量在内点集合内沿着中心路径移动，当障碍因子区域为 0 时，优化问题趋于最优值。该方法的关键在于构造增广拉格朗日函数，获取内点集合，确定中心路径移动方向以及移动步长。

对于优化模型(5.39)，可以引入松弛因子 $\boldsymbol{w}$，将不等式约束转化为等式约束：

$$\begin{cases} \min\limits_{U} \boldsymbol{u}^{\mathrm{T}}\boldsymbol{u} \\ \text{s. t. } \ \boldsymbol{A}_q\boldsymbol{u} = \boldsymbol{T}_q \\ \qquad \boldsymbol{u} + \boldsymbol{w} = \boldsymbol{u}_{\max} \\ \qquad u_i \geqslant 0 \\ \qquad i \in \boldsymbol{Q}_i \end{cases} \tag{5.40}$$

对于上述优化模型，可以构造增广拉格朗日函数为

$$\begin{aligned} \boldsymbol{L}(\boldsymbol{u},\boldsymbol{w},z_1,z_2) = {} & \boldsymbol{u}^{\mathrm{T}}\boldsymbol{u} + z_1(\boldsymbol{A}_q\boldsymbol{u} - \boldsymbol{T}_q) + z_2(\boldsymbol{u} + \boldsymbol{w} - \boldsymbol{u}_{\max}) - \\ & \sigma\sum_{i\in Q}\log u_i - \sigma\sum_{i\in Q}\log w_i \end{aligned} \tag{5.41}$$

式中，z_1、z_2 为拉格朗日因子；σ 为障碍因子。

根据拉格朗日函数，利用一阶优化条件，可得

$$\begin{cases} \dfrac{\nabla \boldsymbol{L}}{\nabla \boldsymbol{u}} = \boldsymbol{u} + \boldsymbol{A}_q^{\mathrm{T}}\boldsymbol{z}_1 + \boldsymbol{z}_2 - \boldsymbol{s} = \boldsymbol{0} \\ \dfrac{\nabla \boldsymbol{L}}{\nabla \boldsymbol{w}} = \boldsymbol{W}\boldsymbol{z}_2 - \sigma\boldsymbol{e} = \boldsymbol{0} \\ \dfrac{\nabla \boldsymbol{L}}{\nabla \boldsymbol{z}_1} = \boldsymbol{A}_q\boldsymbol{u} - \boldsymbol{T}_q = \boldsymbol{0} \\ \dfrac{\nabla \boldsymbol{L}}{\nabla \boldsymbol{z}_2} = \boldsymbol{u} + \boldsymbol{w} - \boldsymbol{u}_{\max} = \boldsymbol{0} \\ \boldsymbol{U}\boldsymbol{s} - \sigma\boldsymbol{e} = \boldsymbol{0} \\ \boldsymbol{u} > \boldsymbol{0}, \quad \boldsymbol{w} > \boldsymbol{0}, \quad \boldsymbol{s} > \boldsymbol{0}, \quad \boldsymbol{z}_2 > \boldsymbol{0} \end{cases} \tag{5.42}$$

式中，$\boldsymbol{W}=\mathrm{diag}([w_1 \quad w_2 \quad \cdots \quad w_p])$、$\boldsymbol{U}=\mathrm{diag}([u_1 \quad u_2 \quad \cdots \quad u_p])$均为$p$阶方阵；$p$为优化变量$\boldsymbol{u}$的维数；$\boldsymbol{e}=[1 \quad 1 \quad \cdots \quad 1]^{\mathrm{T}}$、$\boldsymbol{z}_2=\left[\frac{\sigma}{w_1} \quad \frac{\sigma}{w_2} \quad \cdots \quad \frac{\sigma}{w_p}\right]^{\mathrm{T}}$、$\boldsymbol{s}_2=\left[\frac{\sigma}{u_1} \quad \frac{\sigma}{u_2} \quad \cdots \quad \frac{\sigma}{u_p}\right]^{\mathrm{T}}$均为$p$维向量。

根据式(5.42)可确定内点集为

$$\boldsymbol{\Omega}=\left\{\begin{array}{l}(\boldsymbol{u},\boldsymbol{w},\boldsymbol{z}_1,\boldsymbol{z}_2,\boldsymbol{s}) \mid \boldsymbol{u}+\boldsymbol{A}_q^{\mathrm{T}}\boldsymbol{z}_1+\boldsymbol{z}_2-\boldsymbol{s}=\boldsymbol{0}, \quad \boldsymbol{W}\boldsymbol{z}_2-\sigma\boldsymbol{e}=\boldsymbol{0}, \\ \boldsymbol{A}_q\boldsymbol{u}-\boldsymbol{T}_q=\boldsymbol{0}, \quad \boldsymbol{u}+\boldsymbol{w}-\boldsymbol{u}_{\max}=\boldsymbol{0}, \quad \boldsymbol{U}\boldsymbol{s}-\sigma\boldsymbol{e}=\boldsymbol{0}, \quad (\boldsymbol{u},\boldsymbol{w},\boldsymbol{z}_2,\boldsymbol{s})>\boldsymbol{0}\end{array}\right\} \tag{5.43}$$

对于$\exists\sigma>0$，式(5.43)存在唯一的内点解$(\boldsymbol{u}(\sigma),\boldsymbol{w}(\sigma),\boldsymbol{z}_1(\sigma),\boldsymbol{z}_2(\sigma),\boldsymbol{s}(\sigma))$，而点集$\{u(\sigma),w(\sigma),z_1(\sigma),z_2(\sigma),s(\sigma)\}$称为中心路径，在求解过程中，不断减小$\sigma$的取值，使优化问题趋于最优解，$\sigma$可以通过下式确定：

$$\sigma=\zeta\frac{\boldsymbol{u}^{\mathrm{T}}\boldsymbol{s}+\boldsymbol{w}^{\mathrm{T}}\boldsymbol{z}_2}{2p} \tag{5.44}$$

式中，$\zeta=\min\left(0.1,100\frac{\boldsymbol{u}^{\mathrm{T}}\boldsymbol{s}+\boldsymbol{w}^{\mathrm{T}}\boldsymbol{z}_2}{2p}\right)$。

为了确定移动方向，将$[\boldsymbol{u}+\Delta\boldsymbol{u} \quad \boldsymbol{w}+\Delta\boldsymbol{w} \quad \boldsymbol{z}_1+\Delta\boldsymbol{z}_1 \quad \boldsymbol{z}_2+\Delta\boldsymbol{z}_2 \quad \boldsymbol{s}+\Delta\boldsymbol{s}]$代入式(5.42)，可得

$$\begin{cases}\boldsymbol{u}+\Delta\boldsymbol{u}+\boldsymbol{A}_q^{\mathrm{T}}(\boldsymbol{z}_1+\Delta\boldsymbol{z}_1)+\boldsymbol{z}_2+\Delta\boldsymbol{z}_2-\boldsymbol{s}-\Delta\boldsymbol{s}=\boldsymbol{0} \\ (\boldsymbol{W}+\Delta\boldsymbol{W})(\boldsymbol{z}_2+\Delta\boldsymbol{z}_2)-\sigma\boldsymbol{e}=\boldsymbol{0} \\ \boldsymbol{A}_q(\boldsymbol{u}+\Delta\boldsymbol{u})-\boldsymbol{T}_q=\boldsymbol{0} \\ \boldsymbol{u}+\Delta\boldsymbol{u}+\boldsymbol{w}+\Delta\boldsymbol{w}-\boldsymbol{u}_{\max}=\boldsymbol{0} \\ (\boldsymbol{U}+\Delta\boldsymbol{U})(\boldsymbol{s}+\Delta\boldsymbol{s})-\sigma\boldsymbol{e}=\boldsymbol{0}\end{cases} \tag{5.45}$$

通过化简，同时忽略二阶小量，可求得移动方向$[\Delta\boldsymbol{u} \quad \Delta\boldsymbol{w} \quad \Delta\boldsymbol{z}_1 \quad \Delta\boldsymbol{z}_2 \quad \Delta\boldsymbol{s}]^{\mathrm{T}}$为

$$\begin{bmatrix}\Delta\boldsymbol{u} \\ \Delta\boldsymbol{w} \\ \Delta\boldsymbol{z}_1 \\ \Delta\boldsymbol{z}_2 \\ \Delta\boldsymbol{s}\end{bmatrix}=\begin{bmatrix}\boldsymbol{I}_{n\times n} & & \boldsymbol{A}_q^{\mathrm{T}} & \boldsymbol{I}_{n\times n} & -\boldsymbol{I}_{n\times n} \\ & \boldsymbol{z}_2 & & \boldsymbol{W} & \\ \boldsymbol{A}_q & & & & \\ \boldsymbol{I}_{n\times n} & \boldsymbol{I}_{n\times n} & & & \\ \boldsymbol{S} & & & & \boldsymbol{U}\end{bmatrix}\begin{bmatrix}-(\boldsymbol{u}+\boldsymbol{A}_q^{\mathrm{T}}\boldsymbol{z}_1+\boldsymbol{z}_2-\boldsymbol{s}) \\ -(\boldsymbol{W}\boldsymbol{z}_2-\sigma\boldsymbol{e}) \\ -(\boldsymbol{A}_q\boldsymbol{u}-\boldsymbol{T}_q) \\ -(\boldsymbol{u}+\boldsymbol{w}-\boldsymbol{u}_{\max}) \\ -(\boldsymbol{U}\boldsymbol{s}-\sigma\boldsymbol{e})\end{bmatrix} \tag{5.46}$$

确定移动方向后，需要确定沿此方向的移动步长参数 λ，以便确定后继点 $(\boldsymbol{u}+\lambda\Delta\boldsymbol{u},\boldsymbol{w}+\lambda\Delta\boldsymbol{w},\boldsymbol{z}_1+\lambda\Delta\boldsymbol{z}_1,\boldsymbol{z}_2+\lambda\Delta\boldsymbol{z}_2,\boldsymbol{s}+\lambda\Delta\boldsymbol{s})$，根据(5.42)中的不等式约束，可确定

$$\begin{cases}\boldsymbol{u}_i+\lambda\Delta\boldsymbol{u}_i>\boldsymbol{0}\\ \boldsymbol{w}_i+\lambda\Delta\boldsymbol{w}_i>\boldsymbol{0}\\ (\boldsymbol{z}_2)_i+\lambda(\Delta\boldsymbol{z}_2)_i>\boldsymbol{0}\\ \boldsymbol{s}_i+\lambda\Delta\boldsymbol{s}_i>\boldsymbol{0}\end{cases}\quad(i\in\boldsymbol{Q})\tag{5.47}$$

为保证上述不等式严格成立，引入放缩系数 $0<\rho<1$，可确定移动步长参数 λ 的取值为

$$\lambda=\rho\cdot\min\{\lambda_{\boldsymbol{u}},\lambda_{\boldsymbol{w}},\lambda_{\boldsymbol{z}_2},\lambda_{\boldsymbol{s}}\}\tag{5.48}$$

ρ 通常取值为 0.9～1，而 $\lambda_{\boldsymbol{v}}$（其中 $\boldsymbol{v}\in\{\boldsymbol{u},\boldsymbol{w},\boldsymbol{z}_2,\boldsymbol{s}\}$）为

$$\lambda_{\boldsymbol{v}}=\min\{[-v_i/\Delta v_i,1]\mid\Delta v_i<0,\quad i=1,2,\cdots,p\}\tag{5.49}$$

综上所述，基于可达集修正的降维内点优化方法关键的求解步骤如下。

(1)根据期望控制力矩 $\boldsymbol{T}_{\mathrm{d}}$，基于式(5.24)给定的条件判定与之相交的可达集表面。

(2)由式(5.14)计算推力饱和修正因子，确定修正后的控制量 $\boldsymbol{T}_q$，同时根据可达集相交表面信息，预先选择推力器，从而确定降维后的控制分配矩阵 $\boldsymbol{A}_q$。

(3)对优化模型进行求解。

①计算迭代初值 $[\boldsymbol{u}^0\quad\boldsymbol{w}^0\quad\boldsymbol{z}_1^0\quad\boldsymbol{z}_2^0\quad\boldsymbol{s}^0]$，其中 $\boldsymbol{u}^0=\boldsymbol{w}^0=0.5\boldsymbol{u}_{\max}$，$\boldsymbol{z}_1^0=[1\quad1\quad1]^{\mathrm{T}}$，$\boldsymbol{z}_2^0=\boldsymbol{s}^0=[\mathrm{diag}(\boldsymbol{u}^0)]^{-1}\boldsymbol{e}$，设置精度要求为 ε，迭代次数 $k=0$。

②由式(5.44)计算 σ，若 $|\sigma|<\varepsilon$，则转至步骤(4)，否则转至步骤③。

③由式(5.46)确定移动方向 $[\Delta\boldsymbol{u}^{(k)}\quad\Delta\boldsymbol{w}^{(k)}\quad\Delta\boldsymbol{z}_1^{(k)}\quad\Delta\boldsymbol{z}_2^{(k)}\quad\Delta\boldsymbol{s}^{(k)}]^{\mathrm{T}}$，由式(5.48)计算步长 λ，根据迭代公式 $\boldsymbol{u}^{(k+1)}=\boldsymbol{u}^{(k)}+\lambda\Delta\boldsymbol{u}^{(k)}$，$\boldsymbol{w}^{(k+1)}=\boldsymbol{w}^{(k)}+\lambda\Delta\boldsymbol{w}^{(k)}$，$\boldsymbol{z}_1^{(k+1)}=\boldsymbol{z}_1^{k}+\lambda\Delta\boldsymbol{w}_1^{(k)}$，$\boldsymbol{z}_2^{(k+1)}=\boldsymbol{z}_2^{(k)}+\lambda\Delta\boldsymbol{z}_2^{(k)}$，$\boldsymbol{s}^{(k+1)}=\boldsymbol{s}^{(k)}+\lambda\Delta\boldsymbol{s}^{(k)}$，令 $k=k+1$，转至步骤①。

(4)输出结果 $\boldsymbol{u}$。

基于可达集修正的降维优化求解方法流程图如图 5.16 所示。

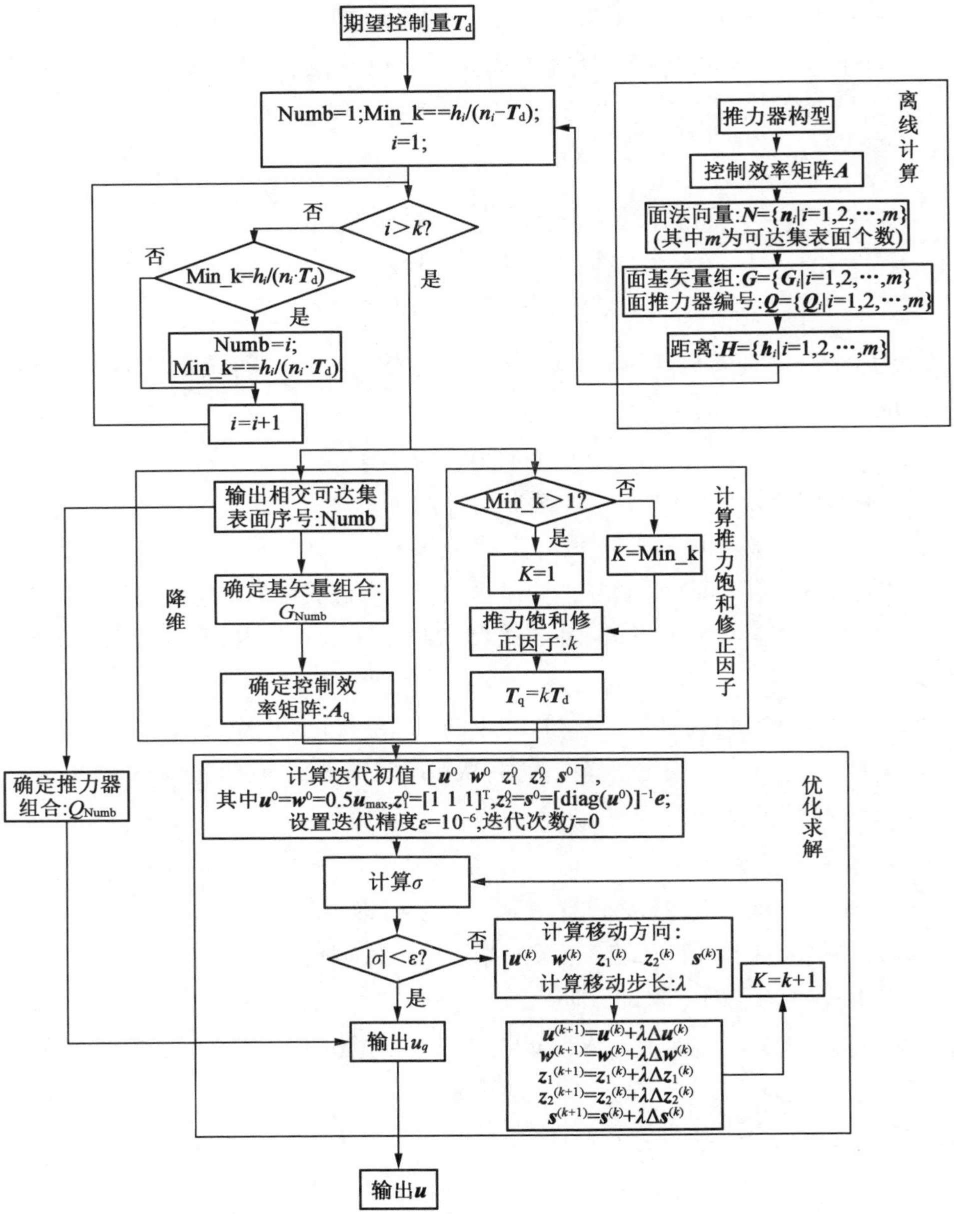

图 5.16　基于可达集修正的降维优化求解方法流程图

5.2.4　仿真验证

本节对基于可达集的控制分配方法分别进行开环和闭环数学仿真验证，其中开环仿真是给定期望控制力矩，分别采用多种分配方法进行分配，通过比较分配误差来验证该方法的有效性；闭环仿真是将控制分配方法应用于航天器姿态控制的闭环控制回路中，验证该方法的控制精度和效果。

1. 开环仿真

以某微小的航天器为例，16 个推力器的安装构型图如图 5.17 所示，在该推力器构型下，航天器既能够进行轨道控制，又能进行姿态控制，力矩控制分配矩阵为

$$A=\begin{bmatrix} 0.3536 & 1.3195 & 1.3195 & 0.3536 & -0.3536 & -1.3195 & -1.3195 & -0.3536 & -0.3536 & -1.3195 & -1.3195 & -0.3536 & 0.3536 & 1.3195 & 1.3195 & 0.3536 \\ -1.3195 & -0.3536 & 0.3536 & 1.3195 & 1.3195 & 0.3536 & -0.3536 & -1.3195 & 1.3195 & 0.3536 & -0.3536 & -1.3195 & -1.3195 & -0.3536 & 0.3536 & 1.3195 \\ 0.9659 & -0.9659 & 0.9659 & -0.9659 & 0.9659 & -0.9659 & 0.9659 & -0.9659 & 0.9659 & -0.9659 & 0.9659 & -0.9659 & 0.9659 & -0.9659 & 0.9659 & -0.9659 \end{bmatrix} \tag{5.50}$$

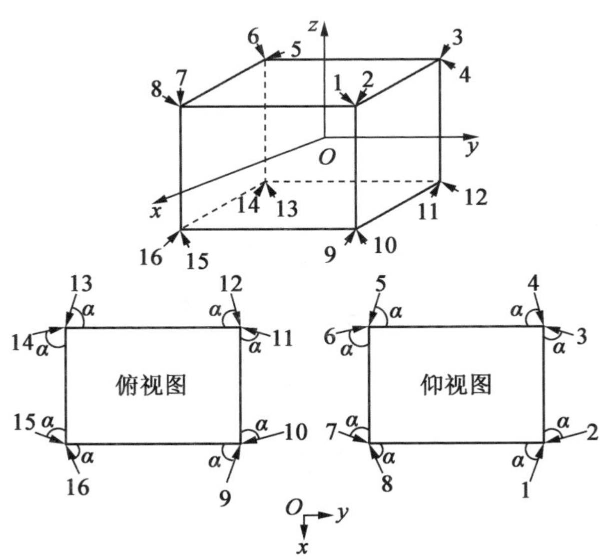

图 5.17　推力器安装构型图

每个推力器能够产生的最大推力为 5 N，该推力器构型产生的力矩可达集如图 5.18 所示。

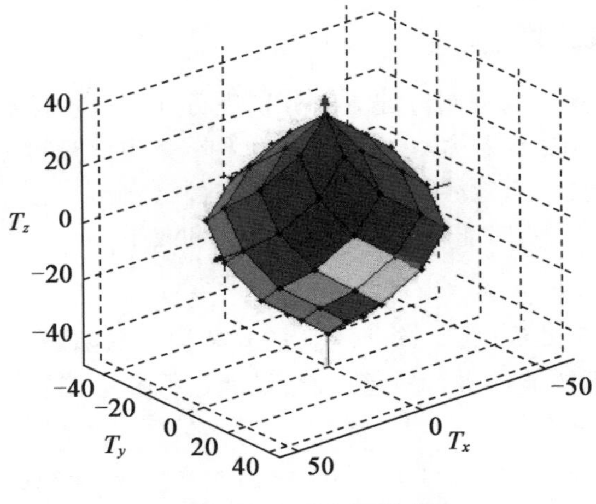

图 5.18　力矩可达集

通过对该可达集进行分析可知，推力器能够产生的最大力矩为 38.64 N·m，为确保仿真中同时包含期望控制力矩在可达集内和可达集外的情况，设置期望控制力矩的大小为 35 N·m，即期望控制量处于半径为 35 N·m 的球面上，采用基于可达集的推力分配方法进行分配，通过计算分配误差 $T_e = \|\boldsymbol{Au} - \boldsymbol{T}_d\|$ 获得分配误差图像如图 5.19 所示。

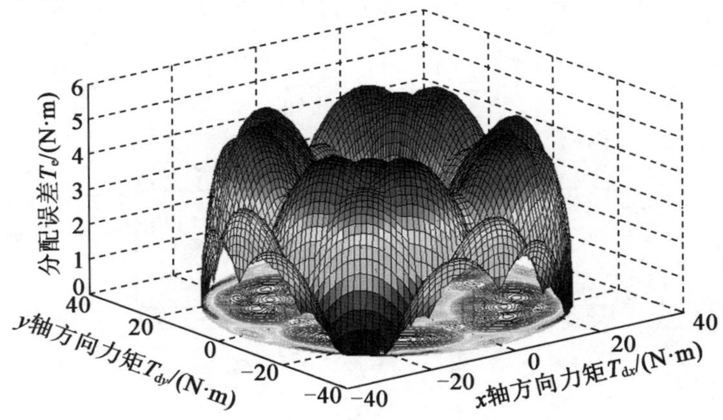

图 5.19　分配误差图像

为了验证该方法的性能，在以上仿真条件下，分别采用基于可达集修正的降维优化求解方法（Atable_IP）以及基于混合优化模型的控制分配求解方法（Mixed_IP）进行求解，该混合优化模型为

$$\begin{cases} \min\limits_{u} J = \|\boldsymbol{Au} - \boldsymbol{T}_{\mathrm{d}}\|_2^2 + \alpha\|\boldsymbol{u}\|_2^2 \\ \text{s.t.}\ \ 0 \leqslant u_i \leqslant u_{i\max} \end{cases} \tag{5.51}$$

式中，α 为权重因子，在仿真中优先考虑控制分配误差，设置混合优化模型中的权重因子 $\alpha = 0.01$。

推力上界均设置为 5 N，定义相对分配误差为

$$\boldsymbol{T}_{\mathrm{re}} = \|\boldsymbol{Au}_{\mathrm{a}} - \boldsymbol{T}_{\mathrm{d}}\|_2 - \|\boldsymbol{Au}_{\mathrm{m}} - \boldsymbol{T}_{\mathrm{d}}\|_2 \tag{5.52}$$

$\boldsymbol{u}_{\mathrm{a}}$ 和 $\boldsymbol{u}_{\mathrm{m}}$ 分别为 Atable_IP 以及 Mixed_IP 方法的分配结果，通过统计可知，在所有的仿真算例中，相对分配误差的最小值为 $-0.207\ 2$ N·m，最大值为 0.240 2 N·m，将其分为 10 个区间，统计每个误差区间所出现的次数占所有仿真算例的比值，同时根据期望控制力矩是否在可达集内进行类统计，得到相对分配误差统计直方图如图 5.20 所示。

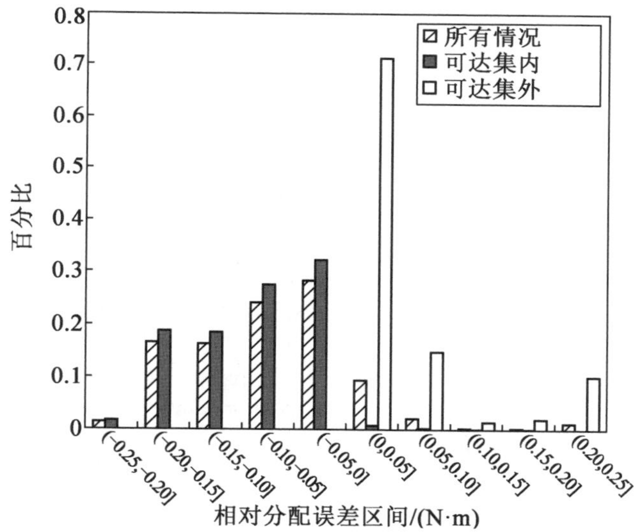

图 5.20 相对分配误差统计直方图

由图 5.20 可以看出，对于期望控制量处于可达集内时，基于可达集的控制分配方法能够得到分配误差更小的分配结果，而当期望控制量处于可达集外时，在大多数情况下，混合优化求解模型计算出的分配误差幅值更小。

定义输出力矩方向偏差为

$$\theta = \langle \boldsymbol{Au}, \boldsymbol{T}_{\mathrm{d}} \rangle \tag{5.53}$$

得到两种方法的方向偏差对比图像如图 5.21 所示。从图中可以看出，基于可达集的控制分配得到的力矩方向与期望控制力矩方向始终一致，而混合优化求解模型给出的分配结果会存在一定的方向偏差。

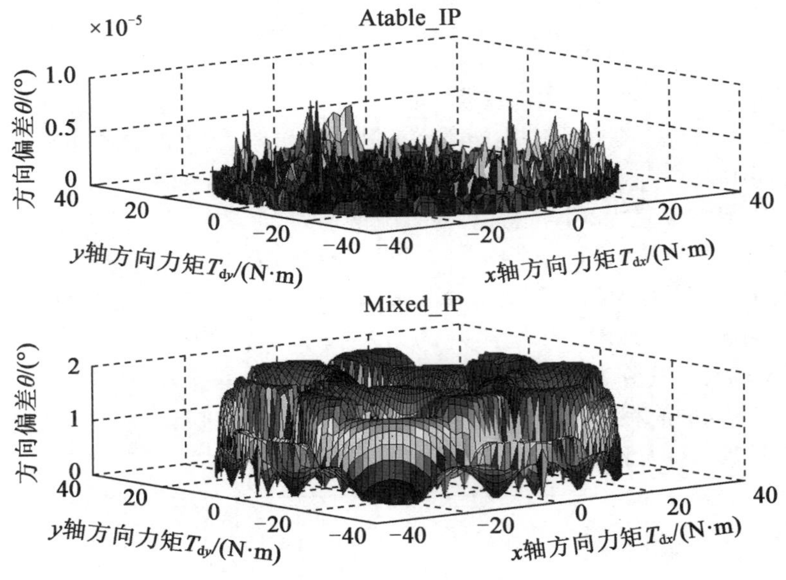

图 5.21　方向偏差对比图像

在双核奔腾 3 GHz 的台式电脑上，采用 Matlab 进行仿真，获得两种方法在每次分配计算中的耗时，将计算耗时分为 4 个区间，得到计算耗时统计直方图如图 5.22 所示。对以上仿真图像进行统计，得到控制量处于可达集内以及可达集外时，分配误差、方向偏差以及计算耗时的最大值、最小值以及平均值见表 5.3。

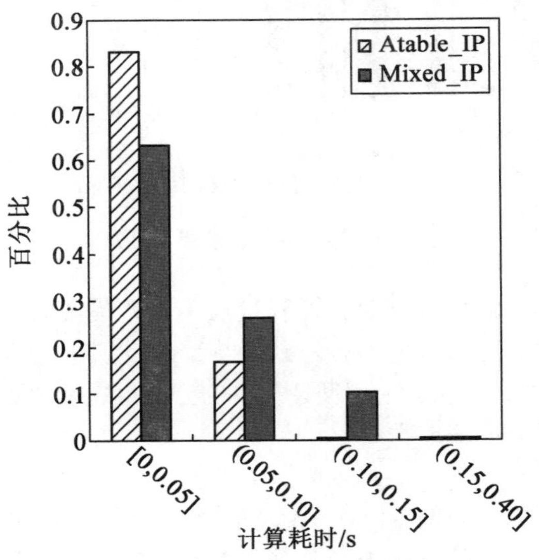

图 5.22　计算耗时统计直方图

表 5.3　性能指标统计结果

性能指标		可达集内			可达集外		
		分配误差 /(N·m)	方向偏差 θ/(°)	计算耗时 /s	分配误差 /(N·m)	方向偏差 θ/(°)	计算耗时 /s
最大值	Atable_IP	0.000 0	0.000 0	0.076 0	5.175 0	0.000 0	0.158 6
	Mixed_IP	0.240 2	0.194 5	0.165 5	5.174 2	1.955 0	0.384 5
最小值	Atable_IP	0.000 0	0.000 0	0.032 4	0.025 3	0.000 0	0.033 1
	Mixed_IP	0.046 8	0.000 0	0.070 5	0.102 9	0.000 0	0.034 9
平均值	Atable_IP	0.000 0	0.000 0	0.038 4	3.205 0	0.000 0	0.044 6
	Mixed_IP	0.072 6	0.028 3	0.108 3	3.117 2	1.116 8	0.048 9

根据以上仿真图像和统计结果,可以得到以下结论。

(1)分配误差。

当期望控制量处于可达集内部时,基于可达集修正的降维优化求解方法的分配误差始终为 0,而混合优化模型得到的优化结果始终会存在分配误差,最大分配误差为 0.240 2 N·m,平均分配误差为 0.072 6 N·m;当期望控制量超出可达集范围时,与 Mixed_IP 方法的平均分配误差 3.117 2 N·m 相比, Atable_IP 方法的平均分配误差增加了 0.087 8 N·m。这表明当期望控制量处于可达集内时,Atable_IP 方法能够获得分配误差为 0 的结果,Mixed_IP 方法可能存在分配误差;而当期望控制量处于可达集外时,Mixed_IP 方法为了保证方向偏差为 0,会增加一定的分配误差。

(2)方向偏差。

Atable_IP 方法能够保证方向偏差始终为 0,而 Mixed_IP 方法在进行控制量分配时,不能保证实际输出量的方向与期望控制量的方向始终一致。当期望控制量处于可达集内时,方向偏差比较小,平均方向偏差为 0.028 3°;当期望控制量超出可达集范围时,平均方向偏差增加为 1.116 8°,结合结论(1)可知,Atable_IP 方法具有很好的保方向性,当期望控制量处于可达集内时,分配误差为 0,而当期望控制量处于可达集外时, Mixed_IP 方法为了保证方向偏差为 0,会增加一定的分配误差。

(3)计算耗时。

Atable_IP 方法的最大耗时为 0.158 6 s,平均耗时为 0.043 8 s,Mixed_IP 方法的最大耗时为 0.384 5 s, Mixed_IP 方法的平均耗时为 0.056 2 s。这说明采用相同的优化求解方法,对优化求解转换以及降维过程能够大幅度降低最大计算时间,同时方法的平均耗时也有所下降。

2. 闭环仿真

以小卫星姿态机动为背景，将控制分配方法引入控制闭环中，其中推力器配置及参数设置均与上一节仿真场景中一致，而其他仿真参数分别选取如下。

转动惯量为 $\boldsymbol{I}=\text{diag}([100\quad 100\quad 150])\ \text{kg}\cdot\text{m}^2$，卫星三轴的初始姿态角分别为 $\varphi=10°$、$\theta=6°$、$\psi=-10°$，姿态角速度都为 0，控制器采用传统 PD 控制律，控制律参数 $k_p=4$，$k_d=6$。

在以上仿真参数下，得到卫星的姿态角以及姿态角速度曲线如图 5.23 所示，而控制分配环节对期望控制力矩实时分配，得到各个推力器的力矩及推力饱和修正因子曲线如图 5.24 所示。

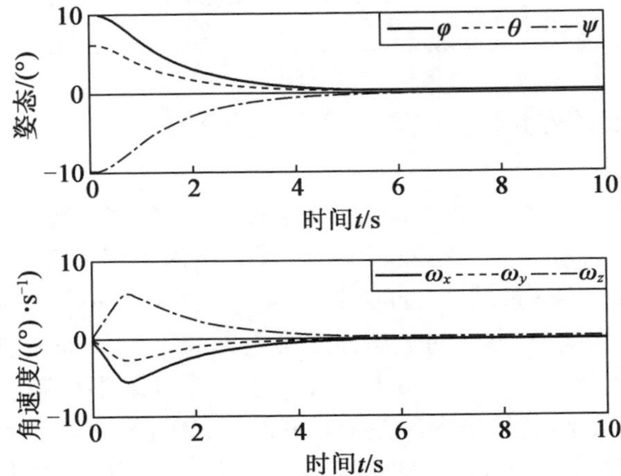

图 5.23 姿态角及姿态角速度曲线

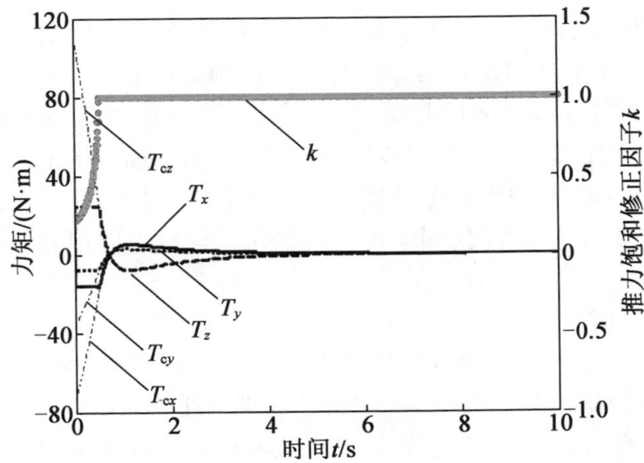

图 5.24 力矩及推力饱和修正因子曲线

由图5.23可知，姿态角随时间逐渐变小，趋向于0，卫星从初始姿态状态完成姿态机动任务，而根据图5.24可看出，在控制系统中引入控制分配后，控制分配方法能够将期望控制力矩分配给各推力器，在初始姿态跟踪阶段，姿态误差比较大，期望控制力矩超出推力器的输出能力范围，随着姿态误差的减少，期望控制力矩减少，在0.515 s之后，期望控制力矩均处于可达集范围内，力矩分配误差始终为0。

5.3　本章小结

针对具有冗余配置推力器的航天器姿态控制问题，从推力器控制模式以及自身动态特性出发，首先介绍了基于凸棱锥分析的航天器控制推力动态分配在线查表法，该方法根据推力器力矩矢量的空间分布，采用凸棱锥分析方法对推力器进行推力器组合表的离线制定，并基于最小分配误差原则在线选择推力器组合以及确定组合内各推力器的开关状态，简化在线寻优过程，降低计算量。

其次，介绍了一种基于可达集修正的降维优化方法，将该方法引入可达集，对等式约束进行修正，以保证优化问题具有优化解，同时根据期望控制量与可达集相交表面的信息，对推力器进行预先选择，实现对优化模型的降维，进一步提高优化求解速度。

本章参考文献

[1]　BORDIGNON K, BESSOLO J. Control allocation for the X－35B[C]// Biennial International Powered Lift Conference and Exhibit. Williamsburg: American Institute of Aeronautics and Astronautics, 2002.

[2]　REIGELSPERGER W C, BANDA S S. Nonlinear simulation of a modified F－16 with full-envelope control laws[J]. Control engineering practice, 1998(6): 309-320.

[3]　占正勇, 刘林. 多操纵面先进布局飞机控制分配技术研究[J]. 飞行力学, 2006, 24(1): 13-16.

[4]　张世杰, 聂涛, 赵亚飞, 等. 一种基于凸包确定推力器列表的控制分配方法: CN105005198A[P]. 2017-10-03.

[5]　刘燕斌, 陆宇平. 非线性自适应控制在无尾飞控系统中的应用[J]. 航空学报, 2006, 27(5): 903-907.

[6] 王敏，解永春. 考虑推力器推力上界及故障情况的航天器实时指令分配最优在线查表法[J]. 宇航学报，2010 (6)：1540-1546.

[7] PETERSEN J A，BODSON M. Interior-point algorithms for control allocation [J]. Journal of guidance，control，and dynamics，2005，28(3)：471-480.

[8] 曹喜滨，唐生勇，张世杰. 一种基于执行机构归一化可达集顶点的控制分配方法：CN101695961A[P]. 2012-04-18.

[9] ANKERSEN F，WU S F，ALESHIN A，et al. Optimization of spacecraft thruster management function[J]. Journal of guidance，control，and dynamics，2005，28(6)：1283-1290.

[10] KIRCHENGAST M，STEINBERGER M，HORN M. Input matrix factorizations for constrained control allocation[J]. IEEE transactions on automatic control，2018，63(4)：1163-1170.

第6章

反作用飞轮控制分配方法

在航天器控制中,反作用飞轮的运动不仅受角加速度的约束,也受到角速度的约束。反作用飞轮的运动约束对整个控制系统有两种不同的影响:一方面,当控制指令超过执行机构整体所能提供的最大值时(在可达集之外),执行机构无法提供相应的作用,控制器的性能将大打折扣;另一方面,即使在可达集之内的控制指令,不合理的控制分配方法将会使得分配结果位于控制允许集之外,从而使得本可完全输出的作用不可达。这样的反作用约束在反作用飞轮和其他的执行机构中十分常见。现有的考虑执行机构输出受限的姿态控制问题中,忽略了可达集的特性,直接将执行机构的输出限制为定常值。

针对以上执行机构运动约束的问题,本章将从控制指令设计和控制分配两个不同的角度来分析和处理。首先,在输入矩阵分解的基础上,确定执行机构可达集的数学描述,给出控制指令的设计范围,保证所设计的控制指令完全可达;然后,给出一种控制分配修正方法,来保证所有的分配结果均在控制允许集之内。通过上述的方法,可实现对可达集的充分使用和控制指令的精确执行。

6.1 飞轮运动受限的控制分配求解思路

针对 1.3.1 节提出的控制分配模型,注意到约束条件 $\boldsymbol{v}\in\boldsymbol{\Phi}$ 和 $\boldsymbol{u}\in\boldsymbol{\Omega}$ 分别对控制指令设计和控制分配方法提出了要求。控制器不仅要确定控制指令来完成系统状态转移,$\boldsymbol{x}_0\to\boldsymbol{x}_f$,而且控制指令应该始终在执行机构的输出可达集 AMS 之内，即 $\boldsymbol{v} \in \boldsymbol{\Phi}$。同时，控制分配结果能够在控制允许集 ACS 之内，也就是每个执行机构单元均能无误差地输出分配结果，从而保证控制指令的精确执行。

以上的约束条件要求在控制器设计和控制分配两个层面来考虑执行机构运动约束问题。对控制分配方法的研究属于限制性控制分配问题；然而，引入控制分配的目的是将控制器与执行机构分离，使得控制器的设计不受执行机构的影响。为处理这一矛盾，需要尽可能地减少控制器设计中执行机构的参与。在考虑到执行机构输出受限的控制研究中，最常见的操作是将控制器的最大输出设定为一固定的饱和值，这等效于将可达集设置为一规则的球体或立方体。这样的操作严重忽视了执行机构的运动特性，并且不恰当的饱和值将会导致执行机构输出能力的浪费。也有学者以各个执行机构的输出为控制输入来直接设计控制器，并在其中考虑执行机构的运动约束。很明显，控制分配和控制器耦合在一起，一旦执行机构发生变化或出现故障，控制器将需要重新设计，增大了控制的风险。

飞轮的运动限制对控制指令设计和控制分配方法提出了不同层面的要求，只有当控制指令与分配结果同时满足相应的约束时，预期的控制性能才可实现，否则会造成控制误差，甚至导致整个航天器系统失稳。

针对执行机构运动约束问题，本节主要研究以下两方面内容。

(1)首先给出控制允许集与可达集的设计方法，将可达集写为简洁的、可用的数学表达形式，作为控制指令设计的前提；继而研究飞轮运动约束对控制分配的影响。

(2)设计满足可达集约束的控制指令和满足控制允许集的控制分配方法，保证预期的控制性能。

飞轮运动受限的控制分配求解思路如图 6.1 所示。

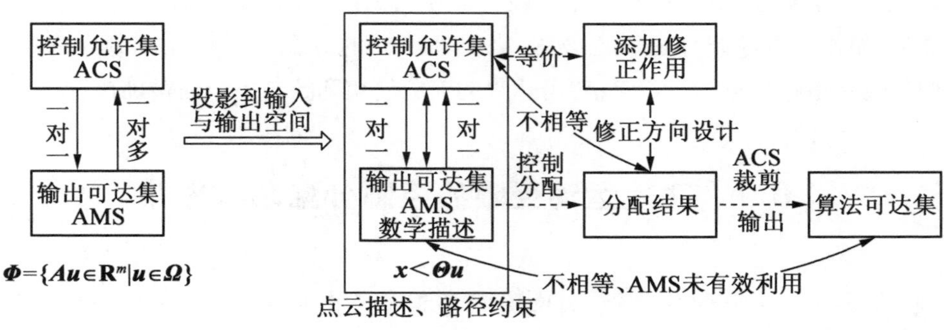

图 6.1　飞轮运动受限的控制分配求解思路

内容(1)摒弃了使用集合形式对可达集与控制允许集的描述方法(物理的描述方法):

$$\boldsymbol{\Phi} = \{\boldsymbol{A}\boldsymbol{u} \in \mathbf{R}^m \mid \boldsymbol{u} \in \boldsymbol{\Omega}\}$$
$$\boldsymbol{\Omega} = \{\boldsymbol{u} \in \mathbf{R}^n \mid u_{i,\min} \leqslant u_i \leqslant u_{i,\max}, \quad i = 1, \cdots, n\} \tag{6.1}$$

在输入矩阵分解的基础上,在反作用飞轮的输入和输出空间内,使用三维点云与曲面重构理论给出了一套求解可达集精确数学描述的方法,给出了可达集与控制允许集的数学描述,满足 $\boldsymbol{x} < \boldsymbol{\Theta u}$ 的形式($\boldsymbol{x}$ 和 $\boldsymbol{\Theta}$ 唯一确定)。

相比于集合的形式,这一形式简洁清晰,可以直接应用到控制指令设计中去。控制允许集对分配结果的约束即为方法可达集,其描述了分配方法作用下的实际中可以利用的控制作用。控制分配设计的目标就是使控制方法可达集与理想可达集相等,实现对可达集的充分利用。

内容(2)旨在明确控制指令和控制分配所受到的约束后,设计出满足这一约束的指令和分配方法。将可达集约束视为控制任务中的路径约束,并将其引入到控制指令设计中,从而保证所有控制指令和对应的控制性能都是可达的。

当控制指令可达时(在可达集之内),不合理的控制分配结果依旧会导致控制误差。然而可达集中的所有控制作用在控制允许集中都有对应的项。根据这一特性,本章证明了可达集中控制作用满足控制允许集的分配结果的存在性,并设计了相应的分配方法。可达集的控制作用和满足控制允许集的分配结果将保证系统预设的控制性能。

6.2　基于点云的飞轮可达集约束确定

从集合的角度给出了执行机构控制允许集和可达集的数学表述,然而这样的描述并不能为控制作用设计提供有效的信息。因此,确定可达集的数学描述至关重要。经典的可达集描述都是使用三维的图形模型(凸多面体)给出的,这种方式非常直观。但是,传统可达集的确定方法较为烦琐,需要确定可达集模型的顶点、线和面的各种对应关系,并且需要在计算中离线存储这些数据。本节将在输入矩阵因子化的基础上,给出一种基于三维点云的可达集确定方法[1,2],然后给出可达集简洁的数学公式描述,其形式简单,可直接应用到控制设计中。

6.2.1　点云与三维重建

通过三维激光或照相式扫描物体表面所得数据点的集合称为点云。通常点云包含物体表面点的 xyz 三维坐标和激光反射强度或 RGB 颜色信息。点云数据 xyz 坐标之间只是一些离散的点，且点与点没有任何相互关系。图 6.2 给出了一个电灯泡通过行列扫描形式获取到的点云数据图。三维点云数据中包含了物体表面的信息特征，因此可利用获得的点云数据来复原物体。可以采用一种基于曲面三角剖分的点云重建方法，Delaunay 三角剖分方法[3]。Delaunay 三角剖分方法是根据一定的准则将大量的点云数据分割成一个个三角形，使得这些点全部成为三角形的顶点，从而来重建物体的形状和三维信息。

Delaunay 三角剖分准则主要包含：内圆准则、最小角最大化准则和局部最优准则。内圆准则是指对给定的点云数据中任意三点构成的 Delaunay 三角剖分的外接圆内不再包含其他的点，如图 6.3 所示。最小角最大化准则要求三角剖分所形成的三角形的最小内角最大，如图 6.4 所示。局部最优准则是在内圆准则和最小角最大化准则的基础上形成的，对于不满足内圆准则的两个共边三角形，通过对调四边形对角线达到三角形的最小角最大化。

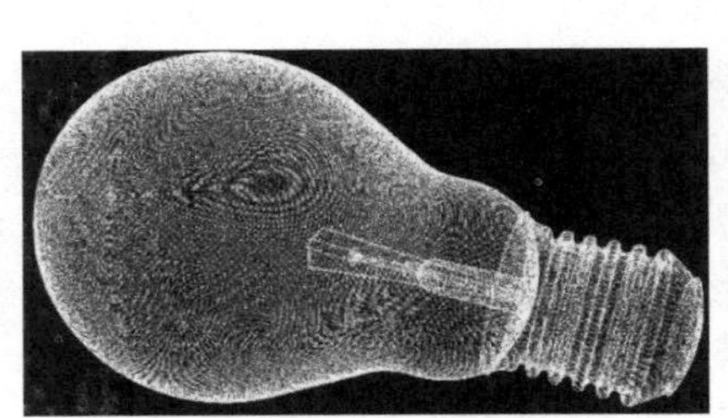

图 6.2　点云示例

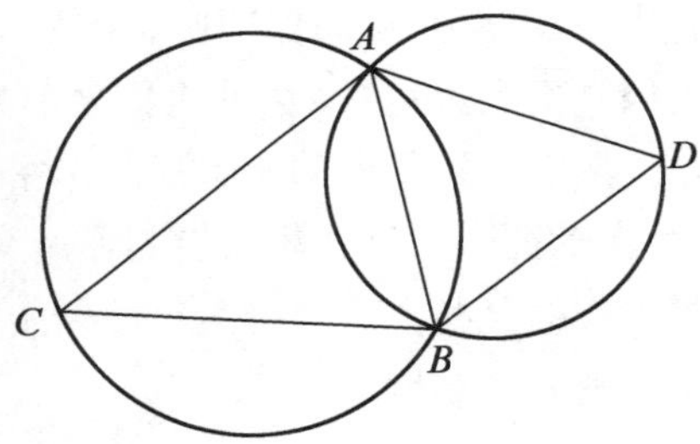

图 6.3　内圆准则

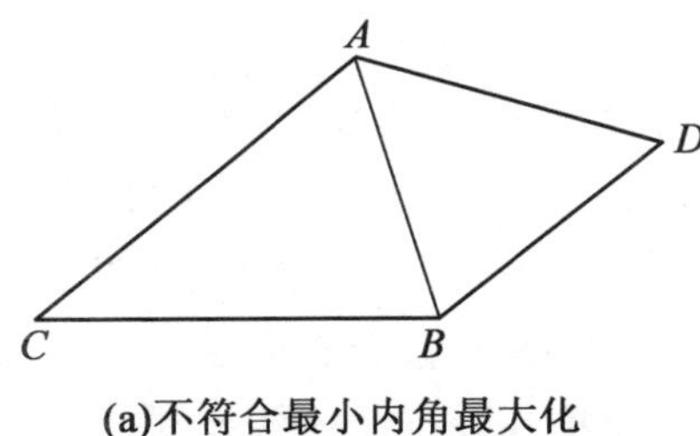

(a)不符合最小内角最大化

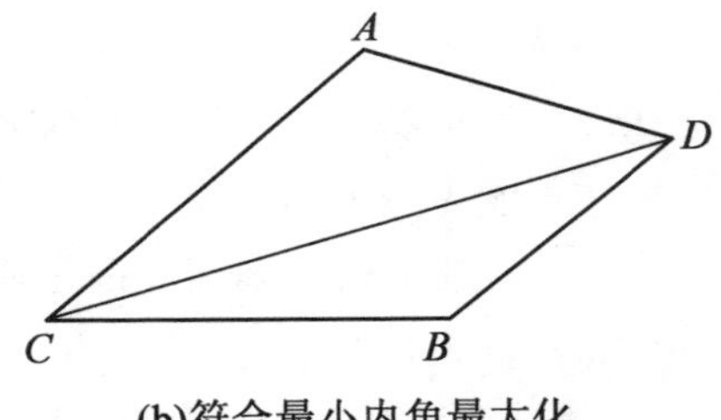

(b)符合最小内角最大化

图 6.4　最小角最大化准则

图 6.5 给出了一组三维的点云数据，假设这组点云数据是扫描某个物体后所得其上点的位置信息。使用 Delaunay 三角剖分方法，图 6.5(b) 给出了该物体的轮廓图。相比于图 6.5(a) 的在空间中分布的散点，图 6.5(b) 更能表现出物体

的空间特征。

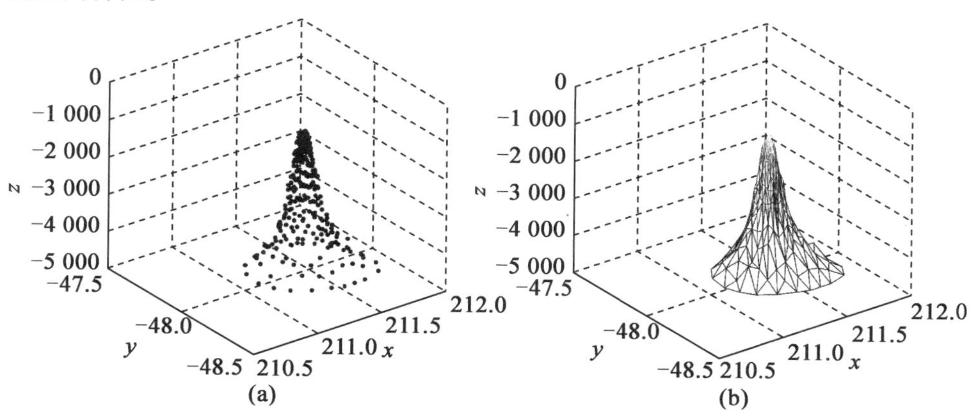

图 6.5　三维点云与曲面重构

使用 Delaunay 三角剖分方法,后续的研究中将给出反作用飞轮控制允许集和可达集的确定方法。

6.2.2　控制允许集与可达集的确定

根据式(6.1),当执行机构控制允许集 ACS 完全确定后,可达集将由映射 $\boldsymbol{\Phi}=\boldsymbol{A\Omega}$ 唯一确定。因此,确定可达集的关键在于确定控制允许集。在满足式(6.1)的由 n 个单元构成的执行机构中,控制允许集 ACS 应具有下式所述的形式:

$$\boldsymbol{\Omega}=\{\boldsymbol{u}\in\mathbf{R}^n\,|\,u_{i\min}\leqslant u_i\leqslant u_{i\max},\quad i=1,\cdots,n\}$$

不失一般性,假设 $u_{i\max}=-u_{i\min}=1,\forall i=1,\cdots,n$。很明显,ACS 则可以描述为 $\mathbf{R}^n$ 空间中的一个超立方体,共有 2^n 个顶点,记为

$$V_{\boldsymbol{\Omega}}=\{V_{\boldsymbol{\Omega}}(i)\in\mathbf{R}^n\,|\,V_{\boldsymbol{\Omega}}(i,j)=\pm1,\quad\forall i=1,\cdots,2^n,\quad j=1,\cdots,n\}\tag{6.2}$$

式中,$V_{\boldsymbol{\Omega}}(i,j)$ 表示第 i 个顶点的第 j 个分量。

上述描述形式的缺点在于并不能对可达集的确定有任何有效的启示,不能使用穷举法来确定可达集。

有关执行机构运行分析表明,对于任一运动指令 $\boldsymbol{u}$,其仅在工作空间中的部分 $\boldsymbol{u}_{\mathrm{w}}$ 会产生有效的控制输出,而在零运动空间中的部分 $\boldsymbol{u}_{\mathrm{n}}$ 并不产生任何的控制输出。注意到对于 $\boldsymbol{A}\in\mathbf{R}^{m\times n}$ 冗余度为 $\zeta=n-m$ 的执行机构,其工作空间的维度 $\dim[\mathrm{Work}(\boldsymbol{A})]=m$ 与执行机构输出空间 $\dim[\mathrm{Range}(\boldsymbol{A})]=m$ 的维度相同。同时,Work($\boldsymbol{A}$)中的每一基向量和 Range($\boldsymbol{A}$)中的基向量有着一对一的确定关系。确定可达集 AMS 可以等效地转化为确定控制允许集 ACS 在 Work($\boldsymbol{A}$)中的

分量，从而 ACS 的确定将退化为一个在 m 维空间中的问题。无论执行机构的冗余度为多少，在实际中，m 的取值不会超过 3，问题因此将大大简化。

下面考虑 $m=3$ 的情况。

引理 6.1[4]　对于效能矩阵为 $\boldsymbol{A}\in\mathbf{R}^{m\times n}$，冗余度为 $\zeta=n-m$ 的执行机构，其可达集为一凸多面体，有 (n^2-n+2) 个顶点，(n^2-n) 个面。

引理 6.2　对于效能矩阵为 $\boldsymbol{A}\in\mathbf{R}^{m\times n}$，冗余度为 $\zeta=n-m$ 的执行机构，其可达集顶点 $V_{\boldsymbol{\Phi}}$ 为部分控制允许集的顶点 $V_{\boldsymbol{\Omega}}$ 的映射，满足 $V_{\boldsymbol{\Phi}}=\boldsymbol{A}V_{\boldsymbol{\Omega}}$。

由于在工作空间 Work($\boldsymbol{A}$) 中，控制允许集与可达集的维度相同，因此两者的顶点有着严格的一一对应关系。

引理 6.1 和引理 6.2 说明了确定可达集 AMS 顶点的点云与控制允许集 ACS 顶点的点云完全等价，继而可达集 AMS 与控制允许集 ACS 的确定完全等价。关键在于如何在 2^n 个 ACS 顶点中选出 (n^2-n+2) 个顶点，其刚好为控制允许集(在工作空间中)/可达集的顶点。

由于控制允许集和可达集均为凸多面体，为保证控制允许集的凸性，应该在工作空间 Work($\boldsymbol{A}$) 中剔除掉 $[2^n-(n^2-n+2)]$ 个顶点，这些顶点对应的向量最短。继而，ACS 与 AMS 顶点的点云完全确定，在三维空间中仅需要将相邻的 3 个点相连，即可构建其可视化三维模型，可应用 Delaunay 三角剖分方法完成这一任务。

定义 6.1(有效控制允许集)　对于效能矩阵为 $\boldsymbol{A}\in\mathbf{R}^{m\times n}$，冗余度为 $\zeta=n-m$ 的执行机构，将其控制允许集 $V_{\Omega}=\{V_{\Omega}(i)\mid i=1,\cdots,2^n\}$ 投影在执行机构工作空间 Work($\boldsymbol{A}$) 上，其中按照模长大小排序的前 (n^2-n+2) 个顶点构成的集合为有效控制允许集，记为 $\boldsymbol{\Omega}_E$。或者说，将 n 维的控制允许集在工作空间中的投影称为有效控制允许集。

以下给出 ACS 与 AMS 的确定方法。

方法 A　执行机构控制允许集与可达集的确定方法

1. 将执行机构效能矩阵分解为 $\boldsymbol{A}=\overline{\boldsymbol{V}}\boldsymbol{S}\,\overline{\boldsymbol{U}}^{\mathrm{T}}$ 的形式。
2. 确定执行机构的工作空间与零运动空间：Work($\boldsymbol{A}$) 和 $\boldsymbol{N}(\boldsymbol{A})$。
3. 确定 ACS 的 2^n 个顶点 $V_{\boldsymbol{\Omega}}$，对其进行编号，$I=\{1,\cdots,2^n\}$。
4. 将 ACS 的顶点依次映射到 Work($\boldsymbol{A}$) 上，记为 $V_{\boldsymbol{\Omega},\mathrm{w}}$。
5. 将 $V_{\boldsymbol{\Omega},\mathrm{w}}$ 中的顶点视为向量的坐标，按照模长大小对其进行排序。
6. 在排序后的顶点中，取出前 (n^2-n+2) 个顶点记为 $\overline{V}_{\boldsymbol{\Omega},\mathrm{w}}$，记录其在 $V_{\boldsymbol{\Omega}}$ 中对应的顺序，$\overline{I}=\{I_i\mid i=1,\cdots,n^2-n+2,\quad V_{\boldsymbol{\Omega},\mathrm{w}}(i)\in\overline{V}_{\boldsymbol{\Omega},\mathrm{w}}\}$。

7. 有效控制允许集顶点在 Work($\boldsymbol{A}$)的点云即为 $\overline{V}_{\boldsymbol{\Omega},\mathrm{w}}$,对应于 $V_{\boldsymbol{\Omega}}$ 中的第 $\bar{I}$ 个顶点。

8. 可达集的顶点的点云继而确定为 $V_{\boldsymbol{\Phi}} = \boldsymbol{A}\,\overline{V}_{\boldsymbol{\Omega},\mathrm{w}}$,即第 $\bar{I}$ 个 ACS 顶点映射后的点。

9. 利用三维曲面剖分将可达集(可表示在 Range($\boldsymbol{A}$)中)和有效控制允许集(仅能表示在 Work($\boldsymbol{A}$)中)可视化,并记录每个三角平面顶点的序号。

实际上,在上述方法中,剔除最小的$[2^n-(n^2-n+2)]$个顶点之后,控制允许集中剩余的点即为有效控制允许集的顶点,不存在不是顶点的点。因此,此时的 Delaunay 三角剖分实际上是将与相邻的顶点相连而已,最关键的是记录相邻点的序号(构成三角形的三个顶点的序号),以便后续得到可达集数学描述。

注意:经过方法 A 的求解后,有效控制允许集和可达集的顶点满足引理 6.1 和引理 6.2 的要求,即为(n^2-n+2)个;然而,由于采用的是 Delaunay 三角剖分方法,构成有效控制允许集/可达集的三角形平面不再是(n^2-n)个,但两个集合的可视化模型仍是由(m^2-m)个平面构成闭合凸多面体。

例 6.1　考虑以下冗余度为 2 的反作用飞轮系统,

$$\boldsymbol{A}=\begin{bmatrix} \cos\frac{\pi}{3} & 0 & -\cos\frac{\pi}{3} & 0 & \frac{1}{\sqrt{3}} \\ 0 & \cos\frac{\pi}{6} & 0 & \cos\frac{\pi}{6} & \frac{1}{\sqrt{3}} \\ \sin\frac{\pi}{3} & \sin\frac{\pi}{6} & \sin\frac{\pi}{3} & \sin\frac{\pi}{6} & \frac{1}{\sqrt{3}} \end{bmatrix} \tag{6.3}$$

式(6.2)的控制允许集将为一个五维的超立方体,由以下 32 个顶点构成(仅给出了前 16 个,并进行了编号;后 16 个由前 16 个顶点依次符号取反确定):

$$\boldsymbol{V}_{\boldsymbol{\Omega},1\text{-}16}=\begin{bmatrix} 1 & -1 & 1 & 1 & 1 & 1 & -1 & -1 & -1 & -1 & 1 & 1 & 1 & 1 & 1 & 1 \\ 1 & 1 & -1 & 1 & 1 & 1 & -1 & 1 & 1 & 1 & -1 & -1 & -1 & 1 & 1 & 1 \\ 1 & 1 & 1 & -1 & 1 & 1 & 1 & -1 & 1 & 1 & -1 & 1 & 1 & -1 & -1 & 1 \\ 1 & 1 & 1 & 1 & -1 & 1 & 1 & 1 & -1 & 1 & 1 & -1 & 1 & -1 & 1 & -1 \\ 1 & 1 & 1 & 1 & 1 & -1 & 1 & 1 & 1 & -1 & 1 & 1 & -1 & 1 & -1 & -1 \\ \hdashline 1 & 2 & 3 & 4 & 5 & 6 & 7 & 8 & 9 & 10 & 11 & 12 & 13 & 14 & 15 & 16 \end{bmatrix}$$

将上述 ACS 顶点映射到工作空间中可以得到 32 个向量，按照向量大小排序可得以下的顺序：

11,27,1,17,14,30,5,21,13,29,9,25,3,19,10,26,4,20,6,22,16,32,2,18,7,23,12,28,15,31,8,24

剔除最短的 $2^n-(n^2-n+2)|_{n=5}=10$ 个，即第{2,18,7,23,12,28,15,31,8,24}点，其余的点将构成有效控制允许集的顶点。然后，利用 Delaunay 三角剖分方法得到有效控制允许集和可达集的三维可视化模型，它是由 40 个三角形构成的 20 面体，冗余度为 2 的反作用飞轮控制允许集顶点及有效控制允许集、冗余度为 2 的反作用飞轮可达集如图 6.6 和图 6.7 所示。

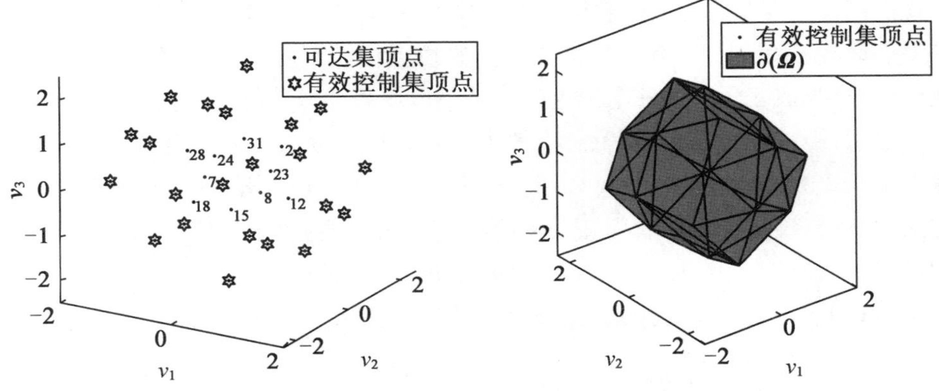

图 6.6　冗余度为 2 的反作用飞轮控制允许集顶点及有效控制允许集

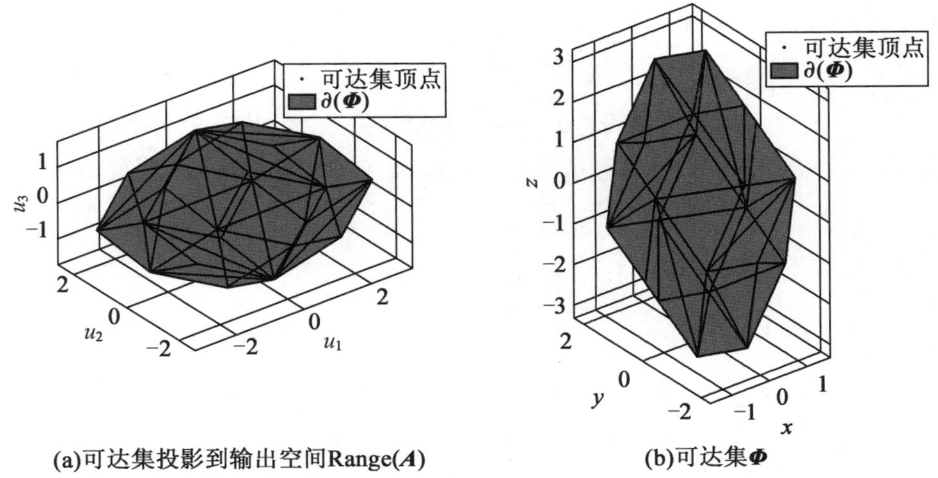

(a)可达集投影到输出空间Range(*A*)　(b)可达集***Φ***

图 6.7　冗余度为 2 的反作用飞轮可达集

使用方法 A 得到了上述冗余度为 2 的反作用飞轮系统控制允许集和可达集。通过采用效能矩阵因子化手段、执行机构运动分析的结果和引入有效控制允许集的概念，将原本一个在五维空间中的问题转换到三维空间中。在关键的有效控制允许集确定的过程中，未引入复杂的运算，提高了求解效率，使得整个方法简单化。

6.2.3　控制分配与方法可达集

可达集给出了系统控制作用应满足的约束条件，然而不合理的控制分配方法依旧会使原本在可达集之内的控制分配结果超过执行机构的运动约束。从执行机构的运动范围映射到输出空间，可确定可达集，然而控制分配是一个逆向的过程，仍需考虑执行机构的运动约束，且这一过程会随着分配方法的不同而变化[5]。

假设控制指令满足可达集约束，$\boldsymbol{v} \in \boldsymbol{\Phi}$，经过某个控制分配方法分配后的结果为 $\boldsymbol{u}$，此时有以下两种情况：

$$\begin{cases} \boldsymbol{u} \in \boldsymbol{\Omega} \\ \boldsymbol{u} > \partial(\boldsymbol{\Omega}) \end{cases} \tag{6.4}$$

很明显，控制指令在可达集之内时，控制输出将与控制指令完全相同；而控制指令在超过可达集约束时，需要把在控制允许集之外的部分进行裁剪，使得 $\boldsymbol{u}^* \in \boldsymbol{\Omega}$，其中 $\boldsymbol{u}^*$ 为裁剪后的结果。由于 $\boldsymbol{u}^* \neq \boldsymbol{u}$，因此将产生控制输出误差，降低控制性能，甚至导致被控对象失稳。因此，确定某个控制分配方法所能决定的控制输出至关重要。

基于以上的讨论，给出方法可达集的定义。

定义 6.2（方法可达集）　对于效能矩阵为 $\boldsymbol{A} \in \mathbf{R}^{m \times n}$，冗余度为 $\zeta = n - m$ 的执行机构，某个控制分配方法 $\boldsymbol{u} = f(\boldsymbol{v})$ 的方法可达集为

$$\boldsymbol{\Phi} = \{\boldsymbol{v} \in \mathbf{R}^m \mid \boldsymbol{v} = \boldsymbol{A}\boldsymbol{u},\quad \boldsymbol{u} = f(\boldsymbol{v}) \in \boldsymbol{\Omega},\quad \boldsymbol{v} \in \boldsymbol{\Omega}\} \tag{6.5}$$

式中，$\boldsymbol{u} = f(\boldsymbol{v})$ 表示控制分配；$\boldsymbol{v} \in \boldsymbol{\Omega}$ 表示在 AMS 中的控制作用；$\boldsymbol{u}^*$ 为分配且经过裁剪后的结果（$\boldsymbol{u}^* \in \boldsymbol{\Omega}$）；$\boldsymbol{v}^*$ 为相应的控制输出；相应的 $\boldsymbol{u}^* \in \boldsymbol{\Omega}$ 所构成的集合称为方法控制允许集，记为 $\boldsymbol{\Omega}^*$；同时，记可达集 AMS 经过控制方法映射后的集合为 $\boldsymbol{\Omega}^*$（$\boldsymbol{u} = f(\boldsymbol{v})$，未经过裁剪），那么方法控制允许集为控制允许集 $\boldsymbol{\Omega}$ 与 $\boldsymbol{\Omega}^*$ 的交集，$\boldsymbol{\Omega}^* = \boldsymbol{\Omega} \cap \boldsymbol{\Omega}^*$。

可达集 $\boldsymbol{\Phi}$ 是一个理想的集合，只有控制分配结果完全在控制允许集之内时，即 $\boldsymbol{\Omega}^* = \boldsymbol{\Omega}$，方法可达集才与可达集相等。因此，方法可达集更能表现在某个控

制分配方法作用下的执行机构运动约束对控制分配的影响。因此，方法可达集是可达集的一个子集，即 $\boldsymbol{\Phi}^* \subset \boldsymbol{\Phi}$。根据方法 A 可知，确定方法可达集的关键在于确定方法控制允许集 $\boldsymbol{\Omega}^*$，也就是确定 $\boldsymbol{\Omega}^*$ 的顶点。

下面以经典的广义逆方法为例来讨论方法可达集，并分析对控制系统的影响。广义逆的控制分配的结果可写为

$$\boldsymbol{u} = \sum_{i=1}^{m} \alpha_i \bar{\boldsymbol{u}}_i + \sum_{j=1}^{\zeta} \beta_j \bar{\boldsymbol{u}}_{ni} \tag{6.6}$$

式中，α_i 唯一确定；β_j 待定；$\bar{\boldsymbol{u}}_i$ 为效能矩阵因子化后工作空间的基矢量；$\bar{\boldsymbol{u}}_{ni}$ 为零运动空间的基矢量。

同时，对广义逆方法使用效能矩阵因子化分解，可得 $\boldsymbol{A}_{\mathrm{w}}^{+} = \widetilde{\boldsymbol{U}} \widetilde{\boldsymbol{S}}_{\mathrm{w}}^{+} \widetilde{\boldsymbol{V}}^{\mathrm{T}}$。因此，广义逆的分配结果也可以写为

$$\boldsymbol{u} = \sum_{i=1}^{m} \widetilde{\alpha}_i \bar{\boldsymbol{u}}_i \tag{6.7}$$

明显以上两个式子应该是相等的，可得以下结论：广义逆的分配结果仅在某一确定的 m 维子空间内，该空间由 $\widetilde{\boldsymbol{u}}_i \in \mathrm{Work}(\boldsymbol{A}_{\mathrm{w}}^{+})$ 展开；也就是说，广义逆分配的结果 $\sum_{i=1}^{m} \alpha_i \bar{\boldsymbol{u}}_i + \sum_{j=1}^{\zeta} \beta_j \bar{\boldsymbol{u}}_{ni}$ 与 α_i 和 β_j 是相互关联的。同时，

$$\left(\sum_{i=1}^{m} \alpha_i \bar{\boldsymbol{u}}_i + \sum_{j=1}^{\zeta} \beta_j \bar{\boldsymbol{u}}_{ni} \right) \cdot \widetilde{\boldsymbol{u}}_{nj} = \widetilde{\boldsymbol{u}}_{nj}^{\mathrm{T}} \boldsymbol{U} \begin{bmatrix} \alpha \\ \beta \end{bmatrix} \equiv 0 \quad (j = 1, \cdots, \zeta) \tag{6.8}$$

上述的 ζ 个等式关系足以确定 β 和 α 之间的约束关系（β 有 ζ 个分量）。

注意：广义逆方法控制允许集可视为 $\mathrm{Work}(\boldsymbol{A}_{\mathrm{w}}^{+})$ 展开的空间与 $\boldsymbol{\Omega}$ 的交集，简记为 $\boldsymbol{\Omega}^* = \mathrm{Work}(\boldsymbol{A}_{\mathrm{w}}^{+}) \cap \boldsymbol{\Omega}$。$\mathrm{Work}(\boldsymbol{A}_{\mathrm{w}}^{+})$ 可表示为广义逆分配结果的集合，即 $\boldsymbol{\Omega}^*$。

基于以上的关系，下面给出广义逆的方法可达集确定方法，也就是确定控制允许集 $\boldsymbol{\Omega}$ 与分配结果 $\boldsymbol{\Omega}^*$ 两个集合交集顶点的方法。

方法 B　广义逆方法可达集的确定方法

1. 确定控制允许集的 2^n 个顶点 $V_{\boldsymbol{\Omega}}$，对其进行编号，$I = \{1, \cdots, 2^n\}$。

2. 将控制允许集顶点经过执行机构运动与控制分配后所得结果映射到广义逆 $\boldsymbol{A}_{\mathrm{w}}^{+}$ 方法工作空间 $\mathrm{Work}(\boldsymbol{A}_{\mathrm{w}}^{+})$ 上。

3. 使用方法 A 求解广义逆分配结果的集合 $\boldsymbol{\Omega}^*$，即由步骤 2 中的顶点经方法 A 形成的集合，同时记录集合中每个面的顶点的序号，$\bar{I} = \{\{a, b, c\}_i \mid i = 1, \cdots,$

$n^2-n\}$。

4. 对第 i 个平面，检查 $\{a,b,c\}_i$ 对应的三个顶点是否超过 ACS 的约束（比如 $V_{\boldsymbol{\Omega}}(a)\geqslant\partial(\boldsymbol{\Omega})$，因为其第一个分量大于饱和值）；如果成立，进入步骤 5；否则，检查下一个平面的三个顶点。

5. 构造新的向量 $\boldsymbol{V}_{\boldsymbol{\Omega}^*,i}$，将 $\boldsymbol{V}_{\boldsymbol{\Omega}^*,i}$ 中与三个顶点 $\{a,b,c\}_i$ 中超过 ACS 约束的分量相同位置的分量设为饱和值，该饱和值符号与 $\{a,b,c\}_i$ 饱和值相同，其余的值待定。

6. 利用等式约束式求解剩余的待定值，得到方法控制允许集的顶点，然后遍历所有平面，得到所有顶点，则得出方法控制允许集和方法可达集。

注意：随着冗余度的增大，$\{a,b,c\}_i$ 对应的三个顶点会在不同的方向上超过控制允许集的饱和值，而式(6.8)的约束方程只有 ζ 个。此时需要对所有 $(n-\zeta)$ 个饱和值对应的向量依次作用约束，而后再根据所求顶点值应在 ACS 内来取舍。

例 6.2　考虑如下的反作用飞轮系统，其效能矩阵为

$$\boldsymbol{A}=\begin{bmatrix}\cos\dfrac{\pi}{4} & \cos\dfrac{\pi}{6} & 0\\ \cos\dfrac{\pi}{4} & \cos\dfrac{\pi}{6} & 1\end{bmatrix}\tag{6.9}$$

广义逆方法中加权矩阵取为：$\boldsymbol{W}=\mathrm{diag}[1\quad 2\quad 3]$，反作用飞轮各个单元输出的极限值为 $[-1\quad u_i\quad 1]$。根据方法 B，该系统的广义逆方法控制允许集与可达集分别如图 6.8 和图 6.9 所示。

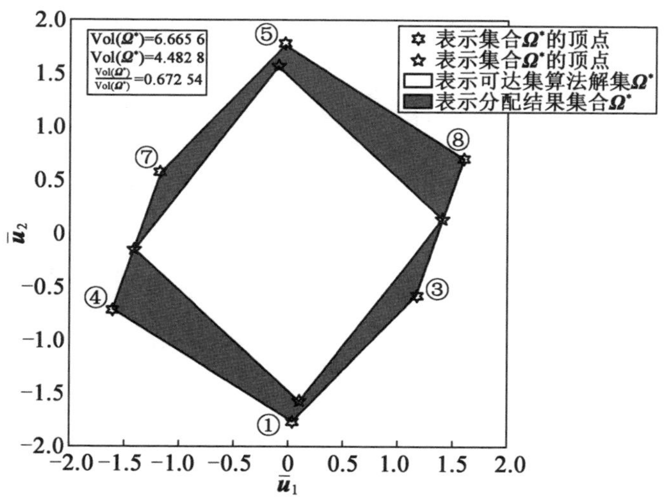

图 6.8　广义逆方法控制允许集

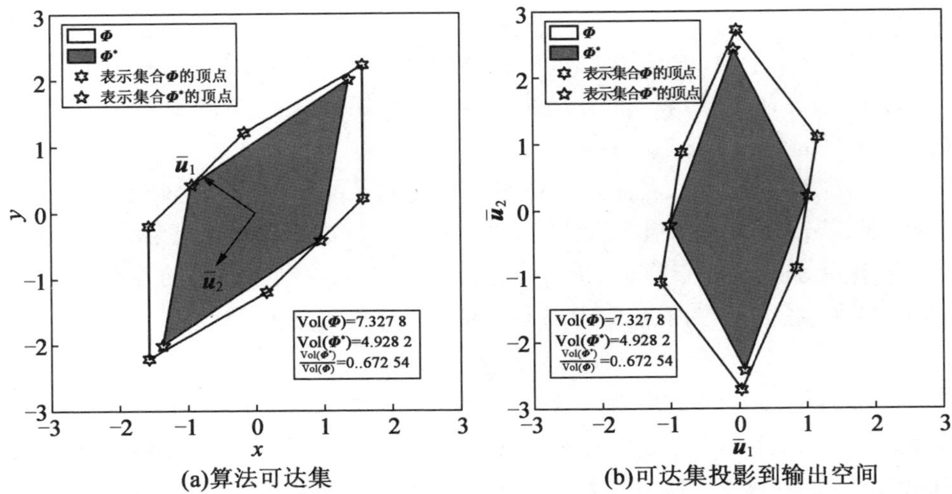

(a)算法可达集　　(b)可达集投影到输出空间

图 6.9　广义逆方法可达集

广义逆的控制分配结果如式(6.7)所示仅仅在 A_w^+ 的工作空间内，即 $\boldsymbol{\Omega}^* = A_w^+\boldsymbol{\Phi}\subset \mathrm{Work}(A_w^+)$；实际上，$\boldsymbol{\Omega}^*$ 为 ACS 在 $\mathrm{Work}(A_w^+)$ 的投影而已。因此，$\boldsymbol{u} = A_w^+\boldsymbol{\Phi}$ 可以写为 $\boldsymbol{u} = \sum_{i=1}^{2}\alpha_i\bar{\boldsymbol{u}}_i$。同时，广义逆分配方法的分配结果可写为 $\boldsymbol{u} = \sum_{i=1}^{m}\alpha_i\bar{\boldsymbol{u}}_i + \sum_{j=1}^{\zeta}\beta_j\bar{\boldsymbol{u}}_{ni}$，那么有

$$\bar{\boldsymbol{u}}_{p,j}^{\mathrm{T}}\boldsymbol{U}\begin{bmatrix}\alpha\\ \beta\end{bmatrix}\equiv 0.214\,3\alpha_1+0.190\,8\alpha_2+0.958\,0\beta_1\equiv 0$$

同时，在广义逆方法中，当控制作用可以写为 $\boldsymbol{v} = \sum_{i=1}^{m}k_i\bar{\boldsymbol{v}}_i$ 时，α 的形式唯一确定，为 $\alpha_i=\sigma_i^{-1}k_i$，因此上式将写为

$$0.214\,3\sigma_1^{-1}k_1+0.190\,8\sigma_2^{-1}k_2+0.958\,0\beta_1\equiv 0 \tag{6.10}$$

此处 $\sigma_1^{-1}=0.636\,8$，$\sigma_2^{-1}=1.368\,4$，由效能矩阵分解结果确定。继而，在通用的分配结果形式中，零运动的大小为

$$\beta_1 = -0.142\,5k_1-0.272\,5k_2 \tag{6.11}$$

以下两种分配结果完全等价：

$$\begin{cases}\boldsymbol{u} = \boldsymbol{W}\boldsymbol{A}^{\mathrm{T}}(\boldsymbol{A}\boldsymbol{W}\boldsymbol{A}^{\mathrm{T}})^{-1}\boldsymbol{v}, \quad \boldsymbol{W}=\mathrm{diag}[1\quad 2\quad 1]\\ \boldsymbol{u} = \sum_{i=1}^{2}\sigma_i^{-1}k_i\bar{\boldsymbol{u}}_i+\sum_{j=1}^{\zeta}\beta_j\bar{\boldsymbol{u}}_{ni}, \quad \beta_1 = -0.223\,7\sigma_1^{-1}k_1-0.199\,2\sigma_2^{-1}k_2\end{cases} \tag{6.12}$$

在式(6.12)中,广义逆的分配形式被写成了一种十分简洁的形式。随着 $\boldsymbol{W}$ 的变化,β_1 将随之变化,但 α 与 β 关系的形式保持不变。

根据方法控制允许集 $\mathrm{Vol}(\boldsymbol{\Omega}^*)$ 与可达集对应的分配结果可以发现,在该分配方法的作用下,仅有 74% 的控制允许集(在工作空间内)可以被利用,而这一比例在可达集中仅有 67%;也就是说,26% 的执行机构运动指令被限制,导致可达集中 33% 的输出不可达。然而,执行机构和整个系统所失去的性能在某种程度上是远远大于 33% 的,因为 33% 不可达的控制作用大于任意的 66% 可达的输出,也就是被控制对象运动的敏捷性将大打折扣,甚至导致系统不稳定。

注意:理想的可达集经过广义逆分配方法映射后是一个平面,该平面包含了所有的分配结果[6]。但是部分分配结果降落在控制允许集之外,超过执行机构运动约束,从而使得相应的控制作用不可达。因此,不存在定常加权矩阵 $\boldsymbol{W}$ 使得所有的分配结果都满足控制允许集的要求。

6.3　考虑飞轮可达集约束控制分配

前一节在执行机构效能矩阵分解的基础上,给出了求解可达集与方法可达集的实现方法,并使用点云重构的方法给出了其三维可视化的结果。可达集给出了控制作用需要满足的约束,因此,为保证达到预先设计的控制效果,控制作用必须在可达集之内。为实现这一要求,可达集需要考虑到控制作用设计中,同时应避免执行机构过多的参与,使得控制作用无法应用到其他的执行机构中去。同时,由于方法可达集的影响,并非所有的理想控制作用均能被精确输出。因此,对于某个控制分配方法,需要施加适当的修正,来保证执行机构精确的跟踪控制[7]。

6.3.1　满足可达集约束的控制指令设计

将可达集考虑到控制作用中,进行设计时需要使用可达集的数学表述,而不是三维模型。因此,至关重要的一步是写出可达集的数学表述。在上述分析中,发现可达集是一个三维空间中的凸多面体,其数学描述将唯一地由其各个表面的数学描述确定,而其各个表面又完全由三角剖分后的三个顶点完全确定,也就是方法 A 中的所记录的三角形的顶点的序号。

对于效能矩阵为 $\boldsymbol{A}\in\mathbf{R}^{m\times n}$,冗余度 $\zeta=n-m$ 的执行机构,它的 ACS 共有 2^n 个顶点,使用方法 A 可得其可达集各个三角平面的顶点对应到 ACS 中的序号的组合,记为 $I=\{\{a,b,c\}_i \mid i=1,\cdots,n^2-n\}$。$\{a,b,c\}_i$ 表示可达集的第 i 个三角平面的顶点是由 ACS 中第$\{a,b,c\}$三个顶点映射过来的。那么该三角平面的

数学描述可确定为

$$\boldsymbol{\vartheta}_i^{\mathrm{T}}\begin{bmatrix} x \\ y \\ z \end{bmatrix}=1 \tag{6.13}$$

式中

$$\boldsymbol{\vartheta}_i=\left[V_{\boldsymbol{\Phi}}(a_i) \quad V_{\boldsymbol{\Phi}}(b_i) \quad V_{\boldsymbol{\Phi}}(c_i)\right]^{-1}\begin{bmatrix} 1 \\ 1 \\ 1 \end{bmatrix} \tag{6.14}$$

式中，$V_{\boldsymbol{\Phi}}(a_i)$表示控制允许集中第 a 个顶点映射到可达集中的第 i 个三角平面的顶点。

当得到所有的三角形的表面的数学表述后，可达集的数学表述为

$$\left[\boldsymbol{\vartheta}_1 \quad \cdots \quad \boldsymbol{\vartheta}_{p^2-p}\right]^{\mathrm{T}}\begin{bmatrix} v_1 \\ v_2 \\ v_3 \end{bmatrix} \leqslant \begin{bmatrix} 1 \\ \vdots \\ 1 \end{bmatrix}_{(n^2-n)\times 1} \tag{6.15}$$

简记为

$$\boldsymbol{\Theta}^{\mathrm{T}}\boldsymbol{v} \leqslant \mathbf{1}_{(n^2-n)\times 1} \tag{6.16}$$

集合的形式为

$$\boldsymbol{\Phi}=\left\{\boldsymbol{v} \,\middle|\, \boldsymbol{\Theta}^{\mathrm{T}}\boldsymbol{v} \leqslant \mathbf{1}_{(n^2-n)\times 1}\right\}$$

使用上述可达集数学表述，航天器姿态控制问题可写为

$$\operatorname*{opt}_{\boldsymbol{u}} J(t,\boldsymbol{x},\boldsymbol{v}) \text{ s.t.} \begin{cases} \dot{\omega}=\boldsymbol{J}^{-1}\left[\boldsymbol{v}-\omega\times(\boldsymbol{J}\omega+\boldsymbol{h}_{\mathrm{act}})\right] \\ \dot{\boldsymbol{q}}=\dfrac{1}{2}(q_4\omega-\omega\times\boldsymbol{q}) \\ \boldsymbol{\Theta}^{\mathrm{T}}\boldsymbol{v} \leqslant \mathbf{1}_{(p^2-p)\times 1} \\ \boldsymbol{x}(t_0)=\boldsymbol{x}_0, \quad \boldsymbol{x}(t_{\mathrm{f}})=\boldsymbol{x}_{\mathrm{f}} \end{cases} \tag{6.17}$$

式中，$\boldsymbol{x}=(\omega,\boldsymbol{q})$为航天器姿态运动的状态；$\boldsymbol{x}(t_0)=\boldsymbol{x}_0$、$\boldsymbol{x}(t_{\mathrm{f}})=\boldsymbol{x}_{\mathrm{f}}$ 表示航天器初始状态和末端状态。

注意：在式(6.17)中，可达集约束变为一个路径约束，即原问题转化为一个带有路径约束的最优控制问题。可达集在控制作用设计中的角色更加的明确，而不再是以一个模糊的集合形式给出。得到上述形式的关键在于精确的可达集确定；同时，执行机构并未过多地参与到控制作用设计中去。当执行机构发生改变时，仅需要使用方法 A 重新确定可达集和矩阵 $\boldsymbol{\Theta}$ 即可，整个求解形式不发生任何的改变。

如式(6.17)所示的带有路径约束的最优控制问题，可使用罚函数等方法求

解，如高斯伪谱法，这里不做赘述。

6.3.2　满足控制允许集的控制分配设计

在保证控制作用被精确输出的前提下，对控制分配方法施加修正作用，实际上是对控制分配结果中零运动部分进行调整，而不影响在工作空间中的部分。因此，修正作用的设计仅仅需要在零运动空间中进行，修正的结果应该是将超过控制允许集约束的控制分配结果"拉回"到控制允许集之内[8]，即 $\boldsymbol{u}+\boldsymbol{N}(\boldsymbol{A})\tilde{\boldsymbol{\beta}}\in\boldsymbol{\Omega}$ 而 $\boldsymbol{u}>\partial(\boldsymbol{\Omega})$。从而使得可达集的利用率达到 100%，达到理想情况。

定理 6.1　在控制分配方法保证控制作用被精确输出的前提下（$\boldsymbol{v}_{\mathrm{o}}=\boldsymbol{v}_{\mathrm{c}}$），对于在可达集之内的任意控制指令，当分配结果超过控制允许集约束时 $\boldsymbol{u}>\partial(\boldsymbol{\Omega})$，总是存在修正作用 $\boldsymbol{N}(\boldsymbol{A})\tilde{\boldsymbol{\beta}}$ 使得 $\boldsymbol{u}+\boldsymbol{N}(\boldsymbol{A})\tilde{\boldsymbol{\beta}}\in\boldsymbol{\Omega}$。

证明　由执行机构的运动特性可知，控制允许集中任意的运动向量唯一对应可达集中的控制输出。因此，对于在可达集之内的控制作用，至少可以找到一个在控制允许集内的执行机构运动向量与之对应，那么产生当前控制作用的执行机构运动向量中工作空间中的部分完全唯一确定；继而，通过零空间修正作用，执行机构的输出将被限定在可达集内。

图 6.10 给出了上述定理的一个形象的可视化解释，其中考虑了执行机构冗余度为 1 的情况。当分配结果在某一方向上超过控制允许集约束时（y 轴方向），通过在零运动方向上的修正作用 $\boldsymbol{N}(\boldsymbol{A})\tilde{\boldsymbol{\beta}}$，分配结果最后落在控制允许集上，而在工作空间上的分量保持不变，从而满足执行机构运动约束。由工作空间中的运动指令与控制作用一一对应的关系可知，经过修正后的分配结果控制输出不变。

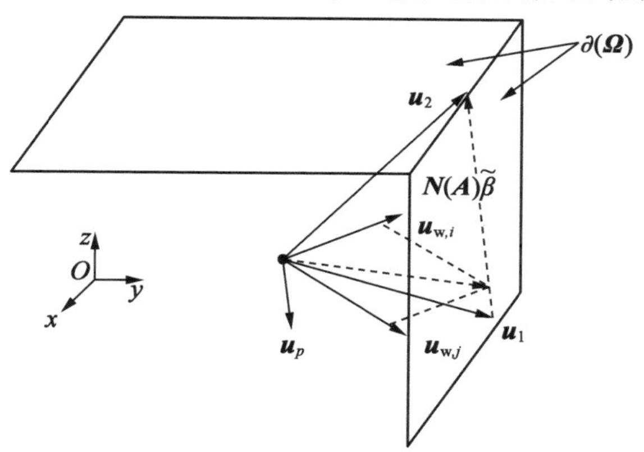

图 6.10　分配结果修正说明

对冗余度为 ζ 且满足 $\boldsymbol{A}\in\mathbf{R}^{m\times n}$ 的执行机构，控制修正作用设计的关键在于确定 $\tilde{\beta}$ 的大小。根据图 6.10 所示的分析过程，凡是超过控制允许集约束的某个分量，最后的修正结果将在该方向上饱和。

方法 C　控制指令在可达集内的控制分配修正作用

1. 检查当前的控制分配结果 $\boldsymbol{u}$ 是否超过控制允许集约束，若是，进入步骤 2；若否，则进入步骤 6。

2. 将超过控制允许集约束的分量设为相应的饱和值，并记录其在各个分量的位置记为向量 $\boldsymbol{m}$，$\boldsymbol{m}$ 的分量为超过控制允许集约束的分量在 $\boldsymbol{u}$ 中的位置序号。

3. 计算误差向量 $\boldsymbol{u}(\boldsymbol{m})-\mathrm{sgn}[\boldsymbol{u}(\boldsymbol{m})]$。

4. 当前的修正作用强度则为 $\tilde{\beta}=[\boldsymbol{N}(\boldsymbol{A})(\boldsymbol{m})]^{\dagger}\{\boldsymbol{u}(\boldsymbol{m})-\mathrm{sgn}[\boldsymbol{u}(\boldsymbol{m})]\}$。

5. 计算新的控制分配结果 $\boldsymbol{u}=\boldsymbol{u}-\boldsymbol{N}(\boldsymbol{A})\tilde{\beta}$，回到步骤 1。

6. 进入下一个控制分配过程；然后重复步骤 1 到步骤 6，直到任务完毕。

上述过程中，$\boldsymbol{N}(\boldsymbol{A})(\boldsymbol{m})$ 表示为 $\boldsymbol{N}(\boldsymbol{A})$ 取第 m 行向量构成的新矩阵。

例 6.3　考虑如下的简单例子，反作用飞轮系统如例 6.2 所示，控制作用取为

$$\boldsymbol{v}=\begin{bmatrix}0.5\sin 2t\\ \cos t\end{bmatrix}\tag{6.18}$$

使用经典的广义逆控分配方法（$\boldsymbol{W}=\mathrm{diag}[1\quad 2\quad 3]$）和方法 C 所示的修正作用。为了对比方法 C 提出的修正结果，同时考虑另一种经典的修正方式。当分配结果 $\boldsymbol{u}$ 超过控制允许集约束，做如下的修正：

$$\boldsymbol{u}_1=\begin{cases}\boldsymbol{u} & (\boldsymbol{u}\in\boldsymbol{\Omega})\\ \underset{u_{\max}}{\mathrm{sat}}(\boldsymbol{u})=\dfrac{u_{\max}}{|\boldsymbol{u}|_{\infty}}\boldsymbol{u} & (\boldsymbol{u}\geqslant\partial(\boldsymbol{\Omega}))\end{cases}\tag{6.19}$$

同时，本节提出的修正结果为

$$\boldsymbol{u}_2=\begin{cases}\boldsymbol{u} & (\boldsymbol{u}\in\boldsymbol{\Omega})\\ \boldsymbol{u}+\boldsymbol{N}(\boldsymbol{A})\tilde{\beta} & (\boldsymbol{u}\geqslant\partial(\boldsymbol{\Omega}))\end{cases}\tag{6.20}$$

注意到 $\boldsymbol{u}_1$ 直接截取分配结果在可达集中的部分，并保持了分配结果的方向不变，即控制输出结果与控制指令的方向相同。仿真结果如图 6.11 和图 6.12 所示。

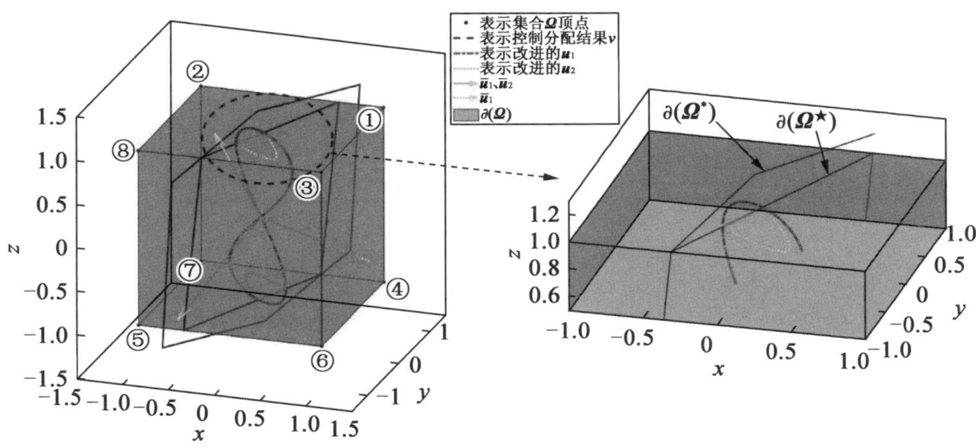

图 6.11　执行机构运动路径

在图 6.12 中,控制指令完全在系统的可达集之内,$v_c \in \Phi$。显然在理论上这样的控制指令应该是完全可达的,执行机构应该可以无误差地输出。然而,在广义逆方法的作用下,部分分配结果超出了控制允许集的约束。通过使用前述的两种不同的修正方法,修正后的结果完全在控制允许集之内,满足执行机构运动约束要求,如图 6.11 所示。但是,修正方法 u_1 是对控制分配结果的直接裁剪,其影响了分配结果中工作空间中的分量,从而使得输出的结果和控制指令不同,控制输出仅仅在方法可达集内。而在方法 C 的作用下,超过控制允许集约束的部分被等效地“投影”在可达集表面上,从而不改原分配结果在工作空间中的分量,即控制输出不变。

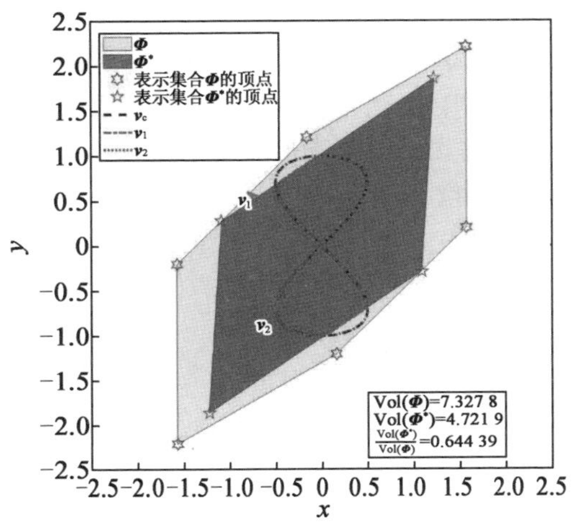

图 6.12　执行机构输出控制作用路径

对于任意在可达集内的控制指令，经过方法 C 的作用，均可以找到在控制允许集之内的分配结果。因此，对于整个可达集而言，其中的任意控制作用都是可达的，可达集的利用率将达到 100%，经过修正的方法可达集与可达集完全相同。可达集内控制指令分配与修正如图 6.13 所示，将整个可达集映射到控制允许集中后，控制分配的结果超过了控制允许集的约束，而经过修正后的结果完全落在了可达集上，达到了理想的结果。从而控制作用所预先决定的系统性能可以得到满足。

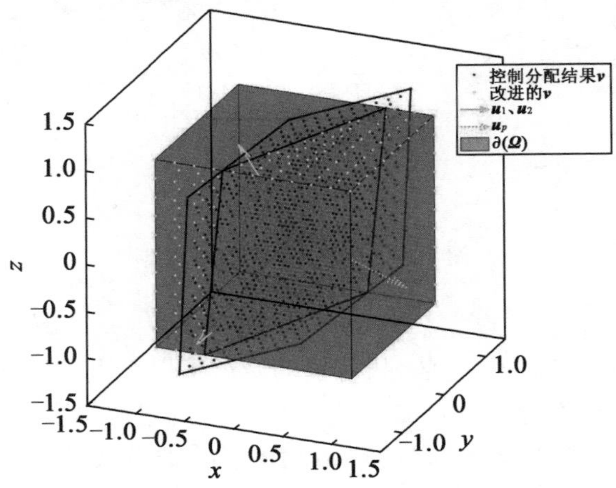

图 6.13　可达集内控制指令分配与修正

6.4　仿真算例

本节将以航天器姿态机动为背景来验证本章给出的限制性的控制分配方法和考虑可达集约束的控制作用设计方法，执行机构使用反作用飞轮。可达集之内的控制指令和有效的分配方法修正作用是保证系统性能的关键，二者缺一不可，相辅相成。主要的仿真参数取值见表 6.1。

表 6.1　主要的仿真参数取值

仿真变量	取值
航天器转动惯量/(kg · m²)	$\boldsymbol{J}=\mathrm{diag}[50\quad 35\quad 25]$
航天器角速度约束/(°)	$\lvert\omega\rvert\leqslant 0.5$
航天器初始姿态	$(\phi,\theta,\psi)=(35,-5,5)^\circ$ $(\omega_x,\omega_y,\omega_z)=(0,0,0)(^\circ)\cdot \mathrm{s}^{-1}$
航天器期望姿态	$(\phi,\theta,\psi)=(0,0,0)^\circ$ $(\omega_x,\omega_y,\omega_z)=(0,0,0)(^\circ)\cdot \mathrm{s}^{-1}$

续表 6.1

仿真变量	取值
反作用飞轮运动约束	$\lvert \boldsymbol{u} \rvert \leqslant 1$（标准化）
目标函数	$J_1(t,\boldsymbol{x},\boldsymbol{v}) = \int_{t_0}^{t_f} \boldsymbol{v}^{\mathrm{T}}\boldsymbol{v}\mathrm{d}t,\quad J_2(t,\boldsymbol{x},\boldsymbol{v}) = \int_{t_0}^{t_f} \mathrm{d}t$
反作用飞轮效能矩阵	$\boldsymbol{A}_1 = 0.01\begin{bmatrix} 1 & 0 & 0 & \frac{1}{\sqrt{3}} \\ 0 & 1 & 0 & \frac{1}{\sqrt{3}} \\ 0 & 0 & 1 & \frac{1}{\sqrt{3}} \end{bmatrix}$ $\boldsymbol{A}_2 = 0.01\begin{bmatrix} \cos\frac{\pi}{4} & 0 & -\cos\frac{\pi}{4} & 0 & \frac{1}{\sqrt{3}} \\ 0 & \cos\frac{\pi}{4} & 0 & -\cos\frac{\pi}{4} & \frac{1}{\sqrt{3}} \\ \sin\frac{\pi}{4} & \sin\frac{\pi}{4} & \sin\frac{\pi}{4} & \sin\frac{\pi}{4} & \frac{1}{\sqrt{3}} \end{bmatrix}$

6.4.1　考虑可达集约束的能耗最优姿态控制

在该仿真中，要求航天器在 100 s 内完成姿态机动达到稳定状态，并使得消耗最优，即指标 $\boldsymbol{J}(t,\boldsymbol{x},\boldsymbol{v}) = \int_{t_0}^{t_f} \boldsymbol{v}^{\mathrm{T}}\boldsymbol{v}\mathrm{d}t$ 最小。反作用飞轮的效能矩阵取为 $\boldsymbol{A}_1$，该飞轮系统的可达集根据式(6.15)写成如下形式：

$$\boldsymbol{\Theta v} \leqslant \boldsymbol{1}_{12\times 1} \Leftrightarrow \begin{bmatrix} -63.397\,5 & 0 & 0 \\ -50 & 0 & 50 \\ -50 & 50 & 0 \\ 0 & -63.397\,5 & 0 \\ 0 & -50 & 50 \\ 0 & 0 & -63.397\,5 \\ 0 & 0 & 63.397\,5 \\ 0 & 50 & -50 \\ 0 & 63.397\,5 & 0 \\ 50 & -50 & 0 \\ 50 & 0 & -50 \\ 63.397\,5 & 0 & 0 \end{bmatrix} \boldsymbol{v} \leqslant \begin{bmatrix} 1 \\ 1 \\ 1 \\ 1 \\ 1 \\ 1 \\ 1 \\ 1 \\ 1 \\ 1 \\ 1 \\ 1 \end{bmatrix}$$

能耗最优航天器姿态运动与执行机构运动如图 6.14 所示。

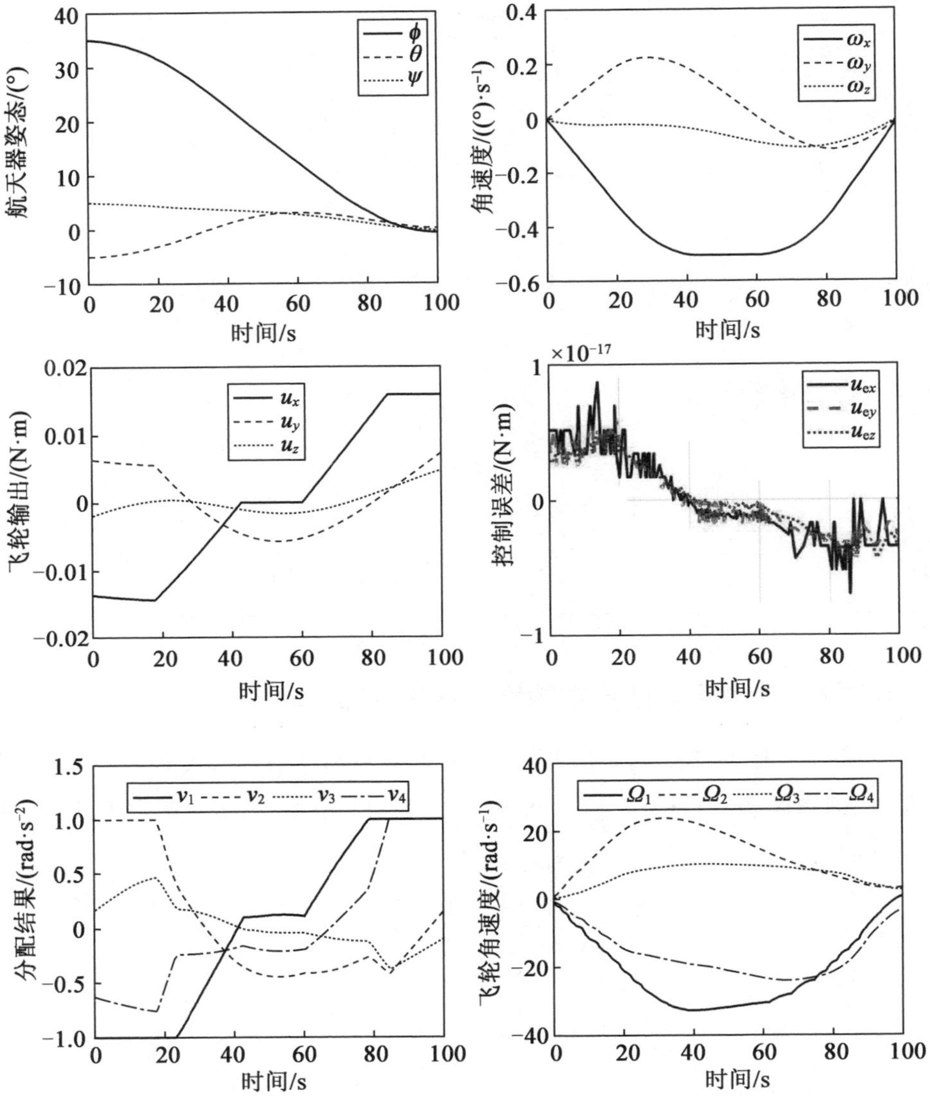

图 6.14　能耗最优航天器姿态运动与执行机构运动

从图 6.14 可知，航天器在 100 s 内顺利地完成了姿态机动任务，并且角速度始终满足给定的约束 $|\omega|\leqslant 0.5°$。同时，飞轮输出也满足给定的约束 $|\boldsymbol{u}|_{\infty}\leqslant 1$，即控制分配的结果始终在控制允许集之内（$\boldsymbol{u}\in\boldsymbol{\Omega}$）。在保证了控制分配结果满足执行机构运动约束的情况下，控制指令（在可达集之内）的跟踪误差将趋近于 0，这一结果在图 6.14 中十分清晰。

图 6.15 给出了控制分配结果在有效控制允许集内的运动路径和执行机构

的输出在可达集内的运动路径。由图 6.14 中的控制分配结果可知,在任务初始时刻和末端时刻执行机构达到饱和,其控制作用路径沿着集合表面。同时,根据方法可达集的分析可知,如果不采取任何控制分配修正措施,在可达集表面的控制作用是不完全可达的。然而,在图 6.14 中指令跟踪误差基本为 0,这验证了所设计的分配修正方法的可行性。

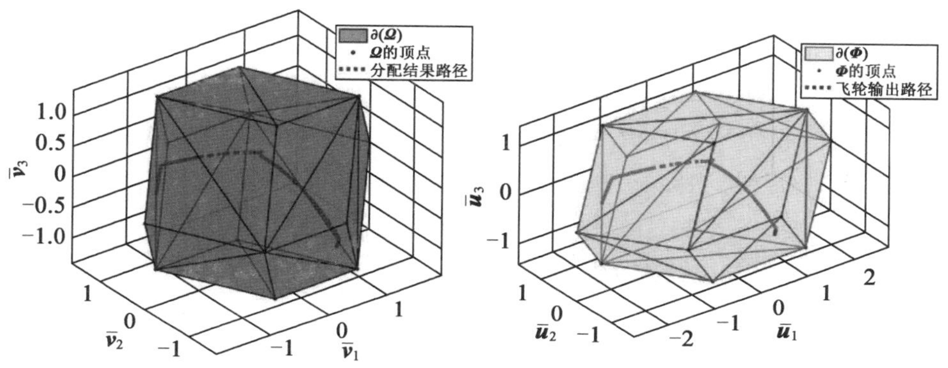

(a)控制分配解在工作空间中的路径　　(b)飞轮在Range(A)中的输出路径

图 6.15　分配结果路径和执行机构输出路径

图 6.16 给出了两种不同的修正方式作用下控制指令的执行状况和航天器的姿态。可以发现,仅在初末端的控制作用误差使得航天器姿态运动上产生了巨大的差别。控制作用误差正是由于对分配结果进行不合理的裁剪,从而影响了控制性能。

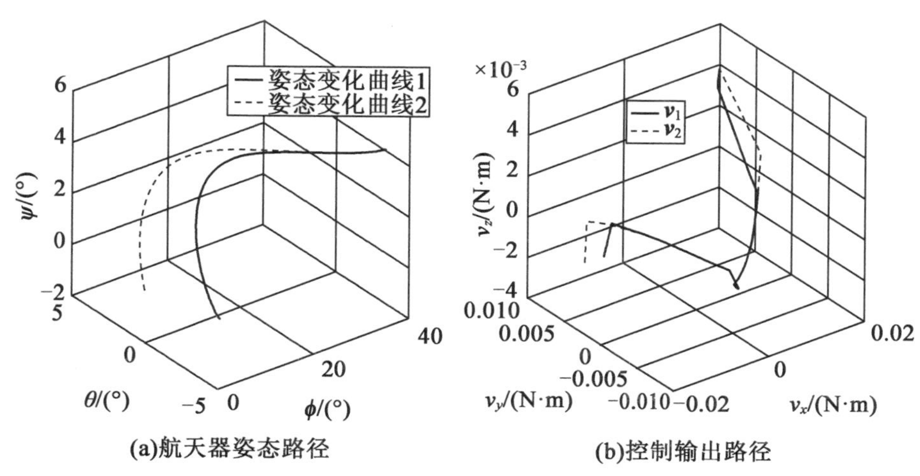

(a)航天器姿态路径　　(b)控制输出路径

图 6.16　不同控制分配修正方法对控制性能的影响

6.4.2 考虑可达集约束的时间最优姿态控制

本例考虑时间最优的航天器姿态机动，即要求整个任务周期的时间最短，对应性能指标

$$\boldsymbol{\Theta v} \leqslant \mathbf{1}_{12\times 1} \Leftrightarrow \begin{bmatrix} -50.2118 & 0 & 0 \\ -41.1405 & 23.5702 & 23.5702 \\ -35.3553 & 0 & 35.3553 \\ -29.3619 & -29.3619 & 29.3619 \\ -29.3619 & 29.3619 & -29.3619 \\ -29.3619 & 29.3619 & 29.3619 \\ -23.5702 & 41.1405 & -23.5702 \\ -21.9275 & -21.9275 & -21.9275 \\ 0 & -50.2118 & 0 \\ 0 & -35.3553 & -35.3553 \\ 0 & 35.3553 & -35.3553 \\ 0 & 50.2118 & 0 \\ 21.9275 & 21.9275 & 21.9275 \\ 23.5702 & -47.1405 & 23.5702 \\ 29.3619 & -29.3619 & -29.3619 \\ 29.3619 & -29.3619 & 29.3619 \\ 29.3619 & 29.3619 & -29.3619 \\ 35.3553 & 0 & 35.3553 \\ 47.1405 & -23.5702 & -23.5702 \\ 50.2118 & 0 & 0 \end{bmatrix} \boldsymbol{v} \leqslant \begin{bmatrix} 1 \\ 1 \\ 1 \\ 1 \\ 1 \\ 1 \\ 1 \\ 1 \\ 1 \\ 1 \\ 1 \\ 1 \\ 1 \\ 1 \\ 1 \\ 1 \\ 1 \\ 1 \\ 1 \\ 1 \end{bmatrix} \tag{6.21}$$

$$\boldsymbol{J}(t,\boldsymbol{x},\boldsymbol{v}) = \int_{t_0}^{t_f} \mathrm{d}t \tag{6.22}$$

最小。此任务中，反作用飞轮取效能矩阵 $\boldsymbol{A}_2$ 所对应的执行机构，其可达集约束即路径约束如上。时间最优航天器姿态运动与执行机构运动、控制分配结果与控制输出路径如图 6.17 ~6.18 所示。

时间最优的姿态机动要求执行机构能够长时间地输出最大的控制作用，从而持续地提高航天器的运动速度。对于在可达集表面的控制输出，若不对控制分配的结果进行修正，分配结果有很大的可能超过控制允许集的约束。而经过

方法 C 的修正作用，分配结果始终在控制允许集的表面上；根据执行机构工作空间内运动向量与输出一对一的关系可知，这是唯一的也是必须的修正结果。这样的结果保证了航天器的快速转动，且满足控制约束的要求，在整个控制过程中 $\boldsymbol{\Theta v}$ 的取值始终满足路径约束 $\boldsymbol{\Theta v} \leqslant \mathbf{1}_{20\times 1}$，满足在可达集内的控制需求。

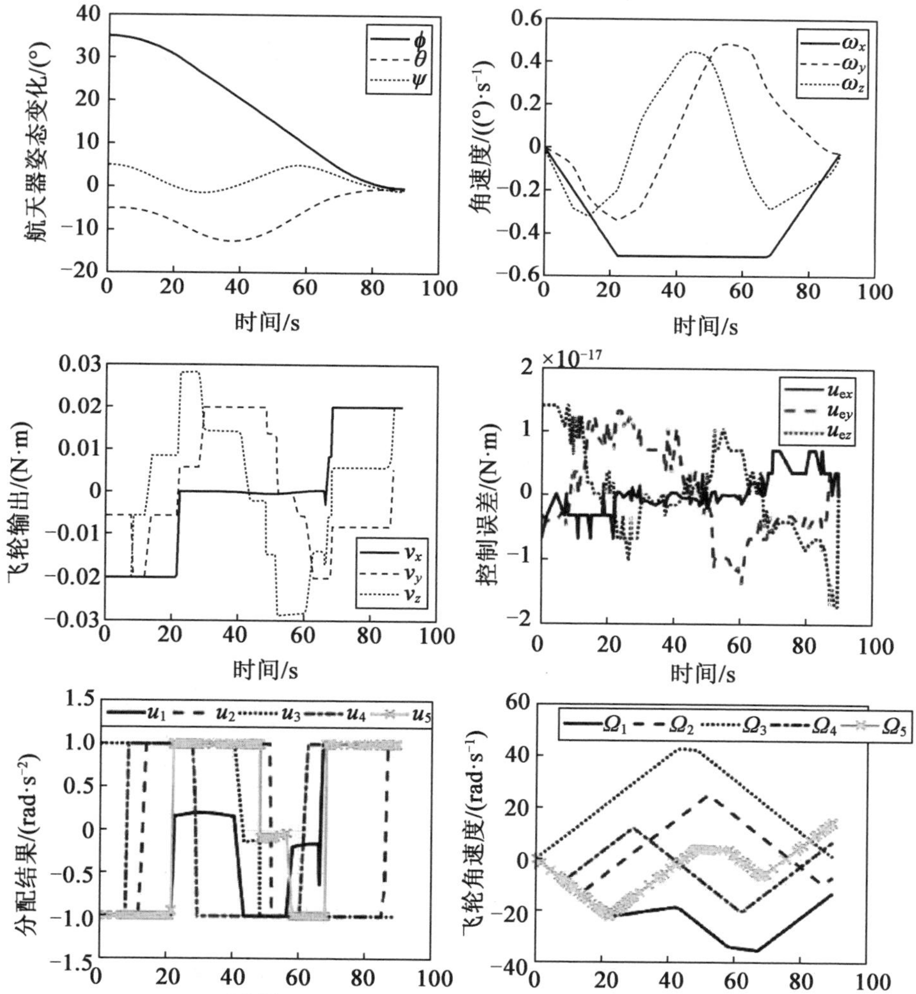

图 6.17　时间最优航天器姿态运动与执行机构运动

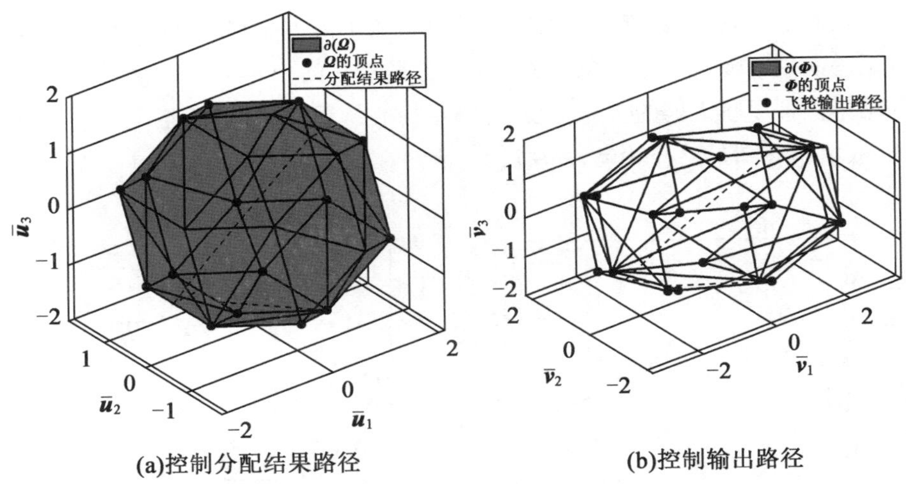

(a)控制分配结果路径
(b)控制输出路径

图 6.18　控制分配结果与控制输出路径

一种常见的考虑执行机饱和的控制方式是将执行机构的输出直接设为一定常值。图 6.19 给出了这种操作方式与考虑可达集约束的控制方式的区别，控制作用的限制直接为 $-0.1\leqslant v_x, v_y, v_z\leqslant 0.1$。可以发现，在常值约束的状态下，虽然航天器可以完成任务，但所需时间极大增加。由于定常的控制约束只能小于可达集的范围，从而执行机构的输出并未被充分利用，这反映出这种方法不合理。

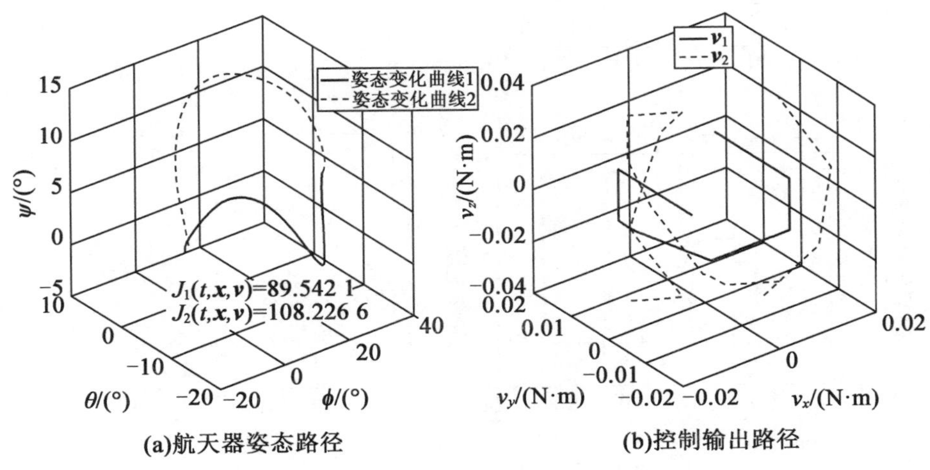

(a)航天器姿态路径
(b)控制输出路径

图 6.19　不同控制约束对控制性能的影响

6.5　本章小结

考虑飞轮运动受限的问题,本章研究了限制性控制分配问题。首先,阐述了飞轮运动约束对控制作用设计和控制分配的不同影响,进而给出了一套完整的基于三维点云的反作用飞轮控制允许集、可达集和方法可达集确定方法。该方法效率高,无须顶点、边、面关系确定等步骤,操作方便。其次,针对控制分配结果受限的问题,介绍了一种基于零空间的修正方法,该方法保证所有的可达集内的控制作用的分配结果均可满足控制允许集的约束,可为读者解决过驱动轮控航天器控制分配问题提供参考。

本章参考文献

[1] LU M, ZHAO J, GUO Y L, et al. Accelerated coherent point drift for automatic three-dimensional point cloud registration[J]. IEEE geoscience and remote sensing letters, 2016, 13(2): 162-166.

[2] BERCOVICI B, MCMAHON J W. Point-cloud processing using modified rodrigues parameters for relative navigation[J]. Journal of guidance control and dynamics, 2017, 40(12): 3167-3179.

[3] LIU X G, HU Y Q, FENG J H, et al. A novel penalty approach for nonlinear dynamic optimization problems with inequality path constraints[J]. IEEE transactions on automatic control, 2014, 59(10): 2863-2867.

[4] 胡云卿, 刘兴高, 薛安克. 带不等式路径约束最优控制问题的惩罚函数法[J]. 自动化学报, 2013, 39(12): 1996-2001.

[5] 胡云卿. 基于控制变量参数化的带约束最优控制问题计算方法[D]. 杭州:浙江大学, 2013.

[6] YANG L, ZHOU H, CHEN W C. Application of linear gauss pseudospectral method in model predictive control[J]. Acta astronautica, 2014, 96: 175-187.

[7] MA L C, MENG X Y, LIU Z Z, et al. Suboptimal power-limited rendezvous with fixed docking direction and collision avoidance[J]. Journal of guidance, control, and dynamics, 2013, 36(1): 229-239.

[8] TANG S Y, ZHANG S J, ZHANG Y L. A modified direct allocation algorithm with application to redundant actuators[J]. Chinese journal of aeronautics, 2011, 24(3): 299-308.

第7章

异构执行机构配置控制分配方法

针对具有反作用飞轮、磁力矩器和推力器的小卫星，本章给出基于动态控制分配技术的姿态联合控制的新途径和新方法，以降低控制所需的电源能耗、反作用飞轮转速以及实现快速机动和高精度稳定等为控制目标，给出相应的联合控制方法和控制分配方法。应用本章所提出的联合控制方法能够发挥各种执行机构的长处，避免其短处，充分利用星上硬件资源性能，进而提高小卫星功能密度。

7.1 反作用飞轮与磁力矩器联合的控制方案

通过1.1节中介绍的执行机构数学模型分析可知，在飞轮工作时，使飞轮始终处于低转速运行具有诸多优点。

(1)降低反作用飞轮转速能够降低飞轮损耗，飞轮损耗 P_0 正比于电流的平方，也正比于飞轮转速的平方。由此可见，飞轮工作转速不宜选得太高，在控制力矩一定的情况下，工作转速越高，飞轮损耗越大。

(2)降低反作用飞轮转速能够降低其能耗，飞轮能耗是指在输出控制力矩时，飞轮组件所消耗的功率，可近似用损耗功率和最大轴功率来代替，而后者等于输出力矩和飞轮角速度的乘积。由于飞轮损耗功率也随飞轮转速的增加而增大，因此飞轮工作转速不宜太高，在输出力矩一定时，转速越高，能耗越大。

(3)降低飞轮转速能够减轻飞轮质量、体积等，卸载越频繁，对飞轮标称角动量的要求越低，而飞轮质量和体积随其标称角动量的降低而减小。

(4)降低飞轮转速可减小由飞轮角动量所引起的陀螺力矩的影响,进而降低对控制方法设计或控制系统的影响。

目前,以反作用飞轮为主执行机构的小卫星,大都采用磁力矩器来完成动量卸载[1],但通常是在飞轮转速饱和后,再进行卸载,采用这种卸载策略使得飞轮长时间工作于高转速状态,增加了飞轮能耗,降低了飞轮寿命。同时,高转速飞轮使得星体产生较大的陀螺力矩,对姿态控制系统产生不利影响。

目前采用的磁力矩器辅助飞轮完成姿态控制的方案存在一定不足,因此有必要实现飞轮和磁力矩器的联合控制,在能够保证控制精度的情况下,降低飞轮的质量、体积和能耗,进而降低控制过程中执行机构的能耗,这对微小卫星尤为重要[2]。

姿态控制方法采用最简单的 PD 控制方法:

$$\boldsymbol{M}_{\mathrm{c}}=\boldsymbol{\omega}_{\mathrm{b}}\times\boldsymbol{I}\boldsymbol{\omega}_{\mathrm{b}}-\boldsymbol{K}_{\mathrm{p}}\boldsymbol{q}_{\mathrm{c}}-\boldsymbol{K}_{\mathrm{d}}\boldsymbol{\omega}_{\mathrm{c}}-\boldsymbol{M}_{\mathrm{d}} \tag{7.1}$$

式中,$\boldsymbol{I}$ 为卫星的惯量矩阵;$\boldsymbol{\omega}_{\mathrm{b}}$ 为星体相对于惯性坐标系的角速度,它在本体系中的投影可表示为 $\boldsymbol{\omega}_{\mathrm{b}}=[\omega_{\mathrm{b}x}\quad\omega_{\mathrm{b}y}\quad\omega_{\mathrm{b}z}]^{\mathrm{T}}$;$\boldsymbol{Q}_{\mathrm{e}}=[q_{\mathrm{e}0}\quad\boldsymbol{q}_{\mathrm{e}}^{\mathrm{T}}]^{\mathrm{T}}$ 为卫星相对于目标坐标系的误差四元数;$\boldsymbol{\omega}_{\mathrm{e}}=\boldsymbol{\omega}_{\mathrm{b}}-\boldsymbol{\omega}_{\mathrm{r}}$ 为误差角速度,对于对地定向稳定卫星;$\boldsymbol{\omega}_{\mathrm{r}}=[0\quad -\omega_{\mathrm{o}}\quad 0]^{\mathrm{T}}$ 为轨道坐标系相对于惯性坐标系的角速度;$\boldsymbol{M}_{\mathrm{c}}$ 是控制力矩;$\boldsymbol{M}_{\mathrm{d}}$ 是扰动力矩;$\boldsymbol{K}_{\mathrm{p}}$、$\boldsymbol{K}_{\mathrm{d}}$ 为三轴控制参数对角矩阵;第一项为解耦力矩项,用于消除卫星三轴耦合;第二项为姿态角误差控制项;第三项为角速率误差控制项。

控制分配环节是将控制方法给出的期望控制力矩在反作用飞轮和磁力矩器等执行机构之间加以分配,实现某一个或某些控制目标。不同的控制目标决定了控制分配方法不同,本节中给出了两种不同的控制分配方法[2-4]。

7.1.1 最大磁控力矩分配方法

最大磁控力矩分配方法的控制目标是尽可能使反作用飞轮运行于低转速状态,或尽可能少用反作用飞轮。其基本思想为:首先由磁力矩器提供最大的磁控力矩,不足部分由反作用飞轮提供。

为了同时使用磁力矩器和反作用飞轮进行姿态控制,期望控制力矩 $\boldsymbol{M}_{\mathrm{c}}$ 被分成两部分,一部分由磁力矩器完成,另一部分则必须由反作用飞轮实现,可表示为

$$\boldsymbol{M}_{\mathrm{c}}=\boldsymbol{M}_{\mathrm{cM}}+\boldsymbol{M}_{\mathrm{cW}} \tag{7.2}$$

式中,$\boldsymbol{M}_{\mathrm{cM}}$ 为由磁力矩器提供的控制力矩;$\boldsymbol{M}_{\mathrm{cW}}$ 为由飞轮提供的控制力矩。

磁控力矩要同时受到卫星当地地磁场和本身磁偶极子的限制,只能在垂直

于地磁场强度 $\boldsymbol{B}$ 的平面内产生。通过式(7.2)确定的 $\boldsymbol{M}_c$ 可以计算出沿着卫星三个轴向所需的磁偶极子：

$$\boldsymbol{m} = [m_x \quad m_y \quad m_z]^T = \boldsymbol{B} \times \boldsymbol{M}_c / \|\boldsymbol{B}\|^2 \tag{7.3}$$

从而计算出磁控力矩 $\boldsymbol{M}_{cM}$：

$$\boldsymbol{M}_{cM} = \boldsymbol{m} \times \boldsymbol{B} \tag{7.4}$$

式中，$\boldsymbol{B}$ 是卫星所处位置的地磁场强度，可由三轴磁强计测量给出；$\boldsymbol{m}$ 是沿卫星三个轴向的磁偶极子，$\boldsymbol{m}$ 元素中的最大值记为 m_m，卫星额定磁偶极子 m_c 与 m_m 的比值记为 μ，则

$$\mu = \begin{cases} m_e/m_m & (m_e/m_m < 1) \\ 1 & (m_e/m_m \geqslant 1) \end{cases} \tag{7.5}$$

将通过式(7.3)得到的磁力矩乘以该比值 μ，就得到满足磁力矩器磁偶极子限制的磁力矩。

从 $\boldsymbol{M}_c$ 中减去 $\boldsymbol{M}_{cM}$，就可以得到剩余力矩矢量，这部分力矩须由反作用飞轮提供：

$$\boldsymbol{M}_{cW} = \boldsymbol{M}_c - \boldsymbol{M}_{cM} \tag{7.6}$$

再根据反作用飞轮的饱和特性，给出最后的反作用飞轮控制力矩：

$$M_{cWi} = \begin{cases} M_{cWi}[M_{max}/\max(|M_{cWi}|)] & (\max(|M_{cWi}|)/M_{max} > 1) \\ M_{cWi} & (\max(|M_{cWi}|)/M_{max} < 1) \end{cases} \tag{7.7}$$

式中，$i = x, y, z$；M_{max} 为反作用飞轮的最大输出力矩。

该控制分配方法使用简单，由于磁力矩器一直参与控制，能够大大降低反作用飞轮动量饱和次数，也克服了单独使用磁力矩器姿态控制精度较低的弊端。实际上，采用反作用飞轮单独控制，使用磁力矩器进行卸载，就卫星本身来讲，控制效果是等同的，但是这样将增加整星的电源消耗，原因可解释为：其一，对于先控制后卸载方案，反作用飞轮大部分时间工作于高转速状态，工作于高速状态需要更多的电源消耗；其二，对于长周期干扰或非零均值干扰，先控制后卸载方案需要先由反作用飞轮吸收，然后由磁力矩器卸载，对于同时控制方案，可以由磁力矩器直接补偿该干扰，省去反作用飞轮吸收环节，从而降低电源消耗。

7.1.2　能耗最优控制分配方法

采用最大磁控力矩分配方法虽然能够降低飞轮和磁力矩器的能耗，但并不一定是能耗最优的一种控制分配方法。在反作用飞轮与磁力矩器联合控制时，

由于有反作用飞轮参与的小卫星姿态控制精度足够高,因此执行机构的能耗成为首要考虑的因素,本节中以能耗最优为目标设计控制分配方法。

如果忽略陀螺力矩项和执行机构误差,所需控制力矩和姿态控制性能不受期望控制力矩分配的影响,可以假设控制过程中转化为机械能的总动能不受力矩分配的影响,因此在能耗最优化过程中可以局限于控制中的总电能损耗,即转化为热能的电能。

磁力矩器磁偶极子矢量和反作用飞轮控制力矩矢量可分别表示为

$$\boldsymbol{m} = (\mu_e NA)\boldsymbol{I}_m \tag{7.8}$$

$$\boldsymbol{M}_{cW} = k_w(\boldsymbol{I}_w - \boldsymbol{I}_f) = k_w\boldsymbol{I}_{wa} \tag{7.9}$$

式中,N 为磁力矩器绕组圈数;μ_e 为磁棒有效磁导率;A 为线圈的面积;$\boldsymbol{I}_m$ 为三轴磁力矩器供电电流矢量;k_w 为飞轮驱动直流电机的力矩系数;$\boldsymbol{I}_w$ 和 $\boldsymbol{I}_f$ 分别为三轴飞轮驱动电机的供电电流和常值电流矢量。

如果反作用飞轮和磁力矩器同时用于姿态控制,那么控制过程中,总电源损耗可表示为

$$P_{dtot} = R_w(I_{wax}^2 + I_{way}^2 + I_{waz}^2) + R_m(I_{mx}^2 + I_{my}^2 + I_{mz}^2) \tag{7.10}$$

式中,R_m、R_w 分别为磁力矩器和飞轮驱动电机线圈绕组的电阻。

利用式(7.2)、式(7.6)和式(7.7),P_{dtot} 可表示为磁力矩器磁偶极子和控制力矩矢量在姿态参考坐标系内分量的函数:

$$P_{dtot} = \left(\frac{R_w}{k_w^2}\right)[(M_{cx} - m_yB_z + m_zB_y)^2 + (M_{cy} - m_zB_x + m_xB_z)^2 + (M_{cz} - m_xB_y + m_yB_x)^2] + \frac{R_m}{(\mu_e NA)^2}\cdot(m_x^2 + m_y^2 + m_z^2) \tag{7.11}$$

式中,B_x、B_y 和 B_z 为地球磁场矢量在姿态参考坐标系中的分量。

对于给定的控制力矩输入,磁偶极子矢量能够通过最小化控制过程中的总能耗得到,该磁偶极子矢量是磁力矩器、反作用飞轮参数以及地磁场矢量的函数。磁偶极子矢量可由式(7.9)求极值的条件得

$$\frac{\partial P_{dtot}}{\partial m_i} = 0 \quad (i = x, y, z) \tag{7.12}$$

于是可得

$$\boldsymbol{m} = \boldsymbol{\Delta}^{-1}\frac{2R_w}{k_w^2}(\boldsymbol{B} \times \boldsymbol{M}_c) \tag{7.13}$$

式中,$\boldsymbol{\Delta}$ 是一个时变的系数矩阵,

$$
\boldsymbol{\Delta}=\begin{bmatrix}
\dfrac{2R_{\mathrm{m}}}{(\mu_{\mathrm{e}}NA)^2}+\dfrac{2R_{\mathrm{w}}}{k_{\mathrm{w}}^2}(B_y^2+B_z^2) & -\dfrac{2R_{\mathrm{w}}B_yB_x}{k_{\mathrm{w}}^2} & -\dfrac{2R_{\mathrm{w}}B_xB_z}{k_{\mathrm{w}}^2} \\
-\dfrac{2R_{\mathrm{w}}B_yB_x}{k_{\mathrm{w}}^2} & \dfrac{2R_{\mathrm{m}}}{(\mu_{\mathrm{e}}NA)^2}+\dfrac{2R_{\mathrm{w}}}{k_{\mathrm{w}}^2}(B_x^2+B_z^2) & -\dfrac{2R_{\mathrm{w}}B_yB_z}{k_{\mathrm{w}}^2} \\
-\dfrac{2R_{\mathrm{w}}B_xB_z}{k_{\mathrm{w}}^2} & -\dfrac{2R_{\mathrm{w}}B_yB_z}{k_{\mathrm{w}}^2} & \dfrac{2R_{\mathrm{m}}}{(\mu_{\mathrm{e}}NA)^2}+\dfrac{2R_{\mathrm{w}}}{k_{\mathrm{w}}^2}(B_x^2+B_y^2)
\end{bmatrix}
\tag{7.14}
$$

利用式(7.13)可得到磁控力矩矢量为

$$
\boldsymbol{M}_{\mathrm{cM}}=\boldsymbol{m}\times\boldsymbol{B}=\boldsymbol{\Delta}^{-1}\frac{2R_{\mathrm{w}}}{k_{\mathrm{w}}^2}[(\boldsymbol{B}\times\boldsymbol{M}_{\mathrm{c}})\times\boldsymbol{B}] \tag{7.15}
$$

反作用飞轮所提供的控制力矩为期望控制力矩矢量和磁力矩器所提供的控制力矩矢量之差，结合式(7.13)可得

$$
\boldsymbol{M}_{\mathrm{cW}}=\boldsymbol{M}_{\mathrm{c}}-\boldsymbol{M}_{\mathrm{cM}}=\boldsymbol{M}_{\mathrm{c}}-\boldsymbol{\Delta}^{-1}\frac{2R_{\mathrm{w}}}{k_{\mathrm{w}}^2}[(\boldsymbol{B}\times\boldsymbol{M}_{\mathrm{c}})\times\boldsymbol{B}] \tag{7.16}
$$

由于磁控效率很大程度上取决于轨道位置处磁场大小和方向的变化，因此分配给磁力矩器的控制力矩部分是磁力矩器、飞轮参数以及地磁场矢量的函数。在给定反作用飞轮和磁力矩器参数后，能够实现控制力矩的连续分配，因此磁力矩器磁偶极子矢量和反作用飞轮力矩可由式(7.13)和式(7.16)连续地加以分配。

7.1.3　方法仿真

为验证所提出的控制分配方法有效性进行数学仿真，仿真参数选取如下：轨道高度 $h=600$ km，倾角 $i=97.7°$，升交点赤经 120°，升交点角 0°。

初始姿态角和初始姿态角速度分别为

$$
\varphi=-2°,\quad \theta=2°,\quad \psi=2°
$$
$$
\boldsymbol{\omega}(t_0)=[0.01\quad -0.07\quad 0.01]^{\mathrm{T}}\quad (°)/\mathrm{s} \tag{7.17}
$$

卫星的转动惯量为

$$
\boldsymbol{I}=\begin{bmatrix} 19.05 & 0.23 & -0.72 \\ 0.23 & 20.0 & -4.09 \\ -0.72 & -4.09 & 21.76 \end{bmatrix}\ \mathrm{kg\cdot m^2} \tag{7.18}
$$

其他参数设定为磁力矩器最大磁矩 m_{e} 为 35 A · m²，反作用飞轮最大输出力矩为 0.03 N · m，最大角动量为 0.2 N · ms，转动惯量为 6.37×10^{-4} kg · m²。

考虑到气动干扰力矩和重力梯度力矩等环境干扰的影响，采用如下环境干扰力矩模型：

$$\begin{aligned} M_{dx} &= A_0(3\cos \omega_0 t + 1) \\ M_{dy} &= A_0(1.5\sin \omega_0 t + 3\cos \omega_0 t) \\ M_{dz} &= A_0(3\sin \omega_0 t + 1) \end{aligned} \tag{7.19}$$

式中，A_0 为干扰力矩幅值，$A_0 = 1.5 \times 10^{-5}$ N · m。

控制参数：

$$\begin{aligned} K_p &= [0.19 \quad 0.20 \quad 0.22]^{\mathrm{T}} \\ K_d &= [2.67 \quad 2.80 \quad 3.05]^{\mathrm{T}} \end{aligned} \tag{7.20}$$

根据上述仿真条件，对采用最大磁控力矩分配方法的联合控制方案进行数学仿真，联合控制过程中姿态角、姿态角速度、控制力矩变化曲线如图 7.1 ~7.3 所示。

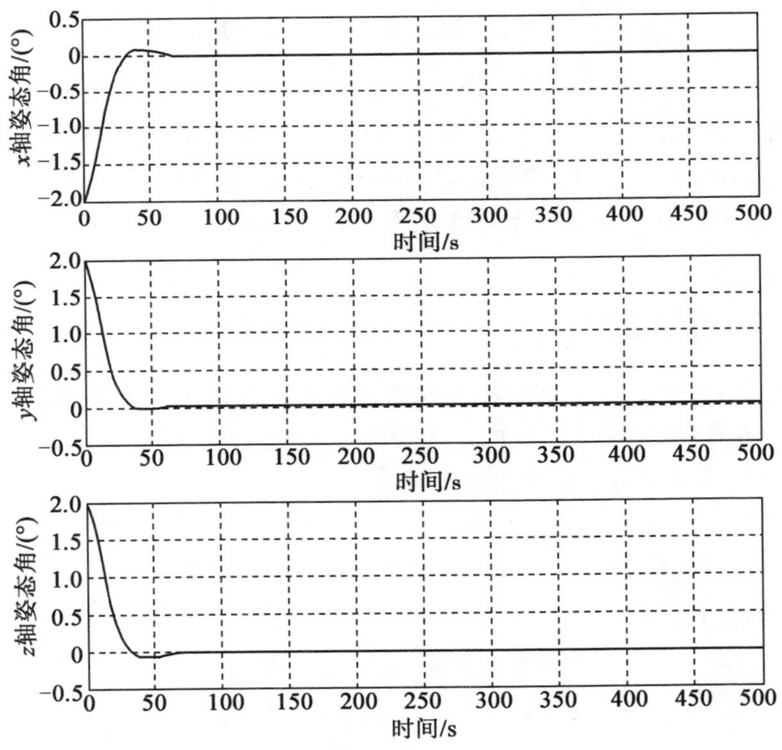

图 7.1　联合控制过程中姿态角变化曲线

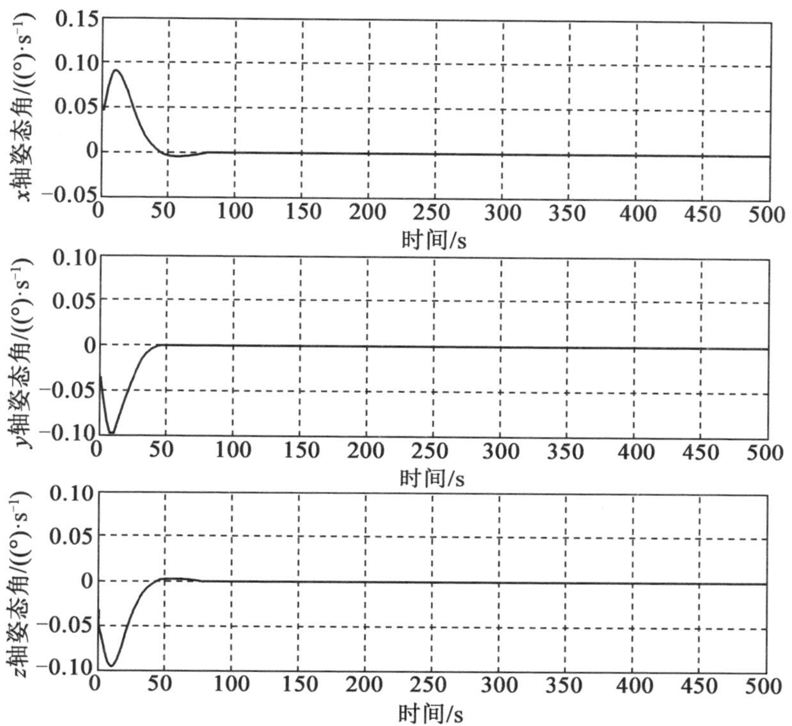

图 7.2 联合控制过程中姿态角速度变化曲线

由于无论是否采用磁控,也无论采用何种控制分配策略,转换为机械能部分的电能消耗都是一样的,而所不同的就是由于飞轮电机损耗或磁力矩器线圈损耗的电能,因此分析采用磁控、不采用磁控以及采用不同控制分配策略磁控时的控制系统执行机构的能耗时,仅计算除去机械能部分的电能损耗,可以由式(7.15)计算得到。

仍采用上述仿真条件,对采用能耗最优控制分配方法的联合控制方案进行数学仿真,与无磁力矩器参与的控制过程中飞轮转速和总功率变化曲线如图7.4 和图 7.5 所示。

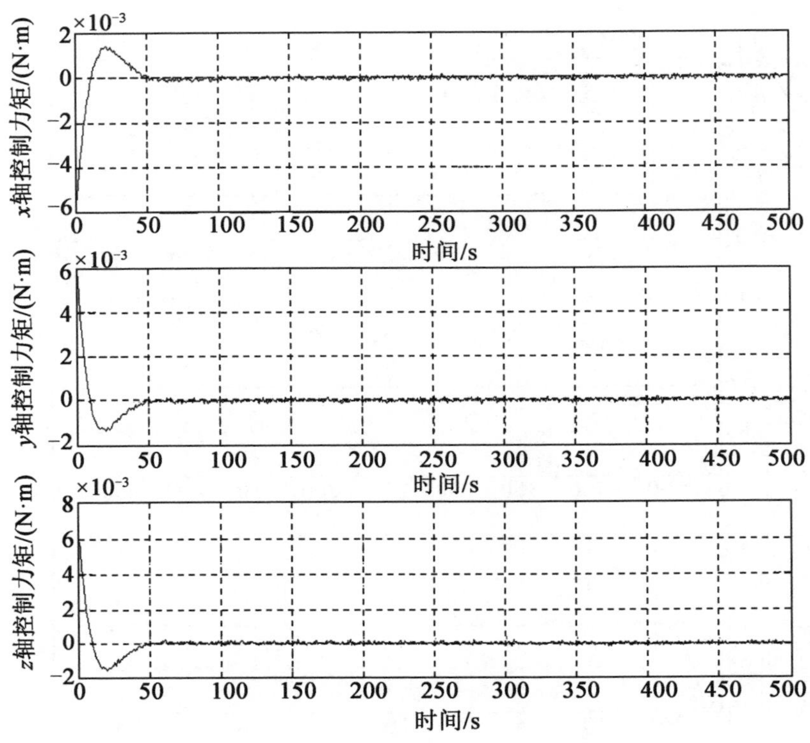

图 7.3　联合控制过程中控制力矩变化曲线

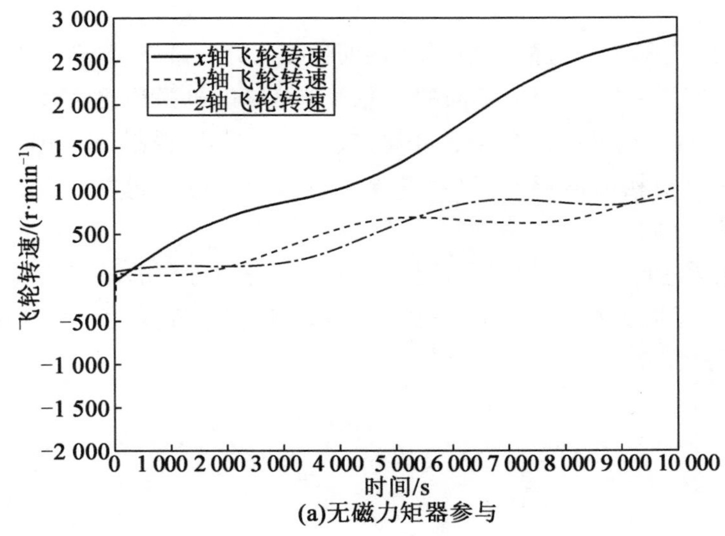

(a)无磁力矩器参与

图 7.4　控制过程中飞轮转速变化曲线

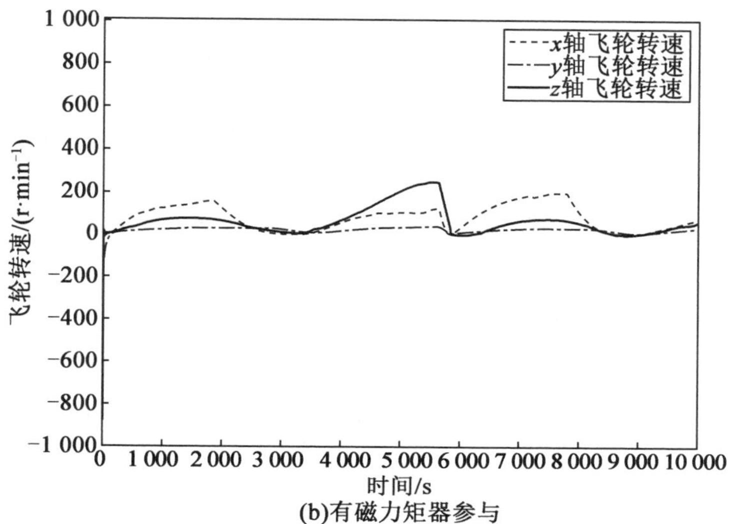

(b)有磁力矩器参与

续图 7.4

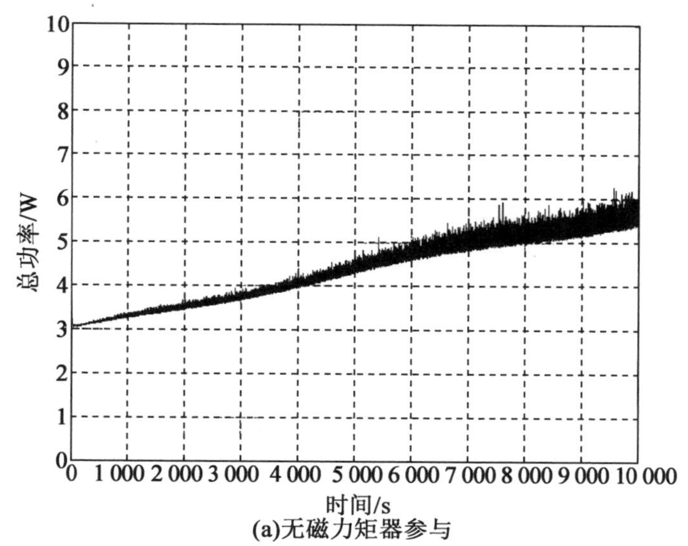

(a)无磁力矩器参与

图 7.5　控制过程中总功率变化曲线

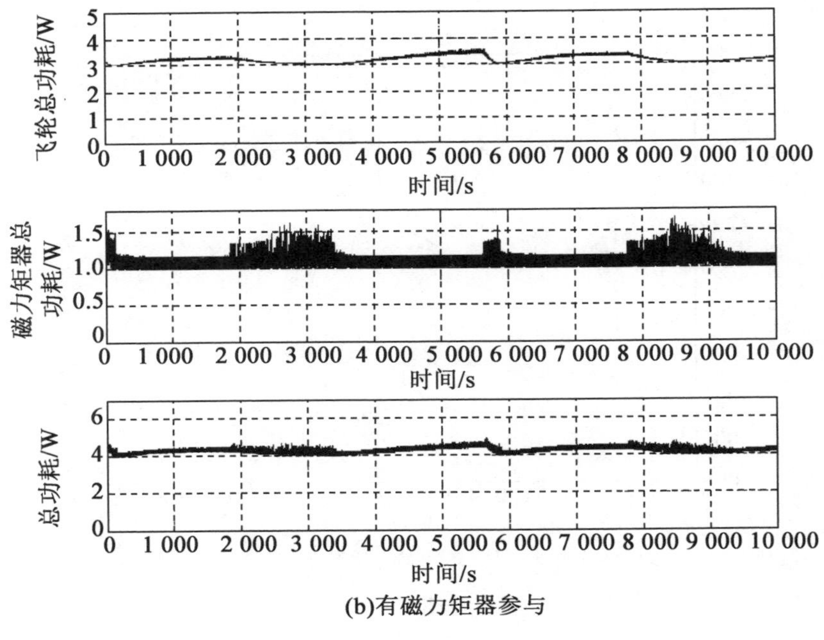

(b)有磁力矩器参与

续图 7.5

从上述仿真结果可见,在仿真过程中是否采用磁力矩器参与控制对控制精度的影响不大,均能达到 0.01°的姿态控制精度和 0.001(°)/s 的姿态稳定度。而有磁力矩器参与和无磁力矩器参与控制时的总功率相比,在初始一段时间总能耗反而更大,这是由于计算总功率时加入了磁力矩器的常值能耗;而在经过一段时间之后,无磁力矩器参与的飞轮转速增加,能耗相应增大,比有磁力矩器参与的总能耗高出约 30%,说明采用反作用飞轮与磁力矩器联合控制的方式能够有效降低系统总能耗。

7.2 推力器/飞轮联合的动态控制分配方法

小卫星大角度姿态快速机动与高精度稳定是高分辨率遥感小卫星的关键技术之一。为实现小卫星各种不同工作模式间的三轴快速稳定转换,必须在小卫星进行大角度快速姿态机动的同时,保证其实现高精度稳定。国内外学者在这方面均做了卓有成效的研究[5,6]。

7.2.1　推力器/飞轮联合的动态控制分配

本节介绍采用推力器与反作用飞轮联合的冗余配置来实现小卫星大角度姿态快速机动与高精度稳定，以解决高分辨率遥感卫星在完成大角度快速姿态机动后还要实现高精度稳定的控制分配问题[7]。推力器的执行效力能够满足姿态快速机动要求，但其最小推力限制不能适应高分辨率遥感卫星在高精度稳定工作状态时的稳定精度需求。再者，推力器工作需要消耗燃料，不适合长期工作；而反作用飞轮的输出力矩小，精度高，利用电能进行驱动，正好与推力器形成互补关系。

分配模式切换图如图7.6所示。

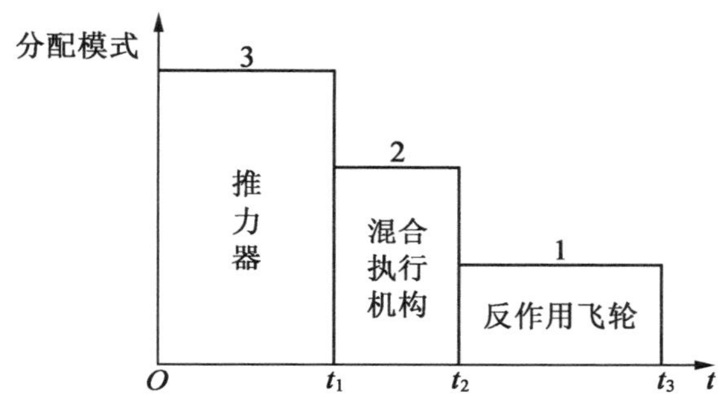

图7.6　分配模式切换图

在$[0,t_1]$时段，实现姿态机动的初始加速所需的力矩较大，主要由推力器来执行，飞轮的参与固然可以提高机动能力，但也容易使飞轮过早进入饱和，从而需要对其进行卸载；在$[t_2,t_3]$时段，为实现高精度稳定，由反作用飞轮来执行，避免推力器因最小推力限制而带来分配误差；$[t_1,t_2]$时段为两者的过渡阶段，采用混合执行机构模式，既能节省推力器燃料，又能防止飞轮过早饱和。期望通过控制分配方法本身对执行机构进行如上的自动切换，达到既可以快速机动，又节省推进燃料且实现高精度稳定的目的。本节首先给出控制分配问题的数学模型，再针对上述问题给出控制分配方法，最后进行了仿真验证。

在小卫星快速机动与高精度稳定这一机动过程中，不同的时间段对执行机构的机动要求不同。首先需要小卫星进行快速机动，此时所需力矩较大，在推力器与反作用飞轮执行机构配置下，优先选择推力器来完成该阶段机动；末期需要小卫星实现高精度稳定，推力器的最小推力限制已经不能使其机动满足精度要求，故需用反作用飞轮来执行。

本方法的设计初衷在于通过分配方法本身来实现对执行机构的自动选择，避免人为选择执行机构的主观性，后者的选择结果可能并非当前状态下的最优分配。通过改变分配目标函数中各控制量的权重系数来达到选择执行机构的目的。动态分配方法的数学模型为

$$\begin{cases}\min J=\|c_1(\boldsymbol{a}_\mathrm{d},\Delta\boldsymbol{\theta})\boldsymbol{u}_1\|_1+\|c_2(\boldsymbol{a}_\mathrm{d},\Delta\boldsymbol{\theta})\boldsymbol{u}_2\|_1\\ \mathrm{s.\,t.}\quad u_{1\min}\leqslant\mu_{1i}\leqslant u_{1\max},\quad i=1,2,\cdots,n\\ \qquad\quad u_{2\min}\leqslant\mu_{2j}\leqslant u_{2\max},\quad j=1,2,\cdots,n\\ \qquad\quad \boldsymbol{a}_\mathrm{d}=\boldsymbol{A}_1\boldsymbol{u}_1+\boldsymbol{A}_2\boldsymbol{u}_2\end{cases}\tag{7.21}$$

式中，$\boldsymbol{u}_1$、$\boldsymbol{u}_2$ 分别为推力器与反作用飞轮配置的控制列向量。

推力器有最大与最小推力限制，而反作用飞轮有正反转的最大角加速度限制；第三个约束条件为式(7.21)的输出力矩要求。分配的结果是在达到期望力矩的前提下实现目标函数 J 最小。

该方法类似于线性规划模型，不同的是，该模型中的目标函数系数 $c_1(\boldsymbol{a}_\mathrm{d},\Delta\boldsymbol{\theta})$、$c_2(\boldsymbol{a}_\mathrm{d},\Delta\boldsymbol{\theta})$ 并非定常，且 $\boldsymbol{u}_2$ 存在正负变化，求取范数时需对其进行一些转化。这里先给出 $c_1(\boldsymbol{a}_\mathrm{d},\Delta\boldsymbol{\theta})$ 与 $c_2(\boldsymbol{a}_\mathrm{d},\Delta\boldsymbol{\theta})$ 的具体形式：

$$\begin{cases}c_1(\boldsymbol{a}_\mathrm{d},\Delta\boldsymbol{\theta})=\left[M_1\mathrm{e}^{-k_1\frac{|\boldsymbol{a}_\mathrm{d}|-a_{\mathrm{d}0}}{a_{\mathrm{d}0}}}+M_2\mathrm{e}^{-k_2\frac{|\Delta\boldsymbol{\theta}|-\Delta\theta_0}{\Delta\theta_0}}\right]^\mathrm{T}A_1\\ c_2(\boldsymbol{a}_\mathrm{d},\Delta\boldsymbol{\theta})=\left[M_3\mathrm{e}^{k_3\frac{|\boldsymbol{a}_\mathrm{d}|-a_{\mathrm{d}0}}{a_{\mathrm{d}0}}}+M_4\mathrm{e}^{k_4\frac{|\Delta\boldsymbol{\theta}|-\Delta\theta_0}{\Delta\theta_0}}\right]^\mathrm{T}A_2\end{cases}\tag{7.22}$$

式中，M_i 与 k_i 为定常系数($i=1,2,3,4$)；$\Delta\boldsymbol{\theta}$ 为当前姿态角与期望姿态角的角度差；$a_{\mathrm{d}0}$与 $\Delta\theta_0$ 均为常量。

可见 $c_1(\boldsymbol{a}_\mathrm{d},\Delta\boldsymbol{\theta})$、$c_2(\boldsymbol{a}_\mathrm{d},\Delta\boldsymbol{\theta})$ 是随着期望力矩与当前状态的变化而变化的量，且在 $a_{\mathrm{d}0}$与 $\Delta\theta_0$ 前后会发生本质性的变化。这也是方法能够实现自动选择执行机构的原因所在：当期望力矩大，离期望状态较远时，即 $c_1(\boldsymbol{a}_\mathrm{d},\Delta\boldsymbol{\theta})\ll c_2(\boldsymbol{a}_\mathrm{d},\Delta\boldsymbol{\theta})$，这使得只有 $\boldsymbol{u}_2\equiv\boldsymbol{0}$ 时才能满足式(7.22)的分配要求；同理，当期望力矩较小，离期望状态较近时，即 $c_1(\boldsymbol{a}_\mathrm{d},\Delta\boldsymbol{\theta})\gg c_2(\boldsymbol{a}_\mathrm{d},\Delta\boldsymbol{\theta})$，这使得只有当 $\boldsymbol{u}_1\equiv\boldsymbol{0}$ 时才能满足分配要求；在两者之间的过渡阶段，$\boldsymbol{u}_1$ 与 $\boldsymbol{u}_2$ 均会分配到控制指令，即混合执行机构的情况。

模型(7.22)还不能对其进行直接求解，因为 $\boldsymbol{u}_2$ 存在正负变化，须对其进行一定转换。这里定义函数：

$$f(x)=\begin{cases}x & (x>0)\\ 0 & (\text{其他})\end{cases}\tag{7.23}$$

再定义 $\boldsymbol{u}_2^+=f(\boldsymbol{u}_2)$，$\boldsymbol{u}_2^-=f(-\boldsymbol{u}_2)$，从而

$$\boldsymbol{u}_2=\boldsymbol{u}_2^+-\boldsymbol{u}_2^- \tag{7.24}$$

进而模型(7.22)可以转化为

$$\begin{cases}\min J=c_1(t)\boldsymbol{u}_1+c_2(t)\boldsymbol{u}_2^++c_2(t)\boldsymbol{u}_2^-\\ \text{s.t.}\quad u_{1\min}\leqslant\mu_{1i}\leqslant u_{1\min},\quad i=1,2,\cdots,n\\ \qquad 0\leqslant\mu_{2j}^+\leqslant u_{2\max},\quad j=1,2,\cdots,n\\ \qquad 0\leqslant\mu_{2j}^-\leqslant -u_{2\min},\quad j=1,2,\cdots,n\\ \qquad \boldsymbol{v}_{\mathrm{d}}=\boldsymbol{A}_1\boldsymbol{u}_1+\boldsymbol{A}_2\boldsymbol{u}_2^+-\boldsymbol{A}_2\boldsymbol{u}_2^-\end{cases} \tag{7.25}$$

模型(7.25)可以用线性规划方法进行求解。

7.2.2　推力器/飞轮联合的控制分配方法

本节对前面所提的动态控制分配方法进行开环和闭环仿真验证。开环验证随机给出期望控制量，由控制分配方法给出控制分配结果，计算控制分配误差，并与直接分配方法进行比较；闭环验证是给出卫星快速机动与高精度稳定控制序列，并引入卫星姿态动力学与运动学模型进行仿真，验证控制分配方法对控制精度和效果的影响。推力器控制效率矩阵为

$$\boldsymbol{A}_1=\begin{bmatrix}0&0&0&0&0&0&0&0&-0.16&0.16&0&0&0.16&-0.16&0&0\\0&0&0&0&0&0&0&0&0&0&-0.16&0.16&0&0&0.16&-0.16\\0.16&-0.16&0.16&-0.16&-0.16&0.16&-0.16&0.16&0&0&0&0&0&0&0&0\end{bmatrix} \tag{7.26}$$

控制量 $\boldsymbol{u}_1$ 为推力，单推力器的最大推力为 0.037 N，可输出的最小推力为 0.001 N，力臂均为 $L=0.16$ m。飞轮采用 3 正交 +1 斜装配置，其控制效率矩阵为

$$\boldsymbol{A}_2=\begin{bmatrix}1&0&0&\frac{1}{\sqrt{3}}\\0&1&0&\frac{1}{\sqrt{3}}\\0&0&1&\frac{1}{\sqrt{3}}\end{bmatrix}^{\mathrm{T}}\boldsymbol{J}_{\mathrm{R}} \tag{7.27}$$

式中，$\boldsymbol{J}_{\mathrm{R}}$ 为反作用飞轮的转动惯量，$\boldsymbol{J}_{\mathrm{R}}=4.74\times10^{-5}\boldsymbol{I}_3\ \mathrm{kg\cdot m^2}$；$\boldsymbol{u}_2$ 为飞轮的角加速度，其允许的运行范围为 $\pm126.582\,3\ \mathrm{rad/s^2}$。

飞轮的最大转速限制为 ±8 000 r/min,可输出 ±6 mN · m 范围内的力矩。

1. 开环仿真验证

开环仿真验证给出期望控制量,考查动态控制分配方法对不同期望值的分配响应情况,并与直接分配法的线性规划模型进行对比验证。现给出期望控制量、执行范围内的期望控制量以及执行范围之外的期望控制量等 3 种不同的分配类型对分配方法进行仿真验证。每种类型都给出 1 000 个该范围内的随机期望控制量来考查其统计特性。动态控制分配方法和直接分配方法分配特性分析见表 7.1 和表 7.2。

表 7.1　动态控制分配方法分配特性分析

分配模式		平均误差/N	最大误差/N	平均计算时间/ms	推力器平均控制量/N	飞轮平均角加速度/(rad · s^{-2})
正常模式	小量期望值	0.00	0.00	37.9	0.00	9.925 5
	执行能力内	0.00	0.00	38.8	0.008 7	61.738 2
	执行能力外	0.017 8	0.048 3	41.3	0.017 4	33.988 2
故障模式	小量期望值	0.00	0.00	34.1	0.00	13.199 4
	执行能力内	0.00	0.00	34.6	0.009 1	77.895 9
	执行能力外	0.024 0	0.046 4	38.6	0.018 0	44.223 9

表 7.2　直接分配方法分配特性分析

分配模式		平均误差/N	最大误差/N	平均计算时间/ms	推力器平均控制量/N	飞轮平均角加速度/(rad · s^{-2})
正常模式	小量期望值	0.00	0.00	37.2	0.000 7	5.312 0
	执行能力内	0.00	0.00	37.3	0.010 8	78.169 3
	执行能力外	0.012 9	0.027 3	38.4	0.016 4	110.067 6
故障模式	小量期望值	0.00	0.00	28.5	0.000 8	7.300 9
	执行能力内	0.00	0.00	29.3	0.010 8	90.929 3
	执行能力外	0.023 0	0.041 2	30.1	0.014 2	110.890 9

从表中可以看出,在配置执行能力范围内,动态控制分配方法仍能对期望力矩进行无误差的分配(这里没有考虑最小推力限制),其计算时间较直接分配方

法略有增加;而在执行能力范围之外,分配误差变大,且与期望力矩矢量方向产生偏离。其分配特点在于:动态控制分配方法能够针对不同的期望力矩对执行机构进行自动选择。小期望力矩时,推力器不工作,由飞轮来完成机动,避免了推力器工作所带来的误差;中度期望力矩时,推力器与飞轮协同工作,且推力器喷气较直接分配方法要少,这就减少了燃料的消耗;在执行能力范围之外,主要用推力器来工作,避免了飞轮过快饱和,但此时分配误差可能带来人为扰动。

综上所述,动态控制分配策略在配置执行能力范围之内更具有分配优势,它能够根据期望控制量的大小自动选择执行机构,推力器燃料消耗减少,飞轮工作也不易饱和,且在小期望控制量下,可以避免推力器工作所带来的扰动。

2. 闭环仿真验证

本节以小卫星大角度姿态快速机动与高精度稳定为背景,引入动态控制分配方法,对以推力器和反作用飞轮为执行机构的小卫星姿态控制系统进行闭环仿真验证。执行机构参数配置与开环仿真时的参数配置一致,初始姿态角 $\varphi_0 = 35°$,$\theta_0 = 28°$,$\psi_0 = -40°$,常数 $M_i = 100(i = 1,2,3,4)$,$k_i = 10(i = 1,2,3,4)$,$a_{d0} = [0.009\quad 0.009\quad 0.009]^{\mathrm{T}}\ \mathrm{N\cdot m}$,$\Delta\theta_0 = [6\quad 6\quad 6]^{\mathrm{T}}(°)$ 。姿态角、姿态角速度变化图如图 7.7 ~7.8 所示。

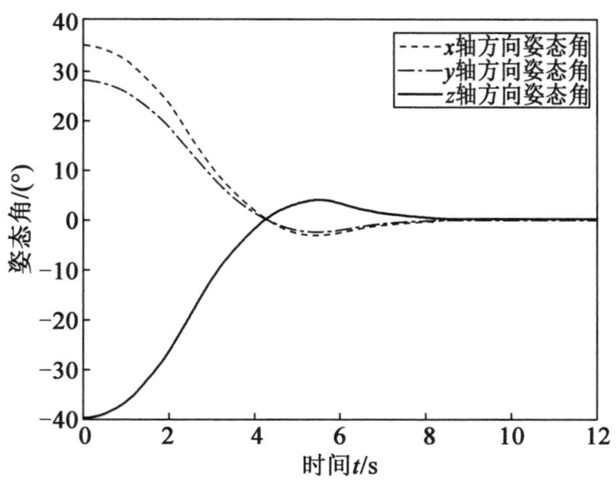

图 7.7　姿态角变化图

由仿真结果可以看出,推力器/飞轮联合的控制分配策略可以完成小卫星大角度姿态快速机动与高精度稳定时的控制分配任务,在 12 s 内完成了大角度姿态快速机动,且最终实现 0.015°的稳定精度。图 7.8 给出的姿态角速度曲线类似于先加速后减速的时间最优机动，但在末端平滑过渡到了高精度稳定状态。

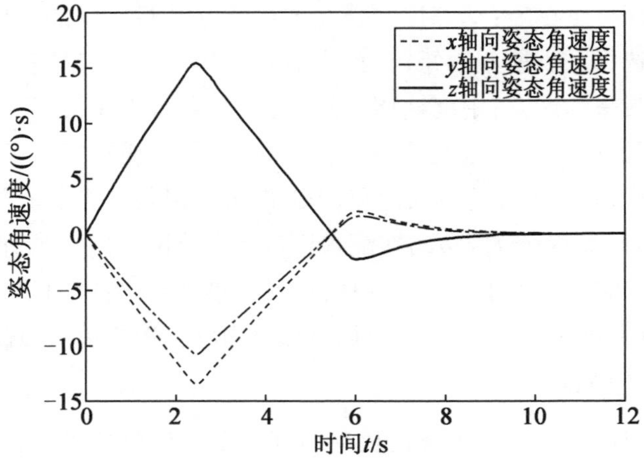

图 7.8 姿态角速度变化图

图 7.9 中第一子图为整个机动过程中的期望力矩序列；第二子图为动态控制分配方法为实现该序列所用的推力总和序列与角加速度总和序列；第三子图为直接分配方法为实现该序列所用的推力总和序列与角加速度总和序列；第四子图为分配误差，误差主要来源于推力器的最小推力限制，它使得较小的控制指令无法由推力器来执行。可以看出，动态控制分配方法会根据当前状态选择合适的执行机构来执行任务，初期由推力器实现机动；末期由反作用飞轮实现机动；过渡阶段为混合执行机构。与动态控制分配方法不同的是，直接分配方法使得飞轮在初始阶段也参与了机动。但这种总是让混合机构来执行指令的模式反而带来了更多的分配误差，因为直接分配方法增加了推力器出现无法执行的指令的可能性。另外，动态控制分配方法只是在混合模式的末期才出现分配误差。

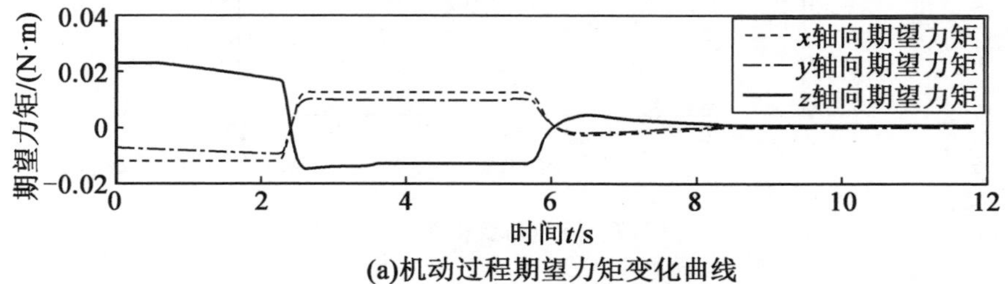

(a)机动过程期望力矩变化曲线

图 7.9 期望力矩与分配模式对比图

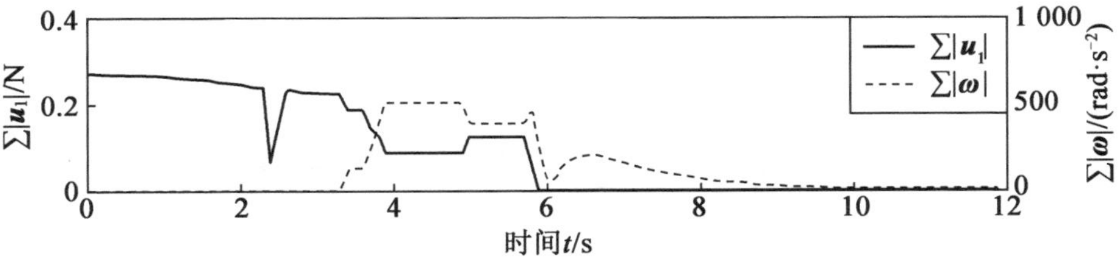

(b)(使用)动态控制分配方法时的$\sum|\boldsymbol{u}_1|$和$\sum|\boldsymbol{\omega}|$变化曲线

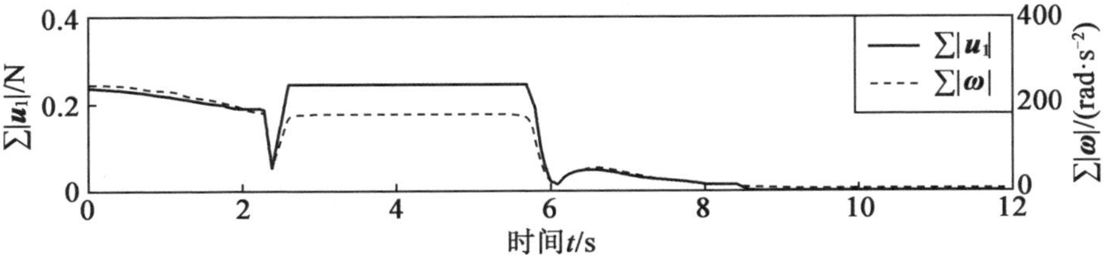

(c)(使用)直接分配方法时的$\sum|\boldsymbol{u}_1|$和$\sum|\boldsymbol{\omega}|$变化曲线

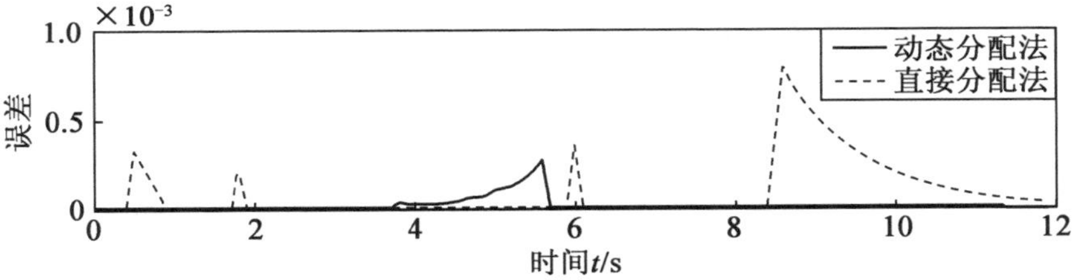

(d)分配误差变化曲线

续图 7.9

表 7.3 给出了整个机动过程中两种方法所消耗的能量情况。推力总和与角加速度总和分别对应燃料消耗和电能消耗。可以看出,动态控制分配方法所使用的燃料较少。虽然它使用的电能较直接分配方法要多,但单个飞轮的最大转速幅值却低于直接分配方法,这说明动态控制分配方法把指令较均匀地分配到了各个飞轮上,这可以有效地避免飞轮进入饱和状态。

表 7.3　机动过程能耗对比

控制分配方法	推力总和/N	角加速度总和/(rad · s^{-2})	单个飞轮最大转速/(r · min^{-1})
动态控制分配方法	10.935 0	$1.368\,9\times10^{4}$	$3.080\,3\times10^{3}$
直接分配方法	13.979 4	$1.190\,9\times10^{4}$	$-4.540\,6\times10^{3}$

7.3　飞轮故障模式下的航天器姿态稳定控制

为了同时使用磁力矩器和反作用飞轮进行姿态控制,期望控制力矩 $\boldsymbol{M}_{\mathrm{d}}$ 被分成两部分,一部分由磁力矩器完成,另一部分则必须由反作用飞轮实现[8,9],可表示为

$$\boldsymbol{M}_{\mathrm{d}} = \boldsymbol{M}_{\mathrm{cM}} + \boldsymbol{M}_{\mathrm{cW}} \tag{7.28}$$

式中,$\boldsymbol{M}_{\mathrm{cM}}$为由磁力矩器提供的控制力矩;$\boldsymbol{M}_{\mathrm{cW}}$为由飞轮提供的控制力矩。

定义反作用飞轮的状态矩阵为

$$\boldsymbol{A}_{\mathrm{W}} = \mathrm{diag}(a_i) \tag{7.29}$$

式中,a_i 为状态监测与故障诊断模块提供的反作用飞轮的状态,

$$a_i = \begin{cases} 1 & (\text{飞轮正常}) \\ 0 & (\text{飞轮故障}) \end{cases} \quad (i = x, y, z) \tag{7.30}$$

这里采用最简单的直接分配策略,即飞轮故障轴的控制力矩由磁力矩器来完成,而其他轴由反作用飞轮提供,则式(7.28)修正为

$$\boldsymbol{M}_{\mathrm{c}} = (\boldsymbol{E} - \boldsymbol{A}_{\mathrm{W}})\boldsymbol{M}_{\mathrm{d}} + \boldsymbol{A}_{\mathrm{W}}\boldsymbol{M}_{\mathrm{d}} \tag{7.31}$$

根据式(7.28)与式(7.31)可确定分配到飞轮和磁力矩器上的期望控制力矩。

7.3.1　单轴飞轮故障情况

对于单轴反作用飞轮故障,假设 z 轴的反作用飞轮出现故障,$a_z = 0$,那么式(7.31)沿星本体坐标系 z 轴的投影为

$$M_{\mathrm{cM}z} = M_{\mathrm{d}z} \tag{7.32}$$

由磁力矩器提供的控制力矩沿 z 轴分量必须等于该轴期望控制力矩,一般情况下,磁力矩矢量具有沿 x 轴和 y 轴的非零分量,为满足式(7.29),x 轴和 y 轴的反作用飞轮必须平衡磁力矩器在 x 轴和 y 轴产生的磁力矩,因此 x 轴和 y 轴的反作用飞轮所提供的控制力矩表示为

$$\begin{aligned} M_{\mathrm{cW}z} &= M_{\mathrm{d}x} - M_{\mathrm{cM}x} \\ M_{\mathrm{cW}y} &= M_{\mathrm{d}y} - M_{\mathrm{cM}y} \end{aligned} \tag{7.33}$$

式中,$M_{\mathrm{cM}x}$、$M_{\mathrm{cM}y}$为磁力矩器在 x 轴和 y 轴产生的非零分量。

磁控力矩要同时受到卫星当地磁场和本身磁偶极子的限制，只能在垂直于地磁场强度 $\boldsymbol{B}$ 的平面内产生。由于只有反作用飞轮故障的 z 轴需要磁力矩器提供控制力矩，因此通过 $\boldsymbol{M}_{\mathrm{cM}}=[0\quad 0\quad M_{\mathrm{dz}}]^{\mathrm{T}}$，可以计算出沿着卫星三个轴向所需的磁偶极子为

$$\boldsymbol{m}=\boldsymbol{B}\times\boldsymbol{M}_{\mathrm{cM}}/|\boldsymbol{B}|^2 \tag{7.34}$$

展开可得

$$\begin{bmatrix} m_x \\ m_y \\ m_z \end{bmatrix}=\frac{1}{|\boldsymbol{B}|^2}\begin{bmatrix} -B_y M_{\mathrm{cMz}} \\ B_x M_{\mathrm{cMz}} \\ 0 \end{bmatrix} \tag{7.35}$$

由于磁力矩器不能产生相同轴上的力矩，因此 z 轴上的磁偶极子恒为零，即在控制过程中不使用 z 轴的磁力矩器。根据式(7.4)计算磁力矩 $\widetilde{\boldsymbol{M}}_{\mathrm{cM}}$ 为

$$\widetilde{\boldsymbol{M}}_{\mathrm{cM}}=\boldsymbol{m}\times\boldsymbol{B} \tag{7.36}$$

式中，$\boldsymbol{B}$ 是卫星所处位置的地磁场强度，可以通过三轴磁强计测量给出；$\boldsymbol{m}$ 是沿卫星三个轴向的磁偶极子，$\boldsymbol{m}$ 元素中的最大值记为 m_{m}，卫星额定磁偶极子 m_{e} 与 m_{m} 的比值记为 μ，则

$$\mu=\begin{cases} m_{\mathrm{e}}/m & (m_{\mathrm{e}}/m_{\mathrm{m}}<1) \\ 1 & (m_{\mathrm{e}}/m_{\mathrm{m}}\geqslant 1) \end{cases} \tag{7.37}$$

将磁力矩乘以该比值 μ，就得到满足磁力矩器磁偶极子限制的磁力矩。磁力矩的分量形式表示为

$$\widetilde{M}_{\mathrm{cMx}}=B_z m_y=\frac{\mu B_x B_z M_{\mathrm{dz}}}{B_x^2+B_y^2+B_z^2} \tag{7.38}$$

$$\widetilde{M}_{\mathrm{cMy}}=B_z m_x=\frac{\mu B_y B_z M_{\mathrm{dz}}}{B_x^2+B_y^2+B_z^2} \tag{7.39}$$

$$\widetilde{M}_{\mathrm{cMz}}=B_y m_x-B_x m_y=\frac{-\mu(B_y^2+B_x^2)M_{\mathrm{dz}}}{B_x^2+B_y^2+B_z^2} \tag{7.40}$$

由反作用飞轮提供的控制力矩为

$$\begin{aligned} M_{\mathrm{cWx}}&=M_{\mathrm{cx}}-\frac{\mu B_x B_z M_{\mathrm{dz}}}{B_x^2+B_y^2+B_z^2} \\ M_{\mathrm{cWy}}&=M_{\mathrm{cy}}-\frac{\mu B_y B_z M_{\mathrm{dz}}}{B_x^2+B_y^2+B_z^2} \end{aligned} \tag{7.41}$$

7.3.2 两轴飞轮故障情况

两轴反作用飞轮故障时的姿态控制仍可采用上节给出的控制分配策略，假设 x 轴和 z 轴的飞轮出现故障，那么力矩沿本体坐标系 x 轴和 z 轴的投影为

$$\begin{aligned} M_{cMx} &= M_{dx} \\ M_{cMz} &= M_{dz} \end{aligned} \tag{7.42}$$

由磁力矩器提供的控制力矩矢量沿 x 轴和 z 轴的分量必须等于相应的所需的控制力矩分量，一般情况下，磁力矩矢量通常具有沿 y 轴的非零分量，因此 y 轴的反作用飞轮必须平衡磁力矩器在 y 轴产生的磁力矩。因此，y 轴的反作用飞轮所提供的控制力矩表示为

$$M_{cWy} = M_{dy} - M_{cMy} \tag{7.43}$$

式中，M_{cMy} 为磁力矩器在 y 轴产生的非零分量。

根据反作用飞轮的饱和特性，给出最终的反作用飞轮控制力矩：

$$M_{cWi} = \begin{cases} M_{cWi}[M_{max}/\max(|M_{cWi}|)] & (\max(|M_{cWi}|)/M_{max} > 1) \\ M_{cWi} & (\max(|M_{cWi}|)/M_{max} < 1) \end{cases} \quad (i = x, y, z) \tag{7.44}$$

式中，M_{max} 为反作用飞轮的最大输出力矩。

通过上述分析可以看出，控制分配策略能够实时地根据反作用飞轮状态动态地调整磁力矩器的控制任务，满足系统飞轮故障隔离和动态重构的要求。

7.3.3 磁卸载方法

飞轮会因吸收非周期扰动力矩而使其角动量偏离标称值，最终达到额定转速而饱和。磁卸载就是利用磁力矩器产生的磁偶极子与地磁场作用以消除飞轮多余的动量，使其保持在标称值附近，这种方法业已为长寿命卫星普遍采用[10,11]。记多余动量为 $\Delta\boldsymbol{H}_w$，一般采用叉乘规律产生磁控力矩，考虑飞轮状态矩阵有

$$\boldsymbol{m}_u = -\frac{K}{\|\boldsymbol{B}\|^2}\boldsymbol{B} \times \boldsymbol{A}_W \Delta\boldsymbol{H}_w \tag{7.45}$$

此处，$K > 0$ 是增益系数，相应地，作用在卫星上的力矩为

$$\boldsymbol{M}_u = \boldsymbol{m}_u \times \boldsymbol{B} \tag{7.46}$$

当 $\boldsymbol{B} \perp \boldsymbol{A}_W \Delta\boldsymbol{H}_w$ 时，有 $\boldsymbol{M}_u = -K\boldsymbol{A}_W \Delta\boldsymbol{H}_w$，可见磁力矩总是使多余动量减小，从而达到卸载的目的。当 $\boldsymbol{B}$ 不垂直于 $\boldsymbol{A}_W \Delta\boldsymbol{H}_w$ 时，把 $\boldsymbol{B}$ 分解成沿 $\boldsymbol{A}_W \Delta\boldsymbol{H}_w$ 方向与垂

直于 $\boldsymbol{A}_{\mathrm{W}}\Delta\boldsymbol{H}_{\mathrm{w}}$ 方向的两个分量 $\boldsymbol{B}_{\Delta H}$ 与 $\boldsymbol{B}_{\mathrm{N}}$，那么对卸载有贡献的部分为

$$\boldsymbol{M}_{\mathrm{uc}} = -\frac{K}{\|\boldsymbol{B}\|^2}\left(\|\boldsymbol{B}\|^2 - \boldsymbol{B}\cdot\frac{\boldsymbol{A}_{\mathrm{W}}\Delta\boldsymbol{H}_{\mathrm{w}}}{\|\boldsymbol{A}_{\mathrm{W}}\Delta\boldsymbol{H}_{\mathrm{w}}\|}\cdot\boldsymbol{B}_{\Delta H_{\mathrm{w}}}\right)\boldsymbol{A}_{\mathrm{W}}\Delta\boldsymbol{H}_{\mathrm{w}} \tag{7.47}$$

因为 $\|\boldsymbol{B}\|^2 \geqslant \boldsymbol{B}\cdot\frac{\boldsymbol{A}_{\mathrm{W}}\Delta\boldsymbol{H}_{\mathrm{w}}}{\|\boldsymbol{A}_{\mathrm{W}}\Delta\boldsymbol{H}_{\mathrm{w}}\|}\cdot\boldsymbol{B}_{\Delta H_{\mathrm{w}}}$，多余动量总要衰减下来。为限制不利部分

$$\boldsymbol{M}_{\mathrm{ud}} = \frac{K}{\|\boldsymbol{B}\|^2}\cdot\boldsymbol{B}\cdot\boldsymbol{A}_{\mathrm{W}}\Delta\boldsymbol{H}_{\mathrm{w}}\boldsymbol{B}_{\mathrm{N}} \tag{7.48}$$

一般要求 $|\boldsymbol{b}\cdot\Delta\boldsymbol{h}| < \varepsilon$ 时才进行磁卸载，$\boldsymbol{b}$ 与 $\Delta\boldsymbol{h}$ 分别是 $\boldsymbol{B}$ 与 $\Delta\boldsymbol{H}_{\mathrm{w}}$ 方向单位矢量。

卸载力矩与分配给磁力矩器的期望控制力矩构成磁力矩器总的控制力矩输入。由于磁力矩器具有最大磁偶极子为 m_{c}，如果直接将期望的控制和卸载磁偶极子直接相加会超过最大磁偶极子，则最终的磁偶极子矢量方向与期望方向不一致，进而不能产生正确的期望控制力矩。为避免这种情况，将期望的控制和卸载磁偶极子进行线性组合，使得控制任务优先于卸载任务，即

$$\boldsymbol{m}_{\mathrm{MTB}} = \boldsymbol{m} + k\boldsymbol{m}_{\mathrm{u}} \tag{7.49}$$

式中，k 为加权因子，

$$k = \frac{m_{\mathrm{c}} - \max(m_i)}{m_{\mathrm{e}}} \quad (i = x, y, z) \tag{7.50}$$

当控制磁偶极子大于或等于最大磁偶极子时，有 $k = 0$，此时没有卸载磁力矩。如果该情况持续时间过长，飞轮转速会在非周期干扰的作用下一直增加直至饱和，因此在无须高精度姿态控制时，可以适当牺牲控制精度减少控制力矩，以增加卸载力矩。

7.3.4　飞轮故障模式下的姿控仿真

本节对给出的控制分配策略对单轴飞轮故障和两轴飞轮故障两种情况进行数学仿真，姿态角速度、姿态角变化曲线和控制力矩时间历程如图 7.10 ~ 7.12 所示。从图中可以看出，在存在一定初始姿态角偏差、初始角速度和外干扰的情况下，所设计的联合控制方法，无论是在单轴飞轮故障，还是两轴飞轮故障的情况下，都能够保证在一定时间内有效地实现高精度姿态稳定控制，控制精度可达 0.02°，姿态稳定度为 0.005(°)/s，说明故障处理策略设计合理，并能有效地抑制外干扰，具有较高的精度和较好的鲁棒性。同时，联合控制方法设计简单，计算量较小，可以在轨实现。

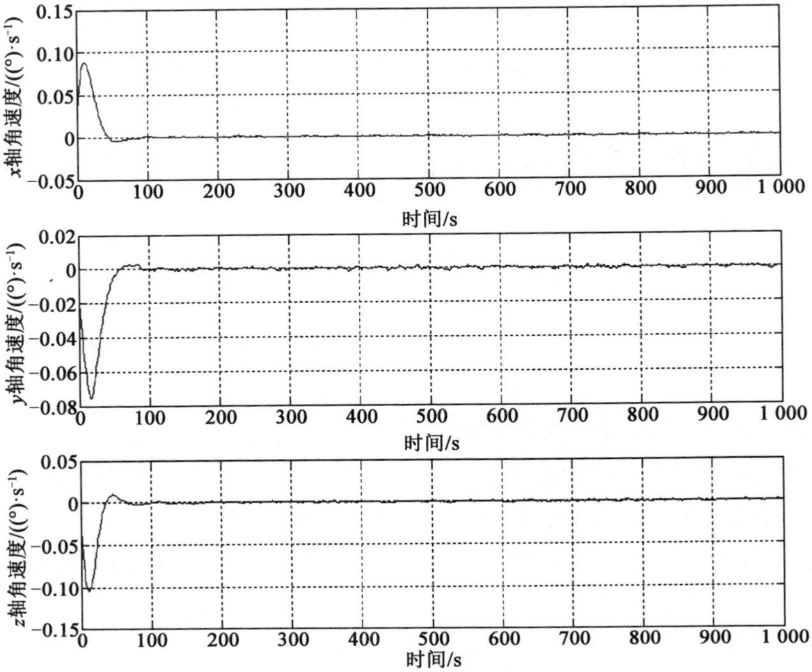

(a)单轴飞轮故障情况

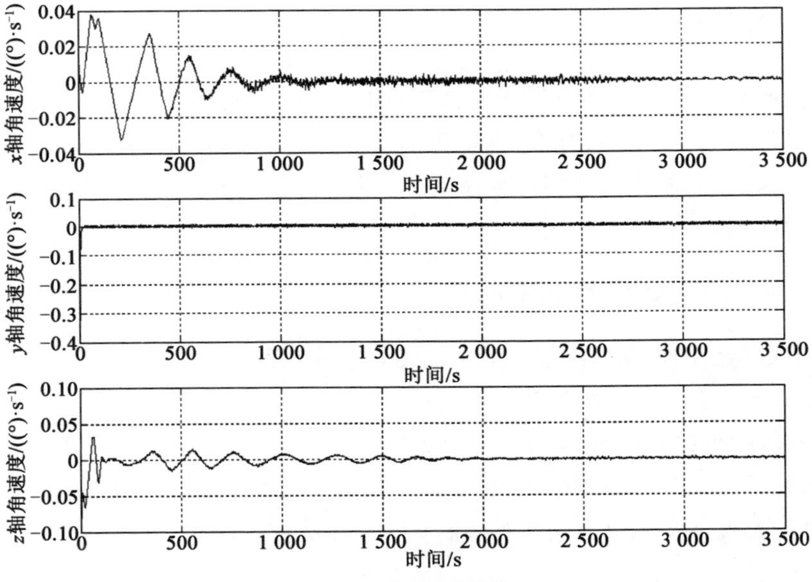

(b)两轴飞轮故障情况

图 7.10　姿态角速度变化曲线

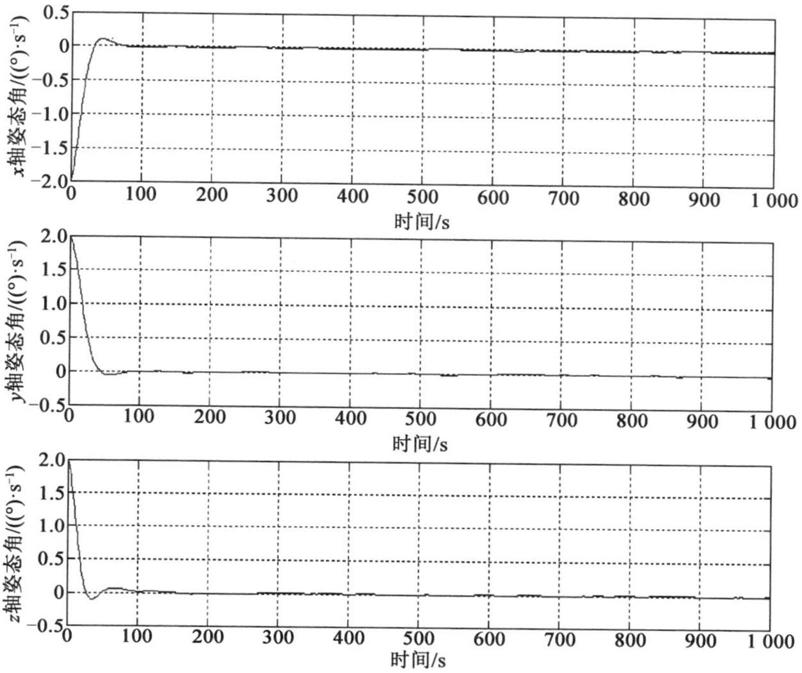

(a)单轴飞轮故障情况

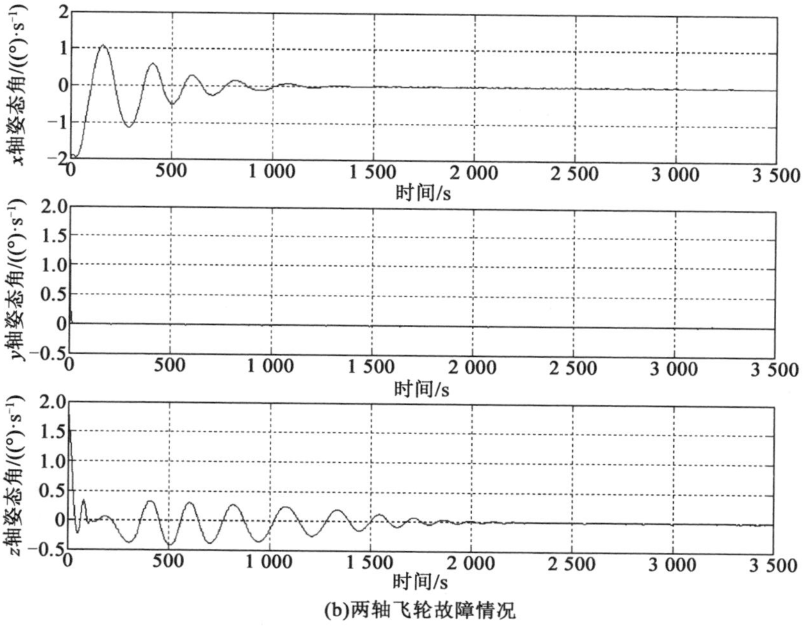

(b)两轴飞轮故障情况

图 7.11　姿态角变化曲线

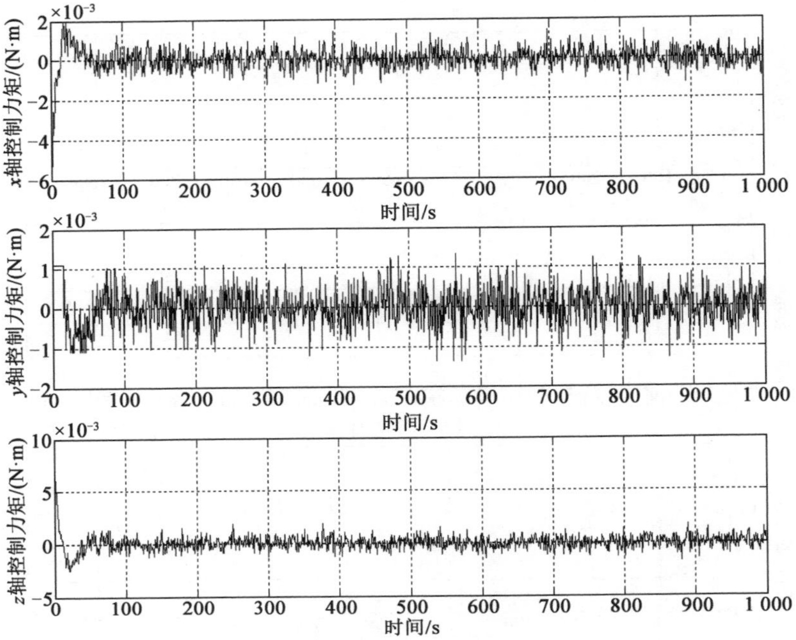

(a)单轴飞轮故障情况

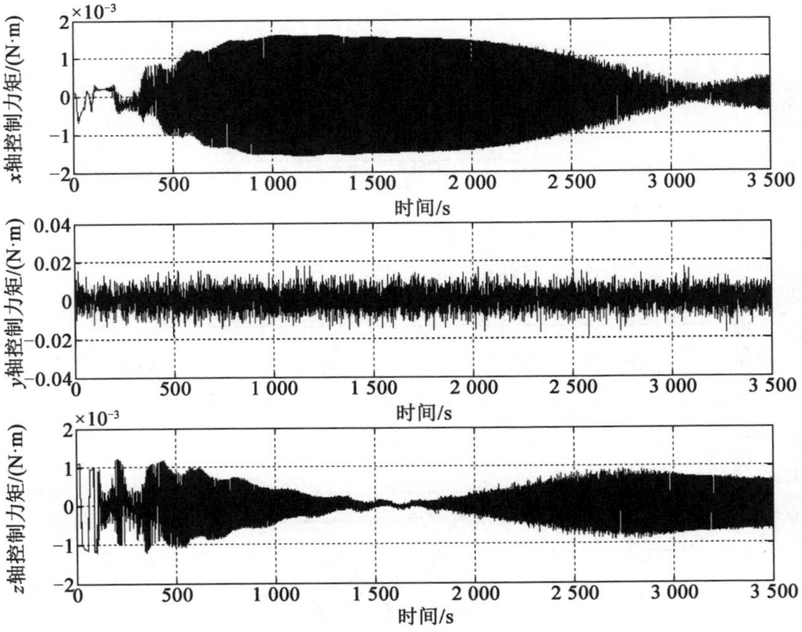

(b)两轴飞轮故障情况

图 7.12　控制力矩时间历程

7.4　本章小结

针对利用反作用飞轮、磁力矩器和推力器等不同类型执行机构的控制分配问题，以提高小卫星的在轨可靠性为目标，介绍了几种异构执行机构配置的控制分配方法。

首先，针对反作用飞轮和磁力矩器联合控制问题，分别介绍了最大磁控力矩和能耗最优、故障模式下的控制分配策略和磁卸载方法，这种方法显著降低了反作用飞轮的转速，有利于在总体设计时减轻反作用飞轮的工作强度，提高整星的功能密度比。

其次，介绍了一种快速机动与高精度稳定动态控制分配策略。该方法能够实现控制过程对冗余执行机构的动态切换，在配置执行能力范围内，根据状态的不同自动选择合适的执行机构，既节省了能源，又避免了反作用飞轮过早饱和。

本章研究的联合控制方法为异构执行机构实现系统的“潜冗余”提供了一条可行的技术途径，为卫星在轨故障处理对策提供了理论依据和技术支持。

本章参考文献

[1] CHEN X J, STEYN W H, HODGART S, et al. Optimal combined reaction-wheel momentum management for Earth-pointing satellites[J]. Journal of guidance, control, and dynamics, 1999, 22(4):543-550.

[2] 陈闽，张世杰，张迎春. 基于反作用飞轮和磁力矩器的小卫星姿态联合控制方法[J]. 吉林大学学报(工学版), 2010(4): 1155-1160.

[3] 陈闽，张世杰，邢艳军，等. 飞轮故障时的小卫星轮控与磁控联合控制方法[J]. 哈尔滨工业大学学报, 2007, 39(5):6.

[4] 段晨阳，汤国建，张世杰. 单轴飞轮故障时的小卫星姿态控制方法研究[J]. 航天控制, 2007, 25(3):5.

[5] GIULIETTI F, QUARTA A A, TORORA P. Optimal control laws for momentum-wheel desaturation using magnetorquers[J]. Journal of guidance, control, and dynamics, 2006, 29(6):1464-1468.

[6] SWENKA E R, SMITH B A, VANELLI C A . Momentum management tool for

low-thrust missions[J]. Publication: NASA tech briefs,2010,9:34-35.

[7] YANG Y G. Spacecraft attitude and reaction wheel desaturation combined control method[J]. IEEE transactions on aerospace & electronic systems, 2016, 53(1):286-295.

[8] 唐生勇, 张世杰, 陈闽, 等. 一种小卫星快速机动与高精度稳定控制分配策略[J]. 哈尔滨工业大学学报, 2010, 42(7): 1019-1024.

[9] OVCHINNIKOV M Y, TKACHEV S S. Study of the algorithm for the 3-axis reaction wheel attitude control system[J]. Keldysh institute preprints, 2010,25: 1-32.

[10] CAMERON D, PRINCERN N. Control allocation challenges and requirements for the blended wing body[C]// AIAA Guidance, Navigation and Control Conference. Denver: American Institute of Aeronautics and Astronautics, 2000.

[11] DAVIDSON J B, LALLMAN F J, BUNDICK W T. Real-time adaptive control allocation applied to a high performance aircraft[C]// 5th SIAM Conference on Control & Its Applications. San Diego: National Aeronautics and Space Administration, 2001.

第8章 力矩/能耗最优控制分配方法

针对典型同构和异构执行机构的过驱动航天器控制分配问题，第5～7章分别进行了介绍。除执行机构本身的动力学特性和物理约束以外，过驱动系统的冗余特性为系统优化设计提供了新的设计自由度，从本章开始，将对过驱动航天器的余度利用相关技术进行阐述，这些技术包括力矩/能耗最优控制分配方法、能耗均衡控制分配技术和面向轨控优先的姿轨一体化推力分配方法。

本章研究以轮控卫星为研究对象，给出一种动态分配问题特点的控制分配方法，实现卫星控制性能和燃料（能源）消耗等指标最优，同时增强对控制系统故障的容错能力和系统重构能力，进而提高卫星智能自主运行能力，对工程应用有很强的参考意义和利用价值。

8.1　力矩优化相关的控制分配方法

在反作用飞轮存在冗余的情况下，如3正交+1斜装或4斜装飞轮配置模式，传统上常采用安装矩阵求伪逆等固定分配方案[1-3]。实际上，冗余飞轮的分配方案并不唯一，利用控制分配方法可在各类型约束条件和最优目标下，将期望控制量在4个飞轮间进行分配，对于控制系统而言，提供了一定的设计自由度。因而可以通过施加不同的约束条件达到某些控制目的。

一般情况下，姿态敏感器（如陀螺、磁强计等）不可避免地存在测量噪声，甚至可能发生故障出现测量野值，有可能导致卫星姿态控制性能降低，对于微小卫星常采用的低性能敏感器更为严重。由于闭环姿态控制系统的误差传递特性，敏感器测量误差或测量野值将会导致飞轮控制指令出现跳变等问题，因此可以在冗余飞轮动态分配时增加相应约束，优化冗余飞轮的指令分配，从而抑制敏感器测量噪声或剔除野值。

8.1.1 基于零空间的修正伪逆法

根据 1.3 节给出的控制分配模型，采用伪逆法求解时，如果不考虑飞轮的物理约束，即该求解过程是针对下述模型进行的：

$$\begin{cases}\min\limits_{\boldsymbol{u}}\|\boldsymbol{u}\|_2 \\ \text{s. t.}\ \ \boldsymbol{Au}=\boldsymbol{v}\end{cases} \tag{8.1}$$

根据 2.2.1 节的结论可知，式(8.1)描述的问题有典型解：

$$\boldsymbol{u}_{\mathrm{p}}=\boldsymbol{A}^{\dagger}\boldsymbol{v} \tag{8.2}$$

由于在控制分配时并没有考虑到飞轮的最大输出力矩约束，将导致由伪逆法得到的分配结果并不一定能够实现，从而在期望力矩和飞轮实际产生的力矩上存在差别，有文献根据 F18 气动参数发现传统伪逆法的分配效率只有 42.7%[4]，即在大多数情况下并没有达到预期的分配效果。为此，需要对伪逆法给出的初始解进行修正。

1. 基于零空间的初始解修正方法

基于零空间的修正方法是利用执行机构控制效率矩阵零空间特性进行修正的一种控制分配方法，这种方法能将超出执行机构能力范围的解重新落入可行域内，保证控制矢量方向不变，且具有计算量小、计算效率高等优点[5]。

定义飞轮输出力矩的可行域为

$$\boldsymbol{\Omega}=\{\boldsymbol{u}\in\mathbf{R}^m \mid \boldsymbol{u}_{\min}\leqslant\boldsymbol{u}\leqslant\boldsymbol{u}_{\max}\} \tag{8.3}$$

控制效率矩阵 $\boldsymbol{A}$ 的零空间矩阵 $\boldsymbol{N}\in\mathbf{R}^{n\times(n-m)}$ 满足

$$\boldsymbol{AN}=\boldsymbol{0} \tag{8.4}$$

若记 $\boldsymbol{AP}=\boldsymbol{I}$，可将解写成

$$\boldsymbol{u}=\boldsymbol{u}_{\mathrm{p}}+\boldsymbol{Nk} \tag{8.5}$$

式中，$\boldsymbol{k}\in\mathbf{R}^{n-m}$ 为调节因子。

对于伪逆初始解，满足 $\boldsymbol{Au}_{\mathrm{p}}=\boldsymbol{v}$，那么存在控制效率矩阵的零空间矩阵 $\boldsymbol{N}$，满足 $\boldsymbol{AN}=\boldsymbol{0}$，使初始解修改为 $\boldsymbol{u}=\boldsymbol{u}_{\mathrm{p}}+\boldsymbol{Nk}$ 时，仍有下式成立：

$$\boldsymbol{Au}=\boldsymbol{A}(\boldsymbol{u}_{\mathrm{p}}+\boldsymbol{Nk})=\boldsymbol{Au}_{\mathrm{p}}+\boldsymbol{ANk}=\boldsymbol{Au}_{\mathrm{p}}+\boldsymbol{0k}=\boldsymbol{v} \tag{8.6}$$

则控制分配问题变为：给定控制量 $\boldsymbol{u}_{\mathrm{p}}$，满足 $\boldsymbol{Au}_{\mathrm{p}}=\boldsymbol{v}$，且在 $\boldsymbol{u}_{\mathrm{p}}\notin\boldsymbol{\Omega}$ 的情况下，寻找

$\boldsymbol{k}$,使得 $\boldsymbol{u}=\boldsymbol{P}\boldsymbol{v}+\boldsymbol{N}\boldsymbol{k}\in\boldsymbol{\Omega}$ 成立。

对于控制效率矩阵 $\boldsymbol{A}\in\mathbf{R}^{n\times m}$,其零空间矩阵为 $\boldsymbol{N}=[n_1 \quad n_2 \quad \cdots \quad n_{n-m}]^{\mathrm{T}}$,显然对于任意的 $\boldsymbol{k}\in\mathbf{R}^{n-m}$,均有 $\boldsymbol{A}\boldsymbol{N}\boldsymbol{k}=\boldsymbol{0}$,因此满足 $\boldsymbol{A}\boldsymbol{u}_{\mathrm{p}}=\boldsymbol{v}$ 的所有解均可表示为

$$\begin{cases}\boldsymbol{u}_{\mathrm{p}}=\boldsymbol{P}\boldsymbol{v}\\ \boldsymbol{u}_{\mathrm{k}}=\boldsymbol{N}\boldsymbol{k}\\ \boldsymbol{u}=\boldsymbol{u}_{\mathrm{p}}+\boldsymbol{u}_{\mathrm{k}}\end{cases}\tag{8.7}$$

将零空间矩阵 $\boldsymbol{N}$ 和向量 $\boldsymbol{u}_{\mathrm{p}}$ 进行分块:

$$\boldsymbol{N}=\begin{bmatrix}\boldsymbol{n}_1\\ \boldsymbol{n}_2\end{bmatrix},\quad \boldsymbol{u}_{\mathrm{p}}=\begin{bmatrix}\boldsymbol{u}_{\mathrm{p1}}\\ \boldsymbol{u}_{\mathrm{p2}}\end{bmatrix}\tag{8.8}$$

式中,$\boldsymbol{n}_1$ 是控制量超出其上下限的零空间矩阵行分量;$\boldsymbol{n}_2$ 是待求解量;$\boldsymbol{u}_{\mathrm{p1}}$、$\boldsymbol{u}_{\mathrm{p2}}$分别是与 $\boldsymbol{n}_1$ 和 $\boldsymbol{n}_2$ 对应的控制量。

类似地,将 $\boldsymbol{u}$ 分块:

$$\boldsymbol{u}=\begin{bmatrix}\boldsymbol{u}_1\\ \boldsymbol{u}_2\end{bmatrix}\tag{8.9}$$

由于飞轮输出超过其最大输出力矩,针对 $\boldsymbol{u}_1$ 又可按是超出其上限力矩还是下限力矩分块为

$$\boldsymbol{u}_1=\begin{bmatrix}\boldsymbol{u}_{11}\\ \boldsymbol{u}_{12}\end{bmatrix},\quad \boldsymbol{u}_{11}\geqslant\boldsymbol{u}_{\max},\quad \boldsymbol{u}_{12}\leqslant\boldsymbol{u}_{\min}\tag{8.10}$$

式中,$\boldsymbol{u}_{\max}$、$\boldsymbol{u}_{\min}$分别是飞轮输出力矩上限和下限的代数值,一般在数值上相等。

从而式(8.5)变为

$$\begin{bmatrix}\boldsymbol{n}_1\\ \boldsymbol{n}_2\end{bmatrix}\boldsymbol{k}=\begin{bmatrix}\boldsymbol{u}_1\\ \boldsymbol{u}_2\end{bmatrix}-\begin{bmatrix}\boldsymbol{u}_{\mathrm{p1}}\\ \boldsymbol{u}_{\mathrm{p2}}\end{bmatrix}\tag{8.11}$$

将 $\boldsymbol{u}_1$ 置于极限位置,则容易得到

$$\begin{cases}\boldsymbol{k}=\boldsymbol{n}_1^{\dagger}(\boldsymbol{u}_1-\boldsymbol{u}_{\mathrm{p1}})\\ \boldsymbol{u}_2=\boldsymbol{u}_2\boldsymbol{k}+\boldsymbol{u}_{\mathrm{p2}}\end{cases}\tag{8.12}$$

如果得到的 $\boldsymbol{u}_2$ 在上下限范围内,即在可行域内,那么由此得到的 $\boldsymbol{u}$ 便是一个可行解。

在伪逆解修正过程中,$\boldsymbol{u}_1$ 置于其极限值,那么如果 $\boldsymbol{u}_1$ 是一维向量,其对应的组合只有两种。从理论上来说,如果在两种情况下得到的结果均可行,那么应该

取伪逆解最近的结果作为最终分配结果；如果 $\boldsymbol{u}_1$ 是 n 维向量，那么对应的组合则有 2^n 种，逐个对其进行验证显然效率不高，一种简单的解决办法是对伪逆解进行判断，如果超过其上限值，那么直接将对应位置置于上限值，超过下限值则直接置于下限值，那么这样的组合只有一种，而且这种情况下得到的结果一般也是最接近伪逆结果的解。

需要指出的是，基于零空间的伪逆修正法并不能对所有初解进行修正，存在如下两种特殊情况。

(1)在修正的过程中，把期望修正量的某一分量设定为约束值后，导致期望修正量的另一分量超出可行域，迭代多次后仍无法使每一个分量落入可行域内。

(2)在对 $\boldsymbol{u}$ 进行分块后，将所有超过极限值的分量设定为极限值，但如果超过极限值的分量个数超出了零空间矩阵的秩，虽仍可通过式(8.12)求出 $\boldsymbol{k}$ 值，但该 $\boldsymbol{k}$ 值是超出极限分量的相关运算，并没有真正地将其置于极限位置。

情况(1)的解决办法是在一次修正后，若有分量超出极限值，将超出极限值的部分置于极限值后不再修正，因为多次修正后会造成力矩信号波动较大，不利于飞轮的工作。

对于情况(2)，若 $\boldsymbol{k}$ 值能够使修正解落入可行域，则采用修正解；对不能落入可行域的 $\boldsymbol{k}$ 值，将 f 个超过极限值较多的分量置于其极限值，采用式(8.12)进行修正，其中 f 为零空间矩阵的秩，如果不能修正落入可行域内，则采用情况(1)的解决办法。

对于上述两种情况，无论采取何种处理方式，分配后的飞轮输出力矩均不能满足期望力矩的需求。

结合式(8.4)~(8.12)，能够较容易得到满足约束条件的控制 $\boldsymbol{u}$，从而完成控制分配。

2. 方法流程

基于零空间的修正伪逆方法流程如下。

(1)由控制律给出期望控制力矩指令 $\boldsymbol{v}=[v_1 \quad v_2 \quad v_3]^{\mathrm{T}}$。

(2)通过传统伪逆法给出分配初始解 $\boldsymbol{u}_{\mathrm{p}}=\boldsymbol{A}^{\dagger}\boldsymbol{v}$。

(3)判断飞轮力矩是否超过其输出极限，若全部满足，则取为最终解，方法结束；否则继续。

(4)计算 $\boldsymbol{A}$ 的零空间矩阵，将飞轮力矩是否超过其上限或下限力矩进行分块，对应的零空间矩阵进行相应分块。

(5)将超过极限部分置于极限值，其余部分按式(8.12)给出，并确定分配修正解 $\boldsymbol{u}$，返回步骤(3)。

(6)设定最大迭代次数 i_{max},如果步骤(3) ~ (5)的迭代次数超过 i_{max},按照特殊情况处理对策处理,输出最终解,方法结束。

8.1.2　稳定控制模式下的控制分配方法

在姿态稳定控制模式下,可以假设卫星姿态运动变化平稳,进而当前时刻与前一时刻的反作用飞轮控制指令不应有太大变化。在反作用飞轮冗余条件下,动态控制分配方法可实现某一优化准则或约束下的优化分配,因此可以在控制分配问题模型中增加飞轮输出力矩的最大变化量约束,以有效抑制敏感器测量噪声等影响,并剔除敏感器野值。

设 $\boldsymbol{u}(t)$ 是当前时刻控制指令,$\boldsymbol{u}(t-\Delta T)$ 是前一时刻控制指令,ΔT 是采样时间。为抑制系统对敏感器测量噪声影响以及剔除野值能力,采用控制分配方法,做如下考虑:某时刻控制指令 $\boldsymbol{u}(t)$ 虽是在敏感器发生故障下的分配结果,但与前一时刻控制指令 $\boldsymbol{u}(t-\Delta T)$ 差别不大,可认为 $\boldsymbol{u}(t)$ 仍然能够采用;如果差别过大,甚至出现了较大的突变,那么可认为 $\boldsymbol{u}(t)$ 是不可靠的,需重新分配。

在稳定控制模式姿态运动平稳的假设下,动态控制分配问题模型可表示为

$$\begin{cases} \min\limits_{\boldsymbol{u}} \boldsymbol{J} = \boldsymbol{u}^{\mathrm{T}}\boldsymbol{u} = \|\boldsymbol{u}\|_2 \\ \text{s.t.} \quad \boldsymbol{A}\boldsymbol{u} = \boldsymbol{v} \\ \qquad \boldsymbol{u}_{\min} \leqslant \boldsymbol{u} \leqslant \boldsymbol{u}_{\max} \\ \qquad |\boldsymbol{u}(t) - \boldsymbol{u}(t-\Delta T)| \leqslant \boldsymbol{c} \end{cases} \tag{8.13}$$

式中,$\boldsymbol{c}$ 为设定的前后时刻控制指令变化最大允许值。

由式(8.13)给出的控制分配模型可看出,约束条件使用了前一时刻控制指令 $\boldsymbol{u}(t-\Delta T)$,为利用这一信息,可考虑通过当前时刻和前一时刻力矩指令进行加权,使控制指令变得较为平滑,进而抑制测量噪声干扰,在这种情况下,控制分配问题模型可表示为

$$\begin{cases} \min\limits_{\boldsymbol{u}} \boldsymbol{J} = \boldsymbol{u}^{\mathrm{T}}\boldsymbol{W}_1\boldsymbol{u} + [\boldsymbol{u}(t) - \boldsymbol{u}(t-\Delta T)]^{\mathrm{T}}\boldsymbol{W}_2[\boldsymbol{u}(t) - \boldsymbol{u}(t-\Delta T)] \\ \text{s.t.} \quad \boldsymbol{A}\boldsymbol{u} = \boldsymbol{v} \\ \qquad \boldsymbol{u}_{\min} \leqslant \boldsymbol{u} \leqslant \boldsymbol{u}_{\max} \\ \qquad |\boldsymbol{u}(t) - \boldsymbol{u}(t-\Delta T)| \leqslant \boldsymbol{c} \end{cases} \tag{8.14}$$

式中,$\boldsymbol{W}_1$、$\boldsymbol{W}_2$ 是相应的权重对角阵。

定义目标函数:

$$\min \boldsymbol{J} = [\boldsymbol{v}(t) - \boldsymbol{v}'(t)]^{\mathrm{T}}\boldsymbol{W}_1[\boldsymbol{v}(t) - \boldsymbol{v}'(t)] +$$

$$[\boldsymbol{v}(t)-\boldsymbol{v}(t-\Delta T)]^{\mathrm{T}}\boldsymbol{\lambda}\boldsymbol{W}_2[\boldsymbol{v}(t)-\Delta T] \tag{8.15}$$

式中，$\boldsymbol{v}(t)$是期望控制向量；$\boldsymbol{v}'(t)$为修正后的控制向量；$\boldsymbol{W}_1$、$\boldsymbol{W}_2$ 是相应的权重矩阵，且有 $\boldsymbol{\lambda}=\mathrm{diag}[\lambda_1 \quad \cdots \quad \lambda_n]$满足

$$\lambda_i=\begin{cases}1 & (v_i(t)-v_i(t-\Delta T)\leqslant c)\\ \dfrac{v_i'(t-\Delta T)}{v_i(t)} & (v_i(t)-v_i(t-\Delta T)>c)\end{cases} \tag{8.16}$$

由目标函数极值条件

$$\frac{\partial J}{\partial \boldsymbol{v}}=\mathbf{0} \tag{8.17}$$

易得

$$\boldsymbol{v}'(t)=(\boldsymbol{\lambda}\boldsymbol{W}_1+\boldsymbol{W}_2)^{-1}[\boldsymbol{\lambda}\boldsymbol{W}_1\boldsymbol{v}(t)+\boldsymbol{W}_2\boldsymbol{v}'(t-\Delta T)] \tag{8.18}$$

式(8.18)等价为

$$\begin{cases}\min J=\|\boldsymbol{v}'(t)\|_2\\ \mathrm{s.t.}\ \ \boldsymbol{A}\boldsymbol{u}=\boldsymbol{v}'\end{cases} \tag{8.19}$$

显然式(8.19)有典型的伪逆法解：

$$\boldsymbol{u}_{\mathrm{p}}=\boldsymbol{A}^{\dagger}\boldsymbol{v}' \tag{8.20}$$

由式(8.20)可看出，$v_i(t)-v_i(t-\Delta T)$在变化范围内时，分配给各飞轮的控制指令是当前和前一时刻期望力矩的加权和，而 $v_i(t)-v_i(t-\Delta T)$超过变化允许值时，则认为当前时刻期望力矩值不可信，力矩分配结果仅由前一时刻的期望力矩值得到，从而实现了测量野值剔除。

通过式(8.20)可以求得在没有反作用飞轮的最大输出力矩变化量约束情况下的伪逆法初解，再通过之前章节中介绍的零空间修正方法修正为 $\boldsymbol{u}(t)$，最终作用于卫星本体上的力矩为

$$\boldsymbol{v}_{\mathrm{out}}(t)=\boldsymbol{A}\boldsymbol{u}(t) \tag{8.21}$$

8.1.3 面向力矩优化的控制分配方法仿真

为验证本章上述各节所提出的控制分配方法的有效性，进行不同模式下的数学仿真验证，仿真初始参数如下。

采用由 4 个反作用飞轮金字塔型布局方式，则飞轮的控制效率矩阵为

$$\boldsymbol{A}=\begin{bmatrix}0.7071 & -0.7071 & 0.7071 & -0.7071\\ 0.7071 & 0 & -0.7071 & 0\\ 0 & -0.7071 & 0 & 0.7071\end{bmatrix}$$

其他仿真参数见表 8.1。

表 8.1　仿真参数

参数名称	参数值
卫星本体转动惯量 $\boldsymbol{I}_s$	[2.5　0　0;0　2.5　0;0　0　2.5]
初始四元数 $\boldsymbol{q}_0$	$[0.5\quad 0.5\quad 0.5\quad -0.5]^T$
期望四元数 $\boldsymbol{q}_c$	$[0\quad 0\quad 0\quad 1]^T$
角速度 $\boldsymbol{\omega}$	$[0.03\quad 0.05\quad -0.01]^T$
最大输出力矩/(N · m)	±0.025

设定上述仿真参数，权重矩阵 $\boldsymbol{W}_1 = \text{diag}[1\quad 1\quad 1]$，$\boldsymbol{W}_2 = \text{diag}[24\quad 20\quad 20]$，前后时刻指令变化最大允许值 $\boldsymbol{c} = 0.001$ N/m，取为常值，对面向力矩优化的控制分配修正伪逆法和高精度稳定控制模式下的控制分配方法进行数学仿真。

1. 传统伪逆法

根据上述仿真参数，对传统伪逆法分配效果进行仿真验证，结果如图 8.1 ~ 8.4 所示。其中由控制方法给出的期望控制力矩和采用传统伪逆法分配后产生的控制力矩曲线如图 8.1 所示，飞轮输出力矩如图 8.2 所示。

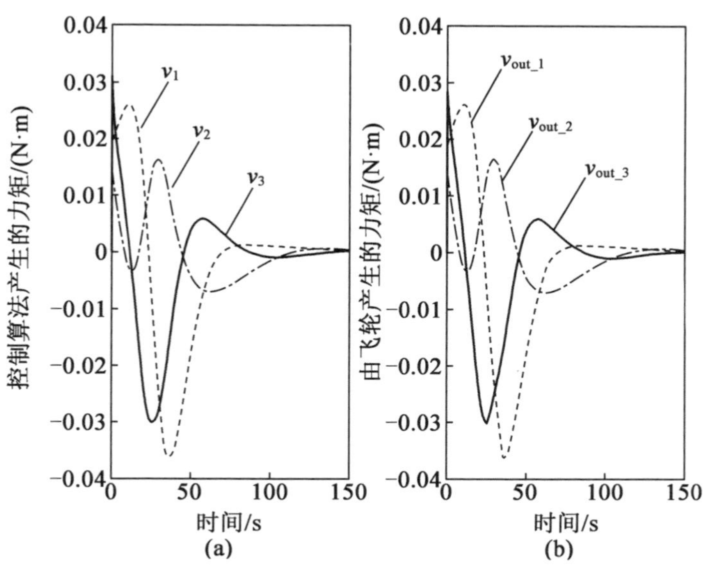

图 8.1　期望控制力矩和传统伪逆法分配后的控制力矩

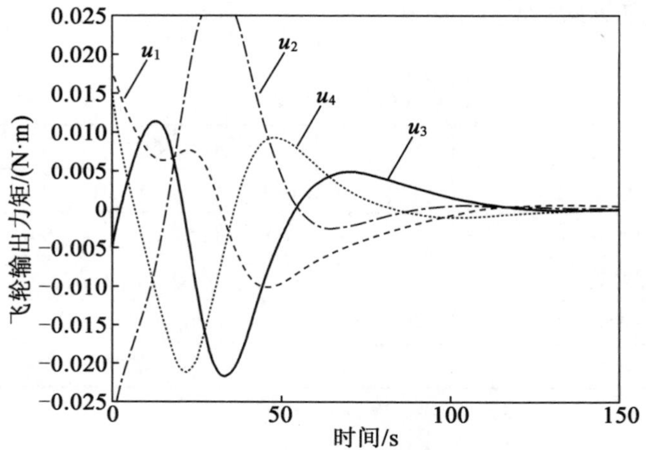

图 8.2　传统伪逆法分配后的飞轮输出力矩

控制分配后由飞轮产生的控制力矩和期望控制力矩之间差值反映了控制分配方法的有效性,传统伪逆法控制力矩分配误差曲线如图 8.3 所示。采用传统伪逆法的姿态角速度误差曲线,如图 8.4 所示。由上述各图可以看出,在开始阶段和 30 s 左右由于分配给飞轮的控制指令超出了单个飞轮的最大控制力矩,因而导致图 8.3 中开始阶段和 30 s 左右产生分配误差。由图 8.4 可知,采用传统控制分配法后仍能确保控制系统的稳定性和控制精度。

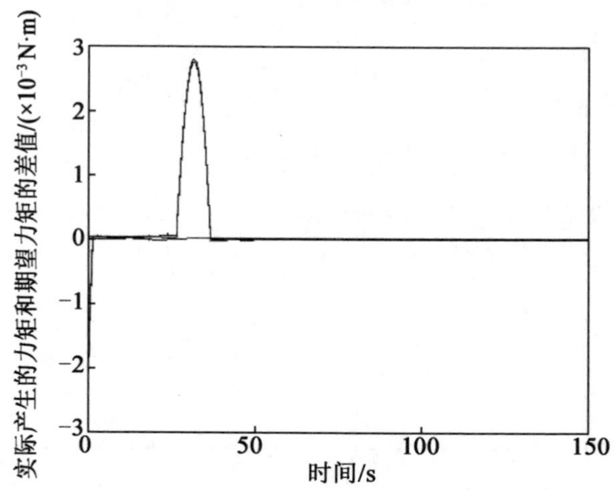

图 8.3　传统伪逆法控制力矩分配误差曲线

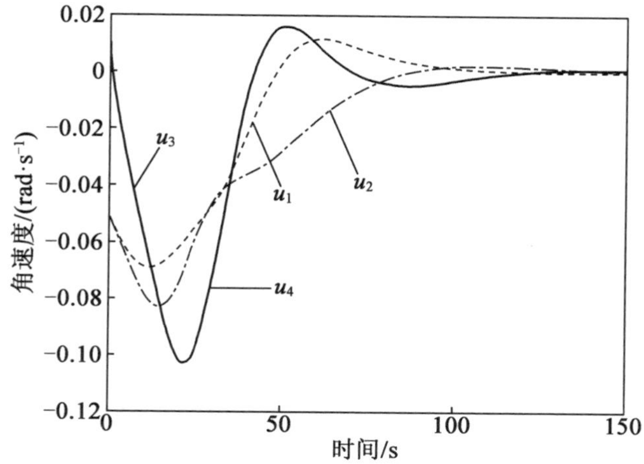

图 8.4　采用传统伪逆法的姿态角速度误差曲线

2. 修正伪逆法

采用相同的仿真参数，对修正伪逆法进行了数学仿真验证，结果如图 8.5 ~ 8.7。其中，图 8.5 给出了采用修正伪逆法分配后各个飞轮产生的力矩；图 8.6 给出了采用修正伪逆法分配后由飞轮产生的控制力矩和期望控制力矩的差值；图 8.7 给出了采用修正伪逆法的姿态角速度误差曲线。

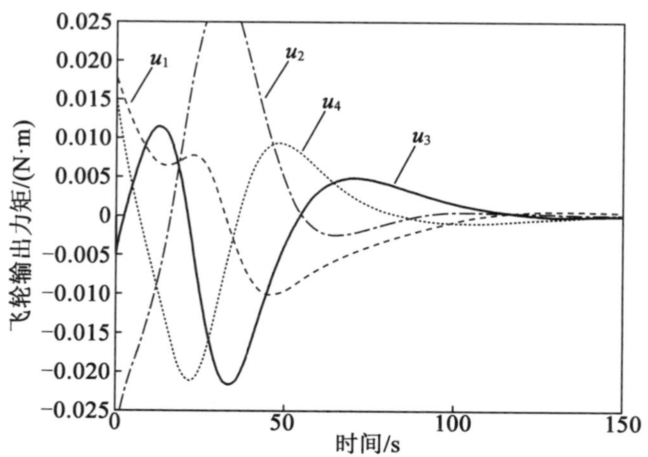

图 8.5　采用修正伪逆法分配后各个飞轮产生的力矩

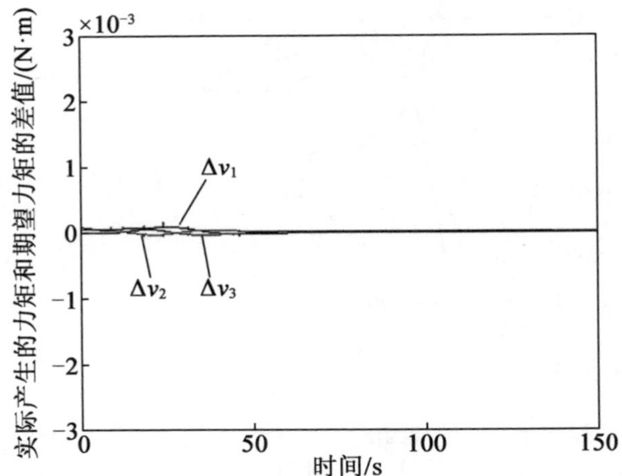

图 8.6　采用修正伪逆法的控制力矩分配误差曲线

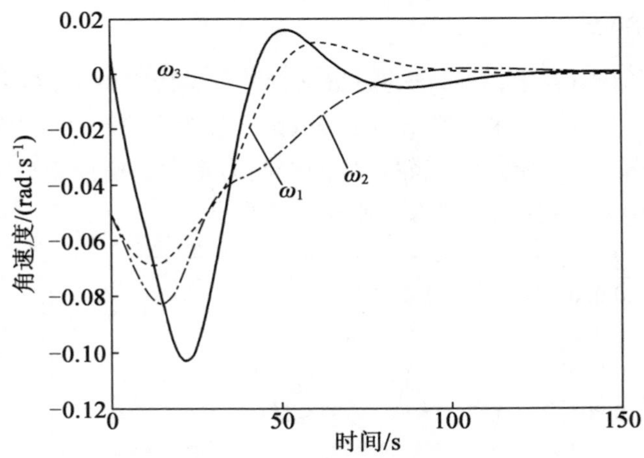

图 8.7　采用修正伪逆法的姿态角速度误差曲线

对比图 8.3 和图 8.6 可以看出,控制分配方法有效地跟踪了期望控制力矩,在 30 s 左右分配给飞轮的控制指令超出单个飞轮的最大控制力矩时,修正伪逆法所产生分配误差大大降低,进而提高了控制系统的性能。

控制分配环节作为姿态控制系统中的重要环节,其主要作用是实现期望控制力矩在冗余执行机构间的动态分配,评价控制分配的性能就是看能否在特定约束下尽可能地跟踪期望控制量,对比图 8.3 和图 8.6 可知,在超过飞轮最大输出力矩时,修正伪逆法比传统伪逆法具有更好的分配效果。控制分配法能够有

效地对期望控制量进行分配，对闭环控制系统的性能影响不大，进而验证了控制分配方法的有效性和可行性。

3. 稳定控制模式下的控制分配方法

最后，对稳定控制模式下的控制分配方法进行仿真验证。在仿真时，设定敏感器测量带有高斯白噪声误差，并在50 s时设置陀螺敏感器故障，给出一个错误的测量信号0.1 rad/s，仿真结果如图8.8和图8.9所示。其中，图8.8给出了采用传统伪逆法的姿态控制系统的控制结果，包括角速度误差曲线和控制力矩；图8.9给出了采用稳定控制模式下控制分配方法的姿态控制系统的控制结果，包括角速度误差曲线和控制力矩。

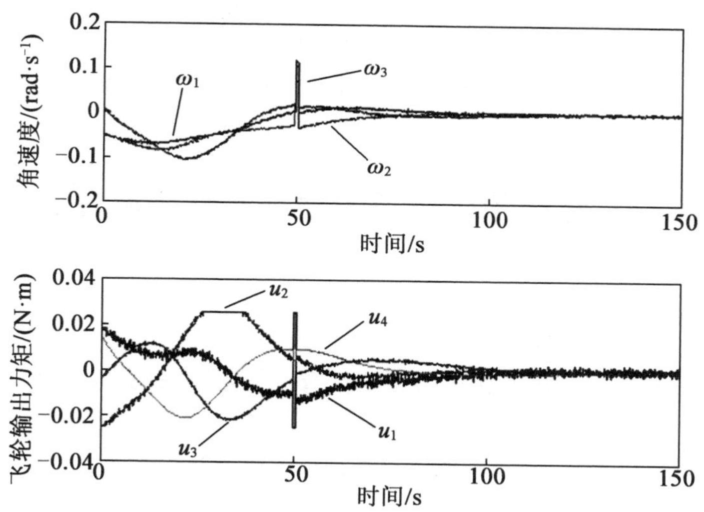

图8.8　采用传统伪逆法的控制结果

对比图8.8和图8.9可以看出，由于增加了反作用飞轮前后时刻控制指令变化量约束，采用所给出的稳定控制模式下的控制分配方法的控制结果与修正伪逆法相比有一定改善，控制力矩和姿态角速度在50 s时没有出现突变，表现了对测量野值良好的剔除效果。并且可以看出姿态稳定度有了明显提高，验证了所提控制方法对敏感器测量误差的抑制作用。

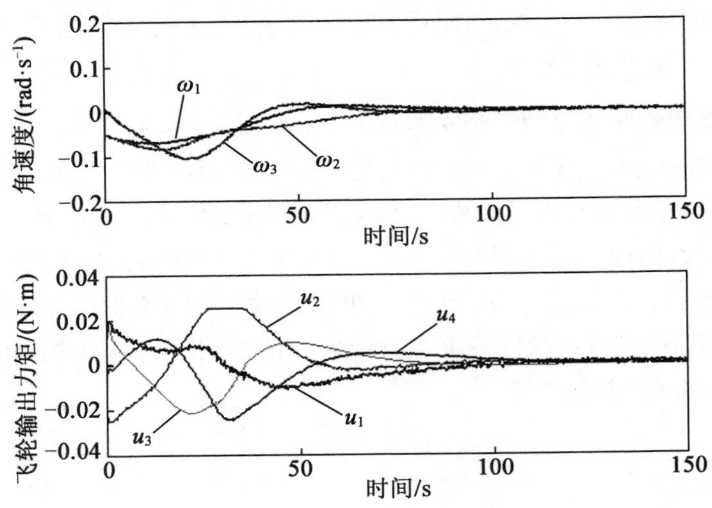

图 8.9　稳定控制模式下的控制分配方法的控制结果

8.2　能耗优化相关的动态控制分配方法

现代小卫星受其体积和质量限制，其星上电源功率受限，反作用飞轮能耗在整星能耗中占据较大比例，因此降低其能耗问题是微小卫星控制中需要考虑的问题之一。针对冗余配置的反作用飞轮执行机构系统，通过选择不同飞轮完成控制指令，其能耗也不尽相同，因此本节将能耗作为控制分配的优化目标，介绍一种能耗最优以及能耗/性能最优的动态控制分配方法[6,7]。

8.2.1　能耗最优的控制分配方法

本节针对飞轮能耗的优化问题，提出一种基于 2 范数的能耗优化方法。根据力矩优化相关的分配方法，反作用飞轮的输出力矩为

$$\boldsymbol{u}_{\mathrm{s}} = \boldsymbol{u}_{\mathrm{s}}^{*} + \boldsymbol{N}t \tag{8.22}$$

$\boldsymbol{N}$ 和 $\boldsymbol{A}$ 满足

$$\boldsymbol{A}\boldsymbol{N} = \boldsymbol{0} \tag{8.23}$$

反作用飞轮的能耗为

$$P_i = \Omega_i u_{\mathrm{s}_i} \tag{8.24}$$

式中，Ω_i 为第 i 个飞轮的转速；u_{s_i} 为第 i 个飞轮的输出力矩。

冗余飞轮的总能耗为

$$\boldsymbol{P} = \sum_{i=1}^{N} \Omega_i u_{s_i} = \sum_{i=1}^{N} P_i = \boldsymbol{\Omega u}_s \tag{8.25}$$

式中

$$\boldsymbol{\Omega} = \mathrm{diag}[\Omega_i] \tag{8.26}$$

定义代价函数：

$$J = \frac{1}{2}\|\boldsymbol{P}\|_2^2 = \frac{1}{2}\sum_{i=1}^{N} P_i^2 = \frac{1}{2}\boldsymbol{P}^{\mathrm{T}}\boldsymbol{P} \tag{8.27}$$

式(8.26)是一个二次型约束优化问题，将式(8.21)、式(8.24)代入式(8.26)得

$$J = \frac{1}{2}[\boldsymbol{\Omega}(\boldsymbol{u}_s^* + \boldsymbol{N}t)]^{\mathrm{T}}[\boldsymbol{\Omega}(\boldsymbol{u}_s^* + \boldsymbol{N}t)] \tag{8.28}$$

对 t 求导，得

$$\frac{\partial J}{\partial t} = [\boldsymbol{\Omega}(\boldsymbol{u}_s^* + \boldsymbol{N}t)]^{\mathrm{T}}\boldsymbol{\Omega N} = \boldsymbol{0} \tag{8.29}$$

即

$$\boldsymbol{N}^{\mathrm{T}}\boldsymbol{\Omega}^2\boldsymbol{N}t = -\boldsymbol{N}^{\mathrm{T}}\boldsymbol{\Omega}^2\boldsymbol{u}_s^* \tag{8.30}$$

记

$$\boldsymbol{B} = \boldsymbol{N}^{\mathrm{T}}\boldsymbol{\Omega}^2\boldsymbol{N} = \sum_{i=1}^{N} \Omega_i^2 \boldsymbol{n}_i \boldsymbol{n}_i^{\mathrm{T}} \tag{8.31}$$

可见使代价函数最小，也就是能耗最小的 $\hat{\boldsymbol{t}}$ 为

$$\hat{t} = -(\boldsymbol{N}^{\mathrm{T}}\boldsymbol{\Omega}^2\boldsymbol{N})^{-1}\boldsymbol{N}^{\mathrm{T}}\boldsymbol{\Omega}^2\boldsymbol{u}_s^* \tag{8.32}$$

显然若 $\hat{t}$ 为最小解，还需满足

$$\frac{\partial J^2}{\partial t^2} = \sum_{i=1}^{N} \Omega_i^2 \boldsymbol{n}_i \boldsymbol{n}_i^{\mathrm{T}} = \boldsymbol{B} > 0 \tag{8.33}$$

对于 3 + 1 构型，

$$\boldsymbol{a}_1 = \begin{bmatrix} 1 \\ 0 \\ 0 \end{bmatrix},\quad \boldsymbol{a}_2 = \begin{bmatrix} 0 \\ 1 \\ 0 \end{bmatrix},\quad \boldsymbol{a}_3 = \begin{bmatrix} 0 \\ 0 \\ 1 \end{bmatrix},\quad \boldsymbol{a}_4 = \frac{1}{\sqrt{3}}\begin{bmatrix} 1 \\ 1 \\ 1 \end{bmatrix} \tag{8.34}$$

$\boldsymbol{A}$ 的零空间矩阵 $\boldsymbol{N}$ 为

$$\boldsymbol{N} = \begin{bmatrix} -\frac{1}{\sqrt{3}} & -\frac{1}{\sqrt{3}} & -\frac{1}{\sqrt{3}} & 1 \end{bmatrix}^{\mathrm{T}} \tag{8.35}$$

而最小力矩已经在前文求解，为

$$\boldsymbol{u}_s^* = \boldsymbol{A}^{\mathrm{T}}(\boldsymbol{AA}^{\mathrm{T}})^{-1}\boldsymbol{v} \tag{8.36}$$

令

$$\boldsymbol{v} = [v_1 \quad v_2 \quad v_3]^{\mathrm{T}} \tag{8.37}$$

再结合式(8.27)，可知这种构型下的最优解为

$$\hat{t}=\frac{v_1(-5\Omega_1^2+\Omega_2^2+\Omega_3^2+3\Omega_4^2)+v_2(\Omega_1^2-5\Omega_2^2+\Omega_3^2+3\Omega_4^2)+v_3(\Omega_1^2+\Omega_2^2-5\Omega_3^2+3\Omega_4^2)}{2\sqrt{3}(\Omega_1^2+\Omega_2^2+\Omega_3^2+3\Omega_4^2)} \tag{8.38}$$

再将式(8.38)代入式(8.21)中,可得到控制分配力矩 $\boldsymbol{u}$。

由于在式(8.32)下的最优解的表达形式较为复杂,下面给出一种在特殊情况下的简化结果。

若第 i 个飞轮的转速相比其他反作用飞轮要大得多,这样该反作用飞轮的转速项是主要的决定因素,此时可忽略其他飞轮的影响,将式(8.38)改写成

$$\hat{t}=\frac{v_i}{2\sqrt{3}} \tag{8.39}$$

若对于零动量反作用飞轮的转速有下列关系:

$$\Omega=\Omega_1=\Omega_2=\Omega_3 \tag{8.40}$$

且有

$$\Omega_4=-\sqrt{3}\Omega \tag{8.41}$$

那么这种情况下的最优解则为

$$\hat{t}=\frac{v_1+v_2+v_3}{4\sqrt{3}} \tag{8.42}$$

8.2.2 力矩/能耗最优的控制分配方法

在实际应用过程中,通常要求在满足控制任务的情况下满足整星能耗最优等多目标要求,因此需要在前述工作的基础上,进一步研究力矩/能耗最优的动态控制分配方法,这种控制分配方法既考虑了对力矩的需求,又考虑了对能耗的需求。

与前述单目标优化控制分配问题相比,力矩/能耗最优的动态控制分配是一个多目标优化问题,其数学模型为

$$\begin{cases}\min\limits_{\boldsymbol{u}} F(\boldsymbol{u})=\min\limits_{\boldsymbol{u}}\left[\ \|\boldsymbol{u}\| \quad \|\boldsymbol{P}\|\ \right]\\ \text{s.t.}\quad \boldsymbol{A}\boldsymbol{u}=\boldsymbol{v}\end{cases} \tag{8.43}$$

求解多目标优化问题的最主要思路之一,是将多目标问题设法转化为单目标优化问题,然后采用已知的单目标规划求解方法求出其解,就可以得到原问题的解。转化的途径可以有多种多样,常见的有:约束法、评奖函数法、分层序列法等。

采用平方加权法求解多目标优化问题,定义如下的数学模型:

$$\begin{cases}\min J=\lambda_1\|\boldsymbol{u}-\boldsymbol{u}_s^*\|^2+\lambda_2\|\boldsymbol{P}\|^2\\ \text{s.t.}\quad \boldsymbol{A}\boldsymbol{u}=\boldsymbol{v}\end{cases} \tag{8.44}$$

式中,$\lambda_1+\lambda_2=1$,λ_1 和 λ_2 的大小实际上反映了力矩和能耗问题的权重。

飞轮组的能耗在前文已经定义为

$$\boldsymbol{P}=\boldsymbol{\Omega}\cdot\boldsymbol{u}=\boldsymbol{\Omega}\cdot(\boldsymbol{u}_s^*+\boldsymbol{N}t) \tag{8.45}$$

在此基础上,定义代价函数:

$$J=[\boldsymbol{u}-\boldsymbol{u}_s^*]^{\mathrm{T}}\lambda_1[\boldsymbol{u}-\boldsymbol{u}_s^*]+\boldsymbol{P}^{\mathrm{T}}\lambda_2\boldsymbol{P} \tag{8.46}$$

将式(8.45)代入,有

$$J=\lambda_1[\boldsymbol{u}-\boldsymbol{u}_s^*]^{\mathrm{T}}[\boldsymbol{u}-\boldsymbol{u}_s^*]+\lambda_2[\boldsymbol{u}_s^*+\boldsymbol{N}t]^{\mathrm{T}}\boldsymbol{\Omega}^2[\boldsymbol{u}_s^*+\boldsymbol{N}t] \tag{8.47}$$

根据能耗最优的动态控制分配方法可知,

$$\boldsymbol{u}=\boldsymbol{u}_s^*+\boldsymbol{N}t \tag{8.48}$$

将式(8.48)代入式(8.47)得

$$J=\lambda_1 t\boldsymbol{N}^{\mathrm{T}}\boldsymbol{N}t+\lambda_2[\boldsymbol{u}_s^*+\boldsymbol{N}t]^{\mathrm{T}}\boldsymbol{\Omega}^2[\boldsymbol{u}_s^*+\boldsymbol{N}t] \tag{8.49}$$

对 t 求导,有

$$\frac{\partial J}{\partial t}=2\lambda_1\boldsymbol{N}\boldsymbol{N}t+2\lambda_2[\boldsymbol{\Omega}\cdot(\boldsymbol{u}_s^*+\boldsymbol{N}t)]^{\mathrm{T}}\boldsymbol{\Omega}\boldsymbol{N} \tag{8.50}$$

令 $\frac{\partial J}{\partial t}=0$,即

$$\frac{\partial J}{\partial t}=2\lambda_1\boldsymbol{N}\boldsymbol{N}t+2\lambda_2[\boldsymbol{\Omega}\cdot(\boldsymbol{u}_s^*+\boldsymbol{N}t)]^{\mathrm{T}}\boldsymbol{\Omega}\boldsymbol{N}=\boldsymbol{0} \tag{8.51}$$

处理得

$$2\lambda_2\boldsymbol{N}^{\mathrm{T}}\boldsymbol{\Omega}^2\boldsymbol{u}_s^*=-2(\lambda_1\boldsymbol{N}^{\mathrm{T}}\boldsymbol{N}+\lambda_2\boldsymbol{N}^{\mathrm{T}}\boldsymbol{\Omega}\boldsymbol{N})t \tag{8.52}$$

易得

$$\hat{t}=-(\lambda_1\boldsymbol{N}^{\mathrm{T}}\boldsymbol{N}+\lambda_2\boldsymbol{N}^{\mathrm{T}}\boldsymbol{\Omega}^2\boldsymbol{N})^{-1}\lambda_2\boldsymbol{N}^{\mathrm{T}}\boldsymbol{\Omega}^2\boldsymbol{u}_s^* \tag{8.53}$$

将式(8.53)代入式(8.21)便可得最终的控制分配结果。

为了验证上述结果的正确性,这里列举两种特殊情况进行分析。

首先,取 $\lambda_1=1,\lambda_2=0$,由多目标优化数学模型式(8.43)可知,该情况实际上是一种力矩优化相关的控制分配问题,而将 $\lambda_1=1,\lambda_2=0$ 代入式(8.53),可得 $\hat{t}=0$,因而其分配结果 $\boldsymbol{u}=\boldsymbol{u}_s^*$,说明了在此特殊情况下确实是一种力矩最优的动态控制分配方法。

另取 $\lambda_1=0,\lambda_2=1$,可知是能耗最优的动态控制分配问题,而将 $\lambda_1=0,\lambda_2=1$ 代入式(8.53),可得 $\hat{t}=-(\boldsymbol{N}^{\mathrm{T}}\boldsymbol{\Omega}^2\boldsymbol{N})^{-1}\boldsymbol{N}^{\mathrm{T}}\boldsymbol{\Omega}^2\boldsymbol{u}_s^*$,这与前面所述的能耗最优的动态控制分配方法相吻合。

再考虑一种情形,取 $\lambda_1=0.5,\lambda_2=0.5$,此时多目标优化问题是在考虑力矩和能耗权重值相等时的优化结果,其结果为

$$\hat{\boldsymbol{t}}=-(0.5\boldsymbol{N}^{\mathrm{T}}\boldsymbol{N}+0.5\boldsymbol{N}^{\mathrm{T}}\boldsymbol{\Omega}^2\boldsymbol{N})^{-1}\boldsymbol{N}^{\mathrm{T}}\boldsymbol{\Omega}^2\boldsymbol{u}_s^* \tag{8.54}$$

在实际应用中,综合权重使得各性能得以充分发挥,使得卫星性能在给定的条件下达到最优的状态,也可以使卫星资源得到充分利用。

若把这样一个多目标优化问题分开，则分别有解：

$$\boldsymbol{u}_1 = \boldsymbol{u}_s^* = \boldsymbol{A}^{\dagger}\boldsymbol{v}$$

$$\boldsymbol{u}_2 = \boldsymbol{u}_s^* + \boldsymbol{N}\cdot[-(\boldsymbol{N}^{\mathrm{T}}\boldsymbol{\Omega}^2\boldsymbol{N})^{-1}\boldsymbol{N}^{\mathrm{T}}\boldsymbol{\Omega}^2\boldsymbol{u}_s^*] = [\boldsymbol{I} - \boldsymbol{N}(\boldsymbol{N}^{\mathrm{T}}\boldsymbol{\Omega}^2\boldsymbol{N})^{-1}\boldsymbol{N}^{\mathrm{T}}\boldsymbol{\Omega}^2]\boldsymbol{u}_s^* \tag{8.55}$$

式中，$\boldsymbol{u}_s^*$ 为最小力矩分配的最优解。

可见，只有在满足

$$\boldsymbol{I} - \boldsymbol{N}(\boldsymbol{N}^{\mathrm{T}}\boldsymbol{\Omega}^2\boldsymbol{N})^{-1}\boldsymbol{N}^{\mathrm{T}}\boldsymbol{\Omega}^2 = \boldsymbol{0} \tag{8.56}$$

的情况下，才存在绝对最优解；而若 t 时刻，$\boldsymbol{I} - \boldsymbol{N}(\boldsymbol{N}^{\mathrm{T}}\boldsymbol{\Omega}^2\boldsymbol{N})^{-1}\boldsymbol{N}^{\mathrm{T}}\boldsymbol{\Omega}^2 \neq \boldsymbol{0}$，则只能寻找次优解或者称满意解。

在 4 斜装构型下，飞轮安装矩阵为

$$\boldsymbol{A} = \begin{bmatrix} \sin\beta\cos\alpha & \sin\beta\sin\alpha & -\sin\beta\cos\alpha & -\sin\beta\sin\alpha \\ \cos\beta & \cos\beta & \cos\beta & \cos\beta \\ -\sin\beta\sin\alpha & \sin\beta\cos\alpha & \sin\beta\sin\alpha & -\sin\beta\cos\alpha \end{bmatrix} \tag{8.57}$$

其对应的零空间矩阵为

$$\boldsymbol{N} = [1 \quad -1 \quad 1 \quad -1]^{\mathrm{T}} \tag{8.58}$$

在 3 正交 +1 斜装构型下（图 1.1(b)），飞轮安装矩阵：

$$\boldsymbol{A} = \begin{bmatrix} 1 & 0 & 0 & \frac{1}{\sqrt{3}} \\ 0 & 1 & 0 & \frac{1}{\sqrt{3}} \\ 0 & 0 & 1 & \frac{1}{\sqrt{3}} \end{bmatrix} \tag{8.59}$$

其对应的零空间为

$$\boldsymbol{N} = \begin{bmatrix} -\frac{1}{\sqrt{3}} & -\frac{1}{\sqrt{3}} & -\frac{1}{\sqrt{3}} & 1 \end{bmatrix}^{\mathrm{T}} \tag{8.60}$$

由式(8.56)可知，无论 4 斜装还是 3 正交 +1 斜装的构型下，一般不满足存在绝对最优解的条件。但是，有一种特殊情形，可得到最优解。当各反作用飞轮转速相等，且以 4 斜装形式全部工作时，有

$$\boldsymbol{\Omega} = \Omega\boldsymbol{I}_{N\times N} \tag{8.61}$$

式中，$N=4$ 为反作用飞轮个数。

该情况下有

$$\begin{aligned}\boldsymbol{I} - \boldsymbol{N}(\boldsymbol{N}^{\mathrm{T}}\boldsymbol{\Omega}^2\boldsymbol{N})^{-1}\boldsymbol{N}^{\mathrm{T}}\boldsymbol{\Omega}^2 &= \boldsymbol{I} - \boldsymbol{N}(\boldsymbol{N}^{\mathrm{T}}\boldsymbol{\Omega}^2\boldsymbol{I}^2\boldsymbol{N})^{-1}\boldsymbol{N}^{\mathrm{T}}\boldsymbol{\Omega}^2\boldsymbol{I}^2 \\ &= \boldsymbol{I} - \boldsymbol{\Omega}^{-2}\boldsymbol{N}(\boldsymbol{N}^{\mathrm{T}}\boldsymbol{N})^{-1}\boldsymbol{N}^{\mathrm{T}}\boldsymbol{\Omega}^2\boldsymbol{I} \\ &= \boldsymbol{I} - \boldsymbol{N}\boldsymbol{N}^{-1}(\boldsymbol{N}^{\mathrm{T}})^{-1}\boldsymbol{N}^{\mathrm{T}}\boldsymbol{I}\end{aligned}$$

$$=0 \tag{8.62}$$

满足式(8.56)给出的最优解条件。

8.2.3　能耗优化相关的控制分配仿真

仍然采用上述仿真参数，结合 8.1.3 节给出的能耗优化相关的控制分配方法，分别对传统 3 正交模式、力矩最优模式和能耗最优模式下的控制分配方法进行数学仿真。

1. 能耗最优模式仿真

能耗优化控制分配主要目的是降低飞轮能耗，而力矩优化控制分配主要是尽量降低前后时刻飞轮力矩改变量，减少对星体控制性能的影响，二者之间既有区别又有联系。特别是在 4 斜装模式下，能耗优化的动态控制分配方法与力矩优化的动态控制分配方法是一致的。

分别从飞轮的转速、力矩和能量消耗对传统 3 正交模式（模式 1）、力矩最优模式（模式 2）和能耗最优模式（模式 3）进行仿真，仿真结果如图 8.10 ~ 8.13 所示。对比可知，在力矩最优和能耗最优工作模式下，其反作用飞轮的转速接近，3 正交工作模式下飞轮转速略高。

根据不同模式下的飞轮能耗定义，三种工作模式下的功耗曲线如图 8.13 所示，由图 8.13 可知，传统 3 正交模式下的能量消耗最多，其次为力矩最优模式，能耗最优模式的能量消耗最小，能说明能耗最优模式的动态控制分配方法的可行性和有效性。

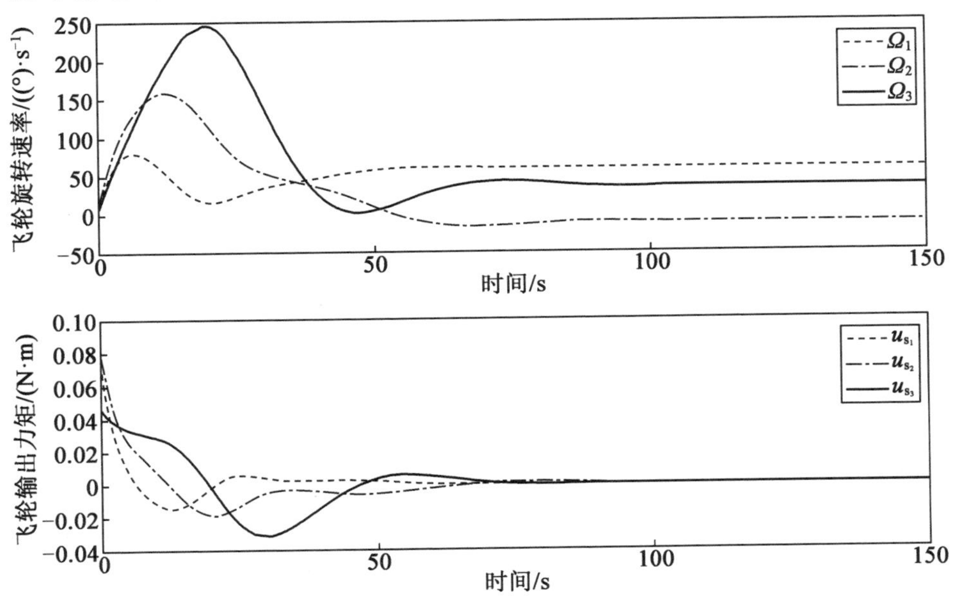

图 8.10　3 正交模式下飞轮转速和输出力矩

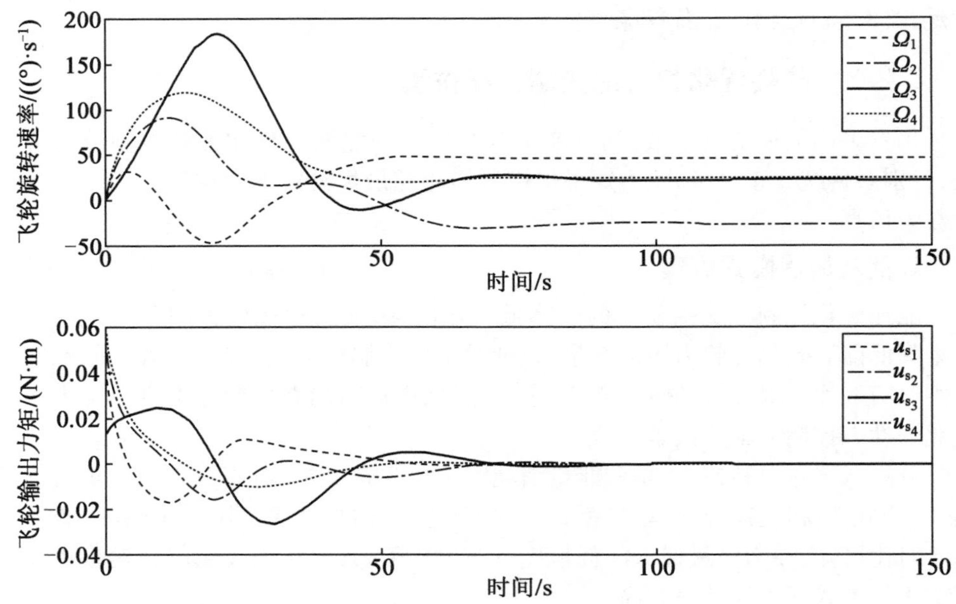

图 8.11　力矩最优模式的飞轮转速和力矩

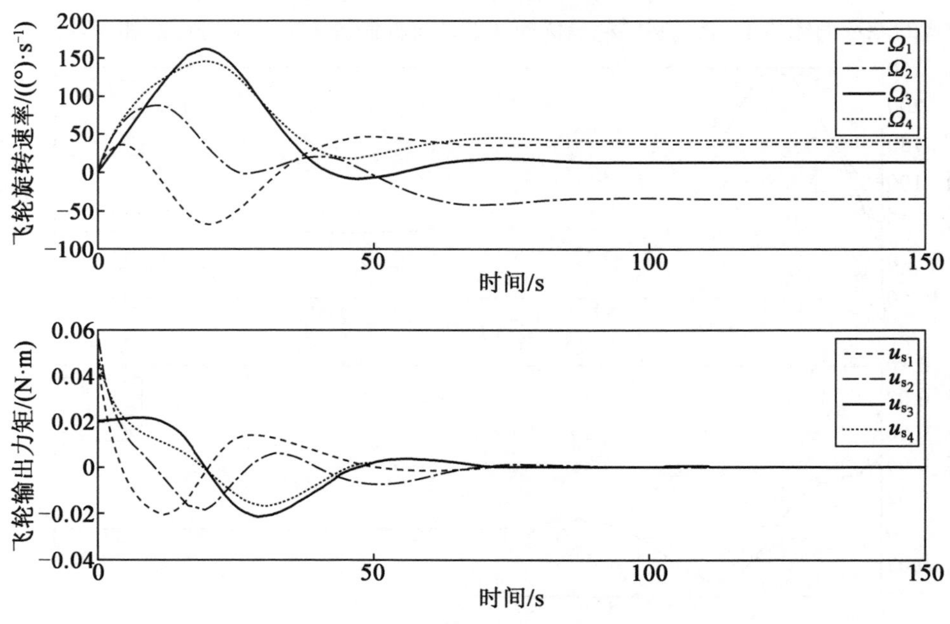

图 8.12　能耗最优模式的飞轮转速和力矩

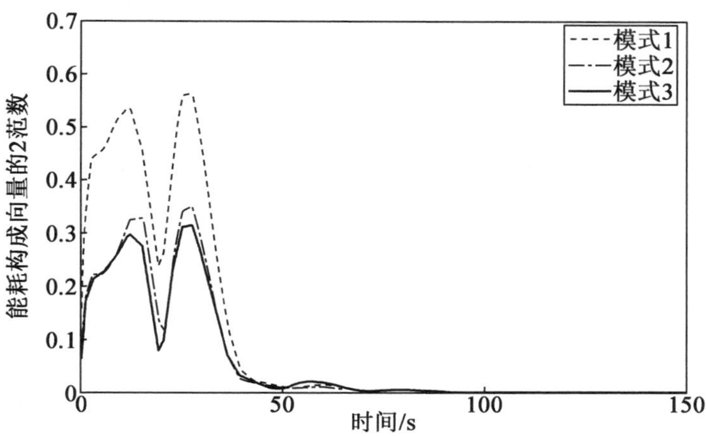

图 8.13　三种工作模式下的能耗曲线

2. 力矩/能耗最优模式仿真

由前一小节分析可知，对于力矩/能耗最优模式的控制分配效果与权系数 λ_1 和 λ_2 取值相关。本节首先对如下三种特殊情形进行仿真。

模式 1：$\lambda_1 = 1, \lambda_2 = 0$；由 8.2.3 节分析可知，该情况下是一种力矩最优模式，该模式下飞轮输出力矩和能量消耗的如图 8.14 所示。

模式 2：$\lambda_1 = 0, \lambda_2 = 1$；该情况下是一种能耗最优模式，该模式下飞轮输出力矩和能量消耗的如图 8.15 所示。

模式 3：$\lambda_1 = 0.5, \lambda_2 = 0.5$；该情况下同时考虑力矩和能耗需求，并且两者重要性相等的情况下的混合优化模式，该模式下飞轮输出力矩和能量消耗的如图 8.16 所示。

通过图 8.14 ~ 8.16 的情况可以看出，三种模式下的控制力矩动态过程有稍许差别，在能耗上可明显看出能耗最优模式下的能耗较低，说明该方法在降低能耗方面的有效性。

为进一步说明上述三种模式在各自性能指标上的差别，定义如下指标：

$$T = \sum_{i=1}^{4} \sum_{j=1}^{N} T_{ij} \tag{8.63}$$

$$P = \sum_{i=1}^{N} P_i \tag{8.64}$$

式中，N 为仿真过程中得到的数据个数。

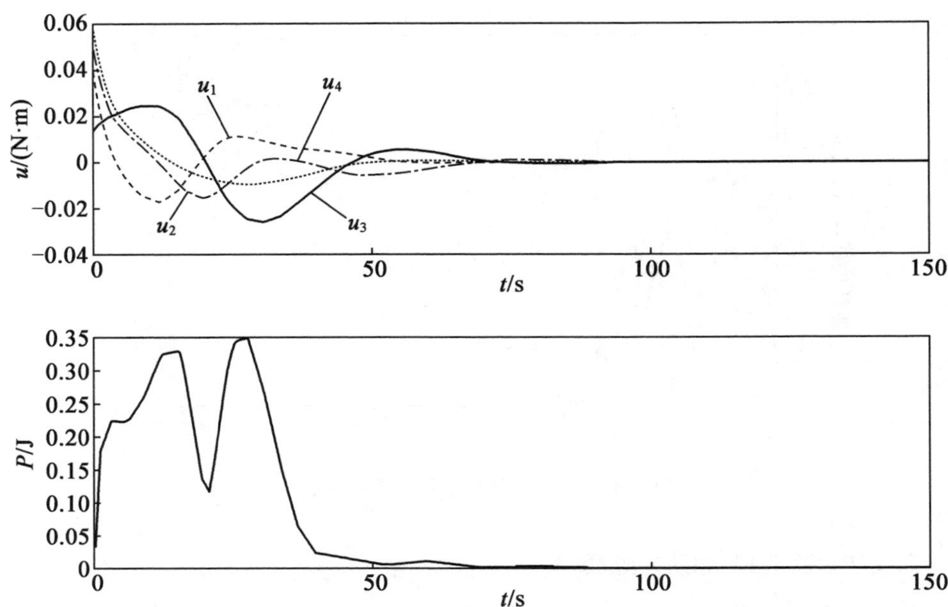

图 8.14　力矩最优模式下飞轮输出力矩和能耗

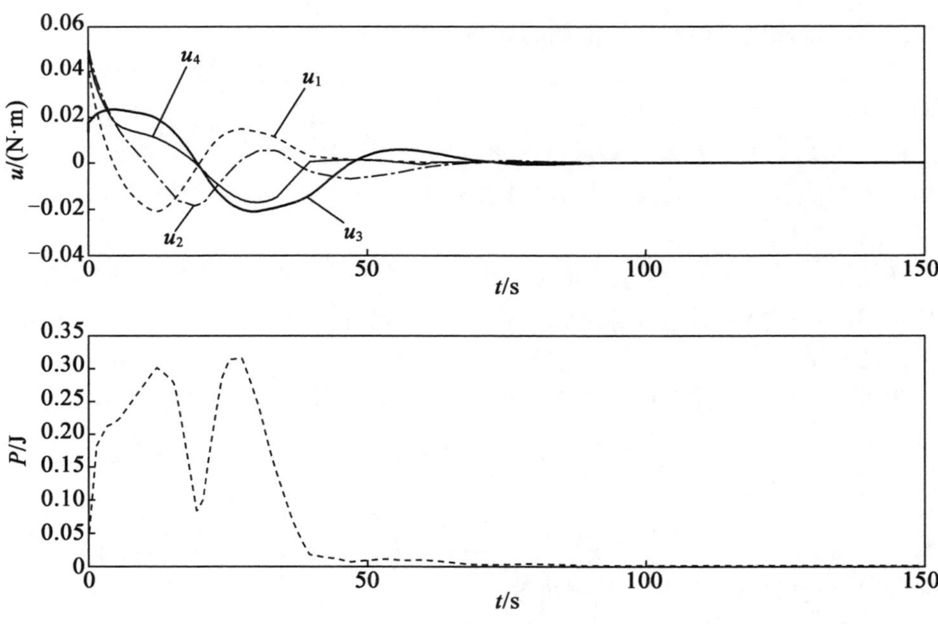

图 8.15　能耗最优模式下飞轮输出力矩和能耗

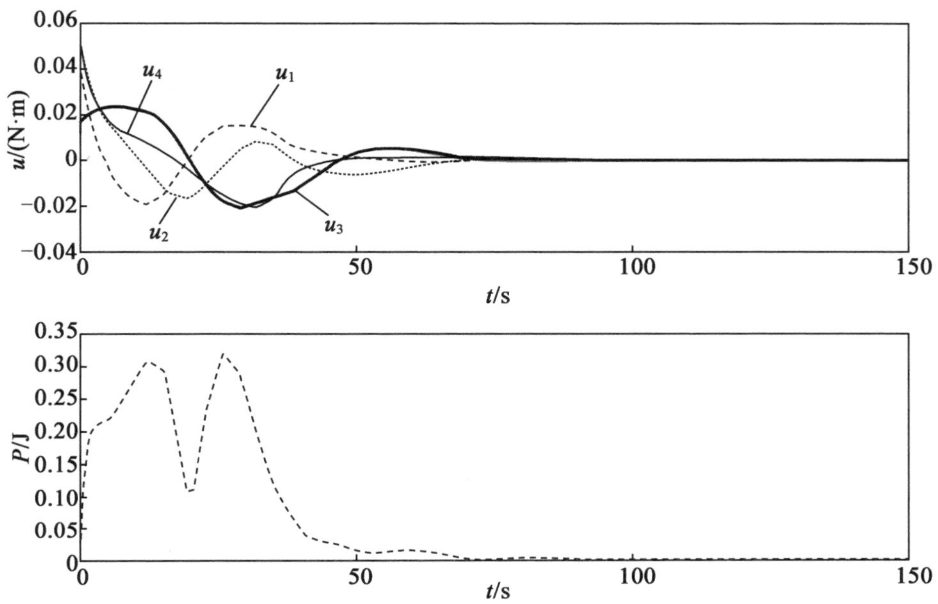

图 8.16　权重各为 0.5 时混合优化模式下的飞轮输出力矩和能耗

得到力矩和能耗总需求情况见表 8.2。

表 8.2　三种模式下的力矩和能耗情况表

控制分配方法	总力矩大小/(N・m)	总能量消耗/J
力矩最优模式	1.268 5	9.241 8
能耗最优模式	1.818 4	8.483 2
权重各为 0.5 时的混合优化模式	1.395 1	9.040 6

可见在飞轮力矩需求方面，三种模式中，力矩最优模式对控制力矩的需求最小，能耗最优模式对控制力矩的需求相对较高；在能量消耗方面，能耗最优模式能耗最低。力矩/能耗最优模式能够根据不同需求，选择相应的加权系数实现不同的控制目标。图 8.17 给出了 $\lambda_1 = 0.3, \lambda_2 = 0.7$ 时的控制结果。对比图 8.16 和图 8.17 可以看出，在控制动态过程以及能耗方面均有所不同。

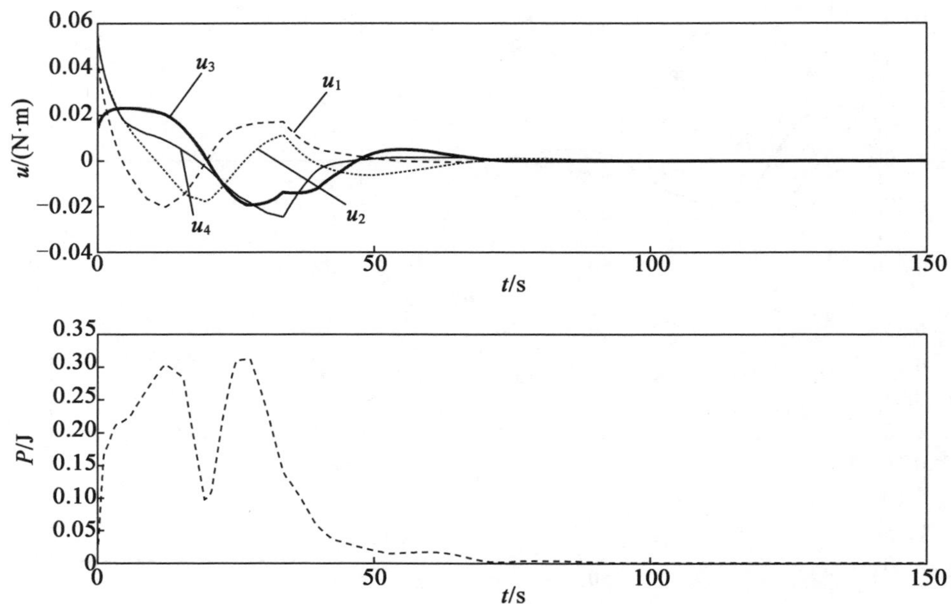

图 8.17 权重为 0.3 和 0.7 时混合优化模式下的飞轮输出力矩和能耗

8.3 考虑飞轮动力学的动态控制分配方法

在上述各节控制分配方法中,使用了电流与输出力矩为线性关系的假设,因此对于控制力矩 $\boldsymbol{v}$ 和分配到飞轮中的控制电压 $\boldsymbol{u}$ 之间可简单地表示为 $\boldsymbol{v}=\boldsymbol{A}\boldsymbol{u}$ 的线性关系。并在此假设基础上,针对给定的性能指标,将期望控制量在冗余配置的飞轮之间进行分配。

实际上,反作用飞轮动力学具有明显的非线性特性,上述假设并不成立,会对控制分配效果产生影响,进而影响控制系统的性能。因此,本节介绍一种非线性控制分配方法[8]。

飞轮动力学模型可表示为

$$\begin{cases} \boldsymbol{T}_1\dot{\boldsymbol{u}}+\boldsymbol{u}=\boldsymbol{u}_{cc} \\ \boldsymbol{T}_2\dot{\boldsymbol{u}}_{cc}+\boldsymbol{u}_{cc}=\boldsymbol{u}_c \end{cases} \tag{8.65}$$

式中,$\boldsymbol{T}_1$ 和 $\boldsymbol{T}_2$ 是表征飞轮动力学特性的矩阵。

对于式(8.65)给出的飞轮动力学模型,可表示为

$$\boldsymbol{T}_1\boldsymbol{T}_2\ddot{\boldsymbol{u}} + (\boldsymbol{T}_1 + \boldsymbol{T}_2)\dot{\boldsymbol{u}} + \boldsymbol{u} = \boldsymbol{u}_{\mathrm{c}} \tag{8.66}$$

进一步考虑飞轮动力学的滞后特性,控制分配模型可修正为

$$\boldsymbol{T}_1\boldsymbol{T}_2\ddot{\boldsymbol{u}}(t + t_{\mathrm{d}}) + (\boldsymbol{T}_1 + \boldsymbol{T}_2)\dot{\boldsymbol{u}} + \boldsymbol{u} = \boldsymbol{u}_{\mathrm{c}} \tag{8.67}$$

$$\begin{cases} \min \|\boldsymbol{u} - \boldsymbol{u}_{\mathrm{des}}\| \\ \mathrm{s.\,t.} \quad \boldsymbol{v} = \boldsymbol{A}\boldsymbol{u} \end{cases} \tag{8.68}$$

式中,$\boldsymbol{u}_{\mathrm{des}}$是在线性控制分配方法中得到的理想控制力矩,且满足

$$\boldsymbol{u}_{\min} \leqslant \boldsymbol{u} \leqslant \boldsymbol{u}_{\max} \tag{8.69}$$

为了寻找与理想力矩 $\boldsymbol{u}_{\mathrm{des}}$最近的点,在预定的偏差内找到一个最佳的结果,Poonamallee 与 Doman 提出利用基本函数的线性组合来逼近执行机构的非线性特性,然后再利用非线性优化模型来进行指令的分配[9]。针对该问题,采用拟合曲线的方法去近似飞轮的动力学特性,然后通过非线性规划方法将指令力矩分配到每一个飞轮执行机构中去执行。

首先,提出下列函数实现对理想力矩的拟合:

$$\begin{aligned} u_{\mathrm{des1}} &= \sum_{i=1}^{3} a_{1i}v_i + \sum_{i=1}^{3} b_{1i}v_i^2 + \sum_{i=1}^{3} c_{1i}v_i^3 + d_1 \\ u_{\mathrm{des2}} &= \sum_{i=1}^{3} a_{2i}v_i + \sum_{i=1}^{3} b_{2i}v_i^2 + \sum_{i=1}^{3} c_{2i}v_i^3 + d_2 \\ u_{\mathrm{des3}} &= \sum_{i=1}^{3} a_{3i}v_i + \sum_{i=1}^{3} b_{3i}v_i^2 + \sum_{i=1}^{3} c_{3i}v_i^3 + d_3 \\ u_{\mathrm{des4}} &= \sum_{i=1}^{3} a_{4i}v_i + \sum_{i=1}^{3} b_{4i}v_i^2 + \sum_{i=1}^{3} c_{4i}v_i^3 + d_4 \end{aligned} \tag{8.70}$$

满足

$$\boldsymbol{u}_{\mathrm{des}} = [u_{\mathrm{des1}} \quad u_{\mathrm{des2}} \quad u_{\mathrm{des3}} \quad u_{\mathrm{des4}}]^{\mathrm{T}} \tag{8.71}$$

然后,通过上面提出的非线性方法,确定最终的分配力矩 $\boldsymbol{u}$。

式(8.66)~(8.70)给出了考虑反作用飞轮非线性模型的控制分配问题模型,针对该模型进行控制分配问题求解。

该问题可以用拉格朗日乘子法进行求解,令乘子 $\underline{\boldsymbol{\lambda}} = [\lambda_1 \quad \lambda_2 \quad \cdots \quad \lambda_n]^{\mathrm{T}}$,则有新的泛函:

$$\boldsymbol{J}(\boldsymbol{u}, \underline{\boldsymbol{\lambda}}) = [\boldsymbol{u} - \boldsymbol{u}_{\mathrm{des}}]^{\mathrm{T}}[\boldsymbol{u} - \boldsymbol{u}_{\mathrm{des}}] + \underline{\boldsymbol{\lambda}}^{\mathrm{T}}(\boldsymbol{A}\boldsymbol{u} - \boldsymbol{v}) \tag{8.72}$$

根据极值的必要条件:

$$\frac{\partial \boldsymbol{J}}{\partial \boldsymbol{u}} = \boldsymbol{0} \tag{8.73}$$

得

$$2(\boldsymbol{u}-\boldsymbol{u}_{\mathrm{des}})+\underline{\boldsymbol{\lambda}}^{\mathrm{T}}\boldsymbol{A}=\boldsymbol{0} \tag{8.74}$$

亦即

$$\boldsymbol{A}^{\mathrm{T}}\underline{\boldsymbol{\lambda}}=2(\boldsymbol{u}_{\mathrm{des}}-\boldsymbol{u}) \tag{8.75}$$

两端同时乘以 $\boldsymbol{A}$,得

$$\boldsymbol{A}\boldsymbol{A}^{\mathrm{T}}\underline{\boldsymbol{\lambda}}=2\boldsymbol{A}(\boldsymbol{u}_{\mathrm{des}}-\boldsymbol{u})=2\boldsymbol{A}\boldsymbol{u}_{\mathrm{des}}-2\boldsymbol{v} \tag{8.76}$$

故

$$\underline{\boldsymbol{\lambda}}=2(\boldsymbol{A}\boldsymbol{A}^{\mathrm{T}})^{-1}(\boldsymbol{A}\boldsymbol{u}_{\mathrm{des}}-\boldsymbol{v}) \tag{8.77}$$

两端再同时乘以 $\boldsymbol{A}^{\mathrm{T}}$,得

$$\boldsymbol{A}^{\mathrm{T}}\underline{\boldsymbol{\lambda}}=2\boldsymbol{A}^{\mathrm{T}}(\boldsymbol{A}\boldsymbol{A}^{\mathrm{T}})^{-1}(\boldsymbol{A}\boldsymbol{u}_{\mathrm{des}}-\boldsymbol{v}) \tag{8.78}$$

而 $\boldsymbol{A}^{\mathrm{T}}\underline{\boldsymbol{\lambda}}=2(\boldsymbol{u}_{\mathrm{des}}-\boldsymbol{u})$,故

$$2(\boldsymbol{u}_{\mathrm{des}}-\boldsymbol{u})=2\boldsymbol{A}^{\mathrm{T}}(\boldsymbol{A}\boldsymbol{A}^{\mathrm{T}})^{-1}(\boldsymbol{A}\boldsymbol{u}_{\mathrm{des}}-\boldsymbol{v}) \tag{8.79}$$

于是

$$\boldsymbol{u}=\boldsymbol{u}_{\mathrm{des}}-\boldsymbol{A}^{\mathrm{T}}(\boldsymbol{A}\boldsymbol{A}^{\mathrm{T}})^{-1}(\boldsymbol{A}\boldsymbol{u}_{\mathrm{des}}-\boldsymbol{v}) \tag{8.80}$$

表示为伪逆矩阵形式:

$$\boldsymbol{u}=\boldsymbol{u}_{\mathrm{des}}-\boldsymbol{A}^{\dagger}(\boldsymbol{A}\boldsymbol{u}_{\mathrm{des}}-\boldsymbol{v}) \tag{8.81}$$

上述方法的难点在于 $\boldsymbol{u}_{\mathrm{des}}$ 如何获得,因此利用式(8.70)对反作用飞轮非线性模型进行拟合就显得尤为重要,可利用实际飞轮进行输入、输出数据的测量,进而完成非线性动力学的拟合,这里不做过多讨论。

飞轮非线性特性参数 $T_1=0.5$,$T_2=0.5$;滞后时间 $t_{\mathrm{d}}=0.2\ \mathrm{s}$。其他仿真参数同前述各节。仿真结果如图 8.18 ~8.20 所示。

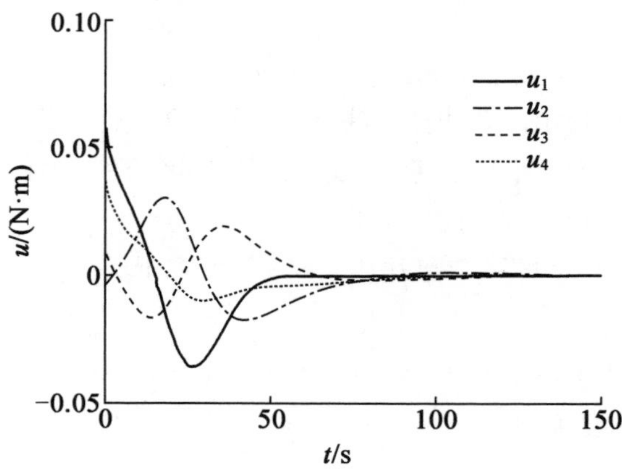

图 8.18 控制方法给出的期望控制力矩

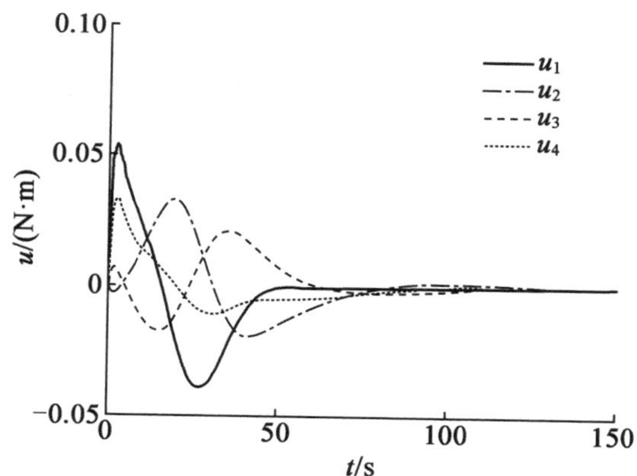

图 8.19　未进行飞轮动力学修正的飞轮输出力矩

其中,图 8.18 所示为控制方法给出的期望控制力矩;图 8.19 所示为未考虑飞轮动力学非线性特性,没有对控制分配方法进行修正的飞轮输出力矩。从图中可看出,由于飞轮动力学非线性特性的影响,飞轮的输出力矩有明显滞后,跟踪期望控制力矩有明显偏差。图 8.20 为考虑飞轮动力学非线性特性,对控制分配方法进行了修正后的飞轮输出力矩。从图中可看出,由于控制分配方法考虑了飞轮非线性特性,采用修正后的控制分配方法后,能够有效跟踪期望控制力矩,验证了所给出修正控制分配方法的有效性。

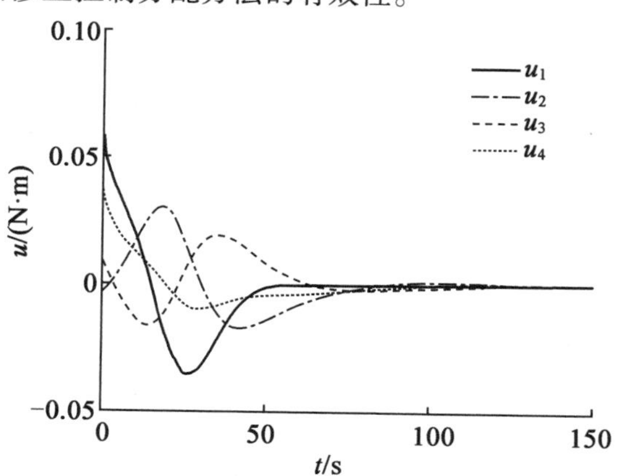

图 8.20　非线性修正后的飞轮输出力矩示意图

8.4 基于效能矩阵因子化的二次最优控制分配

分配优化的求解与控制分配的优化目标紧密相连,航天任务中要求反作用飞轮运动在满足约束(输出力矩限制、输出角动量限制)的前提下,能够维持较低的能耗水平、能够避免单个飞轮过早的饱和、能够避免因不合理的分配结果使得在可达集内的控制作用不可达等切实的问题。很明显,此类分配优化问题的求解不能影响误差分配的结果,即分配优化问题应该在飞轮零运动空间内进行。在此分析的基础上,本节给出了一种分配优化求解方法,该方法有着渐进收敛的特性,可以直接适用于不同优化目标的反作用飞轮优化问题,如能耗优化、负载均衡等。

8.4.1 反作用飞轮分配优化求解

在反作用飞轮控制分配中,不仅需要精确地将控制指令分配到各个执行机构单元中去,还需要保证控制分配的“质量”。所谓的控制分配的“质量”即为分配优化。虽然满足当前指令的工作空间中的分配结果是唯一的,但是在冗余的反作用飞轮中存在零运动,意味着满足当前的控制指令的反作用飞轮运动不唯一。因此,总是倾向在所有可能的选择中根据一定的准则选出一个“最优的解”。

假设控制系统的控制指令在反作用飞轮的可达集之内 $\boldsymbol{v}\in\boldsymbol{\Omega}$,此处考虑控制分配问题的解可写为

$$\boldsymbol{u} = \sum_{i=1}^{m}\alpha_i\bar{\boldsymbol{u}}_{\mathrm{w}i} + \sum_{i=1}^{n-m}\beta_i\bar{\boldsymbol{u}}_{\mathrm{n}i} \tag{8.82}$$

进而,考虑到控制指令在反作用飞轮的可达集之内 $\boldsymbol{u}\in\boldsymbol{\Omega}$,可知,式(8.82)中 α_i 可写为

$$\alpha_i = k_i\boldsymbol{\sigma}_i^{-1} \tag{8.83}$$

当 α_i 满足式(8.83)的要求时,执行机构可以精确地跟踪控制指令,$v_{\mathrm{o}}\equiv v$,也就是误差优化得到了满足。在该情况下,仅需要考虑分配优化问题。注意到当 α 确定后,分配优化的指标将变化为

$$J(u) = J(\alpha,\beta) \tag{8.84}$$

式(8.84)中的唯一的变量仅为 β。因此,控制分配问题将退化为

$$\begin{cases} \underset{\beta_1,\cdots,\beta_{n-m}}{\mathrm{opt}} \quad J(\alpha,\beta) \\ \mathrm{s.t.} \quad \boldsymbol{u}_{\min} \leqslant \displaystyle\sum_{i=1}^{m}\alpha_i\bar{\boldsymbol{u}}_{\mathrm{w}i} + \sum_{i=1}^{p-m}\beta_i\bar{\boldsymbol{u}}_{\mathrm{n}i} \leqslant \boldsymbol{u}_{\max} \end{cases} \tag{8.85}$$

通过对比,可以发现:

(1)原求解模型中的等式约束消失。

(2)原求解模型中的自变量退化为$(n-m)$个。

(3)当优化函数取为最大或最小值时,原问题将退化为一个给定区间极值问题。

因此,当优化函数取为最大或最小值,如式(8.85)的分配优化问题的解,即为目标函数的极值点或边界点,通过下式求得

$$\frac{\partial J(\alpha,\beta)}{\partial \beta_i}=\mathbf{0} \tag{8.86}$$

将原本需要使用规划方法求解的带有等式约束的分配优化问题,通过研究输入和输出之间的映射关系,转化为了一个给定区间求函数极值的问题,计算效率将得到提高。上述的求解过程总结在如下的方法中。

方法A　控制指令在可达集内的分配优化问题求解方法

1. 将执行机构效能矩阵分解为$\boldsymbol{A}=\overline{\boldsymbol{U}}\boldsymbol{S}\,\overline{\boldsymbol{V}}^{\mathrm{T}}$的形式。
2. 确定执行机构的工作空间与零运动空间 Work$(\boldsymbol{A})$和$\boldsymbol{N}(\boldsymbol{A})$。
3. 将控制指令写为$v=\sum_{i=1}^{m}k_i\bar{v}_i$的形式。
4. 确定分配优化问题解的形式,$\sum_{i=1}^{m}\alpha_i\bar{\boldsymbol{u}}_{\mathrm{w}i}+\sum_{i=1}^{n-m}\beta_i\bar{\boldsymbol{u}}_{\mathrm{n}i}$。
5. 确定α_i的值:$\alpha_i=k_i\sigma_i^{-1}$。
6. 将分配优化问题写为如式(8.84)的形式。
7. 求解式(8.86)的极值点,确定β_i的值。
8. 根据α_i和β_i的值确定执行机构运动指令。

值得注意的是,上述的方法不仅适用于反作用飞轮中,也可以应用到其他的执行机构的控制分配中去。

在执行机构可达集之内进行分配优化问题求解实际上可转换为给定区间的极值求解问题,并且很简单地求解出最优解。但是,执行机构的状态转移过程却未能体现出来,也就是说,当希望将执行机构从一个状态转移到另一个状态时,不仅需要知道目标状态,还需要知道状态转移的路径。实际上,这一问题可以采用如下的例子解释:在航天器完成某次任务后,反作用飞轮的角动量维持了一个较高的能量状态,但其角动量却较小。因此,需要保持当前角动量不变,使反作用飞轮运动到一个当前角动量对应的低能量状态。这种情况下,需要知道该过程中飞轮系统的运动路径。对于上述问题,求解思路如下。

定理 8.1 假设反作用飞轮(效能矩阵满秩)当前的维持运动状态(速度)为 $\boldsymbol{u}$,当飞轮系统沿 $\dot{\boldsymbol{u}} = -\rho \boldsymbol{N}_B(\boldsymbol{N}_B^{\mathrm{T}} \nabla J)(\rho > 0)$ 的路径运动时,其状态将趋近某一最优状态 $\min J(\boldsymbol{u})$。而且在该过程中,系统对外不产生净输出,即 $\boldsymbol{Au} \equiv \boldsymbol{v}, \boldsymbol{A}\dot{\boldsymbol{u}} \equiv \boldsymbol{0}$。系统运动指令中的矩阵 $\boldsymbol{N} \in \mathbf{R}^{n \times (n-m)}$ 表示控制效能矩阵零空间的基所构成的矩阵。

证明 首先在控制分配模型中忽略误差优化的等式约束,即

$$\min_{\boldsymbol{u} \in \boldsymbol{\Omega}} J = J(\boldsymbol{u}) \tag{8.87}$$

在没有约束情况的情况下,希望反作用飞轮的运动状态以最快的速度运动到最优指标 $\min J(\boldsymbol{u})$ 所对应的状态 $\boldsymbol{u}^*$。这样的最速路径仅有一个,即为其梯度方向:

$$\dot{\boldsymbol{u}} = -\nabla J = -\frac{\partial J}{\partial \boldsymbol{u}} = \begin{bmatrix} -\dfrac{\partial J}{\partial u_1} \\ \vdots \\ -\dfrac{\partial J}{\partial u_n} \end{bmatrix} \tag{8.88}$$

沿着性能指标 J 负梯度的变化方向 $-\nabla \dot{J}$,J 将以最快的速度减小。当系统的运动速度取为如 $\dot{\boldsymbol{u}} = -\rho \boldsymbol{N}_B(\boldsymbol{N}_B^{\mathrm{T}} \nabla J)$ 所示的方向时,$\dot{\boldsymbol{u}} = -\nabla J$,指标函数的变化满足

$$\dot{J} = -\left[\frac{\partial J}{\partial \boldsymbol{u}}\right]^{\mathrm{T}} \dot{\boldsymbol{u}} - \left[\frac{\partial J}{\partial \boldsymbol{u}}\right]^{\mathrm{T}} \frac{\partial J}{\partial \boldsymbol{u}} \leqslant 0 \tag{8.89}$$

式(8.89)表明指标函数将持续地减小至最小值(在控制允许集 $\boldsymbol{\Omega}$ 内)。

此时,考虑误差最优的等式约束:

$$\boldsymbol{v} \equiv \boldsymbol{Au} \tag{8.90}$$

为了保证执行机构的运动,不对外界产生任何的干扰,不改变当前系统所维持的状态,式(8.90)必须满足

$$\boldsymbol{A}\dot{\boldsymbol{u}} \equiv \boldsymbol{0} \tag{8.91}$$

即运动指令在系统的零运动空间内,$\dot{\boldsymbol{u}} = \boldsymbol{N}(\boldsymbol{A}) \equiv \boldsymbol{N}$。因此,对式(8.88)做如下的修正:

$$\dot{\boldsymbol{u}}_n = -\rho \boldsymbol{N}(\boldsymbol{N}^{\mathrm{T}} \nabla J) = \sum_{i=1}^{n-m} k_i \bar{\boldsymbol{u}}_{p,i} \tag{8.92}$$

明显,当式(8.92)满足式(8.89)的要求时,该定理随之成立。将式(8.92)代入式(8.89)可得

$$\dot{J} = -\rho \left[\frac{\partial J}{\partial \boldsymbol{u}}\right]^{\mathrm{T}} \boldsymbol{N}(\boldsymbol{N}^{\mathrm{T}} \nabla J) = -\rho \left[\frac{\partial J}{\partial \boldsymbol{u}}\right]^{\mathrm{T}} (\boldsymbol{N}\boldsymbol{N}^{\mathrm{T}}) \frac{\partial J}{\partial \boldsymbol{u}} \tag{8.93}$$

式中,矩阵 NN^{T} 满足

$$
\begin{aligned}
(NN^{\mathrm{T}})(NN^{\mathrm{T}}) &= N(N^{\mathrm{T}}N)N^{\mathrm{T}} \\
&= N\underbrace{\begin{bmatrix} \bar{u}_{n,1}^{\mathrm{T}} \\ \vdots \\ \bar{u}_{n,(n-m)}^{\mathrm{T}} \end{bmatrix}}_{(n-m)\times m}\underbrace{[\bar{u}_{n,1} \quad \cdots \quad \bar{u}_{n,(n-m)}]}_{m\times(n-m)}N^{\mathrm{T}} \\
&= N\begin{bmatrix} \bar{v}_{n,1}^{\mathrm{T}}\bar{v}_{n,1} & & \\ & \ddots & \\ & & \bar{v}_{n,(n-m)}^{\mathrm{T}}\bar{v}_{n,(n-m)} \end{bmatrix}N^{\mathrm{T}} \\
&= NE_{\mathrm{m}}N^{\mathrm{T}} \\
&\equiv NN^{\mathrm{T}}
\end{aligned} \tag{8.94}
$$

因此,$(NN^{\mathrm{T}})^2 = NN^{\mathrm{T}}$,即 NN^{T} 是半正定的,也就是式(8.94)小于或等于 0 恒成立,即在此指令下系统将无输出地接近期望的最优状态。这一过程的物理意义为将原始的运动指令中的影响系统输出的部分(工作空间中的部分)剔除,使得所有的运动改变仅发生在系统的零运动空间中。

定理 8.1 给出了一种调节当前执行机构运动状态的方法,其重点在于给出执行机构的运动路径。通过选择不同的指标函数,可以实现不同的状态调整目标。实际上,这一过程是一种分配优化求解方法。

8.4.2　飞轮输出二次最优控制分配

尽管采用上述分配优化方法可得到控制分配问题的解析解,但在分配过程中重点在于执行机构的运动路径,而非其性能特性。本节给出一种飞轮输出二次最优控制分配方法,降低控制分配过程中的能耗。

考虑如下的分配最优问题:

$$
\begin{cases}
\min\limits_{v} J = \|u\|_2 \\
\text{s.t.} \quad v = Au \\
\qquad\quad v \in \Omega
\end{cases} \tag{8.95}
$$

实际上优化目标 $\|u\|_2$ 是在要求执行机构的输出在满足控制精度要求的同时,使得自身导致消耗(认为 $\|u\|_2$ 代表飞轮系统的消耗)最低。这一问题的解为 $u_0 = A^{+}v$。如果 $u_0 = A^{+}v$ 在控制允许集内,此即为系统的期望状态。

采用方法 A 的求解步骤,首先在所有满足控制精度要求的可能解中任意选择一个 u_0,那么其他可能解可写为 $u = u_0 + N\gamma^{\mathrm{T}}$。然后控制分配优化问题可以写为

$$\begin{cases} J = J[\boldsymbol{u}(\boldsymbol{u}_0, \boldsymbol{\gamma})] \\ \boldsymbol{u} = \boldsymbol{u}_0 + \boldsymbol{N}\boldsymbol{\gamma}^{\mathrm{T}} \\ \boldsymbol{u} \in \boldsymbol{\Omega} \end{cases} \tag{8.96}$$

分配优化指标可进一步写为

$$\begin{aligned} J &= \|\boldsymbol{u}\|_2^2 \\ &= [\boldsymbol{u}_0 + \boldsymbol{N}\boldsymbol{\gamma}^{\mathrm{T}}]^{\mathrm{T}}[\boldsymbol{u}_0 + \boldsymbol{N}\boldsymbol{\gamma}^{\mathrm{T}}] \\ &= \boldsymbol{u}_0^{\mathrm{T}}\boldsymbol{u}_0 + \boldsymbol{\gamma}\boldsymbol{N}^{\mathrm{T}}\boldsymbol{N}\boldsymbol{\gamma}^{\mathrm{T}} + \boldsymbol{v}_0^{\mathrm{T}}\boldsymbol{N}\boldsymbol{\gamma}^{\mathrm{T}} + \boldsymbol{\gamma}\boldsymbol{N}^{\mathrm{T}}\boldsymbol{u}_0 \end{aligned} \tag{8.97}$$

由于 $\boldsymbol{u}_0 \in \mathrm{Work}(\boldsymbol{A})$,$\boldsymbol{N}$ 为效能矩阵的零空间的基向量构成的矩阵。因此,$\boldsymbol{u}_0 \perp \boldsymbol{N}$,即 $\boldsymbol{u}_0^{\mathrm{T}}\boldsymbol{N} \equiv \boldsymbol{0}$,也就是 $J = \boldsymbol{u}_0^2 + \boldsymbol{\gamma}^2$。根据定理 8.1,系统运动指令在工作空间中的部分需保持不变,可调节的部分仅为零运动部分。因此,最小的消耗即对应于 $J = \boldsymbol{u}_0^2$。

在航天器进姿态机动和调整任务后,反作用飞轮的角动量状态应保持不变,以维持当前整个系统的角动量恒定状态。但是,当前的角动量状态却对应多个能量状态,因此有必要将当前系统的能量状态降至最低,从而增强系统的稳定性。

根据以上的关于反作用飞轮输出二次优化问题的求解,当前的角动量状态唯一地对应于一个最低能耗状态,继而再根据定理 8.1 可得到状态转移路径。整个过程如下。

定理 8.2 对于冗余的反作用飞轮 $\boldsymbol{A} \in \mathbf{R}^{m \times n}$,假设 $\mathrm{rank}(\boldsymbol{A}) = m$,给定当前角速度状态为 $\boldsymbol{u}_0 = \sum_{i=1}^{m} \alpha_i \bar{\boldsymbol{u}}_i + \sum_{i=1}^{n} \beta_i \bar{\boldsymbol{u}}_i$,沿着给定路径 $\dot{\boldsymbol{u}} = -\boldsymbol{N}(\boldsymbol{N}^{\mathrm{T}} \nabla J)$,飞轮系统将以指数收敛的速度转移到当前角速度状态对应的最小能耗状态 $\boldsymbol{u}^* = \boldsymbol{A}^+(\boldsymbol{A}\boldsymbol{u})$,并且降解的消耗占原始角动量对应消耗的比例为$\dfrac{\beta^2}{\alpha^2 + \beta^2}$,其中 $\bar{\boldsymbol{u}}_i$ 为飞轮输入空间的基矢量,$\boldsymbol{N}$ 为其零运动空间基矢量构成的矩阵。

证明 首先由式(8.97)可知,对于任意的在可达集之内的控制指令,$\boldsymbol{v} \in \boldsymbol{\Phi}$,其最小的能耗水平对应的控制指令为其伪逆分配解,即 $\boldsymbol{u} = \boldsymbol{B}^+\boldsymbol{v}$。那么对于当前角动量状态,其最小消耗解为 $\boldsymbol{u}^* = \boldsymbol{A}^+(\boldsymbol{A}\boldsymbol{u})$。同时,由定理 8.1 可知,沿着路径 $\dot{\boldsymbol{u}} = -\boldsymbol{N}(\boldsymbol{N}^{\mathrm{T}} \nabla J)$,反作用飞轮将收敛到最小能耗解。

对于能耗指标 $J = \boldsymbol{u}^2/2$,飞轮的运动指令可写为

$$\dot{\boldsymbol{u}} = -\boldsymbol{N}(\boldsymbol{N}^{\mathrm{T}} \nabla J) = -\boldsymbol{N}\boldsymbol{N}^{\mathrm{T}}\boldsymbol{u} \tag{8.98}$$

该方程的解为

$$\boldsymbol{u} = \boldsymbol{u}_0 \mathrm{e}^{-(\boldsymbol{N}\boldsymbol{N}^{\mathrm{T}})t} \tag{8.99}$$

定理 8.1 证明了 $\boldsymbol{N}\boldsymbol{N}^{\mathrm{T}} \geqslant \boldsymbol{0}$ 是半正定的,因此,式(8.99)是指数收敛的。

继而,考虑如式(8.100)所示的降解效率:

$$\begin{aligned}\zeta &= \frac{\boldsymbol{u}_0^2 - \boldsymbol{u}^{*2}}{\boldsymbol{u}_0^2}\\ &= 1 - \underbrace{\frac{\boldsymbol{u}^{*2}}{\boldsymbol{u}_0^2}}_{\zeta^*}\\ &= 1 - \frac{\boldsymbol{A}^+[\boldsymbol{A}\boldsymbol{v}]^{\mathrm{T}}\boldsymbol{A}^+[\boldsymbol{A}\boldsymbol{u}]}{\boldsymbol{u}_0^2}\\ &= 1 - \frac{\boldsymbol{u}^{\mathrm{T}}\boldsymbol{A}^{\mathrm{T}}\boldsymbol{A}^{+\mathrm{T}}\boldsymbol{A}^+\boldsymbol{A}\boldsymbol{u}}{\boldsymbol{u}_0^2}\end{aligned} \tag{8.100}$$

将控制分配矩阵因子化的结果代入式(8.100),则有

$$\begin{aligned}\zeta &= 1 - \frac{\boldsymbol{u}^{\mathrm{T}}\boldsymbol{A}^{\mathrm{T}}\boldsymbol{A}^{+\mathrm{T}}\boldsymbol{A}^+\boldsymbol{A}\boldsymbol{u}}{\boldsymbol{v}_0^2}\\ &= 1 - \frac{\boldsymbol{u}_0^{\mathrm{T}}\overline{\boldsymbol{V}}\boldsymbol{S}^{\mathrm{T}}(\overline{\boldsymbol{U}}^{\mathrm{T}}\overline{\boldsymbol{U}})\boldsymbol{S}^{+\mathrm{T}}(\overline{\boldsymbol{V}}^{\mathrm{T}}\overline{\boldsymbol{V}})\boldsymbol{S}^{+}(\overline{\boldsymbol{U}}^{\mathrm{T}}\overline{\boldsymbol{U}})\boldsymbol{S}\,\overline{\boldsymbol{V}}^{\mathrm{T}}\boldsymbol{u}_0}{\boldsymbol{u}_0^2}\\ &= 1 - \frac{\boldsymbol{u}_0^{\mathrm{T}}\overline{\boldsymbol{V}}\boldsymbol{E}_{\mathrm{s}}^{\mathrm{T}}\boldsymbol{E}_{\mathrm{s}}\overline{\boldsymbol{V}}^{\mathrm{T}}\boldsymbol{u}_0}{\boldsymbol{u}_0^2}\end{aligned} \tag{8.101}$$

其中,

$$\boldsymbol{E}_{\mathrm{s}} = \boldsymbol{S}^+\boldsymbol{S} = \begin{bmatrix}\boldsymbol{\sigma}^{-D}\\ \hdashline \boldsymbol{0}\end{bmatrix}\begin{bmatrix}\boldsymbol{\sigma}^{-D} & \vdots & \boldsymbol{0}\end{bmatrix} = \begin{bmatrix}\boldsymbol{E}_{\mathrm{m}} & \boldsymbol{0}\\ \boldsymbol{0} & \boldsymbol{0}\end{bmatrix} \tag{8.102}$$

并且有 $\boldsymbol{E}_{\mathrm{s}}^{\mathrm{T}} = \boldsymbol{E}_{\mathrm{s}}$ 和 $\boldsymbol{E}_{\mathrm{s}}\boldsymbol{E}_{\mathrm{s}} = \boldsymbol{E}_{\mathrm{s}}$。定义 $\overline{\boldsymbol{E}}_{\mathrm{s}} = \overline{\boldsymbol{V}}\boldsymbol{E}_{\mathrm{s}}\overline{\boldsymbol{V}}^{\mathrm{T}}$,则有

$$\zeta = 1 - \frac{\boldsymbol{u}_0^{\mathrm{T}}\overline{\boldsymbol{E}}_{\mathrm{s}}\boldsymbol{u}_0}{\boldsymbol{u}_0^2} \tag{8.103}$$

式(8.103)中的分式部分满足瑞利熵的定义,因此有

$$\begin{cases}\zeta_{\max}^* = \lambda_{\max}(\overline{\boldsymbol{E}}_{\mathrm{s}}), & \lambda_{\max}\boldsymbol{u}_0 = \overline{\boldsymbol{E}}_{\mathrm{s}}\boldsymbol{u}_0\\ \zeta_{\min}^* = \lambda_{\min}(\overline{\boldsymbol{E}}_{\mathrm{s}}), & \lambda_{\min}\boldsymbol{u}_0 = \overline{\boldsymbol{E}}_{\mathrm{s}}\boldsymbol{u}_0\end{cases} \tag{8.104}$$

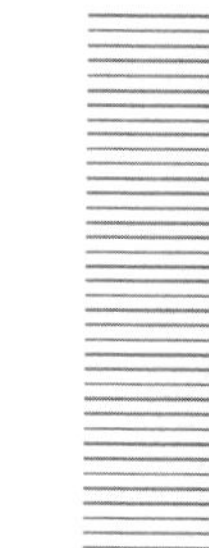

实际上,当 $\boldsymbol{u}_0$ 为 $\overline{\boldsymbol{E}}_{\mathrm{s}}$ 的任意一个特征值时,即

$$\boldsymbol{u}_0 = -\boldsymbol{\xi}_i(\overline{\boldsymbol{E}}_{\mathrm{s}}), \quad \xi = \lambda_i(\overline{\boldsymbol{E}}_{\mathrm{s}}), \quad \lambda_i\boldsymbol{u}_0 = \overline{\boldsymbol{E}}_{\mathrm{s}}\boldsymbol{u}_0 \tag{8.105}$$

由于 $\overline{\boldsymbol{V}}\overline{\boldsymbol{V}}^{\mathrm{T}} = \boldsymbol{E}_n$,因此 $\overline{\boldsymbol{E}}_{\mathrm{s}} = \overline{\boldsymbol{V}}\boldsymbol{E}_{\mathrm{s}}\overline{\boldsymbol{V}}^{\mathrm{T}}$ 为一相似变换,也就是矩阵 $\overline{\boldsymbol{E}}_{\mathrm{s}}$ 和 $\boldsymbol{E}_{\mathrm{s}}$ 有着相同的特征值;且对于同一特征值,当 $\boldsymbol{E}_{\mathrm{s}}$ 的特征向量为 $\boldsymbol{\xi}_{\mathrm{s}}$ 时,矩阵 $\overline{\boldsymbol{E}}_{\mathrm{s}}$ 的特征向量为 $\overline{\boldsymbol{\xi}}_{\mathrm{s}} = \overline{\boldsymbol{V}}\boldsymbol{\xi}_{\mathrm{s}}$。注意到对矩阵 $\boldsymbol{E}_{\mathrm{s}}$,其特征值与特征向量分别为

$$\boldsymbol{\lambda}(\boldsymbol{E}_{\mathrm{s}})=\begin{cases}1 & (i\in\{1,m\})\\ 0 & (i\in\{m+1,n\})\end{cases}$$

$$\boldsymbol{\xi}_i(\boldsymbol{E}_{\mathrm{s}})=\boldsymbol{e}_i \tag{8.106}$$

那么,矩阵 $\overline{\boldsymbol{E}}_{\mathrm{s}}$ 的特征值与特征向量分别为

$$\begin{cases}\boldsymbol{\lambda}(\overline{\boldsymbol{E}}_{\mathrm{s}})=\boldsymbol{\lambda}(\boldsymbol{E}_{\mathrm{s}})\\ \boldsymbol{\xi}_i(\overline{\boldsymbol{E}}_{\mathrm{s}})=\overline{\boldsymbol{V}}\boldsymbol{e}_i=\overline{\boldsymbol{u}}_i\end{cases} \tag{8.107}$$

因此可得,当 $\boldsymbol{v}_0=\alpha_i\overline{\boldsymbol{v}}_i$ 时,由式(8.105)有

$$\zeta^*=\alpha_i\boldsymbol{\lambda}_i(\overline{\boldsymbol{E}}_{\mathrm{s}})=\alpha_i,\quad \boldsymbol{u}_0=\alpha_i\overline{\boldsymbol{u}}_i \tag{8.108}$$

由于矩阵 $\overline{\boldsymbol{V}}$ 是满秩的,因此执行机构的初始状态 $\boldsymbol{u}_0$ 可以唯一地表示为 $\overline{\boldsymbol{u}}_i$ 的线性组合:

$$\begin{aligned}\boldsymbol{u}_0&=\sum_{i=1}^{m}\alpha_i\overline{\boldsymbol{u}}_i+\sum_{i=1}^{n}\beta_i\overline{\boldsymbol{u}}_i\\ \zeta^*&=\frac{\left[\sum_{i=1}^{m}\alpha_i\overline{\boldsymbol{u}}_i\right]^{\mathrm{T}}\overline{\boldsymbol{E}}_{\mathrm{s}}\left[\sum_{i=1}^{m}\alpha_i\overline{\boldsymbol{u}}_i\right]}{\boldsymbol{v}_0^2}\\ &=\frac{\sum_{i=1}^{m}\alpha_i^2\overline{\boldsymbol{u}}_i^{\mathrm{T}}\overline{\boldsymbol{E}}_{\mathrm{s}}\overline{\boldsymbol{u}}_i+\sum_{i=1}^{m}\alpha_i\alpha_i\overline{\boldsymbol{u}}_i^{\mathrm{T}}\overline{\boldsymbol{E}}_{\mathrm{s}}\overline{\boldsymbol{u}}_i}{\boldsymbol{v}_0^2}\\ &=\frac{\sum_{i=1}^{m}\alpha_i^2\dfrac{\overline{\boldsymbol{u}}_i^{\mathrm{T}}\overline{\boldsymbol{E}}_{\mathrm{s}}\overline{\boldsymbol{u}}_i}{\overline{\boldsymbol{u}}_i^{\mathrm{T}}\overline{\boldsymbol{u}}_i}}{\sum_{i=1}^{m}\alpha_i^2+\sum_{i=1}^{m}\beta_i^2}\\ &=\frac{\sum_{i=1}^{m}\alpha_i^2}{\sum_{i=1}^{m}\alpha_i^2+\sum_{i=1}^{m}\beta_i^2}\\ &=\frac{\alpha^2}{\alpha^2+\beta^2}\end{aligned} \tag{8.109}$$

也即

$$\zeta=1-\frac{\alpha^2}{\alpha^2+\beta^2}=\frac{\beta^2}{\alpha^2+\beta^2} \tag{8.110}$$

即证。

通过以上的操作过程,可以使得反作用飞轮系统无输出地转移到当前角动量的最小能耗状态。

8.4.3　仿真算例

假设飞轮的初始运动状态为 $\boldsymbol{v}=[0.5\quad 0.5\quad -0.5\quad 0.5\quad -0.5]$ rad/s；控制分配的目标是在保证当前输出不变的情况下，求解飞轮运动指令，使得指标 $J=\boldsymbol{v}^{\mathrm{T}}\boldsymbol{v}$ 最小。将飞轮初始的状态写成式(8.82)的通用形式，则 $\boldsymbol{\alpha}=[-0.0599\quad 0.5850\quad -0.1221]$，$\boldsymbol{\beta}=[0.8782\quad -0.3436]$。该状态下反作用飞轮降解指标为 $\zeta=0.7114$，说明在角速度向量中有大量不产生输出的部分；为使指标 $J=\boldsymbol{v}^{\mathrm{T}}\boldsymbol{v}$（视为飞轮运动所维持的能量）最小，应当消除这部分角速度。

取修正方向为 $-\nabla J$，则修正作用为 $\dot{\boldsymbol{v}}=-\boldsymbol{N}(\boldsymbol{N}^{\mathrm{T}}\nabla J)$，继而可得如图8.21所示的数值计算结果。在控制周期内，飞轮的角速度在逐渐降低，从而使得指标函数 $J=\boldsymbol{v}^{\mathrm{T}}\boldsymbol{v}$ 变小，并趋于常值，如图8.21(a)、(e)所示。注意到该过程中，飞轮的输出保持不变，因此被控对象的状态也不会发生任何改变。不产生输出的飞轮运动一定是在零空间内进行的，因此图8.21(d)中仅有零空间上部分发生衰减，从而导致了图8.21(a)所示的角速度变小。

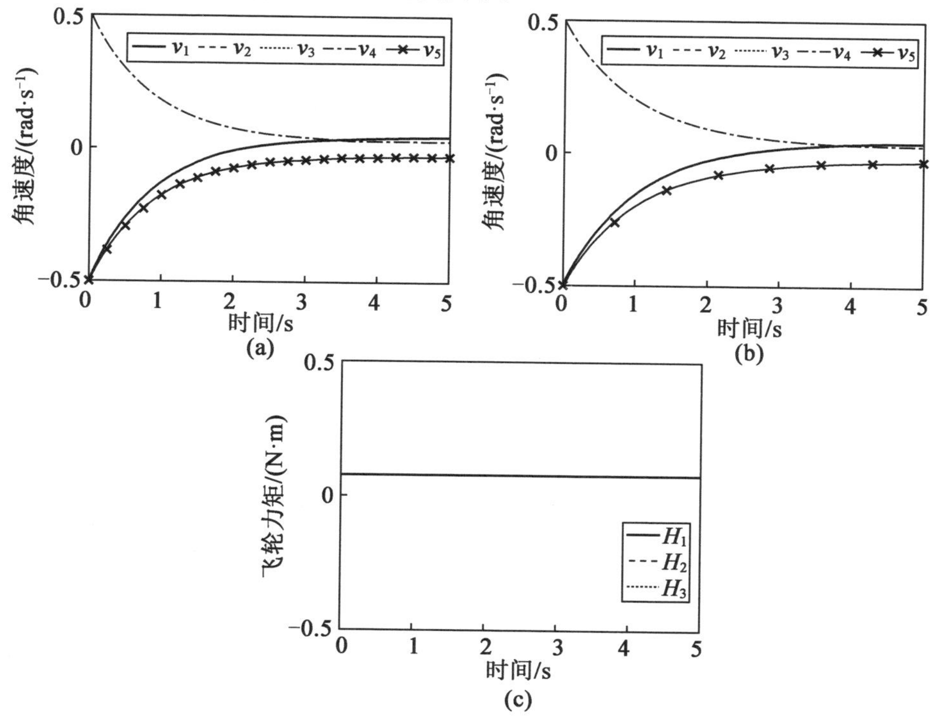

图8.21　反飞轮二次最优控制分配过程

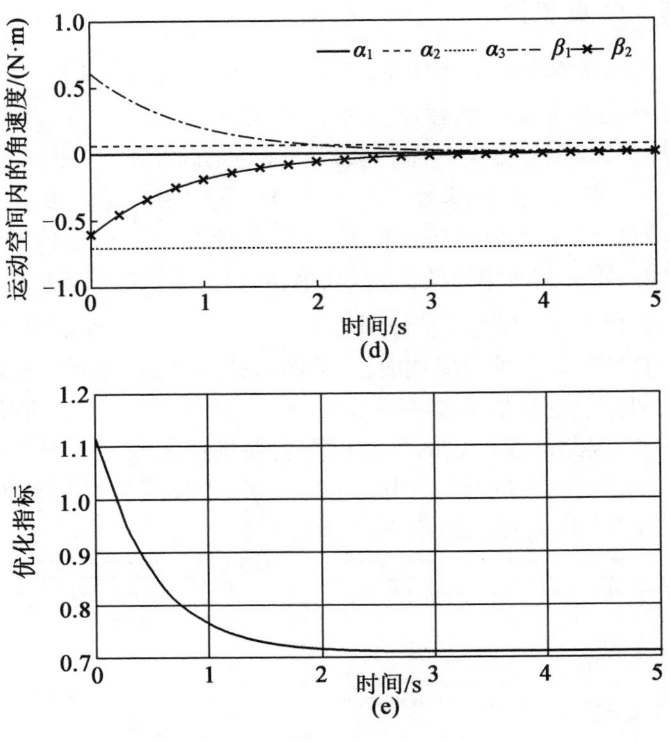

续图 8.21

控制分配过程中，飞轮运动的解析解为

$$
\boldsymbol{v}(t)=\boldsymbol{v}_0\exp(-\boldsymbol{N}_B\boldsymbol{N}_B^{\mathrm{T}}t)=\begin{bmatrix} -\frac{1}{5}\mathrm{e}^{-t}-\frac{\sqrt{3}}{5}(\mathrm{e}^{-t}-1)-\frac{3}{10} \\ \frac{1}{2} \\ -\frac{1}{2} \\ \frac{3}{10}\mathrm{e}^{-t}+\frac{\sqrt{3}}{10}(\mathrm{e}^{-t}-1)+\frac{1}{5} \\ -\frac{3}{10}\mathrm{e}^{-t}-\frac{\sqrt{3}}{10}(\mathrm{e}^{-t}-1)-\frac{1}{5} \end{bmatrix} \tag{8.111}
$$

很明显，式(8.111)所示的飞轮的运动状态的稳定状态即为上述控制分配过程的最优解，即

$$\boldsymbol{v}^* = \lim_{t\to\infty} \boldsymbol{v}(t) = \lim_{t\to\infty} \begin{bmatrix} -\frac{1}{5}\mathrm{e}^{-t} - \frac{\sqrt{3}}{5}(\mathrm{e}^{-t}-1) - \frac{3}{10} \\ \frac{1}{2} \\ -\frac{1}{2} \\ \frac{3}{10}\mathrm{e}^{-t} + \frac{\sqrt{3}}{10}(\mathrm{e}^{-t}-1) + \frac{1}{5} \\ -\frac{3}{10}\mathrm{e}^{-t} - \frac{\sqrt{3}}{10}(\mathrm{e}^{-t}-1) - \frac{1}{5} \end{bmatrix} = \begin{bmatrix} \frac{\sqrt{3}}{5} - \frac{3}{10} \\ \frac{1}{2} \\ -\frac{1}{2} \\ \frac{1}{5} - \frac{\sqrt{3}}{10} \\ \frac{\sqrt{3}}{10} - \frac{1}{5} \end{bmatrix} \tag{8.112}$$

图 8.21(b)中给出了上述解析解的运动过程,可以发现与图 8.21(a)所示的数值解的过程完全一致,这进一步验证了本节阐述方法的合理性。

图 8.22 给出了零运动空间内飞轮的运动情况,可见状态调整过程是一种最快速的、最直接的过程。所有使得飞轮输出不变的角速度状态构成了当前的局部解空间,指标函数在这一集合上形成了一个曲面 $J(\boldsymbol{v}_0,\beta)$,最优解即在曲面的最低点处。图 8.22 中从初始位置到期望末状态($\beta=0$),飞轮的运动轨迹呈现出一条直线,该轨迹即为最有效的控制路径。

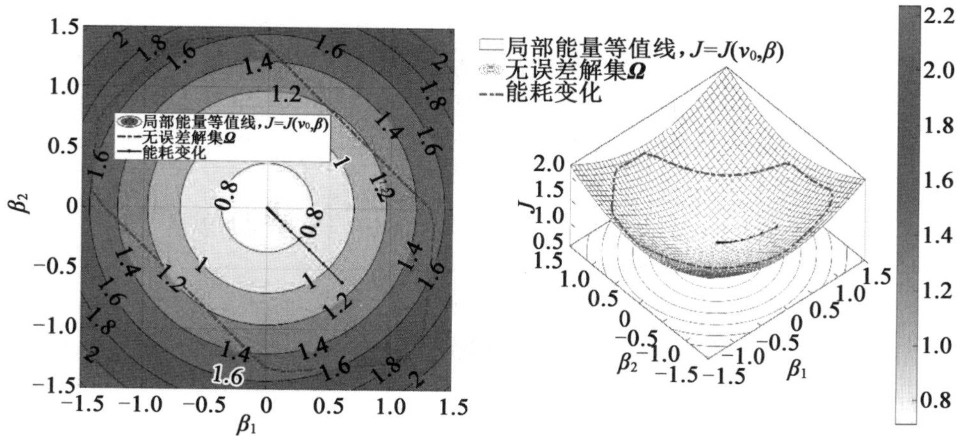

图 8.22　飞轮运动路径

8.5　本章小结

本章从过驱动系统带来的冗余自由度出发,介绍了几种最优控制分配方法,从力矩/能耗最优、飞轮动力学特性、分配优化等角度,通过最优化控制分配,完成从期望控制指令到执行机构指令之间的有效分配,同时实现敏感器噪声抑制、敏感器野值剔除、能耗最优等控制效果,为读者提供参考。

本章参考文献

[1] ISMAIL Z, VARATHARAJOO R. A study of reaction wheel configurations for a 3-axis satellite attitude control[J]. Advances in space research, 2010, 45: 750-759.

[2] JIN J, KO S, RYOO C K. Fault tolerant control for satellites with four reaction wheels[J]. Control engineering practice, 2008, 16(10):1250-1258.

[3] MARKLEY F L, REYNOLDS R G, LIU F X, et al. Maximum torque and momentum envelopes for reaction-wheel arrays[J]. Journal of guidance, control, and dynamics, 2010, 33(5):1606-1614.

[4] MARTEL F. Optimal simultaneous 6 axis command of a space vehicle with a precomputed thruster selection catalogue table[J]. Advances in the astronautical sciences, 2004, 116: 1-13.

[5] BORDIGNON K A, DURHAMA W C. Null – space sugmented solutions to constrained control allocation problems[C]// AIAA Guidance, Navigation and Control Conference. Baltimore: American Institute of Aeronautics and Astronautics, 1995.

[6] 张世杰, 赵亚飞, 陈闽, 等. 过驱动轮控卫星的动态控制分配方法[J]. 航空学报, 2011(7):1260-1268.

[7] BLENDEN R, SCHAUB H. Regenerative power-optimal reaction wheel attitude control[J]. Journal of guidance, control, and dynamics, 2012, 35(4): 1208-1217.

[8] 赵亚飞, 张世杰, 过佳雯, 等. 考虑飞轮动力学的过驱动卫星控制分配方法[J]. 哈尔滨工业大学学报, 2013, 45(7):1-6.

[9] POONAMALLEE V L, DOMAN D B. A nonlinear programming approach for control allocation[C]// Proceeding of the 2004 American Control Conference. Boston: Institute of Electrical and Electronics Engineers, 2004.

第9章 能耗均衡控制分配方法

在航天器控制过程中，要求执行机构在满足运动约束，如输出力矩限制、输出角动量限制等前提下，能够避免飞轮过早饱和、部分推力器燃料提前耗尽、部分继电器开关次数过多等问题，在满足系统控制要求的基础上，尽量均衡执行机构的使用[1]。针对这类要求，本章针对航天器的能耗均衡控制问题进行研究，包括单个航天器的能耗均衡控制和航天器编队中的能耗均衡控制分配技术两类问题。

9.1 单航天器能耗均衡控制

9.1.1 反作用飞轮能耗均衡控制

在反作用飞轮控制分配中，不仅需要精确地将控制指令分配到各个执行机构单元中去，还需要保证控制分配的“质量”。所谓的控制分配的质量即为分配优化。虽然满足当前指令的工作空间中的分配结果是唯一的，但是在冗余的反作用飞轮中存在零运动，意味着满足当前的控制指令的反作用飞轮运动不唯一。因此，总是倾向在所有可能的选择中根据一定的准则选出一个“最优的解”。

1. 负载均衡控制分配

所谓的负载均衡问题是指在控制分配中降低输出最大的执行机构的输出值，避免其承担大部分控制作用。这一点在推力器中可以理解为在保证输出精度要求的前提下，降低单个推力器的最大输出，从而避免因某一个推力器长时间的过大输出而提早消耗完燃料结束寿命。在反作用飞轮的应用中,这样的操作是为了避免单个飞轮饱和,而其他飞轮尚远离饱和状态[1]。

在可达集之内考虑负载均衡问题时,其分配优化模型可以写为

$$\begin{cases}\min\limits_{\boldsymbol{u}} \max|\boldsymbol{u}| \\ \text{s. t.} \quad \boldsymbol{v}=\boldsymbol{A}\boldsymbol{u} \\ \qquad\quad u_{i\min}\leqslant u_i\leqslant u_{i\max}\end{cases} \tag{9.1}$$

上式可以等价表述为

$$\begin{cases}\min\limits_{\boldsymbol{u}} J=\|\boldsymbol{u}\|_\infty \\ \text{s. t.} \quad \boldsymbol{v}=\boldsymbol{A}\boldsymbol{u} \\ \qquad\quad u_{i\min}\leqslant u_i\leqslant u_{i\max}\end{cases} \tag{9.2}$$

对于这一问题,可以转化为线性规划问题进行求解,现将其总结如下。

考虑如下的负载均衡的控制分配模型:

$$\begin{cases}J=\|\boldsymbol{v}-\boldsymbol{A}\boldsymbol{u}\|_1+\varepsilon\|\boldsymbol{u}\|_\infty \\ \text{s. t.} \quad u_{i\min}\leqslant u_i\leqslant u_{i\max}\end{cases} \tag{9.3}$$

式中,$\varepsilon>0$ 起到调节作用。

引入参量 $u^*=\|\boldsymbol{u}\|_\infty$ 和函数

$$y=s(x_i)=\begin{cases}x & (x\geqslant 0) \\ 0 & (x<0)\end{cases} \tag{9.4}$$

相应的对于向量 $\boldsymbol{x}\in\mathbf{R}^p$,$s(\boldsymbol{x})=[\cdots \quad s(x_i) \quad \cdots]^{\mathrm{T}}$。定义,$\delta\boldsymbol{u}=u^*\boldsymbol{E}_n-\boldsymbol{u}$,同时分配误差可以写为

$$\begin{cases}\boldsymbol{e}=\boldsymbol{e}^+-\boldsymbol{e}^-=\boldsymbol{A}\boldsymbol{u}-\boldsymbol{v} \\ \boldsymbol{e}^+=s(\boldsymbol{A}\boldsymbol{u}-\boldsymbol{v}) \\ \boldsymbol{e}^-=s(\boldsymbol{v}-\boldsymbol{A}\boldsymbol{u})\end{cases} \tag{9.5}$$

继而,控制分配模型可以转化为标准的线性规划模型:

$$\begin{cases}\min\limits_{x} \boldsymbol{c}^{\mathrm{T}}\boldsymbol{x} \\ \text{s. t.} \quad \boldsymbol{A}\boldsymbol{x}=\boldsymbol{b} \\ \qquad\quad \boldsymbol{0}\leqslant\boldsymbol{x}\leqslant\boldsymbol{x}_{\max}\end{cases} \tag{9.6}$$

其中,

$$\begin{cases} \boldsymbol{A}=\begin{bmatrix} \boldsymbol{E}_{n\times n} & -\boldsymbol{E}_{n\times n} & -\boldsymbol{B} & \boldsymbol{0}_{n\times m} & \boldsymbol{0}_{n\times 1} \\ \boldsymbol{0}_{m\times n} & \boldsymbol{0}_{m\times n} & \boldsymbol{E}_{m\times m} & \boldsymbol{E}_{m\times m} & -\boldsymbol{E}_{m\times 1} \end{bmatrix} \\ \boldsymbol{x}=[\boldsymbol{e}^{+} \quad \boldsymbol{e}^{-} \quad \boldsymbol{v} \quad \delta\boldsymbol{v} \quad \boldsymbol{v}^{*}]^{\mathrm{T}} \\ \boldsymbol{b}=\begin{bmatrix} -\boldsymbol{u} \\ \boldsymbol{0}_{m\times 1} \end{bmatrix} \\ \boldsymbol{c}=[-\boldsymbol{E}_{1\times n} \quad \boldsymbol{E}_{1\times n} \quad \boldsymbol{0}_{1\times n} \quad \boldsymbol{0}_{1\times n} \quad \varepsilon]^{\mathrm{T}} \\ \boldsymbol{x}_{\max}=[\boldsymbol{e}_{\max} \quad \boldsymbol{e}_{\max} \quad \boldsymbol{v}_{\max} \quad \boldsymbol{v}_{\max} \quad \boldsymbol{v}_{\max}]^{\mathrm{T}} \end{cases} \tag{9.7}$$

可以看到,上述的方法是将待求解的问题转换成了满足线性规划求解的范式,然后使用标准的线性规划的方法进行求解。

根据8.4节关于效能矩阵因子化的分析和执行机构运动特性的分析,此处给出另一种求解方法。利用效能矩阵因子化的结果,在可达集之内满足控制精度要求的分配结果在工作空间中的部分是唯一的[2]。因此,负载均衡的控制效果是使用零运动作用进行进一步修正。因此,可以得到如下的形式:

$$\begin{cases} \min\limits_{\beta} \max \left| \sum\limits_{i=1}^{m} \alpha_i \bar{\boldsymbol{u}}_{\mathrm{w}i} + \sum\limits_{i=1}^{n-m} \beta_i \bar{\boldsymbol{u}}_{\mathrm{n}i} \right| \\ \text{s.t.} \quad \boldsymbol{u}_{\min} \leqslant \boldsymbol{u} \leqslant \boldsymbol{u}_{\max} \end{cases} \tag{9.8}$$

其中,$\boldsymbol{A}\sum\limits_{i=1}^{m}\alpha_i \bar{\boldsymbol{u}}_{\mathrm{w}i} = \boldsymbol{v}$。

这种情况下,原问题中的自由变量退化为$(n-m)$个。

负载均衡问题求解的关键在于建立适当的修正路径,而修正路径的选择在于指标梯度的确定。很明显,负载均衡指标是无法直接求得梯度的,必须将负载均衡指标转换为可导的连续函数。考虑如下关系:

$$\|\boldsymbol{x}\|_p = \left(\sum_{i=1}^{n} x_i^p\right)^{\frac{1}{p}} \tag{9.9}$$

上式称为向量$\boldsymbol{x}\in\mathbf{R}^{n\times 1}$的$p$范数。当$p$趋近无穷大时,有以下的极限成立:

$$\lim_{p\to\infty}\left(\sum_{i=1}^{n} x_i^p\right)^{\frac{1}{p}} = \max\{|x_i|, i=1,\cdots,n\} \tag{9.10}$$

因此,在有限的情况下,当p取值足够大时,可以得到以下的结论:

$$\left(\sum_{i=1}^{n} x_i^p\right)^{\frac{1}{p}} \approx \max\{|x_i|, i=1,\cdots,n\}, \quad n \gg 0 \tag{9.11}$$

负载均衡指标函数可以写为$J=\|\boldsymbol{v}\|_{\infty}\approx\sqrt[n]{\sum\limits_{i=1}^{n} v_i^n}$,可得修正路径为

$$\dot{\boldsymbol{u}} = -\rho \boldsymbol{N}(\boldsymbol{A})\boldsymbol{N}(\boldsymbol{A})^{\mathrm{T}} \nabla \boldsymbol{A} = -\boldsymbol{N}(\boldsymbol{A})\boldsymbol{N}(\boldsymbol{A})^{\mathrm{T}} \frac{\partial \boldsymbol{A}}{\partial \boldsymbol{u}}$$

$$= -\rho \boldsymbol{N}(\boldsymbol{A})\boldsymbol{N}(\boldsymbol{A})^{\mathrm{T}} \begin{bmatrix} \vdots \\ u_i^{n-1}\left(\sum_{i=1}^{n} u_i^n\right)^{\frac{1-n}{n}} \\ \vdots \end{bmatrix}^{\mathrm{T}} \tag{9.12}$$

因此,负载均衡控制分配的结果是对初始分配结果使用上述方法进行修正,其中 ρ 决定修正的快慢,该过程终止标志可认为是 $|\dot{\boldsymbol{u}}| \leqslant \varepsilon(\varepsilon > 0$ 为一小量),即当前的修正“强度”趋近零,也就是当前的结果已经十分接近最优。

综上所述,反作用发飞轮负载均衡控制分配方法可以总结为如下的形式。

方法 A　可达集内的反作用飞轮负载均衡分配方法

1. 将执行机构效能矩阵分解为 $\boldsymbol{A} = \overline{\boldsymbol{U}}\boldsymbol{S}\,\overline{\boldsymbol{V}}^{\mathrm{T}}$ 的形式。
2. 确定执行机构的工作空间与零运动空间:Work($\boldsymbol{A}$)和 $\boldsymbol{N}(\boldsymbol{A})$。
3. 将控制指令写为 $\boldsymbol{v} = \sum_{i=1}^{m} k_i \bar{\boldsymbol{v}}_i$ 的形式。
4. 确定分配优化问题解的形式: $\sum_{i=1}^{m} \alpha_i \bar{\boldsymbol{u}}_{\mathrm{w}i}$。
5. 确定 α_i 的值:$\alpha_i = k_i \sigma_i^{-1}$。
6. 确定当前的负载均衡修正路径。
7. 修正当前分配结果,当修正指令接近 0,得到最终的分配结果。

2. 仿真算例

给定飞轮角加速度约束 $|v_i| \leqslant 1\ \mathrm{rad/s^2}$,角速度约束为 $|L_i| \leqslant 20\ \mathrm{rad/s}$。考虑以下两种控制分配算例。

由于单个的反作用飞轮的角加速度和角速度都有限,因此在飞轮的力矩工作模式下,应该避免不合理的控制分配,从而使得单个飞轮发生饱和,而其他的飞轮依旧处于一个较低的角速度状态,即需要在反作用飞轮的角速度层面实现负载均衡,而飞轮处于力矩工作模式。

上述的控制分配问题写为

$$\begin{cases} \min\limits_{\boldsymbol{u} \in \boldsymbol{\Omega}} \max |\boldsymbol{L}| \\ \text{s.t.} \quad \boldsymbol{v} = \boldsymbol{A}\boldsymbol{u} \end{cases} \tag{9.13}$$

式中，$\boldsymbol{L}=[L_1,L_2,\cdots,L_i,\cdots,L_n]$；$n$ 是飞轮个数；$L_i=\int u_i\mathrm{d}t$ 表示飞轮的角速度；$\boldsymbol{u}$ 为飞轮的角加速度。

上述问题和之前提及的负载均衡问题是有区别的。负载均衡是在 $\boldsymbol{v}$ 这一层面上实现的，而此处是要求对 $\boldsymbol{v}$ 调整，从而实现 $\boldsymbol{L}$ 的负载均衡。因此，修正方向取为

$$\nabla \boldsymbol{J}=\begin{bmatrix}\vdots\\ \dfrac{\partial J}{\partial L_i}\dfrac{\partial L_i}{\partial v_i}\\ \vdots\end{bmatrix} \tag{9.14}$$

取仿真初始状态为 $\boldsymbol{x}_0=[-4.8\quad 4\quad -9.6]$，期望状态为 $\boldsymbol{x}=\boldsymbol{0}$。设计控制器为

$$\boldsymbol{K}=\begin{bmatrix}0.15 & 0.05 & -0.15\\ 0.20 & 0.04 & 0\\ 0.10 & 0.35 & 0.18\end{bmatrix} \tag{9.15}$$

将系统闭环极点配置在$(-0.08,-0.05+0.05i,-0.05-0.05i)$处。控制分配方法取广义逆方法，加权矩阵为 $\boldsymbol{W}=\mathrm{diag}[1\quad 2\quad 5\quad 2\quad 1]$，飞轮系统的初始角速度为零。对超过控制允许集约束的分配结果使用 $\mathrm{Sat}(\boldsymbol{v})$ 做直接的裁剪，使其满足 ACS 约束。不考虑负载均衡的控制情况如图 9.1 所示。

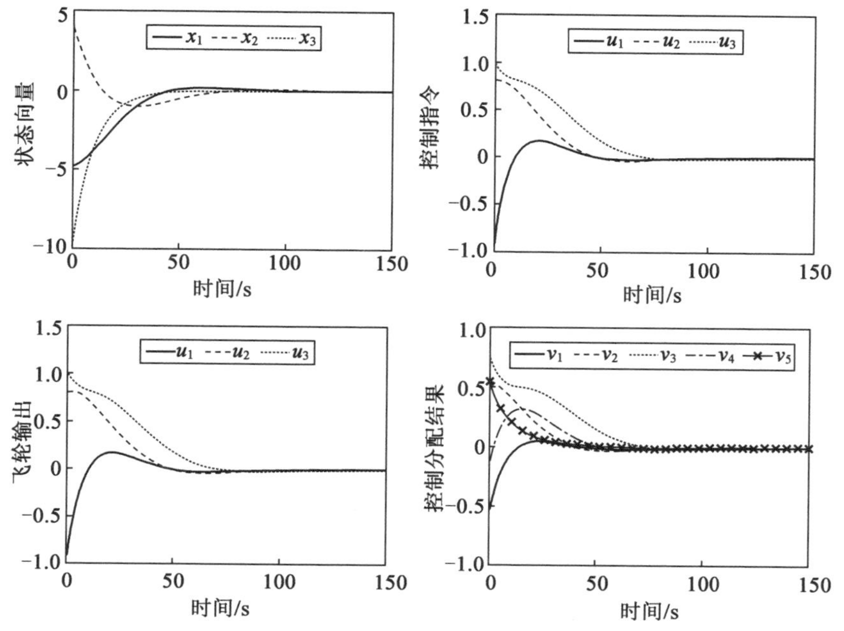

图 9.1　不考虑负载均衡的控制情况

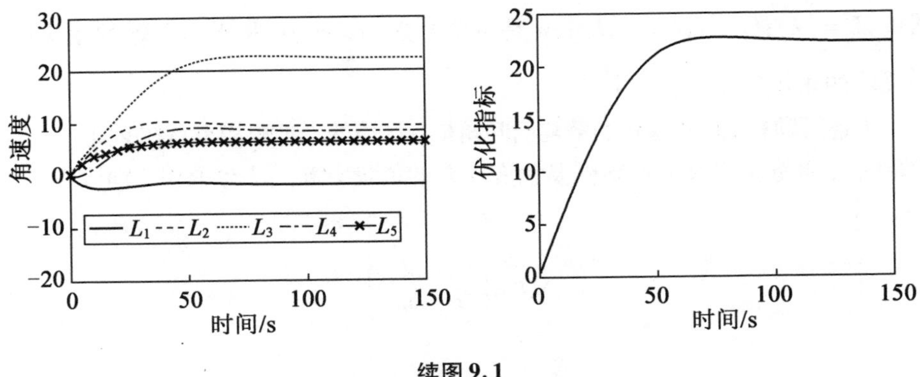

续图 9.1

图 9.1 中的仿真结果未考虑负载均衡的要求。虽然在 150 s 内系统稳定，并且分配结果满足控制允许集的要求。然而注意到在 40 s 附近，3 号飞轮的角速度超过了给定的约束 20 rad/s，也就是说，在实际中该飞轮已经失效，整个控制系统无法正常工作。并且整个任务完成后，最大的飞轮角速度为 22 rad/s，而最小的仅有 0.8 rad/s，这样的分布极不均衡，严重影响了执行机构的输出能力。

图 9.2 的仿真中考虑了负载均衡的控制要求。与上述仿真相同，在 150 s 内整个系统进入了稳定状态。值得欣慰的是，整个过程中飞轮的角速度运动呈现出一种对称的状态，3、4 和 5 号飞轮角速度在每一时刻大小基本相等（15 rad/s），在整个任务中飞轮最大的角速度仅为 15 rad/s，并未超过给定的约束，避免了图 9.1 中的不利状况。

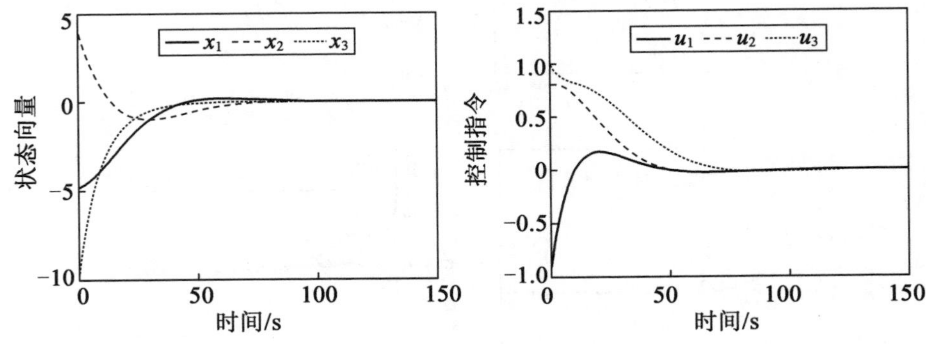

图 9.2　考虑负载均衡的控制情况

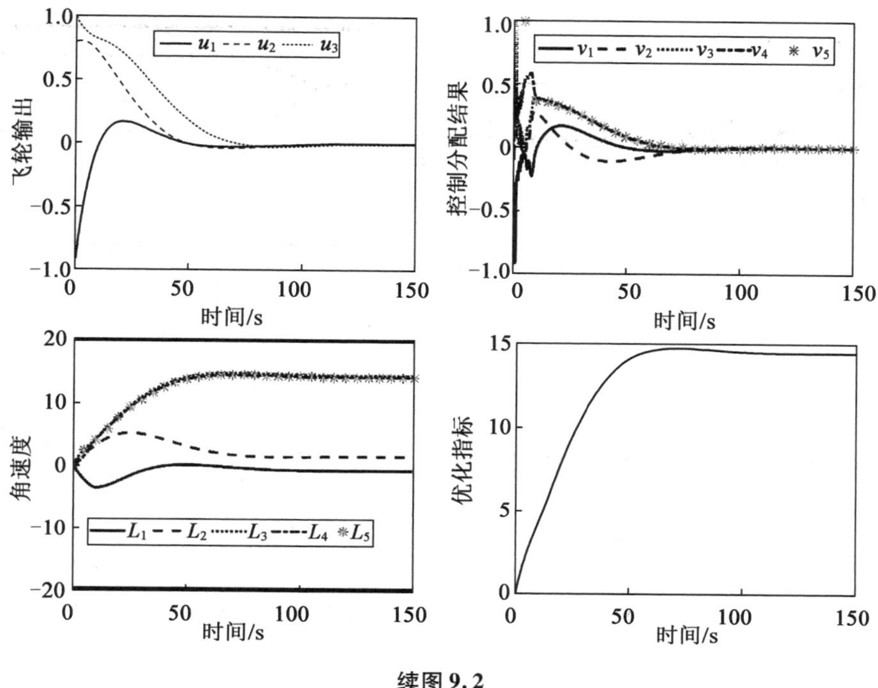

续图 9.2

在图 9.3 中考虑一种更为严峻的初始状态，飞轮的初始角速度取为更接近饱和的状态 $L_0 = [10 \quad -5 \quad 5 \quad -15 \quad 8]$ rad/s，在这种情况下考查均衡控制分配方法效率。被控对象的运动状态和飞轮输出与上述仿真相同（此处不再给出）。在图9.3（b）中，3 号飞轮在 25 s 饱和，比图 9.2 更加提前，这说明不合理的初始状态会加速飞轮的饱和。在考虑负载均衡后，飞轮始终未发生饱和且最大的角速度仅为 15 rad/s。两者根本的差异来自控制分配，图 9.3（c）中初始刻的分配结果接近于 1.0，相比于图 9.3（a）多余的分配结果实际上是在实现负载均衡。可以发现该策略具有很好的性能，可以实现负载均衡，避免飞轮饱和等目标。

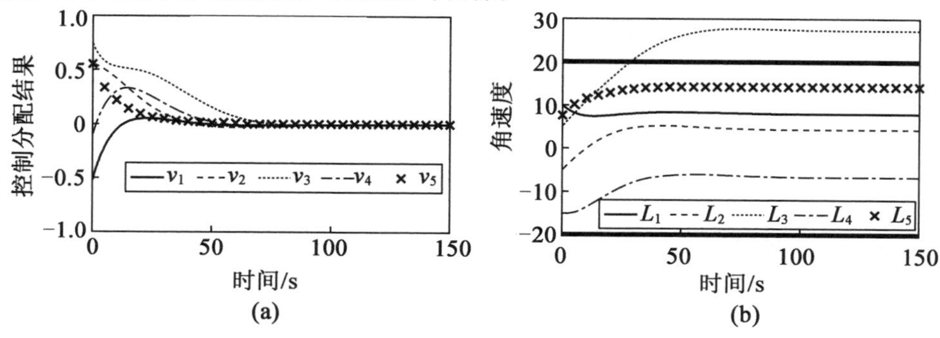

图 9.3　初始角速度对飞轮负载均衡控制分配的影响

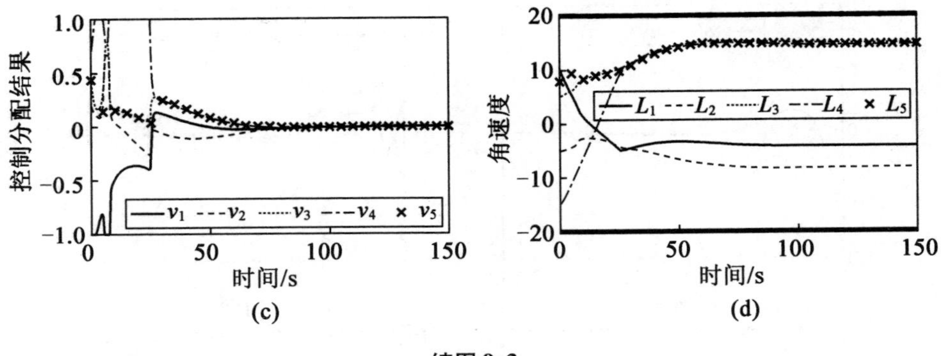

续图 9.3

9.1.2 推力器能耗均衡控制方法

航天器在轨运行时，控制目标一般具有方向性，在推力器分配时，如果不做限制，会出现仅有少数几个推力器承担主要控制任务的情况，导致这几个推力器的工作总时长或开关次数显著增加，相比于其他推力器会提前达到最大连续工作时长和继电器开关次数寿命，发生故障或失效。因此，在推力分配过程中，确保误差最小的提前下，均衡分配给各推力器负载，降低各推力器分配力矩之差，对提高推进系统整体工作寿命具有重要意义。

本节以冗余配置推力器的小卫星作为研究对象，重点介绍采用控制分配方法实现负载均衡控制目标的可行途径[3]。

针对推力器进行航天器姿态/轨道控制过程，控制分配模型为 $\boldsymbol{v}_\mathrm{d}=\boldsymbol{DF}$，其中 $\boldsymbol{F}=[F_1 \quad \cdots \quad F_n]^\mathrm{T}$，其各个元素分别代表各个推力器的推力大小，$\boldsymbol{D}$ 为 $m\times n$ 阶矩阵。对于第 i 个推力器的大小，满足约束 $0\leqslant F_i\leqslant F_{i\max}(i=1,\cdots,n)$。

引入优化指标项，将控制分配模型改写为

$$\begin{cases}\min\ F_1+F_2+\cdots+F_n \\ \text{s.t.}\quad \boldsymbol{v}_\mathrm{d}=\boldsymbol{DF} \\ \qquad 0\leqslant F_i\leqslant F_{i\max}\end{cases} \tag{9.16}$$

式中，$\boldsymbol{D}$ 为控制分配矩阵，由推力器安装布局确定；$F_{i\max}$ 分别为第 i 个推力器标称最大推力。

在不考虑推力器上限约束的情况下，该控制分配模型可以通过简单的 Lagrange 方法求解，当考虑推力器上限约束时，可通过零空间方法对饱和情况进行修正求解。然而，力矩最优目标下的解不能保证均衡分配效果，且在给出初解之后予以被动修正，将饱和分配量赋予最大值，这种策略不能预先调节控制分配指

令,无法达到在满足约束条件下实现力矩最优的分配效果。

1. 推力器均衡问题表述

如前所述,控制分配包含两个层次的内容:误差最优和分配优化,下面将分别给出其数学描述。

误差最优:根据推力器安装构型矩阵 $\boldsymbol{D}$,寻求推力器分配向量 $\boldsymbol{F}$,满足

$$J = \|\boldsymbol{DF} - \boldsymbol{v}_{\mathrm{d}}\|_p \tag{9.17}$$

最小,并满足执行机构约束 $0 \leqslant F_i \leqslant F_{i\max}$,其中向量范数为 p 范数。如果控制器给出的力和力矩指令在推力器可达集内,那么显然使得方程(9.17)得到最优解的条件为 $J=0$,进而说明推力器的能力能够完成当前控制器的控制指令。但实际上,该条件并不一定成立,尤其是在某种特定情形下,如采用小推力的推力器、大角度机动等。因此,考虑该分配目标极其必要。

分配优化:在给定推力器安装构型矩阵 $\boldsymbol{D}$,向量 $\boldsymbol{F}_g$ 满足 $\boldsymbol{0} \leqslant \boldsymbol{F}_g \leqslant \boldsymbol{F}_{\max}$ 时,寻找向量 $\boldsymbol{F}$ 满足

$$J = \|\boldsymbol{F}\|_p \tag{9.18}$$

使得

$$\boldsymbol{DF} = \boldsymbol{DF}_g, \quad 0 \leqslant F_i \leqslant F_{i\max} \tag{9.19}$$

混合优化:给定推力器安装构型矩阵 $\boldsymbol{D}$,重新定义优化指标,求解向量 $\boldsymbol{F}$ 满足

$$J = \|\boldsymbol{DF} - \boldsymbol{v}_{\mathrm{d}}\| + \varepsilon\|\boldsymbol{F}\| \tag{9.20}$$

并满足

$$0 \leqslant F_i \leqslant F_{i\max} \tag{9.21}$$

混合优化是将误差最优和分配最优两种不同的优化指标通过参变量 ε 变成一个统一的优化指标,如果选择较大的 ε,则分配结果更趋向于分配最优;如果选择较小的 ε,那么结果更趋向于误差最优。

选择不同的范数可以达到不同的控制目标,对于向量 $\boldsymbol{x} \in \mathbf{R}^m$,向量范数分别定义为

$$\begin{cases} \|\boldsymbol{x}\|_1 = \sum\limits_{i=1}^{m} |x_i| \\ \|\boldsymbol{x}\|_2 = \sqrt{\sum\limits_{i=1}^{m} |x_i|^2} \\ \|\boldsymbol{x}\|_\infty = \max(|x_i|, \cdots, |x_m|) \end{cases} \tag{9.22}$$

显然,可选择不同的向量范数表示控制分配误差,可针对具体的求解复杂性确定;可针对具体的求解复杂性确定;而对于控制最优指标,选择无穷范数是减

小各推力器的最大值,从而降低分配给推力器的最大推力,增加利用率低的推力器的工作负荷,达到均衡分配的目的。这种均衡是一种“相对均衡”,由控制指令确定,并非指最终分配给推力器的推力相等。通过设计一定的目标函数,满足控制器指令的要求,同时考虑了推力器间负荷均衡的效果,合理地分配给各个执行机构,因此,该方法是一种全局的均衡推力器控制分配策略。

2. 负载均衡分配方法

应用上节给出的混合优化控制分配模型,考虑负载均衡的控制分配模型可表示为

$$\begin{cases}\min\ J=\|\boldsymbol{DF}-\boldsymbol{v}_{\mathrm{d}}\|_1+\varepsilon\|\boldsymbol{F}\|_\infty \\ \text{s.t.}\quad 0\leqslant F_i\leqslant F_{i\max}\end{cases} \tag{9.23}$$

式中,误差最优选择1范数,控制最优选择无穷范数,即负载均衡的概念。

显然,上述控制分配模型无法直接求解,需要将其转化为标准的优化模型,并基于现有的优化方法进行求解。

引入参变量 F^*,满足 $F^*=\|\boldsymbol{F}\|_\infty$,并引入一个新的标量函数 $\boldsymbol{y}=s(x_i)$,该函数定义为

$$\boldsymbol{y}=s(x_i)=\begin{cases}x_i & (x_i>0)\\ 0 & (x_i\leqslant 0)\end{cases} \tag{9.24}$$

相应的向量函数 $\boldsymbol{y}=s(\boldsymbol{x})$ 对于 $\boldsymbol{x}\in\mathbf{R}^m$ 定义为

$$\boldsymbol{y}=s(\boldsymbol{x})=\begin{bmatrix}s(x_1)\\ \vdots \\ s(x_m)\end{bmatrix} \tag{9.25}$$

根据 s 函数的定义,引入松弛变量

$$\delta\boldsymbol{F}=[F^*\quad\cdots\quad F^*]^{\mathrm{T}}-\boldsymbol{F} \tag{9.26}$$

以及误差松弛变量

$$\begin{aligned}\boldsymbol{e}^+&=s(\boldsymbol{DF}-\boldsymbol{v}_{\mathrm{d}})\\ \boldsymbol{e}^-&=s(-\boldsymbol{DF}+\boldsymbol{v}_{\mathrm{d}})\end{aligned} \tag{9.27}$$

于是有

$$\boldsymbol{e}=\boldsymbol{e}^+-\boldsymbol{e}^-=\boldsymbol{DF}-\boldsymbol{v}_{\mathrm{d}} \tag{9.28}$$

令各推力器最大值的集合为 $\boldsymbol{F}_{\max}=[F_{1\max}\quad\cdots\quad F_{n\max}]^{\mathrm{T}}$,则有

$$\boldsymbol{0}\leqslant\delta\boldsymbol{F}\leqslant\boldsymbol{F}_{\max} \tag{9.29}$$

对于误差 $\boldsymbol{e}$,令 $\boldsymbol{e}_{\max}=s(\boldsymbol{a}_{\mathrm{d}})+s(-\boldsymbol{a}_{\mathrm{d}})$,则有

$$\boldsymbol{0}\leqslant\boldsymbol{e}^+\leqslant\boldsymbol{e}_{\max},\quad \boldsymbol{0}\leqslant\boldsymbol{e}^-\leqslant\boldsymbol{e}_{\max} \tag{9.30}$$

于是控制分配模型可以转化为标准的线性规划模型：

$$\begin{cases} \min \ \boldsymbol{c}^{\mathrm{T}}\boldsymbol{x} \\ \text{s.t.} \quad \boldsymbol{A}\boldsymbol{x} = \boldsymbol{b} \\ \qquad \ \ \boldsymbol{0} \leqslant \boldsymbol{x} \leqslant \boldsymbol{x}_{\max} \end{cases} \tag{9.31}$$

其中，

$$\begin{cases} \boldsymbol{A} = \begin{bmatrix} \boldsymbol{I}_{m\times m} & -\boldsymbol{I}_{m\times m} & -\boldsymbol{D} & \boldsymbol{0}_{m\times n} & \boldsymbol{0}_{m\times 1} \\ \boldsymbol{0}_{n\times m} & \boldsymbol{0}_{n\times m} & \boldsymbol{I}_{n\times n} & \boldsymbol{I}_{n\times n} & -\boldsymbol{I}_{n\times 1} \end{bmatrix} \\ \boldsymbol{x} = [\boldsymbol{e}^{+} \quad \boldsymbol{e}^{-} \quad \boldsymbol{F} \quad \boldsymbol{\delta F} \quad [F^{*} \quad \cdots \quad F^{*}]^{\mathrm{T}}]^{\mathrm{T}} \\ \boldsymbol{b} = \begin{bmatrix} -\boldsymbol{a}_{\mathrm{d}} \\ \boldsymbol{0}_{n\times 1} \end{bmatrix} \\ \boldsymbol{c} = [\boldsymbol{I}_{1\times m} \quad \boldsymbol{I}_{1\times m} \quad \boldsymbol{0}_{1\times n} \quad \boldsymbol{0}_{1\times n} \quad \varepsilon]^{\mathrm{T}} \\ \boldsymbol{x}_{\max} = [\boldsymbol{e}_{\max} \quad \boldsymbol{e}_{\max} \quad \boldsymbol{F}_{\max} \quad \boldsymbol{F}_{\max} \quad \boldsymbol{F}_{\max}]^{\mathrm{T}} \end{cases} \tag{9.32}$$

上述模型具有标准线性规划模型的形式，因此基于现有的线性分配方法可以进行求解。

这里介绍两种用于评价执行机构负载均衡方法性能的指标：平衡度和敏感度。

(1)负载裕度与平衡度。

定义第 i 个推力器的负载裕度为

$$M_i = \frac{F_{i\max} - F_i}{F_{i\max}} \tag{9.33}$$

在给定配置下，推力器的平均负载裕度为

$$M_{\mathrm{ave}}(t) = \frac{1}{n}\sum_{i=1}^{n} M_i(t) \tag{9.34}$$

平衡度定义为推力器配置下的整体平均负载裕度，可定义为

$$\alpha = \frac{1}{N}\sum_{j=1}^{N} M_{\mathrm{ave}}(j) \tag{9.35}$$

式中，N 为采样时间点的数目。

显然，在推力器均未工作在最大推力时，平均负载裕度越大，说明推力器平均输出距离推力器阈值越远，越能够避免出现推力器工作在最大负荷的概率。

(2)敏感度。

对于控制方法给出的期望力矩指令 $\boldsymbol{T}_{\mathrm{cmd}}$，加以一小的常值偏差向量 $\boldsymbol{\Delta}$，会导致执行机构指令发生变化，定义执行机构指令变化的程度为敏感度。其表达

式为

$$\beta = \frac{\| \boldsymbol{F}_{\mathrm{cmd}}(t) - \boldsymbol{F}_{\mathrm{delta}}(t) \|}{\| \boldsymbol{\Delta} \|} \tag{9.36}$$

式中，$\boldsymbol{F}_{\mathrm{cmd}}$为未加偏差的执行机构指令；$\boldsymbol{F}_{\mathrm{delta}}$为具有偏差时的执行机构指令。

由敏感度定义可知，敏感度越低时，执行机构的指令分配越理想，对误差的敏感程度越低。

综上，平衡度表征执行机构负载均衡状况，平衡度越高，则执行机构出现饱和状况的可能性越小；而敏感度表征方法对干扰的敏感程度，敏感度越低，则误差分配导致执行机构的出现饱和的可能性越小，表现为一定的鲁棒性。

3. 仿真及结果分析

推力器姿态控制的控制效率矩阵为

$$\boldsymbol{D} = \begin{bmatrix} 0.098 & 0.027 & 1.080 & 0.450 & -0.067 & 0.081 & 1.138 & -0.438 & 0 & 0 & 1.560 & -0.620 & 0.167 & -0.216 & -1.324 & 0.396 \\ 0.065 & 1.047 & -0.080 & 0.635 & 0.084 & 1.203 & 0.090 & 0.620 & 0 & 1.560 & 0 & -0.438 & -0.029 & -1.164 & 0.116 & -0.450 \\ 1.139 & -0.050 & 0.013 & -0.396 & -1.160 & 0.016 & -0.042 & 0.316 & 1.560 & 0 & 0 & -0.316 & -1.021 & 0.037 & -0.068 & 0.635 \end{bmatrix} \tag{9.37}$$

假定卫星质量为 10 kg，转动惯量为$\boldsymbol{I} = [6.292 \quad 0 \quad 0;0 \quad 0 \quad 2.687]\ \mathrm{kg \cdot m^2}$；初始姿态四元数为$\boldsymbol{q}(t_0) = [0.7035 \quad -0.4708 \quad 0.3430 \quad 0.4073]^{\mathrm{T}}$；初始姿态角速度$\boldsymbol{\omega}_{\mathrm{b0}} = [0.9 \quad 0.6 \quad 0.7]^{\mathrm{T}}\ \mathrm{rad/s}$；控制器采用 PD 控制律，控制律参数$k_{\mathrm{p}} = 2.4$，$k_{\mathrm{d}} = 3.9$。

为了能够对比说明均衡控制分配的效果，采用该方法和燃料最优推力器控制分配方法进行对比，燃料最优分配方法的模型可以写为

$$\begin{cases} \min \ F_1 + F_2 + \cdots + F_n \\ \mathrm{s.t.} \quad \boldsymbol{DF} = \boldsymbol{v}_{\mathrm{d}} \\ \qquad\quad 0 \leqslant F_i \leqslant F_{i\max} \\ \qquad\quad i = 1,2,\cdots,n \end{cases} \tag{9.38}$$

该模型是一个标准线性规划模型，可采用标准的线性规划方法求解。

在给定的安装构型及控制效率矩阵 $\boldsymbol{D}$ 下，记矩阵 $\boldsymbol{D}$ 的每 i 列为编号为#i 的推力器分别在三个坐标轴的分量，每个推力器的最小推力均为 0.01 N，最大推力为 10 N，推力器可以产生连续推力。在给定的推力器配置和控制律的作用下，姿态角速度和姿态四元数随时间变化曲线如图 9.4 和图 9.5 所示。可以看出姿态角速度逐渐趋于 0，同时从姿态四元数的变化可以看出，小卫星从初始姿态完成机动，进入稳态过程。

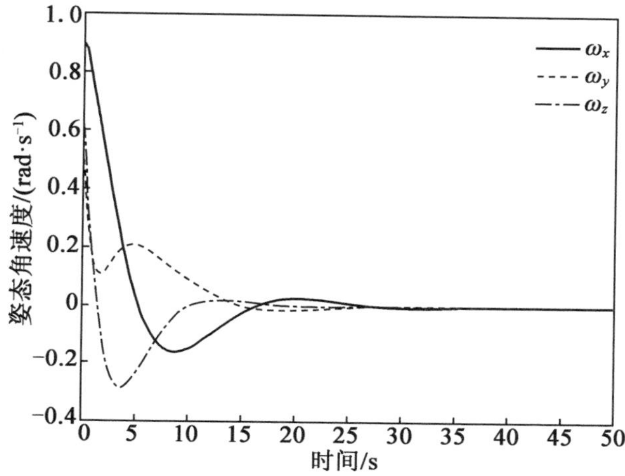

图9.4　姿态角速度随时间变化曲线

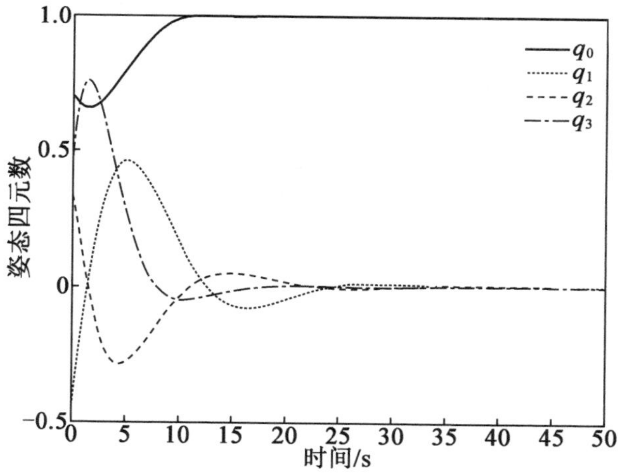

图9.5　姿态四元数随时间变化曲线

在姿态控制过程中,负载均衡分配推力器工作情况及燃料最优分配推力器工作情况如图9.6所示。其中图9.6(a)、(b)是负载平衡下的推力器分配结果,而图9.6(c)、(d)是燃料最优控制分配时各个推力器的工作状态,灰色填充部分为推力器的工作时间段,非填充区域表示推力器处于关机状态,每个推力器柱状图后面的数字表示推力器工作期间输出的最大推力。

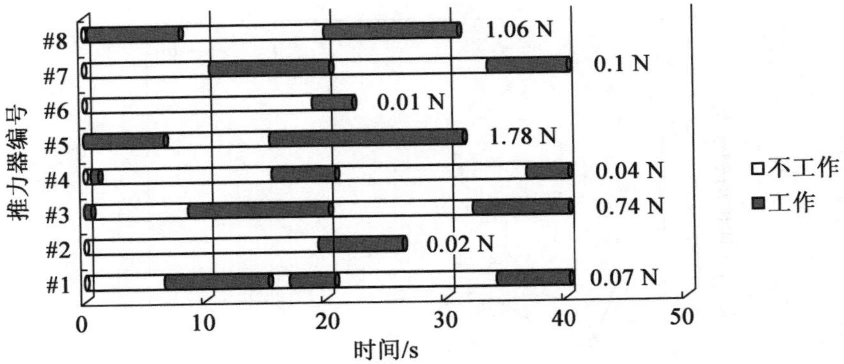

(a)#1~#8推力器负载均衡

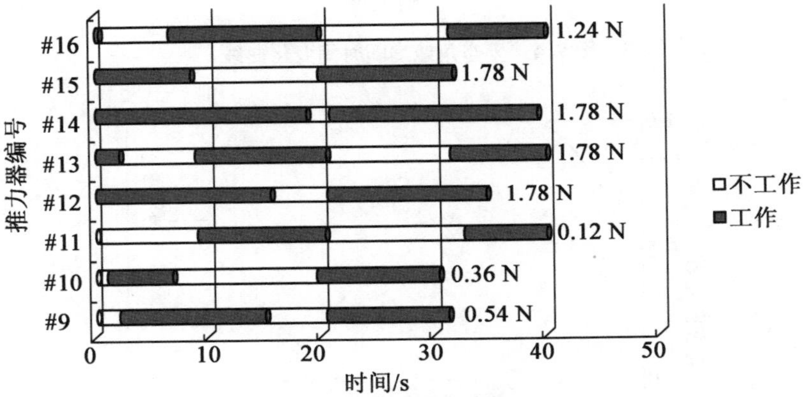

(b)#9~#16推力器负载均衡

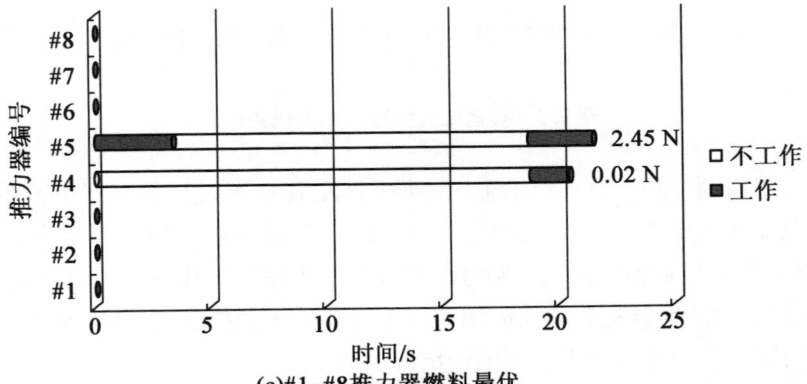

(c)#1~#8推力器燃料最优

图 9.6　负载均衡分配推力器工作情况及燃料最优分配推力器工作情况

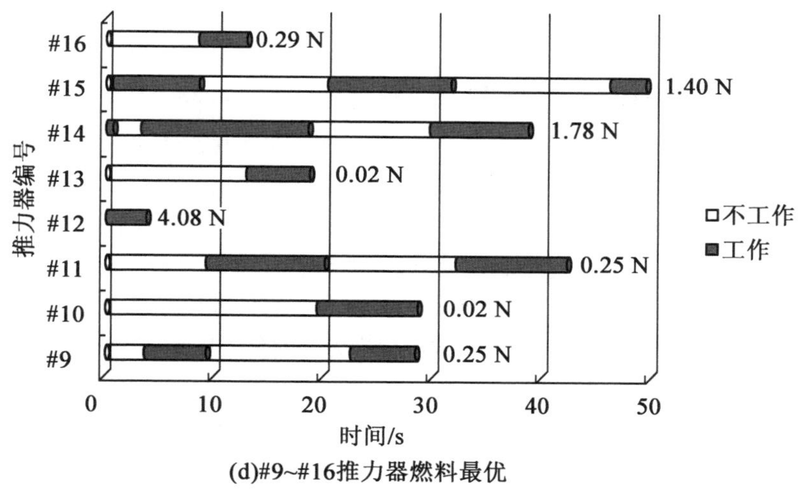

(d)#9~#16推力器燃料最优

续图 9.6

从图 9.6 中可以得出以下结论。

(1)推力器工作数目。

在进行姿态控制期间,采用负载均衡控制分配方法时,所有推力器都参与了工作,而燃料最优控制分配方法参与控制的推力器只有 10 个。这说明了负载均衡控制分配方法能够合理利用推力器的安装布局,使推力器间彼此协同工作,避免频繁使用部分推力器,从而均衡各推力器的利用率。

(2)系统进入稳态时间。

采用负载均衡控制分配方法时,系统进入稳态的时间为 40.2 s;而采用燃料最优控制分配方法时,系统进入稳态的时间为 49.6 s。可见,采用负载均衡控制分配方法能充分利用多推力器协同工作降低系统稳态时间,这对于工程实际应用是十分有意义的。

(3)最大推力。

采用负载均衡控制分配方法时,最大推力输出为#5、#12、#13、#14、#15 推力器,均为 1.78 N;采用燃料最优控制分配方法时,最大推力输出为#12 推力器,大小为 4.08 N。可见,负载均衡控制分配方法能够减小最大分配推力达 56.4%,因此该方法能够有效降低某一或某些推力器的工作负荷。

(4)推力器总工作时间。

采用负载均衡控制分配方法时,所有 16 个推力器的工作时间总和为 306.3 s;而燃料最优控制分配方法的推力器工作时间总和仅为 111 s。这也说明负载均衡控制分配方法所达到的优化效果是以增加总的推力器工作时间为代价的,但是,在燃料最优控制分配方法中,工作时间较长的推力器,如#11、#15 推力器,在负载均衡控制分配方法中，工作时间均有所减少。

(5)总燃料消耗。

燃料消耗常用速度增量表示，采用燃料最优的控制分配方法时，总速度增量为0.002 4 km/s；而负载均衡的控制分配方法的速度增量为0.003 2 km/s。可见，负载均衡的控制分配方法比燃料最优的控制分配增加燃料消耗约33.3%。

图9.7和图9.8分别给出了姿态控制过程中，各个时刻下分配给推力器的最大推力变化曲线和平均负载裕度变化曲线，燃料最优控制分配曲线始终位于负载均衡控制分配曲线上方，更直观地体现出了提出的控制分配方法能够有效地降低分配给推力器的最大控制指令分量，优化控制过程使得推力器间分配更为均衡、合理。

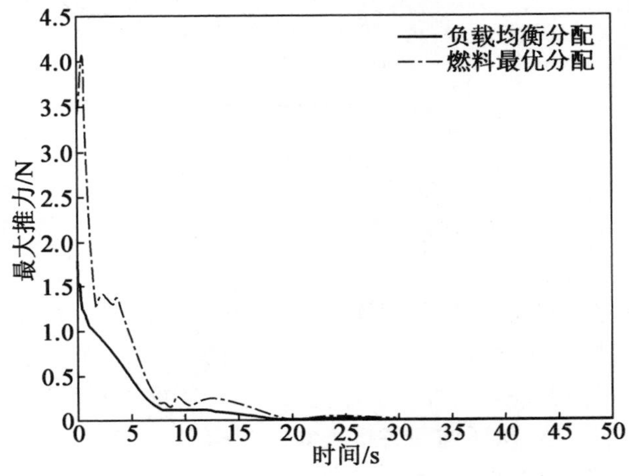

图9.7　最大推力变化曲线

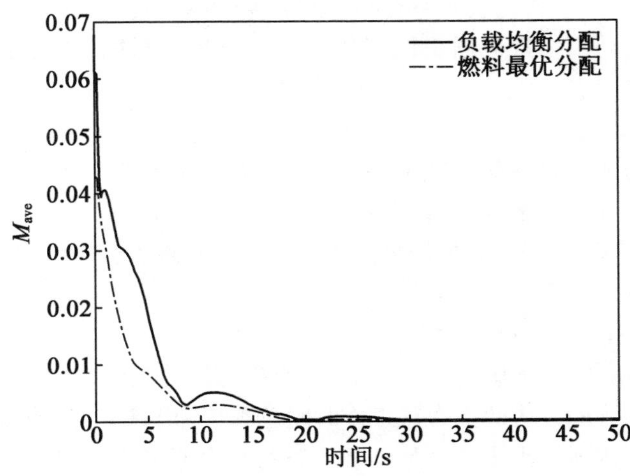

图9.8　平均负载裕度变化曲线

通过表 9.1 可以看出，负载均衡控制分配方法能够增加推力器配置的平衡度，同时降低对扰动信号的敏感程度，从而提高控制系统性能。

表 9.1　两种方法评价对比结果

指标	条件	负载均衡控制分配	燃料最优控制分配
平衡度 α	5 000 个采样点	0.004 7	0.002 8
敏感度 β	力矩指令 $\boldsymbol{T}_{\text{cmd}}=[4.5\quad -1.6\quad 3.7]^{\text{T}}$ N · m 扰动指令 $\boldsymbol{T}_{\text{d}}=[0.2\quad 0.2\quad 0.1]^{\text{T}}$ N · m	0.175	2.223

根据仿真，在给定的评价指标下进行了验证，得到了以下结论。

（1）负载均衡控制分配方法能够充分利用推力器冗余特性，通过增加推力器的执行数目，达到减小推力器最大分配推力，减小控制系统进入稳态时间的目的。

（2）负载均衡控制分配方法能有效增加推力器配置的平衡度，将控制器指令均衡分配给各个推力器，同时在存在扰动力矩时，负载均衡控制分配方法对扰动误差不敏感，鲁棒性强。

9.2　航天器编队控制中的能耗均衡控制

9.2.1　卫星编队控制中的燃料平衡最优控制

对于航天器编队的控制分配，除需考虑航天器层面的控制分配外，还需从航天器编队考虑控制分配问题，如编队航天器间燃料平衡[4]、控制能力匹配[5]等。航天器编队的任务寿命很大程度上受限于所携带的燃料，而整个编队系统的寿命取决于燃料消耗最大的航天器的寿命，因此参与编队航天器之间的燃料平衡问题是航天器编队控制分配问题所需要考虑的关键问题之一。

如果将参与编队的航天器看作是具有三轴相对轨道和姿态控制能力的虚拟执行机构，由于此时航天器编队具有冗余的虚拟执行机构，因此可以利用控制分配方法解决多航天器编队的燃料平衡、控制能力匹配等问题[6,7]。

因此，本节研究将控制分配方法应用于航天器编队控制，设计相应的最优控制方法，并针对控制能力约束进行修正，以解决航天器间的燃料平衡问题。

1. 编队燃料平衡问题描述及解决思路

为说明航天器燃料平衡问题及应用控制分配方法的基本解决思路，以平面内的双星编队的最简单布局为例加以说明，双星编队协同控制示意图如图 9.9 所示。

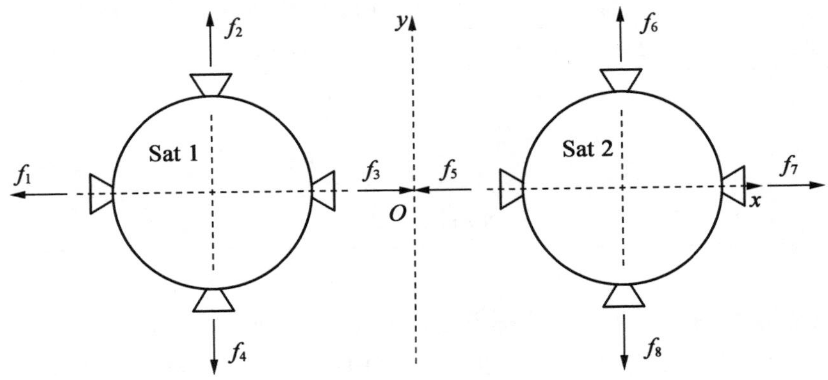

图 9.9　双星编队协同控制示意图

分布式航天器系统在进行编队变换和编队保持时，需要对整个编队系统中的单颗航天器的推力器进行配置，根据期望的控制指令指定某颗航天器的某个推力器工作，例如，双星进行编队重构，双星间的间距需要加大，由于编队系统中两颗卫星都具有机动能力，那么就可以根据当前的两颗卫星的燃料消耗情况进行动态分配，比如现在两颗卫星的燃料储存情况相当，同时 1 号星（Sat 1）和 2 号星（Sat 2）的质量相同，那么可以使 1 号星（Sat 1）的 f_3 等于 2 号星（Sat 2）的 f_5，$f_3 = f_5 = 1/2U$，即两个推力器输出相等的推力，且方向相反，推力大小为期望的一半。如果 1 号星（Sat 1）的质量是 2 号星（Sat 2）的 2 倍，$m_1 = 2m_2$，推力器为了完成同样的控制任务，选用 1 号星（Sat 1）的 f_3 和 2 号星（Sat 2）的 f_7 两组推力器，并且$f_3 = f_7$，方向相同。通过这样的动态分配方法，可以平衡整个系统中的燃料，不会出现某颗卫星提前因为燃料消耗完而使整个系统失效的情况。

采用控制分配方法进行航天器编队燃料平衡的基本原理：以航天器 A、航天器 B 双航天器编队为例，要控制航天器编队相对轨道和姿态，在编队控制方法给出期望控制量后，可以由航天器 A 上的推力器工作完成控制，也可以由航天器 B 上的推力器工作来完成，这就为两航天器间燃料平衡提供了条件，可选择两航天器中燃料剩余多的推力器工作完成控制。该方法同样适用于多航天器间燃料平衡，不过分配策略更为复杂。

2. 双星编队燃料平衡最优控制方法

(1)初始控制量求解方法。

为简化问题分析,本节仅考虑双星编队中的相对轨道控制,单星轨道动力学方程可线性化为

$$\dot{\boldsymbol{x}}_i(t)=\boldsymbol{A}\boldsymbol{x}_i(t)+\boldsymbol{B}_i\boldsymbol{u}_i(t)\quad (i=1,2) \tag{9.39}$$

式中,$\boldsymbol{x}_i\in\mathbf{R}^6$ 代表卫星轨道运动状态,包括单颗卫星的位置和速度分量;$\boldsymbol{A}\in\mathbf{R}^{6\times 6}$;$\boldsymbol{B}_i=(1/m_i)[\boldsymbol{0}_{3\times 3}\quad \boldsymbol{I}_{3\times 3}]^{\mathrm{T}}\in\mathbf{R}^{6\times 3}$。

假设双星编队运行于圆轨道,双星编队 Hill 动力学方程的状态方程为

$$\dot{\boldsymbol{z}}(t)=\boldsymbol{A}\boldsymbol{z}(t)+\boldsymbol{B}\boldsymbol{u}(t) \tag{9.40}$$

式中,$\boldsymbol{z}(t)=\boldsymbol{x}_1(t)-\boldsymbol{x}_2(t)$;$\boldsymbol{B}=[\boldsymbol{B}_1\quad -\boldsymbol{B}_2]$;$\boldsymbol{u}(t)=[\boldsymbol{u}_1^{\mathrm{T}}(t)\quad \boldsymbol{u}_2^{\mathrm{T}}(t)]^{\mathrm{T}}$;矩阵 $\boldsymbol{A}$ 可表示为

$$\boldsymbol{A}=\begin{bmatrix} 0 & 0 & 0 & 1 & 0 & 0\\ 0 & 0 & 0 & 0 & 1 & 0\\ 0 & 0 & 0 & 0 & 0 & 1\\ 3n^2 & 0 & 0 & 0 & 2n & 0\\ 0 & 0 & 0 & -2n & 0 & 0\\ 0 & 0 & -n^2 & 0 & 0 & 0 \end{bmatrix} \tag{9.41}$$

式中,$n=\sqrt{GM/r^3}$ 为轨道固有频率;r 为卫星轨道半径;M 为地球质量;G 为万有引力常数。

将式(9.40)进一步变化为

$$\dot{\boldsymbol{z}}(t)-\boldsymbol{A}\boldsymbol{z}(t)=\boldsymbol{B}\boldsymbol{u}(t) \tag{9.42}$$

定义

$$\boldsymbol{M}_{\mathrm{d}}=\dot{\boldsymbol{z}}(t)-\boldsymbol{A}\boldsymbol{z}(t) \tag{9.43}$$

因此式(9.42)可表示为

$$\boldsymbol{M}_{\mathrm{d}}=\boldsymbol{B}\boldsymbol{u}(t) \tag{9.44}$$

对于双星编队,可选择两颗卫星中的任何一个来完成相对位置调整,故可将 $\boldsymbol{u}(t)$ 看作虚拟执行机构的推力,通过冗余的虚拟执行机构分配实现期望控制力 $\boldsymbol{M}_{\mathrm{d}}$,$\boldsymbol{B}$ 为虚拟执行机构的效率矩阵。从而将具有燃料平衡要求的双星编队控制转化为控制分配问题。期望控制力 $\boldsymbol{M}_{\mathrm{d}}$ 可根据不同的编队控制需求获得。

为求解 $\boldsymbol{u}(t)$,可采用求解伪逆法的类似方式。首先,以燃料总消耗及两星燃料消耗之差最小为目标,定义优化目标函数为

$$
\begin{aligned}
J(\boldsymbol{u}) &= \int_{t_0}^{t_f} \{\boldsymbol{u}_1(t)^{\mathrm{T}}\boldsymbol{R}_1\boldsymbol{u}_1(t) + \boldsymbol{u}_2(t)^{\mathrm{T}}\boldsymbol{R}_2\boldsymbol{u}_2(t) + [\boldsymbol{u}_2(t) - \boldsymbol{u}_1(t)]^{\mathrm{T}}\hat{\boldsymbol{R}}[\boldsymbol{u}_2(t) - \boldsymbol{u}_1(t)]\}\,\mathrm{d}t \\
&= \int_{t_0}^{t_f} \boldsymbol{u}(t)^{\mathrm{T}} \begin{bmatrix} \boldsymbol{R}_1 + \hat{\boldsymbol{R}} & -\hat{\boldsymbol{R}} \\ -\hat{\boldsymbol{R}} & \boldsymbol{R}_2 + \hat{\boldsymbol{R}} \end{bmatrix} \boldsymbol{u}(t)\,\mathrm{d}t \\
&= \int_{t_0}^{t_f} \boldsymbol{u}(t)^{\mathrm{T}}\boldsymbol{R}\boldsymbol{u}(t)\,\mathrm{d}t
\end{aligned} \tag{9.45}
$$

式中，$\boldsymbol{R}_1$、$\boldsymbol{R}_2$ 和 $\hat{\boldsymbol{R}}$ 是加权矩阵。

$$
\boldsymbol{R} = \begin{bmatrix} \boldsymbol{R}_1 + \hat{\boldsymbol{R}} & -\hat{\boldsymbol{R}} \\ -\hat{\boldsymbol{R}} & \boldsymbol{R}_2 + \hat{\boldsymbol{R}} \end{bmatrix} = \begin{bmatrix} \boldsymbol{R}_{11} & \boldsymbol{R}_{12} \\ \boldsymbol{R}_{21} & \boldsymbol{R}_{22} \end{bmatrix} \tag{9.46}
$$

为求解式(9.42)~(9.44)给出的最优化问题，引入 Lagrange 乘子法，并定义标量函数 $H(z,\boldsymbol{u},\boldsymbol{\lambda})$ 为

$$
H(z,\boldsymbol{u},\boldsymbol{\lambda}) = \boldsymbol{u}^{\mathrm{T}}\boldsymbol{R}\boldsymbol{u} + \boldsymbol{\lambda}^{\mathrm{T}}(\boldsymbol{A}z + \boldsymbol{B}\boldsymbol{u}) \tag{9.47}
$$

根据极值必要条件 $\dfrac{\partial H(z,\boldsymbol{u},\boldsymbol{\lambda})}{\partial z}=0$、$\dfrac{\partial H(z,\boldsymbol{u},\boldsymbol{\lambda})}{\partial \boldsymbol{u}}=0$ 及 $\dfrac{\partial H(z,\boldsymbol{u},\boldsymbol{\lambda})}{\partial \boldsymbol{\lambda}}=0$，得

$$
\dot{\boldsymbol{\lambda}}(t) = -\frac{\partial H}{\partial z} = -\boldsymbol{A}^{\mathrm{T}}\boldsymbol{\lambda}(t) \tag{9.48}
$$

$$
\dot{z} = \frac{\partial H}{\partial \boldsymbol{\lambda}} = \boldsymbol{A}z(t) + \boldsymbol{B}\boldsymbol{u}(t) \tag{9.49}
$$

$$
0 = \frac{\partial H}{\partial \boldsymbol{u}} = 2\boldsymbol{R}\boldsymbol{u}(t) + \boldsymbol{B}^{\mathrm{T}}\boldsymbol{\lambda}(t) \tag{9.50}
$$

由式(9.48)可知，

$$
\boldsymbol{\lambda}(t) = \boldsymbol{C}e^{-A^{\mathrm{T}}t} \tag{9.51}
$$

式中，$\boldsymbol{C}$ 是常矢量；$e^{-A^{\mathrm{T}}t}$ 为

$$
e^{-A^{\mathrm{T}}t} = \begin{bmatrix}
4-3\cos nt & 0 & 0 & \dfrac{\sin nt}{n} & \dfrac{-2\cos nt+2}{n} & 0 \\
6\sin nt-6nt & 1 & 0 & \dfrac{2\cos nt-2}{n} & \dfrac{-3nt+4\sin nt}{n} & 0 \\
0 & 0 & \cos nt & 0 & 0 & \dfrac{\sin nt}{n} \\
3n\sin nt & 0 & 0 & \cos nt & 2\sin nt & 0 \\
6n\cos nt-6n & 0 & 0 & -2\sin nt & -3+4\cos nt & 0 \\
0 & 0 & -n\sin nt & 0 & 0 & \cos nt
\end{bmatrix}
$$

由式(9.50)可得

$$\boldsymbol{u}(t)=\frac{1}{2}\boldsymbol{R}^{-1}\boldsymbol{B}^{\mathrm{T}}\boldsymbol{\lambda}(t) \tag{9.52}$$

由于 $\boldsymbol{R}$ 是分块矩阵,因此有

$$\boldsymbol{R}^{-1}=\begin{bmatrix}\boldsymbol{R}_{11} & \boldsymbol{R}_{12}\\ \boldsymbol{R}_{21} & \boldsymbol{R}_{22}\end{bmatrix}^{-1}=\begin{bmatrix}\overline{\boldsymbol{R}}_{11} & \overline{\boldsymbol{R}}_{12}\\ \overline{\boldsymbol{R}}_{21} & \overline{\boldsymbol{R}}_{22}\end{bmatrix} \tag{9.53}$$

其中,

$$\begin{cases}\overline{\boldsymbol{R}}_{11}=(\boldsymbol{R}_{11}-\boldsymbol{R}_{12}\boldsymbol{R}_{22}^{-1}\boldsymbol{R}_{21})^{-1}\\ \overline{\boldsymbol{R}}_{12}=\boldsymbol{R}_{11}^{-1}\boldsymbol{R}_{12}(\boldsymbol{R}_{21}\boldsymbol{R}_{11}^{-1}\boldsymbol{R}_{12}-\boldsymbol{R}_{22})^{-1}\\ \overline{\boldsymbol{R}}_{21}=(\boldsymbol{R}_{21}\boldsymbol{R}_{11}^{-1}\boldsymbol{R}_{12}-\boldsymbol{R}_{22})^{-1}\boldsymbol{R}_{21}\boldsymbol{R}_{11}^{-1}\\ \overline{\boldsymbol{R}}_{22}=(\boldsymbol{R}_{22}-\boldsymbol{R}_{21}\boldsymbol{R}_{11}^{-1}\boldsymbol{R}_{12})^{-1}\end{cases} \tag{9.54}$$

将式(9.51)、式(9.52)代入式(9.49)得

$$\dot{\boldsymbol{z}}=\boldsymbol{A}\boldsymbol{z}(t)-\frac{1}{2}\boldsymbol{C}\boldsymbol{B}\boldsymbol{R}^{-1}\boldsymbol{B}^{\mathrm{T}}e^{-\boldsymbol{A}t} \tag{9.55}$$

对等式(9.55)积分,可得

$$\boldsymbol{z}(t)=e^{\boldsymbol{A}(t-t_0)}\boldsymbol{z}(t_0)-\frac{1}{2}\int_0^{t-t_0}e^{\boldsymbol{A}\tau}\boldsymbol{C}\boldsymbol{B}\boldsymbol{R}^{-1}\boldsymbol{B}^{\mathrm{T}}e^{-\boldsymbol{A}^{\mathrm{T}}(t-\tau)}\mathrm{d}\tau \tag{9.56}$$

给定边界条件 $\boldsymbol{z}(t_0)$ 和 $\boldsymbol{z}(t_{\mathrm{f}})$,常矢量 $\boldsymbol{C}$ 为

$$\boldsymbol{C}=-2\left(\int_0^{t_{\mathrm{f}}-t_0}e^{\boldsymbol{A}\tau}\boldsymbol{B}\boldsymbol{R}^{-1}\boldsymbol{B}^{\mathrm{T}}e^{-\boldsymbol{A}^{\mathrm{T}}(t_{\mathrm{f}}-\tau)}\mathrm{d}\tau\right)^{-1}[\boldsymbol{z}(t_{\mathrm{f}})-e^{\boldsymbol{A}(t_{\mathrm{f}}-t_0)}\boldsymbol{z}(t_0)] \tag{9.57}$$

将式(9.51)及式(9.57)代入式(9.52),经过整理可得

$$\boldsymbol{u}(t)=\boldsymbol{R}^{-1}\boldsymbol{B}^{\mathrm{T}}e^{-\boldsymbol{A}^{\mathrm{T}}t}\left(\int_0^{t_{\mathrm{f}}-t_0}e^{\boldsymbol{A}\tau}\boldsymbol{B}\boldsymbol{R}^{-1}\boldsymbol{B}^{\mathrm{T}}e^{-\boldsymbol{A}^{\mathrm{T}}(t_{\mathrm{f}}-\tau)}\mathrm{d}\tau\right)^{-1}[\boldsymbol{z}(t_{\mathrm{f}})-e^{\boldsymbol{A}(t_{\mathrm{f}}-t_0)}\boldsymbol{z}(t_0)] \tag{9.58}$$

由式(9.53)可知,

$$\begin{aligned}\boldsymbol{B}\boldsymbol{R}^{-1}\boldsymbol{B}^{\mathrm{T}}&=\begin{bmatrix}\boldsymbol{0}_{3\times3} & \boldsymbol{0}_{3\times3}\\ \frac{1}{m_1}\boldsymbol{I}_{3\times3} & -\frac{1}{m_2}\boldsymbol{I}_{3\times3}\end{bmatrix}\begin{bmatrix}\overline{\boldsymbol{R}}_{11} & \overline{\boldsymbol{R}}_{12}\\ \overline{\boldsymbol{R}}_{21} & \overline{\boldsymbol{R}}_{22}\end{bmatrix}\begin{bmatrix}\boldsymbol{0}_{3\times3} & \frac{1}{m_1}\boldsymbol{I}_{3\times3}\\ \boldsymbol{0}_{3\times3} & -\frac{1}{m_2}\boldsymbol{I}_{3\times3}\end{bmatrix}\\ &=\begin{bmatrix}\boldsymbol{0}_{3\times3} & \boldsymbol{0}_{3\times3}\\ \frac{1}{m_1}\overline{\boldsymbol{R}}_{11}-\frac{1}{m_2}\overline{\boldsymbol{R}}_{21} & \frac{1}{m_1}\overline{\boldsymbol{R}}_{12}-\frac{1}{m_2}\overline{\boldsymbol{R}}_{22}\end{bmatrix}\begin{bmatrix}\boldsymbol{0}_{3\times3} & \frac{1}{m_1}\boldsymbol{I}_{3\times3}\\ \boldsymbol{0}_{3\times3} & -\frac{1}{m_2}\boldsymbol{I}_{3\times3}\end{bmatrix}\end{aligned}$$

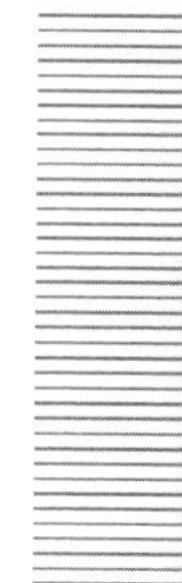

$$
= \begin{bmatrix} \mathbf{0} & \mathbf{0} \\ \mathbf{0} & \overline{\boldsymbol{R}} \end{bmatrix} \tag{9.59}
$$

其中，

$$
\overline{\boldsymbol{R}} = \frac{1}{m_1^2}\overline{\boldsymbol{R}}_{11} - \frac{1}{m_1 m_2}\overline{\boldsymbol{R}}_{12} - \frac{1}{m_1 m_2}\overline{\boldsymbol{R}}_{21} + \frac{1}{m_2^2}\overline{\boldsymbol{R}}_{22} \tag{9.60}
$$

考虑到编队中双星地位均等，可取相等的加权系数，即 $\boldsymbol{R}_1 = \boldsymbol{R}_2 = \boldsymbol{I}, \hat{\boldsymbol{R}} = \beta\boldsymbol{I}$，进而有

$$
\overline{\boldsymbol{R}} = \frac{1}{2\beta}\left(\frac{1+\beta}{m_1^2} - 2\frac{\beta}{m_1 m_2} + \frac{1+\beta}{m_2^2}\right)\boldsymbol{I} \tag{9.61}
$$

(2)基于零空间的初值修正方法。

采用零空间修正策略，可将编队中的成员航天器看作是具有三轴相对轨道控制能力的虚拟推力器，设在各轴上的最大推力为 u_i^u，即

$$
\begin{cases} -u_i^u \leqslant u_{xi} \leqslant u_i^u \\ -u_i^u \leqslant u_{yi} \leqslant u_i^u \\ -u_i^u \leqslant u_{zi} \leqslant u_i^u \end{cases} \tag{9.62}
$$

由上式边界条件得到推力的控制子集 $\boldsymbol{\Omega}$。

首先将初解 $\boldsymbol{u}$ 按照单轴方向期望推力是否超出航天器推力范围进行分块：

$$
\boldsymbol{u} = \begin{bmatrix} \boldsymbol{u}_1 \\ \boldsymbol{u}_2 \end{bmatrix}, \quad \boldsymbol{u}_1 \notin \boldsymbol{\Omega}, \quad \boldsymbol{u}_2 \in \boldsymbol{\Omega} \tag{9.63}
$$

同时由 $\boldsymbol{B}\boldsymbol{u}_n = \mathbf{0}$ 求出零空间向量 $\boldsymbol{u}_n$，并相应地将零空间正交基 $\boldsymbol{u}_n$ 按对应的控制变量是否超出控制阈进行分块：

$$
\boldsymbol{u}_n = \begin{bmatrix} \boldsymbol{u}_{n1} \\ \boldsymbol{u}_{n2} \end{bmatrix} \tag{9.64}
$$

修正伪逆法表示为

$$
\begin{cases} \boldsymbol{u}_1' = \boldsymbol{u}_1 + \boldsymbol{u}_{n1}\boldsymbol{K} \\ \boldsymbol{u}_2' = \boldsymbol{u}_2 + \boldsymbol{u}_{n2}\boldsymbol{K} \end{cases} \tag{9.65}
$$

式中，因为 $\boldsymbol{u}_1$ 是超限组，故将 $\boldsymbol{u}_1'$ 置于可达集最大极限推力上，即

$$
\boldsymbol{u}_1' = [u_i^u \quad \cdots \quad u_i^u] \tag{9.66}
$$

采用参数阵 $\boldsymbol{K}$ 求解方法，即

$$
\boldsymbol{K} = \boldsymbol{u}_{n1}^{+}(\boldsymbol{u}_1' - \boldsymbol{u}_1) \tag{9.67}
$$

得到参数阵 $\boldsymbol{K}$,控制变量 $\boldsymbol{u}_2$ 调节为

$$\boldsymbol{u}_2' = \boldsymbol{u}_2 + \boldsymbol{u}_{n2}\boldsymbol{u}_{n1}^{+}(\boldsymbol{u}_1' - \boldsymbol{u}_1) \tag{9.68}$$

经过上述修正后,求得的控制指令满足推力约束要求。

3. 多星编队燃料平衡最优控制方法

上节讨论了双星编队燃料平衡最优控制,本节以三星编队为例探讨多星编队的燃料平衡最优控制方法。

同双星编队情况类似,首先要将相对轨道动力学方程进行转换,令 z_1 和 z_2 分别为两颗从星相对主星的相对状态,即

$$\begin{cases} z_1(t) = \boldsymbol{x}_1(t) - \boldsymbol{x}_2(t) \\ z_2(t) = \boldsymbol{x}_1(t) - \boldsymbol{x}_3(t) \end{cases} \tag{9.69}$$

相对轨道动力学方程可以表示为 $\dot{z}(t) = \boldsymbol{A}z(t) + \boldsymbol{B}\boldsymbol{u}(t)$ 的形式:

$$\begin{bmatrix} \dot{z}_1(t) \\ \dot{z}_2(t) \end{bmatrix}\begin{bmatrix} \hat{\boldsymbol{A}} & \boldsymbol{0} \\ \boldsymbol{0} & \hat{\boldsymbol{A}} \end{bmatrix}\begin{bmatrix} z_1(t) \\ z_2(t) \end{bmatrix} + \begin{bmatrix} \boldsymbol{0} & \boldsymbol{0} & \boldsymbol{0} \\ \boldsymbol{B}_1 & -\boldsymbol{B}_2 & \boldsymbol{0} \\ \boldsymbol{0} & \boldsymbol{0} & \boldsymbol{0} \\ \boldsymbol{B}_1 & \boldsymbol{0} & -\boldsymbol{B}_3 \end{bmatrix}\begin{bmatrix} \boldsymbol{u}_1(t) \\ \boldsymbol{u}_2(t) \\ \boldsymbol{u}_3(t) \end{bmatrix} \tag{9.70}$$

式中,$\hat{\boldsymbol{A}} = \begin{bmatrix} \boldsymbol{0} & \boldsymbol{I} \\ \boldsymbol{0} & \boldsymbol{0} \end{bmatrix}$;$\boldsymbol{B}_i = \dfrac{1}{m_i}\boldsymbol{I}(i=1,2,3)$。

由于卫星编队控制的目标是每颗卫星消耗的燃料基本一致,因此定义优化目标函数为

$$\widetilde{O}(\boldsymbol{u}) = \begin{bmatrix} \boldsymbol{u}_1(t) \\ \boldsymbol{u}_2(t) \\ \boldsymbol{u}_3(t) \end{bmatrix}^{\mathrm{T}} \boldsymbol{R} \begin{bmatrix} \boldsymbol{u}_1(t) \\ \boldsymbol{u}_2(t) \\ \boldsymbol{u}_3(t) \end{bmatrix} \mathrm{d}\tau = \int_{t_0}^{t_f} \boldsymbol{u}(t)^{\mathrm{T}}\boldsymbol{R}\boldsymbol{u}(t)\,\mathrm{d}\tau \tag{9.71}$$

其中,

$$\boldsymbol{R} = \begin{bmatrix} \boldsymbol{R}_1 + \hat{\boldsymbol{R}} & -\hat{\boldsymbol{R}} & \boldsymbol{0} \\ -\hat{\boldsymbol{R}} & \boldsymbol{R}_2 + 2\hat{\boldsymbol{R}} & -\hat{\boldsymbol{R}} \\ \boldsymbol{0} & -\hat{\boldsymbol{R}} & \boldsymbol{R}_3 + \hat{\boldsymbol{R}} \end{bmatrix} \tag{9.72}$$

除矩阵 $\boldsymbol{A}$、$\boldsymbol{B}$ 和 $\boldsymbol{R}$,以及矢量 z 和 $\boldsymbol{u}$ 有所不同,三星最优控制方法的求解过程同双星编队类似,首先利用式(9.51)求出协状态变量 $\boldsymbol{\lambda}(t) = e^{-\boldsymbol{A}^{\mathrm{T}}t}\boldsymbol{y}$,由于矩阵 $\boldsymbol{A}$ 的特殊结构,有下式成立:

$$e^{A} = I - tA^{\mathrm{T}} \tag{9.73}$$

为求解常值矢量 $\boldsymbol{y}$，令

$$\boldsymbol{R}^{-1} = \begin{bmatrix} \overline{\boldsymbol{R}}_{11} & \overline{\boldsymbol{R}}_{12} & \overline{\boldsymbol{R}}_{13} \\ \overline{\boldsymbol{R}}_{21} & \overline{\boldsymbol{R}}_{22} & \overline{\boldsymbol{R}}_{23} \\ \overline{\boldsymbol{R}}_{31} & \overline{\boldsymbol{R}}_{32} & \overline{\boldsymbol{R}}_{33} \end{bmatrix} \tag{9.74}$$

求解最优条件给出状态 $\boldsymbol{z}(t)$ 具有如下形式：

$$\boldsymbol{z}(t) = \begin{bmatrix} \boldsymbol{I} & (t-t_0)\boldsymbol{I} & \boldsymbol{0} & \boldsymbol{0} \\ \boldsymbol{0} & \boldsymbol{I} & \boldsymbol{0} & \boldsymbol{0} \\ \boldsymbol{0} & \boldsymbol{0} & \boldsymbol{I} & (t-t_0)\boldsymbol{I} \\ \boldsymbol{0} & \boldsymbol{0} & \boldsymbol{0} & \boldsymbol{I} \end{bmatrix} \boldsymbol{z}(t_0) + \frac{1}{2}[\boldsymbol{M}(t) \otimes^2 \widetilde{\boldsymbol{R}}]\boldsymbol{y} \tag{9.75}$$

其中，

$$\boldsymbol{M}(t) = \begin{bmatrix} \frac{1}{6}(t-t_0)^2(t+2t_0) & -\frac{1}{2}(t-t_0)^2 \\ \frac{1}{2}(t-t_0)(t+t_0) & -(t-t_0) \end{bmatrix}$$

$$\widetilde{\boldsymbol{R}}_{11} = \left[\frac{1}{m_1^2}\overline{\boldsymbol{R}}_{11} + \frac{1}{m_2^2}\overline{\boldsymbol{R}}_{22} - \frac{1}{m_1 m_2}(\overline{\boldsymbol{R}}_{21} + \overline{\boldsymbol{R}}_{12})\right]\boldsymbol{I}$$

$$\widetilde{\boldsymbol{R}}_{12} = \left(\frac{1}{m_1^2}\overline{\boldsymbol{R}}_{11} + \frac{1}{m_2 m_3}\overline{\boldsymbol{R}}_{23} - \frac{1}{m_1 m_2}\overline{\boldsymbol{R}}_{21} - \frac{1}{m_1 m_3}\overline{\boldsymbol{R}}_{13}\right)\boldsymbol{I}$$

$$\widetilde{\boldsymbol{R}}_{21} = \left(\frac{1}{m_1^2}\overline{\boldsymbol{R}}_{11} - \frac{1}{m_1 m_3}\overline{\boldsymbol{R}}_{31} - \frac{1}{m_1 m_2}\overline{\boldsymbol{R}}_{12} + \frac{1}{m_2 m_3}\overline{\boldsymbol{R}}_{32}\right)\boldsymbol{I}$$

$$\widetilde{\boldsymbol{R}}_{22} = \left[\frac{1}{m_1^2}\overline{\boldsymbol{R}}_{11} + \frac{1}{m_3^2}\overline{\boldsymbol{R}}_{33} - \frac{1}{m_1 m_3}(\overline{\boldsymbol{R}}_{31} + \overline{\boldsymbol{R}}_{13})\right]\boldsymbol{I} \tag{9.76}$$

$\otimes^k$ 为特殊分块矩阵 Kronecher 乘积，为两个矩阵 $\boldsymbol{M}$ 和 $\boldsymbol{R}$ 之间的操作，首先将矩阵分块为 k^2 个子阵，并将每个子阵与矩阵 $\boldsymbol{M}$ 做 Kronecher 乘积，即

$$\boldsymbol{M} \otimes^k \boldsymbol{R} = \begin{bmatrix} \boldsymbol{M} \otimes \boldsymbol{R}_{11} & \cdots & \boldsymbol{M} \otimes \boldsymbol{R}_{1k} \\ \vdots & & \vdots \\ \boldsymbol{M} \otimes \boldsymbol{R}_{k1} & \cdots & \boldsymbol{M} \otimes \boldsymbol{R}_{kk} \end{bmatrix} \tag{9.77}$$

利用矩阵的 Kronecher 乘积特性，可以得到如下关系式：

$$(\boldsymbol{M} \otimes^k \boldsymbol{R})(\boldsymbol{M}^{-1} \otimes^k \boldsymbol{R}^{-1}) = \boldsymbol{I} \tag{9.78}$$

或等价地有

$$(\boldsymbol{M}\otimes^{k}\boldsymbol{R})^{-1}=\boldsymbol{M}^{-1}\otimes^{k}\boldsymbol{R}^{-1} \tag{9.79}$$

式中，$\otimes^k$ 操作中矩阵 $\boldsymbol{R}^{-1}$按矩阵 $\boldsymbol{R}$ 的相同方式进行分块。

因此，有

$$\boldsymbol{y}=2\boldsymbol{H}\left(\boldsymbol{z}(t_{\mathrm{f}})-\begin{bmatrix}\boldsymbol{I} & (t_{\mathrm{f}}-t_0)\boldsymbol{I} & \boldsymbol{0} & \boldsymbol{0}\\ \boldsymbol{0} & \boldsymbol{I} & \boldsymbol{0} & \boldsymbol{0}\\ \boldsymbol{0} & \boldsymbol{0} & \boldsymbol{I} & (t_{\mathrm{f}}-t_0)\boldsymbol{I}\\ \boldsymbol{0} & \boldsymbol{0} & \boldsymbol{0} & \boldsymbol{I}\end{bmatrix}\boldsymbol{z}(t_0)\right) \tag{9.80}$$

其中，

$$\boldsymbol{H}=\boldsymbol{M}^{-1}(t_{\mathrm{f}})\otimes^{2}\widetilde{\boldsymbol{R}}^{-1} \tag{9.81}$$

相应地，多星编队燃料平衡最优控制律为

$$\begin{aligned}\boldsymbol{u}(t)=&-\boldsymbol{R}^{-1}\boldsymbol{B}^{\mathrm{T}}(\boldsymbol{I}-t\boldsymbol{A}^{\mathrm{T}})[\boldsymbol{M}^{-1}(t_{\mathrm{f}})\otimes^{2}\widetilde{\boldsymbol{R}}^{-1}]\times\\ &\left(\boldsymbol{z}(t_{\mathrm{f}})-\begin{bmatrix}\boldsymbol{I} & (t_{\mathrm{f}}-t_0)\boldsymbol{I} & \boldsymbol{0} & \boldsymbol{0}\\ \boldsymbol{0} & \boldsymbol{I} & \boldsymbol{0} & \boldsymbol{0}\\ \boldsymbol{0} & \boldsymbol{0} & \boldsymbol{I} & (t_{\mathrm{f}}-t_0)\boldsymbol{I}\\ \boldsymbol{0} & \boldsymbol{0} & \boldsymbol{0} & \boldsymbol{I}\end{bmatrix}\boldsymbol{z}(t_0)\right)\end{aligned} \tag{9.82}$$

4. 仿真验证

为了验证上述各节给出的燃料平衡最优控制方法，本节中将进行多种情况下的数学仿真来验证方法的可行性。

（1）双星编队燃料平衡协同控制仿真。

第一种仿真情况，设两颗编队卫星具有相同的质量，即 $m_1=m_2=100$ kg，初始相对距离为 $\boldsymbol{z}_0=[20\quad 0\quad 0]^{\mathrm{T}}$ m，600 s 后，相对距离为 $\dot{\boldsymbol{z}}_{\mathrm{f}}=[100\quad 100\quad 100]^{\mathrm{T}}$ m。加权系数矩阵 $\boldsymbol{R}_1=\boldsymbol{R}_2=\boldsymbol{I}$，$\hat{\boldsymbol{R}}=\beta\boldsymbol{I}$，加权系数 $\beta=350$，卫星轨道半径为 8 000 km。第二种仿真情况，选择不等质量的飞行器组成飞行编队，双星质量分别为 $m_1=200$ kg 和 $m_2=100$ kg，其他参数同上。等质量双星编队控制推力曲线、不等质量双星编队控制三轴推力曲线、等质量双星燃料消耗和不等质量双星燃料消耗如图 9.10 ~9.13 所示。

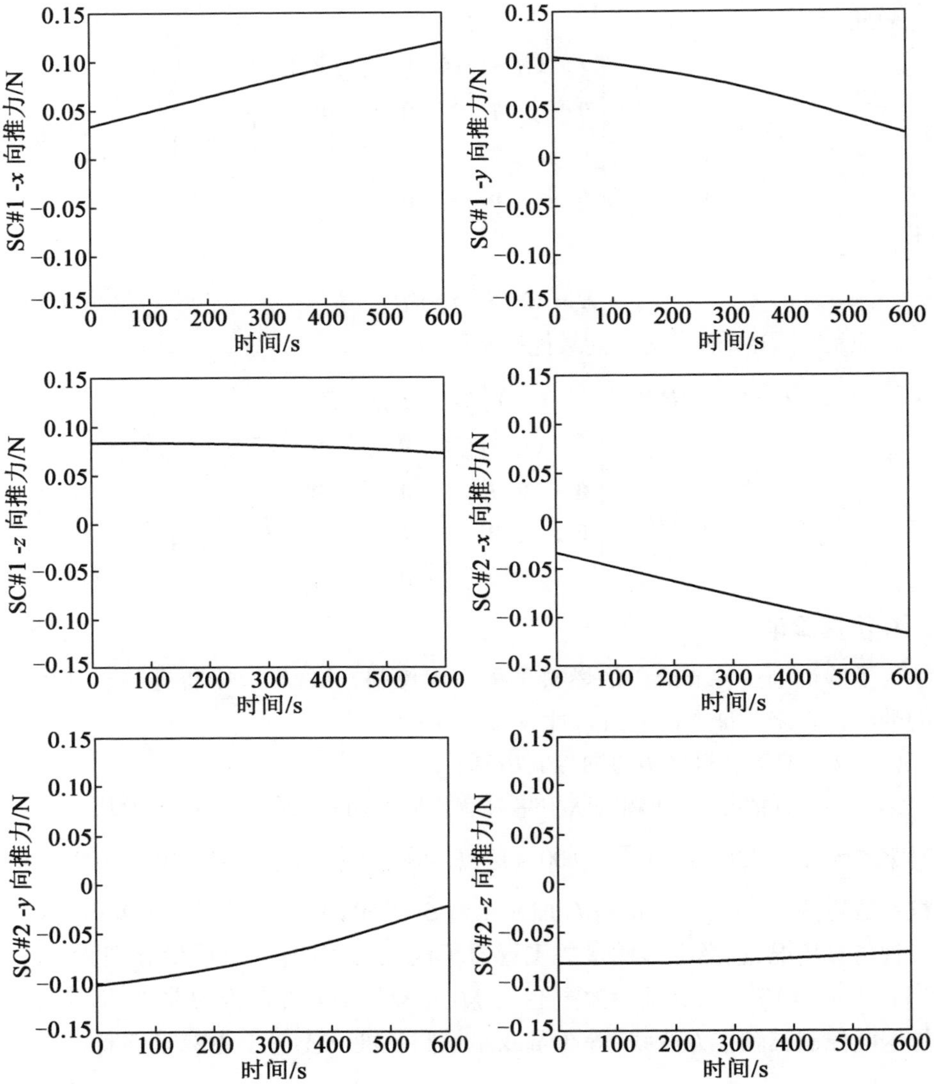

图 9.10　等质量双星编队控制推力曲线

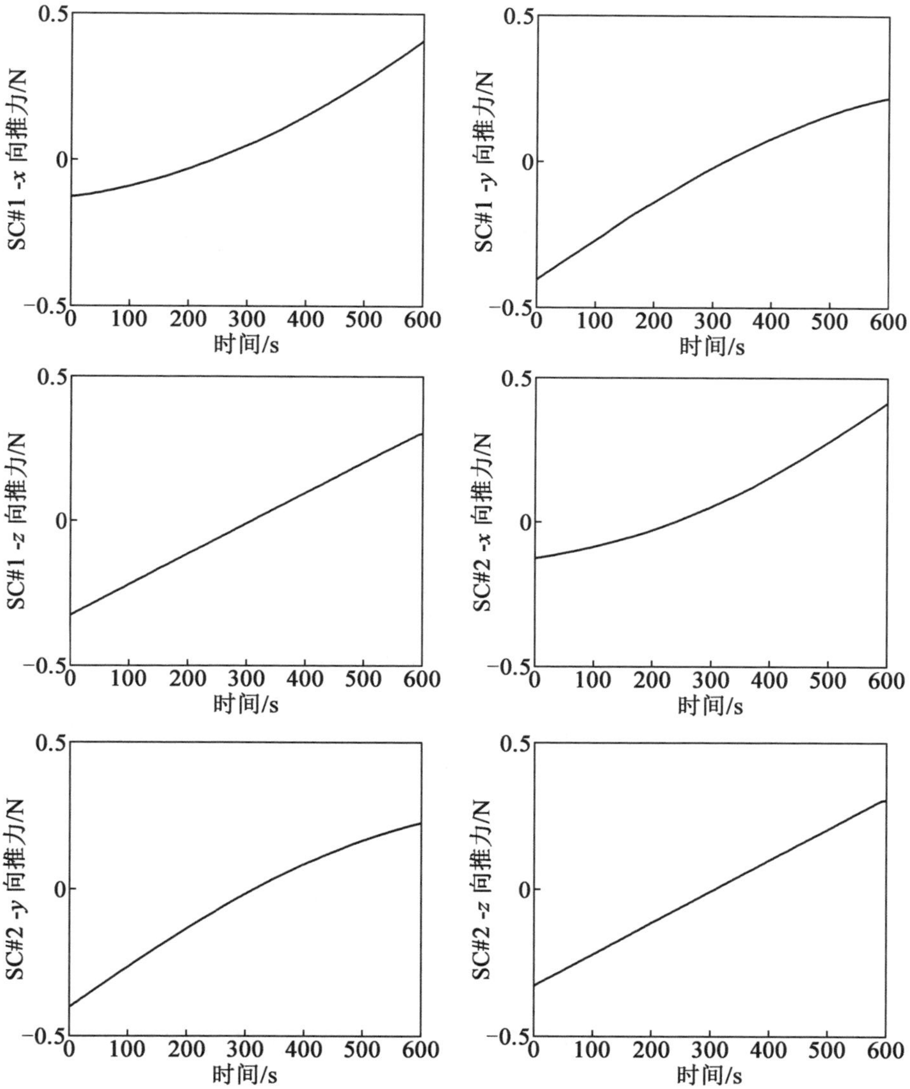

图 9.11　不等质量双星编队控制三轴推力曲线

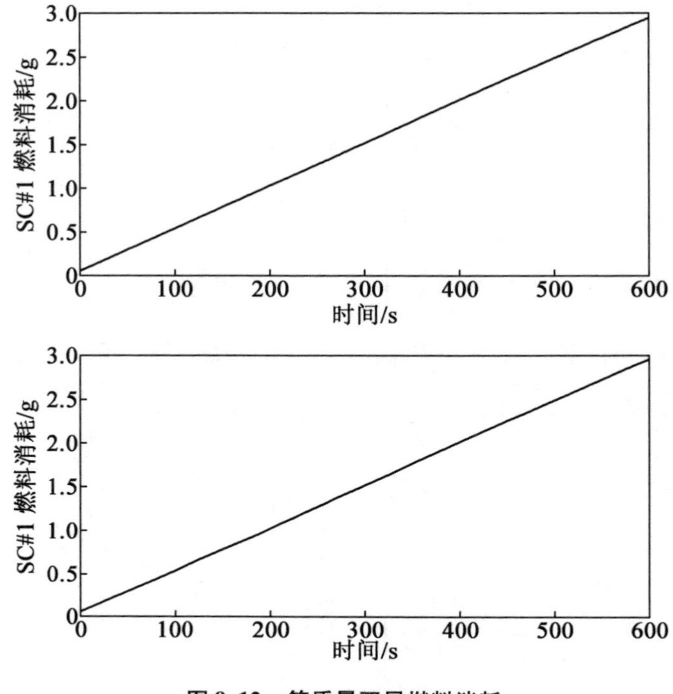

图 9.12　等质量双星燃料消耗

图 9.10 给出了等质量双星编队燃料平衡最优控制的各星三轴推力曲线。由于双星的质量相同，所以分配方法选用双星等推力的控制策略来完成轨道控制。

燃料消耗可通过下式计算给出：

$$[1\,000/(gI_{\mathrm{sp}})]\int_{t_0}^{t_f}\|\boldsymbol{u}(t)\|\mathrm{d}t \tag{9.83}$$

式中，I_{sp}为推力器比冲，设定为 400 s。

燃料消耗情况分别如图 9.12 和图 9.13 所示。

图 9.12 给出了双星燃料消耗变化趋势，从图中可以看出，两颗卫星的燃料消耗基本一致。表 9.2 则给出了两颗卫星总燃料消耗量，可以看出总燃料消耗基本一致，说明本章所提出的控制分配方法能够完成双星编队燃料平衡目标。图 9.11 为不等质量双星编队控制的推力曲线，虽然两颗卫星的质量不同，但通过燃料平衡方法仍然可以平衡两颗卫星间的燃料消耗。

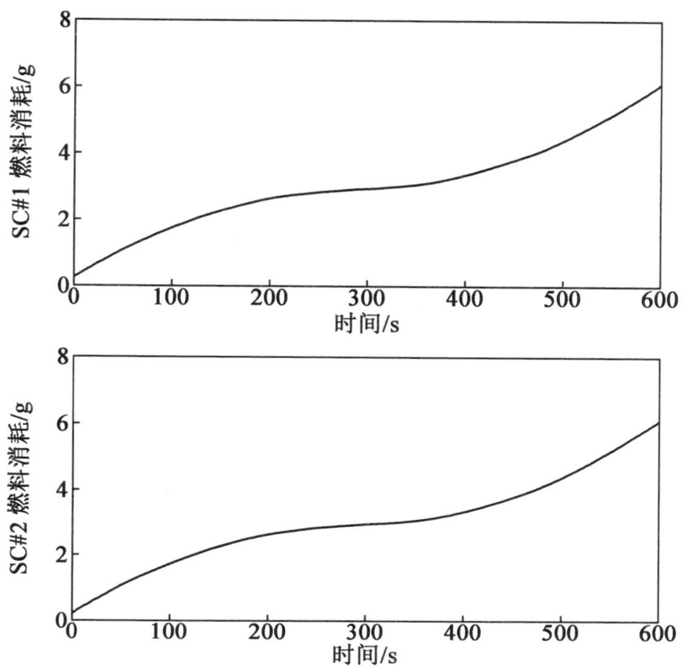

图 9.13　不等质量双星燃料消耗

表 9.2　等质量双星编队燃料消耗情况　　g

卫星编号	x 轴	y 轴	z 轴
SC#1	1.003 8	0.911 0	1.026 0
SC#2	1.003 8	0.911 0	1.026 0

不等质量双星编队在 600 s 仿真过程中燃料消耗情况见表 9.3。

表 9.3　不等质量双星编队燃料消耗情况　　g

卫星编号	x 轴	y 轴	z 轴
SC#1	1.842 2	2.121 5	2.098 2
SC#2	1.858 1	2.139 7	2.116 2

图 9.13 及表 9.3 给出了不等质量情况下的双星编队控制燃料消耗量，可看出该方法完成了期望目标。

(2)三星编队燃料平衡协同控制仿真。

本节以三星编队队形重构为例来验证三星编队燃料平衡协同控制方法的有效性。三颗卫星初始和终端约束条件见表9.4。其中卫星编号1_i表示卫星1的初始条件，而1_t为卫星1的终端条件；三星的质量分别为110 kg、100 kg、120 kg。加权矩阵$\boldsymbol{R}_1$、$\boldsymbol{R}_2$和$\boldsymbol{R}_3$选择相等值$\hat{\boldsymbol{R}}-\beta\boldsymbol{I}$，其中$\beta=680$，其他参数同双星编队，卫星1至卫星3相对运动轨迹、星间相对距离和最优控制历程曲线如图9.14～9.16所示，燃料总消耗量分别为11 550.00 N·s、12 010.00 N·s和124 00.01 N·s。从仿真结果可以看出，三星编队燃料平衡协同控制方法能够完成编队重构，并有效完成卫星间的燃料平衡。

表9.4　三颗卫星初始和终端约束条件

卫星编号	相对位置/m	相对速度/(m·s^{-1})
1_i	$[300\quad 529.150\,3\quad 519.615\,2]^{\mathrm{T}}$	$[0.307\,8\quad -0.698\,1\quad 0.533\,2]^{\mathrm{T}}$
2_i	$[79.128\,8\quad -784.190\,4\quad 137.055\,1]^{\mathrm{T}}$	$[-0.456\,2\quad -0.184\,1\quad -0.790\,2]^{\mathrm{T}}$
3_i	$[-379.128\,8\quad 255.040\,0\quad -656.670\,3]^{\mathrm{T}}$	$[0.148\,4\quad 0.882\,3\quad 0.257\,0]^{\mathrm{T}}$
1_t	$[29.903\,8\quad -496.410\,2\quad -51.794\,9]^{\mathrm{T}}$	$[-0.288\,8\quad -0.069\,6\quad 0.500\,2]^{\mathrm{T}}$
2_t	$[-229.903\,8\quad 196.410\,1\quad 398.205\,1]^{\mathrm{T}}$	$[0.114\,3\quad 0.535\,0\quad -0.197\,9]^{\mathrm{T}}$
3_t	$[200\quad 300\quad -346.410\,2]^{\mathrm{T}}$	$[0.174\,5\quad -0.465\,4\quad -0.302\,3]^{\mathrm{T}}$

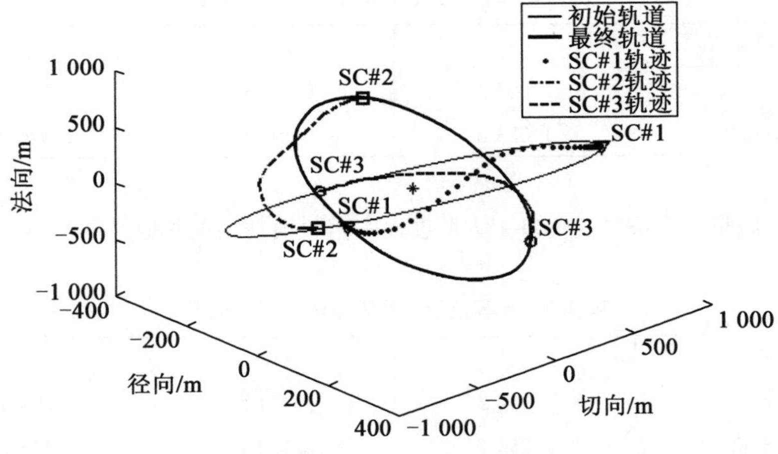

图9.14　卫星1至卫星3相对运动轨迹

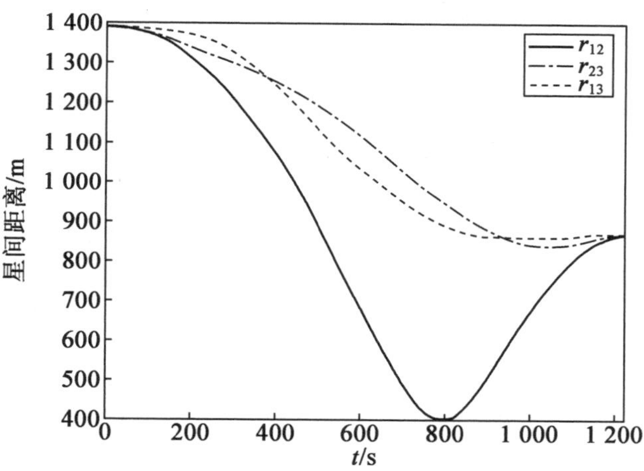

图 9.15　星间相对距离

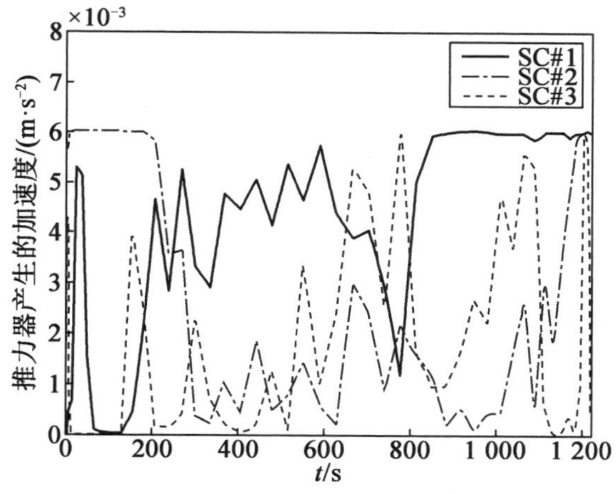

图 9.16　最优控制历程曲线

9.2.2　卫星编队重构中的燃料平衡控制

本节给出基于控制分配方法实现航天器编队燃料均衡控制以及成员航天器推力器负载均衡控制等方法。

1. 基于控制分配的燃料均衡建模

对于双星编队系统，为了控制双星间的相对位置和姿态（不考虑绝对轨道），可以通过协同控制器给出相应的力和力矩指令，并通过两颗卫星的推力器实现。在进行推力器选择时，可选择编队卫星中的一颗卫星的推力器实现控制（假设该航天器具有三个方向的控制能力或者推力器配有可以调节方位万向接头)，当然，也可以使用两个航天器的推进系统实现编队控制，这些不同的选择为解决编队航天器燃料平衡问题提供多种解决方案。为进行燃料平衡，可选择燃料多的航天器推进系统工作来完成编队控制[8,9]。上述燃料平衡控制的基本思路可扩展至多星编队系统。

在航天器编队重构或编队保持控制时，需要根据期望控制指令动态分配成员航天器的推力器[10]，以双星编队系统调整卫星间距的编队重构控制为例，当两个航天器燃料剩余量相当时，且两个航天器质量相同，两个航天器输出大小相等、方向相反的推力，即1号航天器提供的推力$\boldsymbol{f}_1$和2号航天器提供的推力$\boldsymbol{f}_2$之间满足$\boldsymbol{f}_1=-\boldsymbol{f}_2$。若1号航天器和2号航天器的质量不同时，为完成上述编队重构控制任务，则要求1号航天器提供推力f_1和2号航天器提供推力f_2大小不等，即$f_1\neq f_2$，并需要通过根据两个航天器的燃料情况确定各自的推进系统工作情况。采用上述推力分配方案可以有效解决编队航天器间燃料平衡问题。

为简化具有燃料平衡能力的编队控制问题分析，仅考虑相对轨道控制问题，单航天器线性化的轨道动力学模型为[11,12]

$$\dot{\boldsymbol{x}}_i(t)=\boldsymbol{A}\boldsymbol{x}_i(t)+\boldsymbol{B}_i\boldsymbol{u}_i(t)\quad(i=1,2)\tag{9.84}$$

式中，$\boldsymbol{x}_i$为卫星轨道运动状态，$\boldsymbol{x}_i\in\mathbf{R}^6$，包括单个航天器的位置和速度分量；$\boldsymbol{A}\in\mathbf{R}^{6\times6}$；$\boldsymbol{B}_i=(1/m_i)[\boldsymbol{0}_{3\times3}\quad \boldsymbol{I}_{3\times3}]^{\mathrm{T}}\in\mathbf{R}^{6\times3}$。

假设双星编队的参考轨道为圆轨道，编队Hill动力学的状态方程形式为

$$\dot{\boldsymbol{z}}(t)=\boldsymbol{A}\boldsymbol{z}(t)+\boldsymbol{B}\boldsymbol{u}(t)\tag{9.85}$$

式中，$\boldsymbol{z}(t)=\boldsymbol{x}_1(t)-\boldsymbol{x}_2(t)$；$\boldsymbol{B}=[\boldsymbol{B}_1\quad -\boldsymbol{B}_2]$；$\boldsymbol{u}(t)=[\boldsymbol{u}_1^{\mathrm{T}}(t)\quad \boldsymbol{u}_2^{\mathrm{T}}(t)]^{\mathrm{T}}$；矩阵$\boldsymbol{A}$可表示为

$$\boldsymbol{A}=\begin{bmatrix}0&0&0&1&0&0\\0&0&0&0&1&0\\0&0&0&0&0&1\\3n^2&0&0&0&2n&0\\0&0&0&-2n&0&0\\0&0&-n^2&0&0&0\end{bmatrix}\tag{9.86}$$

式中，n为主航天器轨道频率，$n=\sqrt{GM/r^3}$；r为主航天器轨道半径；M为地球质量；G为万有引力常数。

式(9.85)可改写为

$$\dot{\boldsymbol{z}}(t)-\boldsymbol{A}\boldsymbol{z}(t)=\boldsymbol{B}\boldsymbol{u}(t)\tag{9.87}$$

定义

$$\boldsymbol{M}_{\mathrm{d}}=\dot{\boldsymbol{z}}(t)-\boldsymbol{A}\boldsymbol{z}(t) \tag{9.88}$$

进而式(9.87)可以表示为

$$\boldsymbol{M}_{\mathrm{d}}=\boldsymbol{B}\boldsymbol{u}(t) \tag{9.89}$$

对于双星编队,可将期望控制量 $\boldsymbol{u}(t)$ 当作虚拟执行机构的期望控制输出,通过将期望控制力 $\boldsymbol{M}_{\mathrm{d}}$ 在航天器编队的虚拟执行机构中动态分配实现燃料平衡,其中 $\boldsymbol{B}$ 为控制效率矩阵。此时,将考虑燃料平衡能力的编队协同控制转化为动态推力分配问题。可据航天器编队协同控制需求求得期望控制力 $\boldsymbol{M}_{\mathrm{d}}$。

考虑主星在圆轨道上运行,各个从星相对轨道为周期圆轨道,其相对于主星的相对位置可以采用 Hill – Clohessy – Wiltshire 齐次方程进行描述:

$$\begin{cases}\ddot{x}-2\omega\dot{y}-3\omega^2x=0\\ \ddot{y}+2\omega\dot{x}=0\\ \ddot{z}+\omega^2z=0\end{cases} \tag{9.90}$$

相应的非齐次方程可以写成

$$\begin{cases}\ddot{x}-2\omega\dot{y}-3\omega^2x=u_x\\ \ddot{y}+2\omega\dot{x}=u_y\\ \ddot{z}+\omega^2z=u_z\end{cases} \tag{9.91}$$

以分配力的大小来表示燃料消耗情况,以燃料最省为优化目标,将三轴控制力产生的加速度写成 $\boldsymbol{u}^{\mathrm{T}}=[u_x\quad u_y\quad u_z]$,则目标函数写成

$$\Delta u=\|\boldsymbol{u}\|_1=\sum_{i=1}^{n}u_i \tag{9.92}$$

对于具有万向接头的推力器,目标函数常采用2范数表示,即

$$\Delta u=\|\boldsymbol{u}\|_2=\sqrt{\sum_{i=1}^{n}u_i} \tag{9.93}$$

之所以选择总量作为目标项,是因为 Δu 与推进剂消耗量 Δm 成比例。然而,令式(9.92)或式(9.93)最小化会导致部分飞行器比其他飞行器消耗更多推进剂。这种不平衡导致部分飞行器比其他飞行器先消耗完燃料。如果编队采用同型号或近似同型号的飞行器,则每个飞行器必须按最大燃料消耗进行设计,这将导致整个编队的燃料预算过于保守。

针对这种情况,我们提出采用 Δu^2 代替 Δu 作为优化目标。尽管不能使编队燃料总消耗最小,但是这种方案限制了个别飞行器的燃料消耗,使得所有编队成员的燃料消耗达到平衡。在这种情况下,航天器将会自然趋于构成一个燃料平衡的编队,也就是说,收敛到一个轨道,使得编队中一部分飞行器不做机动,而另

一部分航天器消耗尽量少的燃料。

经过分析，采用 2 范数表示燃料消耗的目标函数控制分配模型可以写成

$$\begin{cases} \Delta u^* = \arg\min\limits_{\boldsymbol{u}} \|\boldsymbol{u}\|_2^2 = \sum\limits_{i=1}^{n} u_i \\ \text{s.t.} \quad \boldsymbol{M}_\text{d} = \boldsymbol{B}\boldsymbol{u}(t) \end{cases} \tag{9.94}$$

引入拉格朗日乘子

$$\boldsymbol{\lambda}^\text{T} = [\lambda_1 \quad \lambda_2 \quad \cdots \quad \lambda_n] \tag{9.95}$$

则根据变分法，可以将 Hamilton 函数写成

$$H = \|\boldsymbol{u}\|_2^2 + \boldsymbol{\lambda}^\text{T}[\boldsymbol{M}_\text{d} - \boldsymbol{B}\boldsymbol{u}] \tag{9.96}$$

取得最优的充分必要条件为

$$\begin{cases} \dfrac{\partial H}{\partial \boldsymbol{u}} = 0 \\ \dfrac{\partial^2 H}{\partial \boldsymbol{u}^2} > 0 \end{cases} \tag{9.97}$$

解决该问题的一个有效方法是最小二乘法，即

$$\begin{aligned} [\boldsymbol{M}_\text{d} - \boldsymbol{B}\boldsymbol{u}][\boldsymbol{M}_\text{d} - \boldsymbol{B}\boldsymbol{u}]^\text{T} &= \boldsymbol{B}\boldsymbol{u}[\boldsymbol{B}\boldsymbol{u}]^\text{T} - \boldsymbol{M}_\text{d}[\boldsymbol{B}\boldsymbol{u}]^\text{T} - \boldsymbol{B}\boldsymbol{u}\boldsymbol{M}_\text{d}^\text{T} + \boldsymbol{M}_\text{d}\boldsymbol{M}_\text{d}^\text{T} \\ &= \boldsymbol{B}\boldsymbol{u}\boldsymbol{u}^\text{T}\boldsymbol{B}^\text{T} - 2\boldsymbol{M}_\text{d}\boldsymbol{u}^\text{T}\boldsymbol{B}^\text{T} + \boldsymbol{M}_\text{d}\boldsymbol{M}_\text{d}^\text{T} \end{aligned} \tag{9.98}$$

将其对 $\boldsymbol{u}$ 求导，有

$$\boldsymbol{B}\boldsymbol{B}^\text{T}\boldsymbol{u} = \boldsymbol{B}^\text{T}\boldsymbol{M}_\text{d} \tag{9.99}$$

若矩阵 $\boldsymbol{B}$ 的每一行都是线性无关的，那么 $\boldsymbol{B}\boldsymbol{B}^\text{T}$ 是可逆的，此时，最优解唯一，可以写成

$$\boldsymbol{u}^* = \boldsymbol{B}^\text{T}(\boldsymbol{B}\boldsymbol{B}^\text{T})^{-1}\boldsymbol{M}_\text{d} = \boldsymbol{B}^+\boldsymbol{M}_\text{d} \tag{9.100}$$

式中，$\boldsymbol{B}^+$ 是矩阵 $\boldsymbol{B}$ 的伪逆。

2. 面向燃料均衡的编队重构控制策略

对于编队中的各成员航天器，按其初始质量是否相同可以分为两种情况考虑：初始质量相同和初始质量不同。下面以具有两颗从星的编队重构问题进行分析，并对涉及的燃料平衡问题进行求解。

(1)初始燃料质量相同的均衡策略。

对于具有两颗从星的轨道重构燃料平衡问题，如果两颗从星的初始质量和携带燃料的状况相同，那么一个简单的想法是在同等的转移条件下(转移时间、起始时间等)，使得两颗从星的燃料消耗相等，并且能够完成相应的轨道重构半径和相位角的改变。本节将对此进行讨论。

由第 8 章的内容可知，以能耗最优为目标的控制分配问题，其目标函数可以转化为控制量的函数，并采用最优值判断条件进行求解。对于具有两颗从星的航天

器编队重构问题，在轨道重构过程中，投影圆半径和相位角变化的目标函数可写成

$$\begin{aligned} J(\boldsymbol{\alpha}) &= J_z + J_{xy} \\ &= \frac{1}{2}(K_0\lambda_0 + K_1\lambda_1 + K_2\lambda_2 + K_3\lambda_3 + K_4\lambda_4 + K_5\lambda_5) \\ &= (b_1 + b_4)\left[R\sin\left(\boldsymbol{\alpha} + \frac{\omega t_f}{2}\right) - (R + \Delta R)\sin\left(\boldsymbol{\alpha} + \Delta\alpha + \frac{\omega t_f}{2}\right)\right]^2 + \\ &\quad (b_2 + b_3)\left[R\cos\left(\boldsymbol{\alpha} + \frac{\omega t_f}{2}\right) - (R + \Delta R)\cos\left(\boldsymbol{\alpha} + \Delta\alpha + \frac{\omega t_f}{2}\right)\right]^2 \end{aligned} \tag{9.101}$$

那么控制分配问题可以归结为

$$\begin{cases} \boldsymbol{\alpha}^* = \arg\min\limits_{\boldsymbol{\alpha}} J(\boldsymbol{\alpha}) \\ \text{s.t.}\quad \boldsymbol{A\alpha} = \boldsymbol{u} \end{cases} \tag{9.102}$$

其中，

$$\boldsymbol{A} = \begin{bmatrix} \boldsymbol{A}_{11} & \boldsymbol{0} \\ \boldsymbol{0} & \boldsymbol{A}_{22} \end{bmatrix},\quad \boldsymbol{\alpha} = \begin{bmatrix} \alpha_1 \\ \alpha_2 \end{bmatrix} \tag{9.103}$$

如果其初始燃料相同，则应满足 $J_1(\boldsymbol{\alpha}) = J_2(\boldsymbol{\alpha}) = J(\boldsymbol{\alpha} + \theta)$，令

$$\begin{cases} c_1(\alpha_1) = R\sin\left(\alpha_1 + \dfrac{\omega t_f}{2}\right) - (R + \Delta R)\sin\left(\alpha_1 + \Delta\alpha + \dfrac{\omega t_f}{2}\right) \\ c_2(\alpha_2) = R\cos\left(\alpha_2 + \dfrac{\omega t_f}{2}\right) - (R + \Delta R)\cos\left(\alpha_2 + \Delta\alpha + \dfrac{\omega t_f}{2}\right) \end{cases} \tag{9.104}$$

并且令 $\beta = \omega t_f/2$，则有

$$\begin{aligned} c_2^2(\alpha_2) - c_2^2(\alpha_2 + \theta) = {} & \frac{1}{2}R^2[\cos(2\alpha_2 + 2\beta) - \cos(2\alpha_2 + 2\theta + 2\beta)] + \\ & R(R + \Delta R)[\cos(2\alpha_2 + 2\theta + 2\beta + \Delta\alpha) - \cos(2\alpha_2 + 2\beta + \Delta\alpha)] + \\ & \frac{1}{2}(R + \Delta R)^2[\cos(2\alpha_2 + 2\Delta\alpha + 2\beta) - \cos(2\alpha_2 + 2\theta + 2\Delta\alpha + 2\beta)] \\ = {} & -c_1^2(\alpha_1) - c_1^2(\alpha_1 + \theta) \end{aligned} \tag{9.105}$$

其中，

$$\begin{cases} d_1 = \cos(2\theta + 2\beta) - \cos 2\beta \\ d_2 = -d_1/\theta = \sin(2\theta + 2\beta) - \sin 2\beta \\ d_3 = \cos(2\theta + 2\beta + \Delta\alpha) - \cos(2\beta + \Delta\alpha) \\ d_4 = -d_3/\theta = \sin(2\theta + 2\beta + \Delta\alpha) - \sin(2\beta + \Delta\alpha) \\ d_5 = \cos(2\theta + 2\beta + 2\Delta\alpha) - \cos(2\beta + 2\Delta\alpha) \\ d_6 = -d_5/\theta = \sin(2\theta + 2\beta + 2\Delta\alpha) - \sin(2\beta + 2\Delta\alpha) \end{cases} \tag{9.106}$$

对上式进行整理，有

$$J(\boldsymbol{\alpha})-J(\boldsymbol{\alpha}+\theta)=(b_1-b_2-b_3+b_4)c_1^2(\boldsymbol{\alpha})-c_1^2(\boldsymbol{\alpha}+\theta) \tag{9.107}$$

于是为了 2 个从星间燃料消耗相同,应有

$$\left[\frac{1}{2}R^2d_1+R(R+\Delta R)d_3+\frac{1}{2}(R+\Delta R)^2d_5\right]\cos 2\alpha-\left[\frac{1}{2}R^2d_2+R(R+\Delta R)d_4+\frac{1}{2}(R+\Delta R)^2d_6\right]\sin 2\alpha=0 \tag{9.108}$$

于是,

$$\alpha_1=\frac{1}{2}\arctan\frac{R^2d_1+2R(R+\Delta R)d_3+(R+\Delta R)^2d_5}{R^2d_2+2R(R+\Delta R)d_4+(R+\Delta R)^2d_6} \tag{9.109}$$

或者

$$\alpha_1'=\frac{1}{2}\arctan\frac{R^2d_1+2R(R+\Delta R)d_3+(R+\Delta R)^2d_5}{R^2d_2+2R(R+\Delta R)d_4+(R+\Delta R)^2d_6}\pm\frac{\pi}{2} \tag{9.110}$$

可以直接比较 $J(\alpha_1)$ 和 $J(\alpha'_1)$ 的大小,从而确定哪一个是最优解。

(2)初始燃料质量不同的均衡策略。

在从星之间初始质量不同时,编队平衡问题可以分为两个层次的内容:一个是绝对的燃料平衡,使得编队航天器之间能够达到一种“绝对的”燃料平衡状态,但是这种平衡是不计任何代价的,其结果可能导致两个航天器的燃料消耗都非常高,以达到绝对平衡的效果,一般来说,除非有特殊的任务要求,否则这种思路是不合适的。另一个层次的平衡是一种“相对的”燃料平衡思想,该思想包含燃料平衡和燃料最优两个方面的内容,这样就避免了浪费燃料的情况,而为了达到燃料最优的效果,可能会造成在燃料平衡上的让步,因此,这种平衡是一种相对的平衡。本节将研究这种相对平衡编队航天器燃料平衡方法,以及其在编队重构中的应用。

由于燃料平衡问题包含燃料平衡和燃料最优两个方面的内容,因此其本质上是一个多目标优化问题。假设编队中具有 n 个成员航天器,编号分别为#1,#2,…,#n,$\Delta m_i(t)\,(i=1,2,\cdots,n)$ 为编号为#i 航天器在机动过程中消耗的总燃料,定义整个编队成员航天器在 t 时刻的消耗燃料向量:

$$\Delta\boldsymbol{m}(\boldsymbol{\alpha})=[\Delta m_1\quad \Delta m_2\quad \cdots\quad \Delta m_n]^{\mathrm{T}} \tag{9.111}$$

显然有 $\Delta m_i\geqslant 0$,并定义编队剩余燃料向量:

$$\boldsymbol{m}(\boldsymbol{\alpha})=[m_{10}-\Delta m_1\quad m_{20}-\Delta m_2\quad \cdots\quad m_{n0}-\Delta m_n]^{\mathrm{T}} \tag{9.112}$$

式中,$m_{i0}\,(i=1,\cdots,n)$ 为初始时刻航天器携带的燃料,对于任意航天器,均有剩余燃料 m_i 非负,即

$$m_i=m_{i0}-\Delta m_i\geqslant 0 \tag{9.113}$$

根据航天器间彼此燃料均衡要求

$$J_1'=\min_{\boldsymbol{\alpha}}\|\boldsymbol{m}(\boldsymbol{\alpha})\|_\infty \tag{9.114}$$

以及总燃料最优要求

$$J_2' = \min_{\boldsymbol{\alpha}} \| \Delta \boldsymbol{m}(\boldsymbol{\alpha}) \|_1 \tag{9.115}$$

记从星#i 相对于航天器相对轨道的初始投影圆半径为 r_{0i}，初始相位角为 α_{0i}，于是记

$$\begin{aligned} \boldsymbol{r}_0 &= [r_{01} \quad r_{02} \quad \cdots \quad r_{0n}]^{\mathrm{T}} \\ \boldsymbol{\alpha}_0 &= [\alpha_{01} \quad \alpha_{02} \quad \cdots \quad \alpha_{0n}]^{\mathrm{T}} \end{aligned} \tag{9.116}$$

在轨道重构过程中，投影圆半径改变量和相位角增量分别记为 Δr_i 和 $\Delta\alpha_i$，相应地，记

$$\begin{aligned} \Delta \boldsymbol{r} &= [\Delta r_1 \quad \Delta r_2 \quad \cdots \quad \Delta r_n]^{\mathrm{T}} \\ \Delta \boldsymbol{\alpha} &= [\Delta \alpha_1 \quad \Delta \alpha_2 \quad \cdots \quad \Delta \alpha_n]^{\mathrm{T}} \end{aligned} \tag{9.117}$$

则编队燃料最优控制分配模型可以写成

$$\begin{cases} J = \min\limits_{\boldsymbol{\alpha}} \{ \|\boldsymbol{m}(\boldsymbol{\alpha})\|_\infty, \quad \Delta \boldsymbol{m}(\boldsymbol{\alpha}) \} \\ \text{s.t.} \quad \boldsymbol{A\alpha} = \boldsymbol{u} \end{cases} \tag{9.118}$$

如果以 ε_1 和 ε_2 分别表示每个目标的权重，则控制分配模型可以进一步转化为单目标函数：

$$\begin{cases} J = \arg \min\limits_{\boldsymbol{\alpha}} [\varepsilon_1 \|\boldsymbol{m}(\boldsymbol{\alpha})\|_\infty + \varepsilon_2 \Delta \boldsymbol{m}(\boldsymbol{\alpha})] \\ \text{s.t.} \quad \boldsymbol{A\alpha} = \boldsymbol{u} \end{cases} \tag{9.119}$$

式中，$\varepsilon_1 + \varepsilon_2 = 1$；$\varepsilon_1 \geqslant 0$；$\varepsilon_2 \geqslant 0$。

燃料消耗函数与初始相位角之间可写成如下函数：

$$J_i(\alpha_{i0}) = \int_{t=0}^{t_f} [T_{ix}^2(t) + T_{iy}^2(t) + T_{iz}^2(t)] \mathrm{d}t \tag{9.120}$$

首先，将航天器剩余燃料写成速度增量的函数形式：

$$\Delta m_i = M_i \left(1 - \mathrm{e}^{-\frac{\Delta v_i}{v_e}}\right) \tag{9.121}$$

式中，M_i 为编号为#i 的航天器的总质量。

燃料消耗函数 J_i、轨道重构时间 t_f 和产生的速度增量 Δv_i 之间满足

$$\Delta v_i = \sqrt{J_i \cdot t_f} \tag{9.122}$$

于是，

$$m_i(\alpha_{i0}) = m_{i0} - \Delta m = m_{i0} - M_i \left(1 - \mathrm{e}^{-\frac{\sqrt{J_i \cdot t_f}}{v_e}}\right) \tag{9.123}$$

给出剩余燃料向量函数：

$$\boldsymbol{m}(\alpha_{10}) = \begin{bmatrix} m_1(\alpha_{10}) \\ m_2(\alpha_{10} + \theta_{21} + \Delta\alpha_2) \\ \vdots \\ m_n(\alpha_{10} + \theta_{n1} + \Delta\alpha_n) \end{bmatrix} \tag{9.124}$$

式中，$\theta_{21},\cdots,n_{n1}$为第 2，…，$n$ 个航天器相对于#1 航天器的初始相位角偏差量；$\Delta\alpha_2,\cdots,\Delta\alpha_n$ 为第 2，…，n 个航天器在轨道重构过程中产生的相位角增量。

于是，为达到燃料平衡要求，应有

$$\frac{\partial J_1}{\partial \alpha_{10}}=0,\quad \frac{\partial^2 J_1'}{\partial \alpha_{10}^2}\geqslant 0 \tag{9.125}$$

注意到 $J_i(\alpha_{i0})$的形式前文已经给出：

$$J_i(\alpha_{i0})=(b_1+b_4)c_{i1}^2(\alpha_{i0})+(b_2+b_3)c_{i2}^2(\alpha_{i0}) \tag{9.126}$$

其中，

$$\begin{cases} c_{i1}(\alpha_{i0})=R\sin\left(\alpha_{i0}+\dfrac{\omega t_f}{2}\right)-(R+\Delta R)\sin\left(\alpha_{i0}+\Delta\alpha_i+\dfrac{\omega t_f}{2}\right) \\ c_{i2}(\alpha_{i0})=R\cos\left(\alpha_{i0}+\dfrac{\omega t_f}{2}\right)-(R+\Delta R)\cos\left(\alpha_{i0}+\Delta\alpha_i+\dfrac{\omega t_f}{2}\right) \\ b_1=\dfrac{1-\cos\omega t_f}{\omega t_f+\sin\omega t_f}\omega^3\csc^2\dfrac{\omega t_f}{2} \\ b_2=\dfrac{1-\cos\omega t_f}{\omega t_f+\sin\omega t_f}\omega^3\csc^2\dfrac{\omega t_f}{2} \\ b_3=\dfrac{1}{64}\left[\dfrac{\omega t_f}{4}\left(\dfrac{\omega t_f+\sin\omega t_f}{1-\cos\omega t_f}\right)+\dfrac{\omega t_f}{16}\left(\dfrac{\omega t_f-\sin\omega t_f}{1-\cos\omega t_f}\right)-1\right]^{-1}\omega^4 t_f\csc^2\dfrac{\omega t_f}{2} \\ b_4=\dfrac{3\omega^2 t_f^2+16}{576\omega t_f}\csc^2\dfrac{\omega t_f}{2} \end{cases} \tag{9.127}$$

式中，α_{i0}和 $\Delta\alpha_i$ 分别表示第 i 个航天器的初始相位角和相位角增量。

对于任意两个相交的初等函数曲线 $y_i=f(x)$ 和 $y_j=f(x)$，如果其是周期性的，那么函数 $y(x)=\max\{y_i,y_j\}$ 的最小值在两曲线交点和周期区间端点处得到。令

$$x^*\mapsto\min_x f(x) \tag{9.128}$$

表示使得以 x 为自变量的函数 $f(x)$ 取得最小值的自变量取值为 x^*，那么

$$\alpha_1^*\mapsto\min_{\alpha_{10}}\{\max\{\boldsymbol{m}(\alpha_{10})\}\} \tag{9.129}$$

为燃料平衡问题的最优解。

考虑燃料最优问题，并采用燃料消耗函数的形式表述为

$$\min_{\alpha_{10}} J_2'=\min_{\alpha_{10}}\{J_1(\alpha_{10},\Delta\alpha_1)+J_2(\alpha_{10}+\theta_{21},\Delta\alpha_2)+\cdots+J_n(\alpha_{10}+\theta_{n1},\Delta\alpha_n)\} \tag{9.130}$$

式中，$\theta_{i1}(i=2,3,\cdots,n)$表示第 i 个航天器与#1 航天器的初始相位角偏差，那么存在 α_2^*，使得

$$\frac{\partial J_2}{\partial \alpha_{10}}=0,\quad \frac{\partial^2 J_2}{\partial \alpha_{10}^2}>0 \tag{9.131}$$

通过推导,易得 α_2^* 的形式:

$$\alpha_2^* = \sum_{i=1}^{n}\left[\frac{1}{2n}\arctan\frac{-R^2\sin\omega t_f+2R(R+\Delta R)\sin(\Delta\alpha_i+\omega t_f)-(R+\Delta R)^2\sin(2\Delta\alpha_i+\omega t_f)}{R^2\cos\omega t_f-2R(R+\Delta R)\cos(\Delta\alpha_i+\omega t_f)+(R+\Delta R)^2\cos(2\Delta\alpha_i+\omega t_f)}-\frac{\theta_{i1}}{n}\right] \tag{9.132}$$

于是,整个最优问题的最优解可以写成

$$\alpha^* = \varepsilon_1\alpha_1^* + \varepsilon_2\alpha_2^* \tag{9.133}$$

3. 仿真与结果分析

下面针对给出的控制分配方法,对初始质量相同和不同两种情况下的编队轨道控制问题进行仿真验证。

(1)初始质量相同。

假设主星在轨道高度为 1 000 km 的圆轨道上运行,在主星轨道坐标系下,两颗从星在 $y-z$ 平面半径为 30 km 的投影圆轨道上运行,相位角相差 60°,如图 9.17 所示。在 t_0 时刻,两颗从星开始机动,经过时间 t_f,两颗从星到达新的投影圆相对运行轨道,新的轨道 $y-z$ 平面轨道半径为 50 km,相位角差变为 90°。

图 9.17 中,实线细圆圈表示为进行轨道重构机动时,经过时间 t_f 之后从星#1 和从星#2 的位置,粗线圈分别表示从星#1 和#2 在 t_0 时刻的初始位置和经过时间 t_f 之后的重构位置。图中所示的 $\Delta\alpha_1$ 和 $\Delta\alpha_2$ 分别为两颗从星的相位改变角。首先假设两颗从星相位角变化相同,即 $\Delta\alpha_1=\Delta\alpha_2$,对提出的燃料平衡方法进行仿真验证。

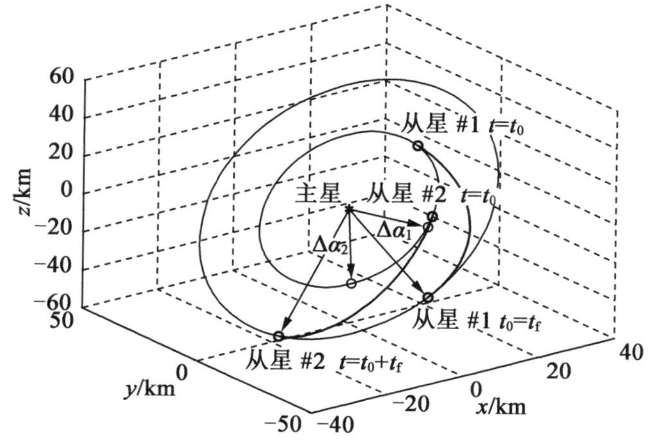

图 9.17　轨道重构示意图

基于上述假设,从星#2 的初始相位角与从星#1 的初始相位角之间恒定差一个角度,因此,两颗从星的燃料消耗都可以表示为从星#1 初始相位角的函数,如图 9.18 所示,实线表示从星#1 的燃料消耗 - 初始相位角变化曲线,虚线表示从星#2 的燃料消耗 - 初始相位角变化曲线。前文已经证明,燃料 - 相位角变化曲线的周期为 180°,因此,这里只关注初始相位角在 $-90° \leqslant \alpha_0 \leqslant 90°$ 范围内的结果,从图 9.18 中可以看出,两条曲线共有两个交点,分别为

$$\alpha_1^* = 42.352\ 6°, \quad \alpha_2^* = -47.647\ 4°$$

在上述两点处,两颗从星的燃料消耗相等,满足燃料平衡要求,其中,α_1^* 处的燃料消耗更少,满足要求,并且可得

$$\begin{cases} \alpha_1 = \dfrac{1}{2}\arctan\dfrac{R^2 d_1 + 2R(R+\Delta R)d_3 + (R+\Delta R)^2 d_5}{R^2 d_2 + 2R(R+\Delta R)d_4 + (R+\Delta R)^2 d_6} = 42.352\ 6° = \alpha_1^* \\ \alpha_1' = \dfrac{1}{2}\arctan\dfrac{R^2 d_1 + 2R(R+\Delta R)d_3 + (R+\Delta R)^2 d_5}{R^2 d_2 + 2R(R+\Delta R)d_4 + (R+\Delta R)^2 d_6} - \dfrac{\pi}{2} = -47.647\ 4° = \alpha_2^* \end{cases} \tag{9.134}$$

这与图 9.18 的结论一致,并且有

$$J(\alpha_1) = 3.170\ 1 \times 10^{-6}, \quad J(\alpha_1') = 3.214\ 1 \times 10^{-6} \tag{9.135}$$

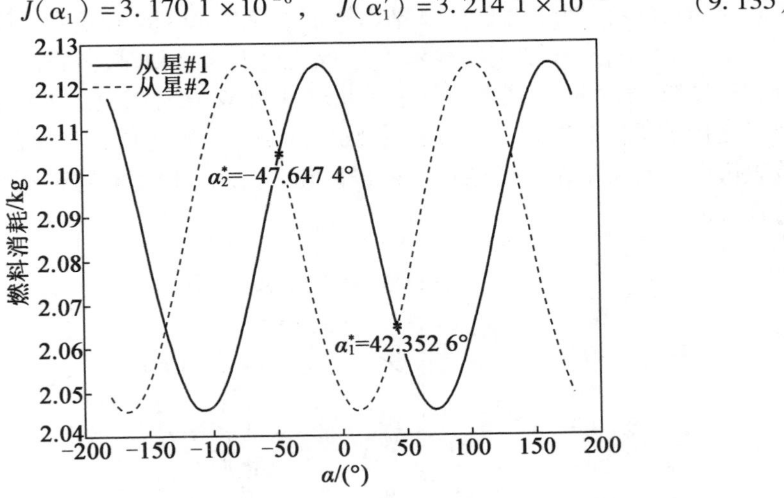

图 9.18　两颗从星的燃料消耗随从星#1 初始相位角变化曲线

由于 $J(\alpha_1) < J(\alpha_1')$,可见在从星#1 的初始相位角 $\alpha_0 = \alpha_1 = \alpha_1^*$ 时达到燃料平衡,并且燃料最优,采用燃料计算公式:

$$\Delta m = m_0(1 - e^{\Delta v / v_e}) \tag{9.136}$$

式中,Δv 为速度增量;v_e 为推力器比冲。

由此计算得到燃料消耗为 $\Delta m = 2.064\ 7$ kg。

通过施加连续推力,从星#1 和从星#2 从初始位置出发,进入转移轨道,脱离原来半径为 30 km 的投影圆轨道,经过设定的轨道重构时间 t_f,同时到达预定的半径为 50 km 的投影圆轨道,轨道重构实例如图 9.19 所示,其中粗线圈表示从星#1 和从星#2 在 t_0 时刻的位置以及在 t_0+t_f 时刻的位置,* 号表示主星,从图中可以看出,卫星编队完成了轨道重构,满足相对轨道半径变化的要求。与此同时,轨道重构另一个目标要求是完成相位角的改变,$y-z$ 平面投影圆相位角变化图如图 9.20 所示。其中,* 号表示主星,粗线圈分别表示从星#1 和从星#2 在 t_0 时刻的位置以及在 t_0+t_f 时刻的位置,细线圈表示在 t_0+t_f 时刻,未进行轨道重构时的位置,初始时刻两颗从星的相位角差为 $\theta=60°$。对于从星#1,机动前后的相位变化角为 $\Delta\alpha$,同样地,对于从星#2 有一样的结论,经计算,$\Delta\alpha=30°$,这与任务要求的两颗从星相位角变化 30°的要求是一致的。因此,该方法既可以完成相对轨道位置的变化,又可以完成相位角变化的要求,从而证明了该方法的有效性。

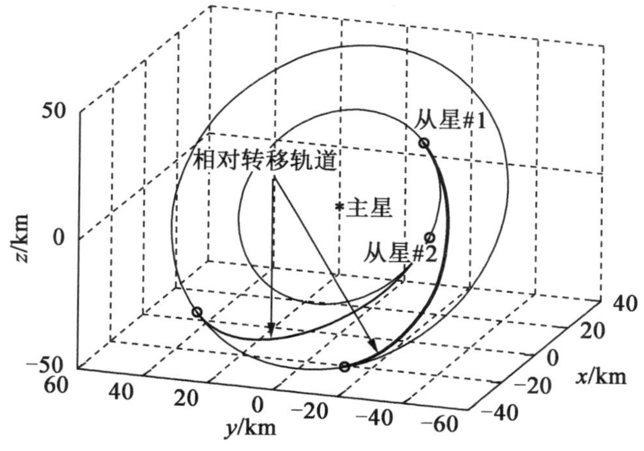

图 9.19 轨道重构实例

图 9.21 描绘了从星#1 和从星#2 在轨道重构过程中的相位变化情况,点画线表示初始相对轨道,虚线为目标相对轨道,粗线圈之间的轨道为从星#1 相对转移轨道,而细线圈之间的轨道表示从星#2 的相对转移轨道。从图中 xyz 三个方向的相位变化情况可以看出,两颗从星从初始椭圆相位图上一点出发,经过轨道重构,能够到达目标相位椭圆,表明航天器经过轨道重构后,能达到目标轨道位置和速度的要求,从而到达期望轨道。其中,从星#1 经过轨道转移之后,到达的位置和相应位置的速度精度分别为

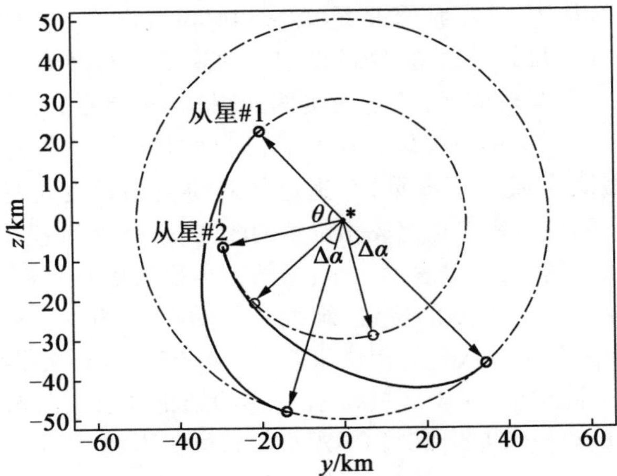

图 9.20　$y-z$ 平面投影圆相位角变化图

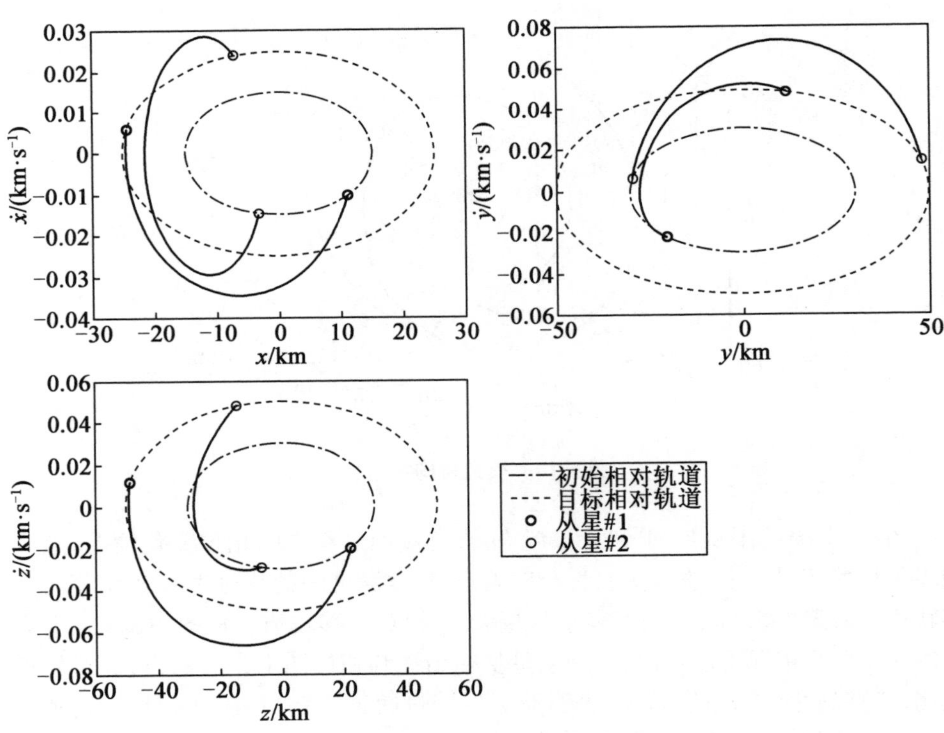

图 9.21　轨道重构相位变化图

$$\begin{cases} \Delta r_1 = 1.146\,7 \times 10^{-5}\ \text{km} \\ \Delta v_1 = 1.196\,3 \times 10^{-8}\ \text{km/s} \end{cases} \tag{9.137}$$

从星#2 的速度和位置精度分别为

$$\begin{cases} \Delta r_2 = 1.387\,1 \times 10^{-5}\ \text{km} \\ \Delta v_2 = 2.425\,8 \times 10^{-8}\ \text{km/s} \end{cases} \tag{9.138}$$

图 9.22 给出了 3 个主星轨道坐标系下三个坐标轴方向的变化曲线，从推力函数的构造不难看出，推力函数是由三角函数构成的初等函数，因此表现为不同峰值、不同频率的周期变化曲线的叠加形式，与 PD 控制率等不同，其连续变化曲线在逐渐接近目标位置时，并不表现为逐渐趋近于 0。因此，在该理论框架下，在设定好转移时间后，需要主动关闭推力器。

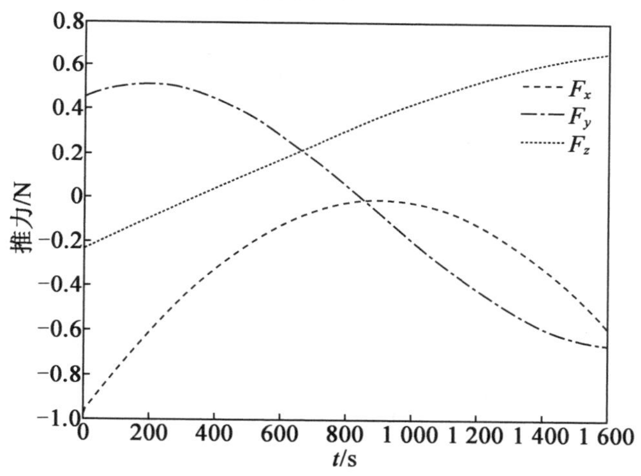

图 9.22　从星#2 推力变化情况

（2）初始质量不同。

这里仍然以主星在 1 000 km 高度的圆轨道上飞行，两颗从星伴飞，$y-z$ 平面投影为圆轨道的编队飞行为例，分别对两颗从星编号，为#1 和#2。两颗从星的初始质量均为 10 kg，携带的燃料质量分别为 3.25 kg、3.46 kg。初始投影圆半径为 30 km，经过轨道重构后，目标投影圆轨道半径为 50 km。在轨道机动的过程中，两颗从星从初始状态的 60°相位偏差，达到 90°的相位偏差，其中#1 从星相位角机动 −10°，#2 从星相位角机动 20°。

首先，可以求出

$$\begin{cases} b_1 = 7.623\,6 \times 10^{-10} \\ b_2 = 3.327\,7 \times 10^{-9} \\ b_3 = 7.076\,3 \times 10^{-10} \\ b_4 = 5.010\,4 \times 10^{-5} \end{cases}$$

于是对于#1 航天器,有

$$J_1 = 5.010\,5 \times 10^{-5} c_1^2(\alpha_{10}, \Delta\alpha_1) + 4.035\,4 \times 10^{-9} c_2^2(\alpha_{10}, \Delta\alpha_1)$$

$$m_1 = m_{10} - M_1\left(1 - \mathrm{e}^{-\frac{\sqrt{J_1 \cdot t_f}}{v_e}}\right)$$

对于#2 航天器,有

$$\begin{aligned} J_2 &= 5.010\,5 \times 10^{-5} c_1^2(\alpha_{20}, \Delta\alpha_2) + 4.035\,4 \times 10^{-9} c_2^2(\alpha_{20}, \Delta\alpha_2) \\ &= 5.010\,5 \times 10^{-5} c_1^2(\alpha_{10} + \theta_{21}, \Delta\alpha_2) + 4.035\,4 \times 10^{-9} c_2^2(\alpha_{10} + \theta_{21}, \Delta\alpha_2) \end{aligned}$$

$$m_2 = m_{20} - M_2\left(1 - \mathrm{e}^{-\frac{\sqrt{J_2 \cdot t_f}}{v_e}}\right)$$

由于燃料消耗关于初始相位角的变化周期为 180°,因此只需要给出任意两个波峰(波谷)在[-180°,180°]内的结果即可,由此得到的剩余燃料变化情况如图 9.23 所示。为了达到燃料平衡,在一个变化周期内可以选择的点在图中分别表示为 A 和 B,从可用燃料最多的角度出发,确定为 B 点,该点对应的#1 从星初始相位角为 $\alpha_1^* = -70.023\,5°$,此时,两颗从星的剩余燃料均为 1.518 9 kg。

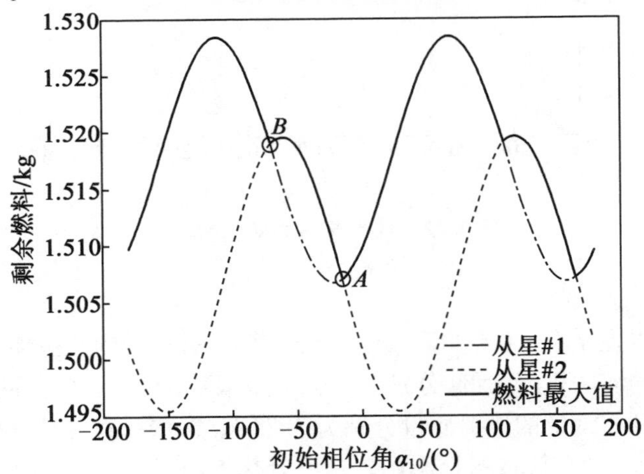

图 9.23 剩余燃料变化情况

从总燃料最优的角度考虑,总的燃料消耗函数可以写成

$$\begin{aligned} J_2' &= J_1(\alpha_{10}) + J_2(\alpha_{10} + \theta_{21}) \\ &= 5.010\,5 \times 10^{-5} c_1^2(\alpha_{10}, \Delta\alpha_1) + 4.035\,4 \times 10^{-9} c_2^2(\alpha_{10}, \Delta\alpha_1) + \end{aligned}$$

$$
\begin{aligned}
&5.010\,5\times10^{-5}c_1^2(\alpha_{10},\theta_{21},\Delta\alpha_2)+4.035\,4\times10^{-9}c_2^2(\alpha_{10},\theta_{21},\Delta\alpha_2)\\
=&5.010\,5\times10^{-5}c_1^2(\alpha_{10},\Delta\alpha_1)+c_1^2(\alpha_{10}+\theta_{21},\Delta\alpha_2)+\\
&4.035\,4\times10^{-9}c_2^2(\alpha_{10},\Delta\alpha_1)+c_2^2(\alpha_{10}+\theta_{21},\Delta\alpha_2)
\end{aligned}
$$

于是对 J_2' 求导,可以求得 $\alpha_2^*=-82.233\,2°$。

总燃料消耗情况如图 9.24 所示,从图中也可得出,总燃料在 $\alpha_2^*=-82.233\,2°$ 时取得最小值。若取权重系数 $\varepsilon_1=0.5$,$\varepsilon_2=0.5$,则考虑燃料最优的平衡问题最优解为 $\alpha_{10}^*=0.5\alpha_1^*+0.5\alpha_2^*=-76.128\,3°$。

表 9.5 给出三种分配方式燃料消耗及剩余情况,可以看出,燃料平衡方法下,虽然剩余燃料达到了完全平衡,但是消耗的总燃料却是最多的。类似地,在燃料最优模式下,消耗总燃料达到最优,但是#1 从星和#2 从星的剩余燃料差异是三种分配方式中最不均衡的,提出的均衡方法很好地弥补了两种方法的不足,兼顾了燃料平衡和燃料最优性原则,具有非常好的分配效果。

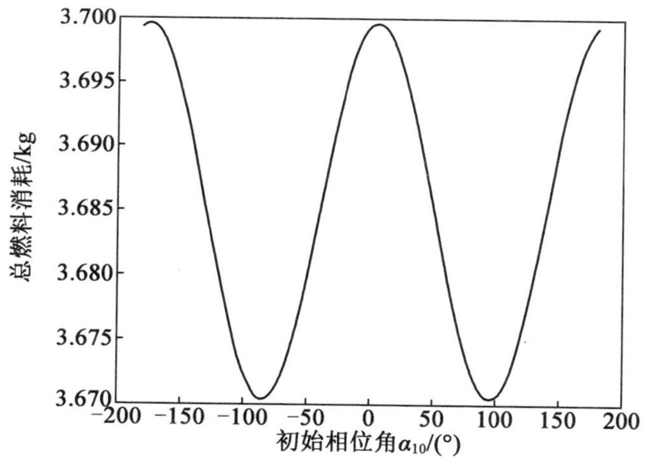

图 9.24　总燃料消耗情况

表 9.5　三种分配方式燃料消耗及剩余情况

分配方式	#1 剩余燃料/kg	#2 剩余燃料/kg	消耗总燃料/kg
燃料平衡(B 点)	1.518 9	1.518 9	3.672 2
燃料最优	1.523 2	1.516 3	3.670 5
均衡方法	1.521 1	1.517 8	3.671 1

为了方便比较三个方法的效果,这里考虑两个指标,并分别定义为平衡度 σ_1 和燃料消耗程度 σ_2,下面介绍其定义。

对于任意 n 个变量 $x_1, x_2, \cdots, x_n$（假设均非负），记

$$E(x) = \frac{x_1 + x_2 + \cdots + x_n}{n} \tag{9.139}$$

则平衡度定义为

$$\sigma_1 = 100\% - \frac{\sum_{i=1}^{n} |x_i - E(x)|}{k \sum_{i=1}^{n} x_i} \tag{9.140}$$

式中，k 为比例系数，用以调节性能指标的敏感程度，并满足

$$k > \frac{\sum_{i=1}^{n} |x_i - E(x)|}{\sum_{i=1}^{n} x_i} \tag{9.141}$$

在轨道重构前的总燃料质量为 y_0，轨道重构过程消耗的总燃料为 y'，燃料消耗程度定义为

$$\sigma_2 = \frac{y'}{y_0} \tag{9.142}$$

取 $k = 0.02$，三种分配方式的性能指标的对比结果见表 9.6。从表中可以看出，在给定的情景下，燃料平衡方法能够使得航天器之间燃料达到一致，平衡度达到 100%，但是其燃料消耗在三种分配方式中却是最多的，为 54.73%；同样的，燃料最优方法实现了燃料消耗的最优，但是在平衡度上最差，为 88.65%。考虑燃料消耗的燃料平衡编队重构方法在两项指标上达到了比较满意的效果，平衡度达到 94.57%，相比燃料最优方法而言，燃料消耗仅仅多出 0.01%，从而说明该方法的有效性，在编队重构的应用上具有工程应用价值。

表 9.6　三种分配方式的性能指标

分配方式	平衡度 σ_1	燃料消耗程度 σ_2
燃料平衡（B 点）	100%	54.73%
燃料最优	88.65%	54.70%
均衡方法	94.57%	54.71%

图 9.25 给出了在主星轨道坐标系下，轨道重构的三维效果图，从图中可以看出从星#1 和从星#2 从初始位置经过轨道重构之后，经过实线加粗部分的相对转移轨道之后，到达相对轨道半径更大的相对运动轨道上来。根据图 9.26 的投影圆可以看出，两颗卫星从初始轨道投影圆半径为 30 km 的轨道（虚线圆）出发，

经过轨道重构之后，到达 50 km 的投影圆轨道（点画线圆），在初始时刻，相位角偏差为 60°（两个实线箭头之间的夹角），经过 1 600 s 的轨道转移时间后，相位角分别变化 –10°和 20°（从点画线箭头至虚线箭头之间的夹角），到达新的轨道时，在投影圆轨道上的相位偏差为 90°（两个虚线箭头之间的夹角），这与期望的转移目标是一致的。

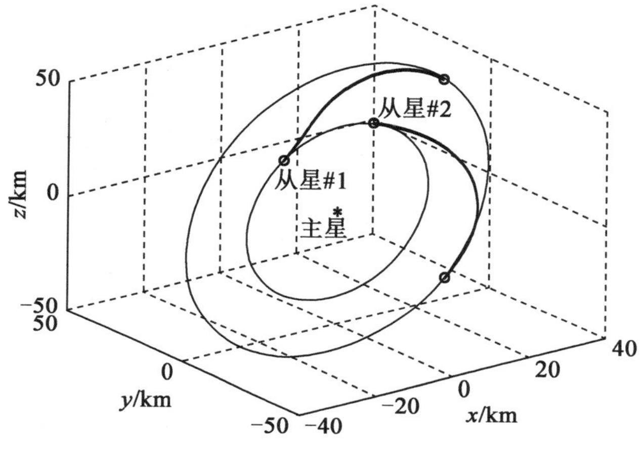

图 9.25　编队重构图

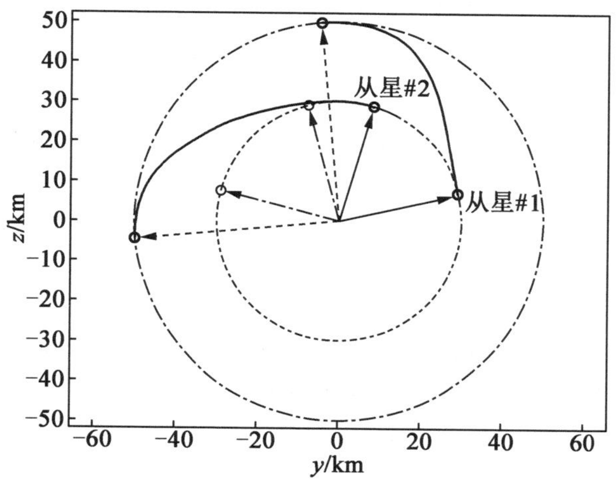

图 9.26　轨道重构投影圆

9.3 本章小结

针对单个航天器和航天器编队燃料均衡控制问题,本章介绍了以能耗均衡为设计自由度的控制分配方法。针对航天器编队控制燃料均衡问题,以减小航天器编队控制分配误差、成员航天器燃料消耗均衡等为设计目标,建立了航天器编队燃料均衡控制的控制分配混合优化模型,实现考虑燃料均衡的航天器编队控制。该方法应用于成员航天器的推力器负载均衡问题,在确保分配误差最小的前提下,降低了各推力器的最大分配推力之差,有效均衡了各推力器总工作时长和开关次数,进而延长推进系统的整体工作寿命。

本章参考文献

[1] BODSON M, FROST S A. Control allocation with load balancing[C]// AIAA Guidance, Navigation, and Control Conference. Chicago: American Institute of Aeronautics and Astronautics, 2009.

[2] KIRCHENGAST M, STEINBERGER M, HORN M. Input matrix factorizations for constrained control allocation[J]. IEEE transactions on automatic control, 2018, 63(4): 1163-1170.

[3] 张世杰, 段晨阳, 赵亚飞. 考虑负载均衡的过驱动航天器推力器分配方法[J]. 宇航学报, 2015, 36(7):7.

[4] 郝继刚, 张育林. SAR 干涉测高分布式小卫星编队构型优化设计[J]. 宇航学报, 2006, 27(6): 654-669.

[5] MOREIRA A, GERHARD K. Spaceborne Synthetic Aperture Radar (SAR) systems: State of the art and future developments[C]// 11th GAAS Symposium. Munich: Horizon House Publications, 2003.

[6] WANG J Y, SUN Z W. 6 – DOF robust adaptive terminal sliding mode control for spacecraft formation flying[J]. Acta astronautica, 2012, 73: 76-87.

[7] WU Y H, CAO X B, YAN J X, et al. Relative motion coupled control for formation flying spacecraft via convex optimization[J]. Acta astronautica, 2010, 10(6): 415-428.

[8] YOO S M, PARK S Y, CHOI K H. A fuel balancing method for reconfiguration of satellite formation flying[C]// International Conference on Control, Au-

tomation and Systems. Seoul: Institute of Electrical and Electronics Engineers, 2007.

[9] PALMER P. Optimal relocation of satellites flying in near-circular-orbit formations[J]. Journal of guidance, control, and dynamics, 2006, 29(3): 519-526.

[10] SUSAN A F, MARC B. Resource balancing control allocation[C]// 2010 American Control Conference. Baltimore: Institute of Electrical and Electronics Engineers, 2010.

[11] BEARD R W, MCLAIN T W, HADAEGH F Y. Fuel optimization for constrained rotation of spacecraft formations[J]. Journal of guidance, control, and dynamics, 2000, 23(2): 339-346.

[12] RAHMANI A, MESBAHI M, HADAEGH F Y. Optimal balanced-energy formation flying maneuvers[J]. Journal of guidance, control, and dynamics, 2006, 29(6): 1395-1403.

第 10 章

面向轨控优先的姿轨一体化控制分配方法

为提高航天器的燃料利用率，延长航天器的在轨寿命，一般在轨道控制时才使用推力器，但由于推力器在控制过程中除了能产生所期望的轨道控制力之外，还可以提供大小不等的力矩，可以利用控制分配环节所提供的设计自由度优选出与期望控制力矩偏差最小的分配方案，控制力矩的偏差部分由其他非燃料消耗执行机构提供，即轨控优先的姿轨一体化推力分配。

采用轨控优先的姿轨一体化控制模式能够进一步降低航天器在轨燃料消耗，提升航天器的控制性能，却为推力分配提出了新的难题[1,2]。因此，本章将围绕该问题，探索基于可达集的推力分配方案，并针对因为姿轨一体化导致的维数增多，进而导致优化问题计算量剧增的问题，研究降维方法，以降低推力分配方法的运算量，利于航天器在轨应用。

10.1　基于降维方法的姿轨一体化控制分配方法

轨控优先的姿轨一体化控制基本思想是，在轨道和姿态一体化控制过程中，优先满足轨道控制的要求，在满足轨道控制要求的众多方案中选择出能够产生与期望控制力矩最接近的分配方案。基于该分配策略，建立以轨道控制力要求作为等式约束，推力器输出推力范围作为不等式约束，并以姿态控制误差最小和燃料最优作为目标函数的混合优化模型，它的数学模型描述为

$$\begin{cases}\min\limits_{U}\|\boldsymbol{AU}-\boldsymbol{T}\|_2+\alpha\|\boldsymbol{U}\|_1 \\ \text{s.t.}\quad \boldsymbol{BU}=k\boldsymbol{F}\quad(\text{线性等式约束}) \\ \qquad 0\leqslant u_i\leqslant u_{\max}\quad(\text{边界约束})\end{cases}\tag{10.1}$$

式中，$\|\cdot\|$代表向量范数；k 代表可达集修正因子；$\boldsymbol{A}$、$\boldsymbol{B}$ 分别为控制力矩分配矩阵和控制力分配矩阵；$\boldsymbol{F}$、$\boldsymbol{T}$ 分别代表期望控制力和期望控制力矩；u_i 代表第 i 个推力器的推力大小；$\boldsymbol{U}$ 为设计变量。

10.1.1 基于可达集的姿轨一体化控制分配方法

根据轨控优先的控制分配优化模型(10.1)可知，在等式约束中引入可达集修正因子 k 对期望控制力进行修正，使得当期望控制力超出推力器输出推力的可达范围时，能够对期望控制力进行修正，保证优化模型具有可行解，同时在优化模型中建立了力矩分配误差和燃料消耗的混合优化模型，并以期望控制推力的模值作为权重因子，当期望控制力比较大时，优先考虑燃料最优，而当期望控制力比较小时，能够优先考虑姿态控制，在这种情况下，该控制分配策略能够同时兼顾燃料消耗和姿态控制两个控制目标。

1. 优化初值的计算

对于优化问题的求解来讲，优化初值会直接影响到后续优化方法的收敛性以及收敛速度，基于可达集的直接控制分配方法进行初值计算，该初值能够同时满足等式约束以及不等式约束。

基于可达集的直接控制分配方法进行初值计算，基本思想是通过确定期望控制量相交的可达集表面，利用可达集表面的顶点对控制量进行表示，而对于相交可达集表面的确定已由式(5.24)给出，为此只需给出可达集相交表面对控制量表示的方法，下面对该过程进行详细描述。

初值计算示意图如图 10.1 所示，若控制量 $\boldsymbol{F}$ 与可达集表面相交，则 $\boldsymbol{F}$ 可由构成可达集表面的两个顶点以及基顶点矢量 $\boldsymbol{v}_{\max}$(或 $\boldsymbol{v}_{\min}$)表示：

$$a\cdot k\boldsymbol{F}=\boldsymbol{v}+b(\boldsymbol{F}_{i,a}^{*}-\boldsymbol{v})+c(\boldsymbol{F}_{i,c}^{*}-\boldsymbol{v})\tag{10.2}$$

式中，$\boldsymbol{v}$ 为可达集表面的基顶点；k 为可达集系数；系数 a 将 $k\boldsymbol{F}$ 缩放至相交表面。

系数 a、b、c 可通过下式求解：

$$[a\quad b\quad c]^{\mathrm{T}}=[k\boldsymbol{F}\quad \boldsymbol{F}_{i,a}^{*}-\boldsymbol{v}\quad \boldsymbol{F}_{i,c}^{*}-\boldsymbol{v}]^{-1}\boldsymbol{v}\tag{10.3}$$

式中，基顶点 $\boldsymbol{v}$ 以及可达集的顶点 $\boldsymbol{F}_{i,a}^{*}$、$\boldsymbol{F}_{i,c}^{*}$(其中下标 i 代表相交的可达集表面，由式(5.24)确定，而第二个下标代表顶点的序号)的计算公式如下：

$$\boldsymbol{v}_{\max} = \sum_{l=1,k \notin S_{i,j}}^{n-p} u_{l,\max}^{*} \boldsymbol{e}_l \tag{10.4}$$

$$\boldsymbol{v}_{\min} = \sum_{l=1,k \notin S_{i,j}}^{n-p} u_{l,\min}^{*} \boldsymbol{e}_l \tag{10.5}$$

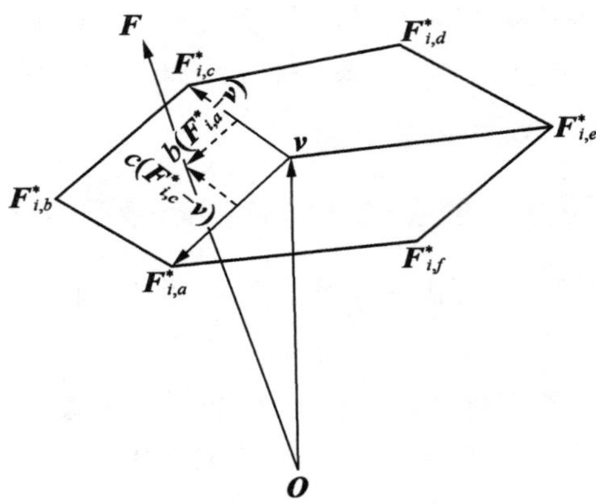

图 10.1　初值计算示意图

2. 降维处理

一般而言,航天器配置的推力器数目比较大,根据第 5.2 节介绍的降维方法,借助可达集表面顶点、面的性质[3,4],可以预先对推力器进行选择,构造新的控制效率矩阵 $\boldsymbol{A}_i$、$\boldsymbol{B}_i$ 以降低控制效率矩阵 $\boldsymbol{A}$ 以及 $\boldsymbol{B}$ 的维数,简化优化过程。

任意期望控制量 $\boldsymbol{F}$ 可以用与其相交的可达集表面的基矢量 $\boldsymbol{v}$ 以及顶点矢量 $\boldsymbol{F}_{i,k}^{*}$:

$$k\boldsymbol{F} = \lambda \boldsymbol{v} + \sum_{k}^{2p} \lambda_k \boldsymbol{F}_{i,k}^{*} = \lambda \sum_{l=1,k \notin S_{i,j}}^{n-p} u_l^{*} \boldsymbol{e}_l + \sum_{k \in S_{i,j}}^{p} \lambda_k \boldsymbol{e}_{i,k} \tag{10.6}$$

式中,基顶点 $\boldsymbol{v}$、$\boldsymbol{F}_{i,k}^{*}$(其中下标 i 代表相交的可达集表面序号,k 代表顶点的序号)为可达集的顶点。

u_l^{*} 的取值为推力器输出的推力的最大值或者最小值,考虑到推力器输出的最小推力为 0,为此 u_l^{*} 的取值为 $u_{l,\max}$ 或者 $u_{l,\min}=0$,不妨将 u_l^{*} 的取值为 $u_{l,\max}$ 的推力器编号构成的集合写为

$$Y_i = \{ j \mid u_j^{*} = u_{j,\max} \} \tag{10.7}$$

进一步式(10.6)可以简化为

$$k\boldsymbol{F} = \lambda \sum_{l \in Y_i} u_l^{*} \boldsymbol{e}_l + \sum_{k \in S_{i,j}}^{p} \lambda_k \boldsymbol{e}_{i,k} \tag{10.8}$$

由式(10.8)可知,对于任意与可达集相交的控制量 $\boldsymbol{F}$,均可由相交表面的基矢量组进行表示,而基矢量组可以表示为

$$G_i = \{\boldsymbol{e}_w \mid w \in (Y_i \cup S_{i,j})\} \tag{10.9}$$

而构成基矢量的推力器编号可以用 Q_i 表示,其中 Q_i 为

$$Q_i = \{w \mid w \in (Y_i \cup S_{i,j})\} \tag{10.10}$$

从而降维后的控制效率矩阵 $\boldsymbol{A}_i$ 和 $\boldsymbol{B}_i$ 为

$$\begin{gathered}\boldsymbol{B}_i = [\boldsymbol{e}_{w,1} \quad \boldsymbol{e}_{w,2} \quad \cdots \quad \boldsymbol{e}_{w,n}] \\ \boldsymbol{A}_i = [\boldsymbol{d}_{w,1} \times \boldsymbol{e}_{w,1} \quad \boldsymbol{d}_{w,2} \times \boldsymbol{e}_{w,2} \quad \cdots \quad \boldsymbol{d}_{w,n} \times \boldsymbol{e}_{w,n}]\end{gathered} \tag{10.11}$$

其中第一个下标 $w \in Q_i$ 代表推力器编号,第二个下标代表序号,n 为集合 Q_i 中元素的数目,代表选择的推力器个数。

为此得到降维后的轨控优先推力分配求解模型,具体形式为

$$\begin{cases}\min\limits_{\boldsymbol{U}} \|\boldsymbol{A}_i\boldsymbol{U} - \boldsymbol{T}\|_2 + \alpha\|\boldsymbol{U}\|_1 \\ \text{s. t.} \quad \boldsymbol{B}_i\boldsymbol{U} = k\boldsymbol{F} \\ \qquad 0 \leqslant u_w \leqslant u_{\max}, \quad w \in Q_i\end{cases} \tag{10.12}$$

式中,$\boldsymbol{A}_i$、$\boldsymbol{B}_i$ 为降维后的力矩控制效率矩阵以及力控制效率矩阵;k 为可达集修正因子;α 为力矩分配误差与燃料消耗之间的权重系数,基于轨控优先的概念,当期望控制力 $\boldsymbol{F} \neq \boldsymbol{0}$ 时,主要以燃料消耗为目标,此时 α 的取值范围为 $\alpha \geqslant 1$,而当期望控制力 $\boldsymbol{F} = \boldsymbol{0}$ 时,主要以姿态控制为目标,此时 α 的取值范围为 $\alpha < 1$。

而对于式(10.12)的具体求解,将在下一节进行详细描述。

3. 凸松弛优化方法

凸优化是指目标函数为凸函数,目标变量与决策变量都属于凸集的优化问题,因其局部最优解即为全局最优解,可保证迭代收敛到全局最优,并且对初值要求较低,具有良好的鲁棒性与误差适应能力,使其在优化计算中具有极大的优势。

考虑到轨控优先的推力分配优化模型是以控制向量的 2 范数以及 1 范数为目标函数,关于控制变量的 2 范数是个非凸函数,为此本节将首先基于凸松弛优化的思想,采用凸松弛方法对目标函数进行转化,使其变为凸函数,并将优化问题转化为标准的半正定规划模型,最后将采用原 - 对偶内点法对其进行求解。

对于优化模型式(10.12),引入松弛因子 S 对目标函数中的力矩分配误差的 2 范数进行松弛,其中松弛因子 S 满足

$$S \geqslant \|\boldsymbol{A}\boldsymbol{U} - \boldsymbol{T}\|_2 \geqslant 0 \tag{10.13}$$

将 S 引入原优化问题有

$$\begin{cases}\min\limits_{U} S+\alpha\|\boldsymbol{U}\|_1 \\ \text{s.t.}\quad \boldsymbol{BU}=k\boldsymbol{F} \\ \qquad 0\leqslant u_i\leqslant u_{\max} \\ \qquad \|\boldsymbol{AU}-\boldsymbol{T}\|_2\leqslant S\end{cases} \tag{10.14}$$

将原优化问题转化为式(10.14)形式后，变为一个二阶锥优化问题，再将其简化为半定规划(Semi - Definite Programming，SDP)标准形式以便于后续计算。

将式(10.13)左右两边同时平方，根据 Schur 引理，式(10.13)可转化为

$$[\boldsymbol{AU}-\boldsymbol{T}]^{\mathrm{T}}[\boldsymbol{AU}-\boldsymbol{T}]\leqslant S^2$$

$$\Rightarrow\begin{bmatrix} S & [\boldsymbol{AU}-\boldsymbol{T}]^{\mathrm{T}} \\ \boldsymbol{AU}-\boldsymbol{T} & S\end{bmatrix}\geqslant\boldsymbol{0} \tag{10.15}$$

式(10.15)为线性不等式约束条件，优化问题中其他约束均为线性约束，优化目标函数式为线性函数，这样原优化问题就可转化为一个标准的 SDP 优化模型。

由 $0\leqslant u_i\leqslant u_{\max}$，$S\geqslant 0$ 以及式(10.14)、式(10.15)可得

$$\begin{cases}\min\ \boldsymbol{c}^{\mathrm{T}}\boldsymbol{X} \\ \text{s.t.}\quad \boldsymbol{B}'\boldsymbol{X}=k\boldsymbol{F} \\ \qquad 0\leqslant\boldsymbol{a}_i\boldsymbol{X}\leqslant u_{\max} \\ \qquad \boldsymbol{a}_{n+1}\boldsymbol{X}\geqslant 0 \\ \qquad \begin{bmatrix}\boldsymbol{a}_{n+1}\boldsymbol{X} & [\boldsymbol{A}'\boldsymbol{X}-\boldsymbol{T}]^{\mathrm{T}} \\ \boldsymbol{A}'\boldsymbol{X}-\boldsymbol{T} & \boldsymbol{a}_{n+1}\boldsymbol{X}\end{bmatrix}\geqslant\boldsymbol{0}\end{cases} \tag{10.16}$$

式中，$\boldsymbol{X}=\begin{bmatrix}\boldsymbol{U}\\ S\end{bmatrix}$；$\boldsymbol{c}=[\alpha,\cdots,\alpha,1]^{\mathrm{T}}$；$\boldsymbol{B}'=\boldsymbol{B}[\boldsymbol{I}_{n\times n}\quad \boldsymbol{0}]$；$\boldsymbol{A}'=\boldsymbol{A}[\boldsymbol{I}_{n\times n}\quad \boldsymbol{0}]$；$\boldsymbol{a}_i$ 是 $1\times(n+1)$ 的行向量，第 i 列为 1，其余为 0；n 是推力器个数。

式(10.16)即为标准的 SDP 优化模型，可采用目前发展较为成熟的原 - 对偶内点法进行求解。原 - 对偶内点法对初值无要求，在保持解的原始可行性与对偶可行性的同时，沿着原 - 对偶路径搜索最优解。

首先确定原 - 对偶内点法的最优解存在条件，为了简便推导，考虑一个标准线性规划的原问题：

$$\begin{cases} \min\ \boldsymbol{c}^{\mathrm{T}}\boldsymbol{x} \\ \text{s. t.}\quad \boldsymbol{A}\boldsymbol{x}=\boldsymbol{b} \\ \qquad\quad \boldsymbol{x}\geqslant \boldsymbol{0} \end{cases} \tag{10.17}$$

其拉格朗日对偶问题：

$$\begin{cases} \max\ \boldsymbol{b}^{\mathrm{T}}\boldsymbol{\lambda} \\ \text{s. t.}\quad \boldsymbol{A}^{\mathrm{T}}\boldsymbol{\lambda}\leqslant \boldsymbol{c} \end{cases} \tag{10.18}$$

式中，$\boldsymbol{\lambda}$ 是对偶变量。

令松弛因子 $\boldsymbol{s}\geqslant\boldsymbol{0}$，可将式(10.18)中不等式约束变为等式约束，即

$$\boldsymbol{A}^{\mathrm{T}}\boldsymbol{\lambda}+\boldsymbol{s}=\boldsymbol{c} \tag{10.19}$$

若全局最优解存在，需满足 KKT 条件。引入拉格朗日乘子与障碍参数 $\mu>0$，式(10.17)可写为

$$\min L=\boldsymbol{c}^{\mathrm{T}}\boldsymbol{x}+\boldsymbol{\lambda}^{\mathrm{T}}(\boldsymbol{b}-\boldsymbol{A}\boldsymbol{x})-\mu\sum_{i=1}^{n}\log x_i \tag{10.20}$$

对式(10.20)中 $\boldsymbol{x}$、$\boldsymbol{\lambda}$ 求偏导，可得

$$\begin{aligned} &\boldsymbol{c}-\boldsymbol{A}^{\mathrm{T}}\boldsymbol{\lambda}-\mu\boldsymbol{X}^{-1}\boldsymbol{e}=\boldsymbol{0} \\ &\boldsymbol{A}\boldsymbol{x}-\boldsymbol{b}=0,\quad \boldsymbol{x}>\boldsymbol{0} \end{aligned} \tag{10.21}$$

式中，$\boldsymbol{e}=[1\quad 1\quad \cdots\quad 1]^{\mathrm{T}}$；$\boldsymbol{X}=\mathrm{diag}[\boldsymbol{x}]$。

令 $\boldsymbol{s}=\mu\boldsymbol{X}^{-1}\boldsymbol{e}$，上式可进一步化简得到

$$\begin{cases} \boldsymbol{A}^{\mathrm{T}}\boldsymbol{\lambda}+\boldsymbol{s}=\boldsymbol{c} \\ \boldsymbol{A}\boldsymbol{x}=\boldsymbol{b} \\ \boldsymbol{X}\boldsymbol{s}=\mu\boldsymbol{e} \\ \boldsymbol{x}\geqslant\boldsymbol{0},\quad \boldsymbol{s}\geqslant\boldsymbol{0} \end{cases} \tag{10.22}$$

当 $\mu\to0$ 时，满足 KKT 条件，可得到原问题的最优解。

当 μ 取值较小时，由式(10.22)可知，利用原 - 对偶内点法求解式时可行集为

$$\Omega=\{(\boldsymbol{x},\boldsymbol{\lambda},\boldsymbol{s})\mid \boldsymbol{A}\boldsymbol{x}=\boldsymbol{b},\quad \boldsymbol{A}^{\mathrm{T}}\boldsymbol{\lambda}+\boldsymbol{s}=\boldsymbol{c},\quad \boldsymbol{x}\geqslant\boldsymbol{0},\quad \boldsymbol{s}\geqslant\boldsymbol{0}\} \tag{10.23}$$

当 Ω 非空且 $\mu>0$ 时，式(10.17)在 Ω 存在唯一内点解。将 $\{(\boldsymbol{x},\boldsymbol{\lambda},\boldsymbol{s})\}$ 称为上述问题的中心路径。

在求取最优解的过程中，μ 逐渐减小，原问题与其对偶问题最优解在其中心路径上逐渐逼近最优解，当 $\mu\to0$ 时，原问题与对偶问题均趋于最优解。在第 n 次求解过程中，

$$\mu=\delta\frac{\boldsymbol{x}^{\mathrm{T}}\boldsymbol{s}}{n} \tag{10.24}$$

式中,$0<\delta<1$,一般令 $\delta=0.1$。

由于在一般求解计算中,中心路径的解析式难以获得,可利用迭代沿着中心路径的大致方向不断逼近最优解。

任取点$(\boldsymbol{x},\boldsymbol{\lambda},\boldsymbol{s})$,搜索方向$(\Delta\boldsymbol{x},\Delta\boldsymbol{\lambda},\Delta\boldsymbol{s})$,令迭代点$(\Delta\boldsymbol{x}+\boldsymbol{x},\Delta\boldsymbol{\lambda}+\boldsymbol{\lambda},\Delta\boldsymbol{s}+\boldsymbol{s})$满足中心路径要求,即

$$\begin{cases}\boldsymbol{A}(\Delta\boldsymbol{x}+\boldsymbol{x})=\boldsymbol{b}\\ \boldsymbol{A}^{\mathrm{T}}(\Delta\boldsymbol{\lambda}+\boldsymbol{\lambda})+\Delta\boldsymbol{s}+\boldsymbol{s}=\boldsymbol{c}\\ (\boldsymbol{X}+\Delta\boldsymbol{X})(\boldsymbol{s}+\Delta\boldsymbol{s})=\mu\boldsymbol{e}\end{cases} \tag{10.25}$$

将式(10.25)展开,化简,并忽略高阶小项后,可得到线性化表示:

$$\begin{bmatrix}\boldsymbol{A}^{\mathrm{T}} & \boldsymbol{0} & \boldsymbol{I}\\ \boldsymbol{0} & \boldsymbol{A} & \boldsymbol{0}\\ \boldsymbol{0} & \boldsymbol{S} & \boldsymbol{X}\end{bmatrix}\begin{bmatrix}\Delta\boldsymbol{\lambda}\\ \Delta\boldsymbol{x}\\ \Delta\boldsymbol{s}\end{bmatrix}=\begin{bmatrix}\sigma\\ \rho\\ \mu\boldsymbol{e}-\boldsymbol{X}\boldsymbol{s}\end{bmatrix} \tag{10.26}$$

式中,$\boldsymbol{S}=\mathrm{diag}[\boldsymbol{s}]$。

求解式(10.26)可得到搜索方向。在确定迭代求解过程中搜索步长 α 时,为保证迭代点$(\boldsymbol{x}+\alpha\Delta\boldsymbol{x},\boldsymbol{\lambda}+\alpha\Delta\boldsymbol{\lambda},\boldsymbol{s}+\alpha\Delta\boldsymbol{s})\in\Omega$,$\alpha$ 应满足

$$\boldsymbol{x}+\alpha\Delta\boldsymbol{x}\geqslant\boldsymbol{0},\quad \boldsymbol{s}+\alpha\Delta\boldsymbol{s}\geqslant\boldsymbol{0} \tag{10.27}$$

在原-对偶内点法中,可对原变量与对偶变量赋予不同的步长 α_1、α_2。各变量更新公式:

$$\begin{cases}\boldsymbol{x}=\boldsymbol{x}+p\alpha_1\Delta\boldsymbol{x}\\ \boldsymbol{\lambda}=\boldsymbol{\lambda}+p\alpha_2\Delta\boldsymbol{\lambda}\\ \boldsymbol{s}=\boldsymbol{s}+p\alpha_2\Delta\boldsymbol{s}\end{cases} \tag{10.28}$$

式中,$0<p<1$;$i=1,\cdots,n$ 并且满足

$$\begin{cases}\alpha_1=\min\left\{\left[-\dfrac{x_i}{\Delta x_i},1\right]\mid\Delta x_i<0\right\}\\ \alpha_2=\min\left\{\left[-\dfrac{\boldsymbol{s}}{\Delta\boldsymbol{s}},1\right]\mid\Delta s_i<0\right\}\end{cases} \tag{10.29}$$

综上,采用原-对偶内点法计算步骤如下。

(1)任取一初始点$(\boldsymbol{x}^{(0)},\boldsymbol{\lambda}^{(0)},\boldsymbol{s}^{(0)})$,满足 $\boldsymbol{x}^{(0)},\boldsymbol{s}^{(0)}>\boldsymbol{0}$,设定精度要求 ξ,给出 p 值。

(2)计算 $\rho = \boldsymbol{b} - \boldsymbol{A}V\boldsymbol{x}^{(k)}$，$\sigma = \boldsymbol{c} - \boldsymbol{A}^{\mathrm{T}}\boldsymbol{\lambda}^{(k)} - \boldsymbol{s}^{(k)}$，$\mu = \delta \dfrac{\boldsymbol{x}^{(k)\mathrm{T}}\boldsymbol{s}^{(k)}}{n}$。

(3)若$\rho_1 < \xi$，$\sigma_1 < \xi$，$\boldsymbol{x}^{(k)\mathrm{T}}\boldsymbol{s}^{(k)} < \xi$ 均成立，跳出循环，输出最优解($\boldsymbol{x}^{(k)}$，$\boldsymbol{\lambda}^{(k)}$，$\boldsymbol{s}^{(k)}$)；否则执行(4)。

(4)利用上述推导求得搜索方向与搜索步长。

(5)利用式(10.28)迭代求解得到新的点，返回(2)。

10.1.2　姿轨一体化控制分配降维优化方法

如10.1.1节所述，轨控优先的推力分配模型是一个标准的二次规划问题，可以采用数学中标准的优化方法进行求解，但是这种优化方法往往会面临计算量比较大的问题，它的计算量随设计变量的维数呈指数增长，对于航天器上安装的推力器数量比较多的情况，直接采用数学规划方法求解，寻找最优解的时间会急剧增加，这就要求星载计算机有足够大的存储空间和运行速度，目前星载计算机的性能很难满足要求。另外，针对以数学规划模型描述的推力分配问题，它往往要求控制量在推力器的控制能力范围内，一旦控制量超出控制能力范围时，基于线性规划方法求解得到的结果往往不在推力器的推力范围之内，这将导致最终的分配误差很大。

针对轨控优先的推力分配问题，可以针对轨道控制对控制力的要求，预先选出满足的推力器，舍弃不满足要求的推力器，从而可以达到将效率矩阵 $\boldsymbol{A}$ 和 $\boldsymbol{B}$ 降维的目的，重构出维数更低的效率矩阵 $\boldsymbol{A}'$和 $\boldsymbol{B}'$，将重构的效率矩阵 $\boldsymbol{A}'$和 $\boldsymbol{B}'$应用到推力分配方法模型中，这样优化寻优时间可以有效减少，同时由于推力器的数目减少，可以快速地判断出期望控制力是否在推力器控制能力范围之内，当超出控制能力范围时，对其进行修正，以保证数学规划方法可以得到可行解。

1.降维方法

优化问题降维方法是根据期望控制力选择出合适的推力器组合以降低设计变量的维数，优化降维过程如图10.2所示，具体的过程如下。

(1)分析推力器相对于卫星本体的构型，将产生同一方向推力的推力器进行组合，得到各组合推力器所对应的效率矩阵 $\boldsymbol{A}_i^j$ 和 $\boldsymbol{B}_i^j$(其中下标 $i = 1,2,3$ 分别代表 x、y 和 z 轴，而上标 $j = 1$ 或者2，当 $j = 1$ 时，代表推力为正，$j = 2$ 时，代表推力为负)。

(2)计算出各组推力在对应方向上能够产生的最大推力 f_i^j。

(3)将控制推力分解相对于体坐标系 x 轴、y 轴以及 z 轴的三个分量，分别为

F_1、F_2 和 F_3，根据推力的正负，判断选择出对应的推力器组合。

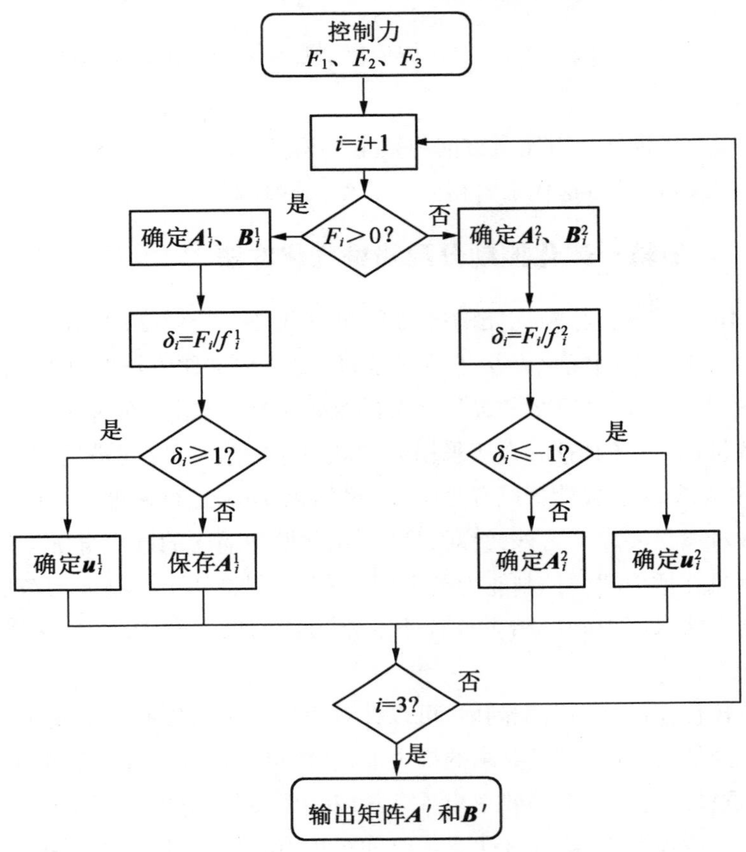

图 10.2　优化降维过程

(4)求解出各轴控制力相对于各轴最大推力的比值 δ_i。

(5)判断 $\delta_i>1(\delta_i\leqslant -1)$，当 $\delta_i>1(\delta_i\leqslant -1)$时，表明即使所有的推力都同时工作，还是没法满足轨道控制力的要求，此时就可以确定推力器一直以最大值输出；否则，就可以将其保存到降维的效率矩阵 $\boldsymbol{A}'$和 $\boldsymbol{B}'$中，推力器的推力大小就可以通过后续的优化方法计算出来。

2. 优化求解方法

轨控优先的动态分配问题数学模型同时包含等式约束和不等式约束，求解目标函数的最小值问题，由于考虑到效率矩阵 $\boldsymbol{A}$ 和 $\boldsymbol{B}$ 都是常值，这样轨控优先的推力分配问题就可以转化为求解具有线性约束的多维极值问题，因此可以采用

Matlab 优化工具箱中的 fmincon 函数来求解，它的求解过程是记录目标函数在可行域内的最大分量，然后再找出最小值。

首先，需要将模型转化为标准形式：

$$\begin{cases} \min\limits_{\boldsymbol{x}} \operatorname{fun}(\boldsymbol{x}) \\ \text{s.t.} \quad \boldsymbol{Ax} \leqslant \boldsymbol{b} \quad （线性不等式约束） \\ \qquad \boldsymbol{A}_{\text{eq}} \cdot \boldsymbol{x} = \boldsymbol{b}_{\text{eq}} \quad （线性等式约束） \\ \qquad \boldsymbol{C}(\boldsymbol{x}) \leqslant \boldsymbol{0} \quad （非线性不等式约束） \\ \qquad \boldsymbol{C}_{\text{eq}}(\boldsymbol{x}) = \boldsymbol{0} \quad （非线性等式约束） \\ \qquad \boldsymbol{L}_{\text{b}} \leqslant \boldsymbol{x} \leqslant \boldsymbol{U}_{\text{b}} \quad （边界约束） \end{cases} \tag{10.30}$$

对于只有线性等式约束和边界约束的极值问题，在调用 Matlab 工具箱中函数 fmincon 时，可以采用以下的调用格式：

$$\boldsymbol{x} = \text{fmincon}(\text{fun}, \boldsymbol{x}_0, [\,], [\,], \boldsymbol{A}_{\text{eq}}, \boldsymbol{b}_{\text{eq}}, \boldsymbol{L}_{\text{b}}, \boldsymbol{U}_{\text{b}}) \tag{10.31}$$

式中，$\text{fun}(\boldsymbol{x}) = f(\boldsymbol{U}) = \sum_{i=1}^{3}\left(\sum_{j=1}^{n} a_{ij}u_j - T_i\right)^2$ 为目标函数；$\boldsymbol{x}_0$ 为给定的初始点，它可以是满足约束条件的可行解，也可以是不可行解；$\boldsymbol{A}_{\text{eq}}$为线性等式约束的系数矩阵，也就是推力分配模型中的力效率矩阵 $\boldsymbol{B}$；$\boldsymbol{b}_{\text{eq}}$为线性等式约束的常数向量，即推力分配模型中的期望控制力阵 $\boldsymbol{F}$；$\boldsymbol{L}_{\text{b}}$ 为设计变量 $\boldsymbol{U}$ 的下限向量；$\boldsymbol{U}_{\text{b}}$ 为设计变量 $\boldsymbol{U}$ 的上限向量。

10.1.3　仿真与结果分析

本节将面向轨控优先的推力分配方法进行仿真分析，通过给定期望的控制量，采用该推力分配方法进行分配，通过计算分配误差对该分配策略的可行性和有效性进行验证，同时将该分配策略与其他分配模型进行对比，通过比较两种方法的燃料消耗、分配误差以及计算耗时等性能指标，对该分配方法的性能进行表征。

1. 可达集方法

以推力器倾斜安装构型的航天器为对象，该航天器的推力器数目为 16，单个推力器的最大输出为 $f=100$ N，在以上仿真条件下，基于提出的面向轨控优先的推力分配方法针对多种不同的期望控制量进行分配，其分配结果见表 10.1，表中期望控制量包含轨道控制要求的期望控制力 $\boldsymbol{F}_{\text{c}}$ 以及姿态控制要求的期望控制力矩 $\boldsymbol{T}_{\text{c}}$，分配结果 $\boldsymbol{U}$ 代表各个推力器的分配量，而所有推力器实际产生的推力

和力矩分别为 $\boldsymbol{F}$ 和 $\boldsymbol{T}$，力和力矩的分配误差可以采用 $\Delta\boldsymbol{F}=\boldsymbol{F}_c-\boldsymbol{F}$、$\Delta\boldsymbol{T}=\boldsymbol{T}_c-\boldsymbol{T}$ 计算得到。

表 10.1　面向轨控优先的推力分配方法的分配结果

序号	期望控制量	分配结果	分配误差	修正系数 k
1	$\boldsymbol{F}_c=[100\quad 120\quad 150]^T$ $\boldsymbol{T}_c=[-3.88\quad 25.12\quad 1.47]^T$	$\boldsymbol{U}=[0\quad 0\quad 0.0158\quad 0\quad 0.0028\quad 0.0029\quad 97.0423\quad 11.8736\quad 0\quad 0\quad 30.1929\quad 0\quad 0.0023\quad 0.0023\quad 84.1286\quad 49.2859]^T$	$\Delta\boldsymbol{F}=[0\quad 0\quad 0]^T$ $\Delta\boldsymbol{T}=[0\quad 0\quad 0]^T$	1
2	$\boldsymbol{F}_c=[-20\quad 35\quad -42]^T$ $\boldsymbol{T}_c=[-11.48\quad 8.88\quad 11.62]^T$	$\boldsymbol{U}=[0.0029\quad 0.0021\quad 0.0076\quad 7.2603\quad 0\quad 0\quad 0\quad 0.0225\quad 0.0026\quad 0.0026\quad 24.7931\quad 35.1832\quad 0\quad 0\quad 0\quad 7.8350]^T$	$\Delta\boldsymbol{F}=[0\quad 0\quad 0]^T$ $\Delta\boldsymbol{T}=[0\quad 0\quad 0]^T$	1
3	$\boldsymbol{F}_c=[0\quad 0\quad 0]^T$ $\boldsymbol{T}_c=[40\quad -50\quad 60]^T$	$\boldsymbol{U}=[0.3159\quad 0.5704\quad 5.3347\quad 0.6250\quad 22.9569\quad 0.9659\quad 1.5431\quad 97.2912\quad 51.4905\quad 84.5441\quad 0.8370\quad 0.7950\quad 0.3584\quad 1.4889\quad 19.4459\quad 0.4624]^T$	$\Delta\boldsymbol{F}=[0\quad 0\quad 0]^T$ $\Delta\boldsymbol{T}=[0\quad 0\quad 0]^T$	1
4	$\boldsymbol{F}_c=[40\quad -50\quad 60]^T$ $\boldsymbol{T}_c=[0\quad 0\quad 0]^T$	$\boldsymbol{U}=[0.0027\quad 3.8692\quad 0\quad 0\quad 0.0024\quad 41.4086\quad 4.8874\quad 0\quad 0.0027\quad 3.8692\quad 0\quad 0\quad 0.0024\quad 41.4086\quad 4.8874\quad 0]^T$	$\Delta\boldsymbol{F}=[0\quad 0\quad 0]^T$ $\Delta\boldsymbol{T}=[0\quad 0\quad 0]^T$	1
5	$\boldsymbol{F}_c=[-370\quad -200\quad -520]^T$ $\boldsymbol{T}_c=[-34.10\quad 30.10\quad -4.20]^T$	$\boldsymbol{U}=[100\quad 100\quad 0.0001\quad 100\quad 100\quad 0\quad 0\quad 0\quad 100\quad 2.8006\quad 88.5002\quad 100\quad 100\quad 0\quad 0\quad 0]^T$	$\Delta\boldsymbol{F}=[-162.05\quad -87.60\quad -227.75]^T$ $\Delta\boldsymbol{T}=[0.87\quad 5.93\quad -7.64]^T$	0.5620

续表 10.1

序号	期望控制量	分配结果	分配误差	修正系数 k
6	$\boldsymbol{F}_c=[300\quad 200\quad 420]^{\mathrm{T}}$ $\boldsymbol{T}_c=[13.53\quad 26.55\quad 29.76]^{\mathrm{T}}$	$\boldsymbol{U}=[0\quad 0.0256\quad 39.4174\quad 0\quad 0\quad 100\quad 100\quad 100\quad 0\quad 54.5069\quad 99.9139\quad 0\quad 0\quad 100\quad 100\quad 100]^{\mathrm{T}}$	$\Delta\boldsymbol{F}=[94.87\quad 63.25\quad 132.82]^{\mathrm{T}}$ $\Delta\boldsymbol{T}=[0\quad 0\quad 0]^{\mathrm{T}}$	0.633 8

从表 10.1 可以看出，对于所有的仿真结果，该控制分配策略均可对其进行分配，能够保证优先对期望控制力进行分配的前提下，对力矩进行分配。其中，第 1 ~4 组期望控制力均在可达集范围内，为此修正因子 k 的取值均为 1，推力的分配误差均为 0，而力矩分配误差均有减小，第 1 ~2 组代表轨道和姿态一体化控制模式，而第 3 ~4 组分别代表单独姿态控制模式和单独轨道控制模式，无论哪种控制模式，该控制分配策略均可得到分配误差较小的结果。而第 5 ~6 组，期望推力超出可达集的范围，次数修正系数的取值小于 1，将其与 1 ~2 组结果进行对比，可以看出，无论推力是否超出可达集范围，该方法均可以获得满足推力器推力输出范围的可行解，同时力矩分配误差均有所减少，仿真结果表明，面向轨控优先的推力分配方法可以在优先满足轨控推力要求的前提下，对控制力矩进行分配，使得力矩分配误差尽可能的小，实现轨道和姿态一体化控制的目标。

为了能够对比说明轨控优先推力分配的效果，采用该方法和以推力分配误差最小与燃料最优的混合推力分配方法进行对比，该模型可以写为

$$\begin{cases}\min\limits_{\boldsymbol{U}}\|\boldsymbol{BU}-\boldsymbol{F}\|_2+\alpha\|\boldsymbol{U}\|_1\\ \text{s.t.}\quad 0\leqslant u_i\leqslant u_{\max}\end{cases}\tag{10.32}$$

式中，设置 $\alpha=0.1$。

在仿真场景中，参考的期望控制力矩 x、y、z 通道幅值分别设置为 40 N · m、30 N · m、50 N · m 的阶跃信号，而参考的期望控制力 x、y、z 轴三个方向的幅值均设置为 300 N 的正弦波信号，周期分别设置为 4 s、4 s、8 s，仿真步长设置为 0.1 s，仿真时间设置为 8 s，期望控制力如图 10.3 所示。

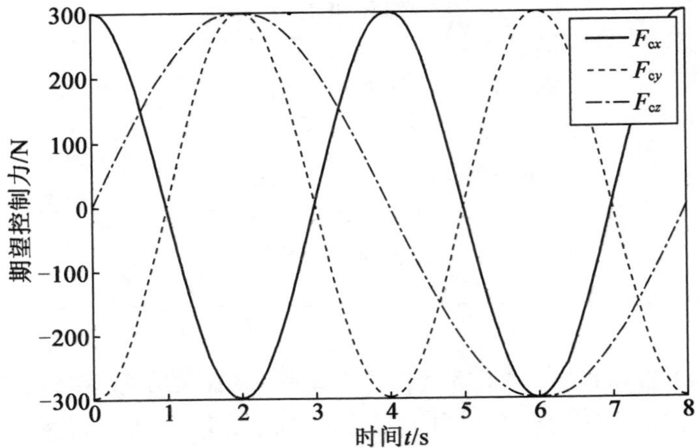

图 10.3 期望控制力

基于提出的面向轨控优先的推力分配方法，得到的实际推力器输出推力时间历程如图 10.4 所示，从仿真曲线可以看出，当推力处于可达集范围时，实际输出推力与参考推力一致，而当推力超出可达集范围时，方法能够对其进行修正，保证在满足各推力器的推力输出范围的前提下，获得推力分配误差尽可能小的分配结果。而力矩的分配误差时间历程如图 10.5 所示，从结果可以看出，相比于参考控制力矩，该分配策略能够减少力矩分配误差。

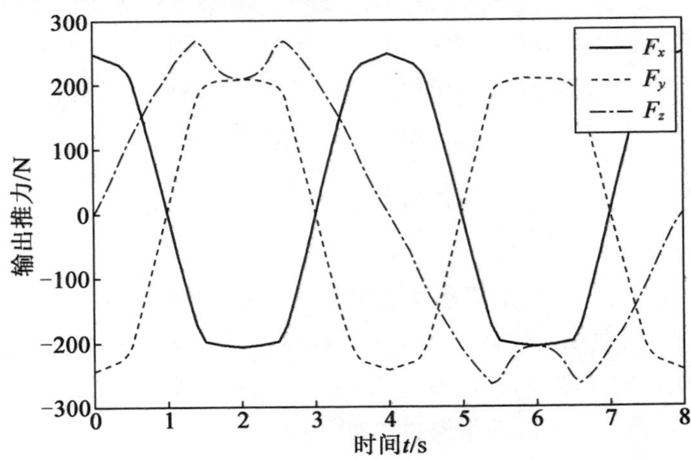

图 10.4 输出推力时间历程

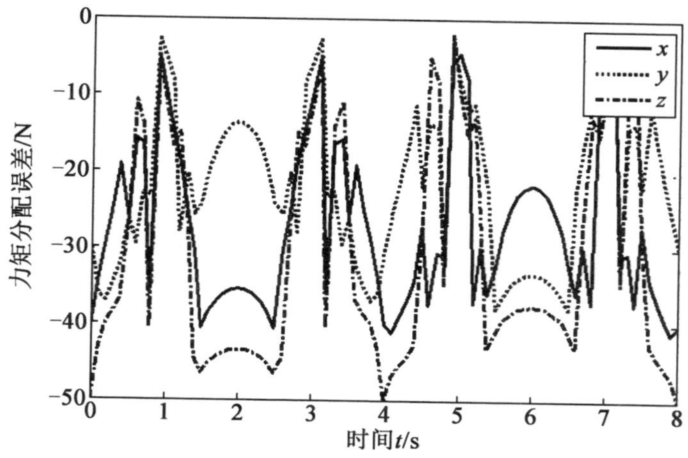

图 10.5　力矩的分配误差时间历程

将本节的轨控优先推力分配方法(PreOrbit)与推力燃料混合优化推力分配分配方法(MixOptm)进行对比(图 10.6),得到推力分配误差对比、计算耗时对比图像以及燃料消耗对比等三个性能指标的仿真对比图像分别如图 10.7 ~ 10.9 所示。

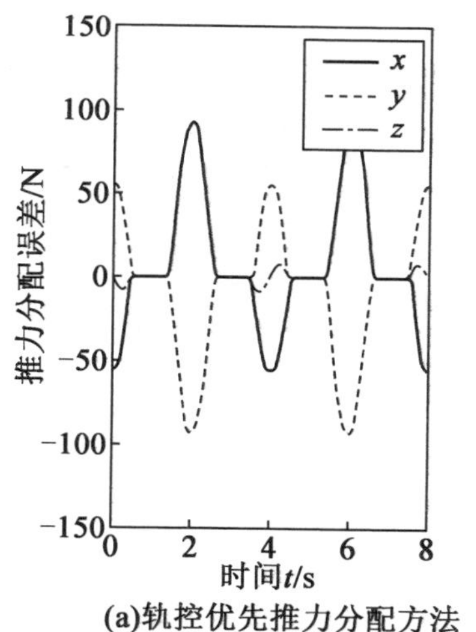

(a)轨控优先推力分配方法

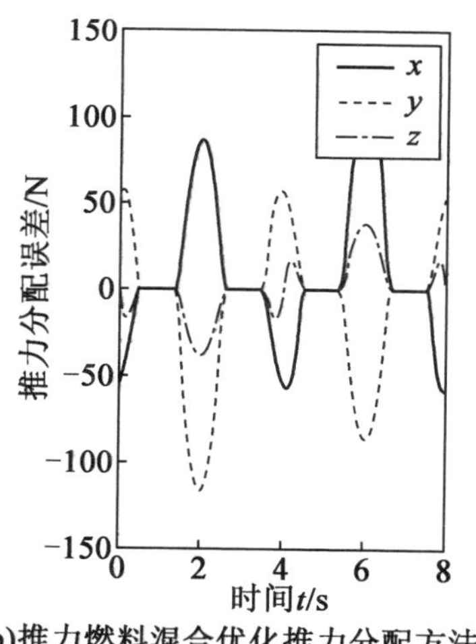

(b)推力燃料混合优化推力分配方法

图 10.6　各通道推力分配误差对比

从推力分配误差对比(图 10.6 ~ 10.7)可见,两种推力分配方法误差基本一致,当推力处于可达集内部时,推力分配误差均为 0,当超出可达集时,面向轨控

优先推力分配方法的推力分配误差有可能会比推力燃料混合优化推力分配方法的大,这是由于在对模型进行求解时,轨控优先推力分配方法对控制效率矩阵进行降维引起的。

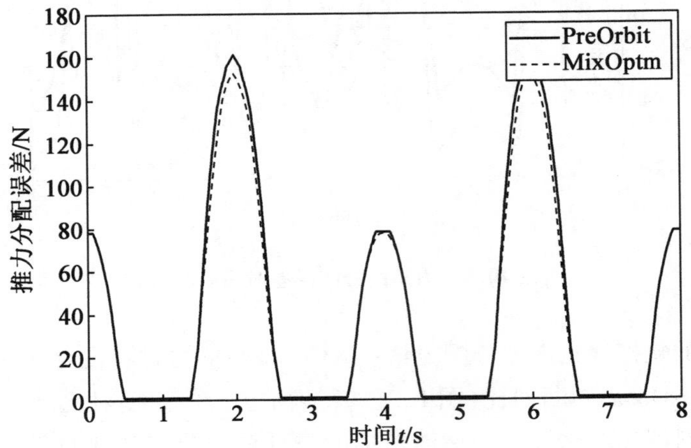

图 10.7　推力分配误差对比

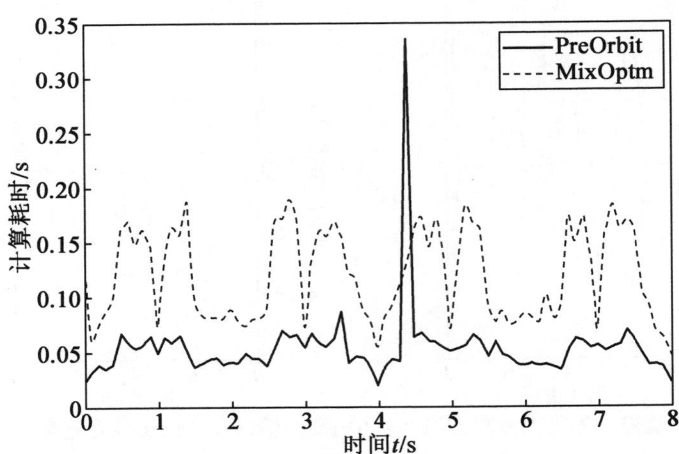

图 10.8　计算耗时对比图像

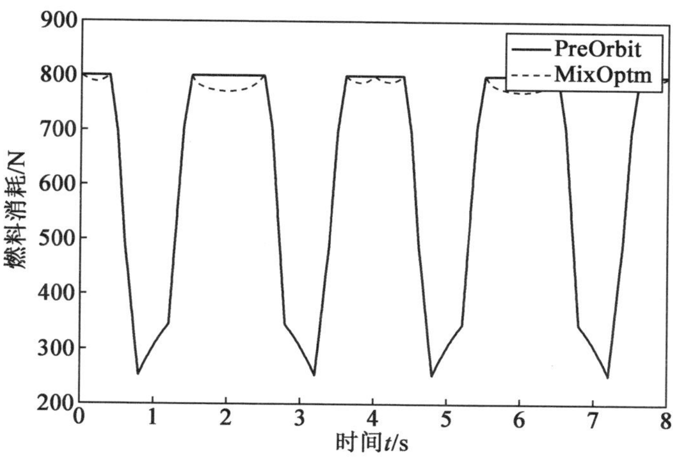

图 10.9　燃料消耗对比

进一步对两种方法在推力分配误差、计算耗时以及燃料消耗等性能指标的仿真结果进行统计分析，得到的性能指标计算对比结果见表 10.2。从仿真曲线以及统计结果可知，面向轨控优先推力分配方法的计算耗时明显比推力燃料混合优化推力分配方法少，平均计算耗时降低 55.74%，而与以燃料消耗最优的推力分配方法相比，燃料消耗仅增加 1.25%，这说明提出的推力分配方法能够保证在优先满足轨控推力要求且不消耗多余燃料的前提下，对姿控力矩进行分配。

表 10.2　性能指标计算对比结果

性能指标	方法	最小值	最大值	平均值
推力分配误差/N	PreOrbit	0	160.985 1	42.665 5
	MixOptm	0	151.998 5	40.699 8
计算耗时/s	PreOrbit	0.019 2	0.334 5	0.052 4
	MixOptm	0.045 1	0.189 1	0.118 4
燃料消耗/N	PreOrbit	249.376 2	800	617.024 5
	MixOptm	249.376 1	800	609.340 6

为了评估提出的轨控优先推力分配方法对力矩误差消除所做的贡献，引入力矩误差降低系数的概念，它定义为 PreOrbit 得到的力矩误差与 MixOptm 得到的力矩分配误差的比值，即为力矩误差降低系数如图 10.10 所示。从力矩误差降

低系数变化曲线可以看出，力矩误差系数均小于 1，这表明面向轨控优先推力分配方法能够降低力矩分配误差。

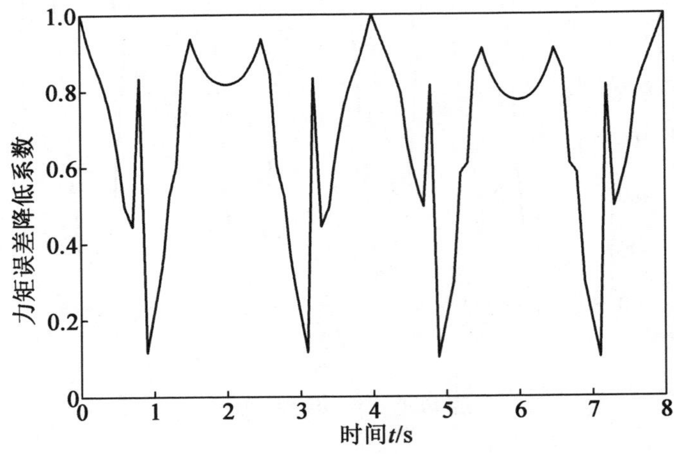

图 10.10 力矩误差降低系数

2. 降维优化方法

本节将降维优化的轨控优先推力分配方法进行开环验证和六自由度闭环数学仿真。开环验证是将给定的期望控制量，利用推力分配方法给出分配结果，从而验证方法的有效性和正确性；六自由度闭环数学仿真是以轨道修正控制过程中兼顾姿态控制为背景，在控制回路中引入轨控优先推力分配方法，验证推力分配方法对轨道修正精度的影响。

(1) 开环验证。

以某型仿真平台的推力器构型为研究背景，验证轨控优先方法的有效性和正确性。其中仿真平台的推力器配置如图 2.13 所示。

单个推力器的最大输出为 $f=100$ N，到质心的力臂均为 $L=0.2$ m。这样就可以确定单位推力的力矩阵以及位置矩阵。

单位推力矩阵为

$$
\boldsymbol{e}=\begin{bmatrix} 1 & 1 & 0 & 0 & -1 & -1 & 0 & 0 & 0 & 0 & 0 & 0 & 0 & 0 & 0 & 0 \\ 0 & 0 & 1 & 1 & 0 & 0 & -1 & -1 & 0 & 0 & 0 & 0 & 0 & 0 & 0 & 0 \\ 0 & 0 & 0 & 0 & 0 & 0 & 0 & 0 & 1 & 1 & 1 & 1 & -1 & -1 & -1 & -1 \end{bmatrix} \tag{10.33}
$$

16 个冷气喷嘴的位置矩阵为

$$\boldsymbol{d}=\begin{bmatrix} 0 & 0 & 0.2 & -0.2 & 0 & 0 & 0.2 & -0.2 & 0 & 0 & 0.2 & -0.2 & 0 & 0 & 0.2 & -0.2 \\ -0.2 & 0.2 & 0 & 0 & -0.2 & 0.2 & 0 & 0 & -0.2 & 0.2 & 0 & 0 & -0.2 & 0.2 & 0 & 0 \\ 0 & 0 & 0 & 0 & 0 & 0 & 0 & 0 & 0 & 0 & 0 & 0 & 0 & 0 & 0 & 0 \end{bmatrix}$$

从而推力器的单位推力产生的力效率矩阵 $\boldsymbol{B}$ 为

$$\boldsymbol{B}=\boldsymbol{e}=\begin{bmatrix} 1 & 1 & 0 & 0 & -1 & -1 & 0 & 0 & 0 & 0 & 0 & 0 & 0 & 0 & 0 & 0 \\ 0 & 0 & 1 & 1 & 0 & 0 & -1 & -1 & 0 & 0 & 0 & 0 & 0 & 0 & 0 & 0 \\ 0 & 0 & 0 & 0 & 0 & 0 & 0 & 0 & 1 & 1 & 1 & 1 & -1 & -1 & -1 & -1 \end{bmatrix}$$

$$=[\boldsymbol{b}_1 \quad \boldsymbol{b}_2 \quad \cdots \quad \boldsymbol{b}_{15} \quad \boldsymbol{b}_{16}]$$

力矩效率矩阵 $\boldsymbol{A}$ 为

$$\boldsymbol{A}=[\boldsymbol{d}_1\times\boldsymbol{e}_1 \quad \boldsymbol{d}_2\times\boldsymbol{e}_2 \quad \cdots \quad \boldsymbol{d}_{16}\times\boldsymbol{e}_{16}]$$

$$=\begin{bmatrix} 0 & 0 & 0 & 0 & 0 & 0 & 0 & 0 & -0.2 & 0.2 & 0 & 0 & 0.2 & -0.2 & 0 & 0 \\ 0 & 0 & 0 & 0 & 0 & 0 & 0 & 0 & 0 & 0 & -0.2 & 0.2 & 0 & 0 & 0.2 & -0.2 \\ 0.2 & -0.2 & 0.2 & -0.2 & -0.2 & 0.2 & -0.2 & 0.2 & 0 & 0 & 0 & 0 & 0 & 0 & 0 & 0 \end{bmatrix}$$

$$\equiv[\boldsymbol{a}_1 \quad \boldsymbol{a}_2 \quad \cdots \quad \boldsymbol{a}_{15} \quad \boldsymbol{a}_{16}]$$

按照各推力器产生的推力方向，基于降维优化设计思想，可以将推力器分成六组，降维优化分配结果见表 10.3。

表 10.3　降维优化分配结果

推力方向	推力器	推力方向	推力器
$+x(\boldsymbol{A}_1^1,\boldsymbol{B}_1^1)$	1,2	$-x(\boldsymbol{A}_1^2,\boldsymbol{B}_1^2)$	5,6
$+y(\boldsymbol{A}_2^1,\boldsymbol{B}_2^1)$	3,4	$-y(\boldsymbol{A}_2^2,\boldsymbol{B}_2^2)$	7,8
$+z(\boldsymbol{A}_3^1,\boldsymbol{B}_3^1)$	9,10,11,12	$-z(\boldsymbol{A}_3^2,\boldsymbol{B}_3^2)$	13,14,15,16

从而可确定各组所对应的效率矩阵 $\boldsymbol{A}_i^j$、$\boldsymbol{B}_i^j$（其中 $i=1,2,3;j=1,2$）分别为

$$\boldsymbol{A}_1^1=[\boldsymbol{a}_1 \quad \boldsymbol{a}_2],\quad \boldsymbol{A}_2^1=[\boldsymbol{a}_3 \quad \boldsymbol{a}_4],\quad \boldsymbol{A}_3^1=[\boldsymbol{a}_9 \quad \boldsymbol{a}_{10} \quad \boldsymbol{a}_{11} \quad \boldsymbol{a}_{12}]$$
$$\boldsymbol{A}_1^2=[\boldsymbol{a}_5 \quad \boldsymbol{a}_6],\quad \boldsymbol{A}_2^2=[\boldsymbol{a}_7 \quad \boldsymbol{a}_8],\quad \boldsymbol{A}_3^2=[\boldsymbol{a}_{13} \quad \boldsymbol{a}_{14} \quad \boldsymbol{a}_{15} \quad \boldsymbol{a}_{16}] \tag{10.34}$$

$$\boldsymbol{B}_1^1=[\boldsymbol{b}_1 \quad \boldsymbol{b}_2],\quad \boldsymbol{B}_2^1=[\boldsymbol{b}_3 \quad \boldsymbol{b}_4],\quad \boldsymbol{B}_3^1=[\boldsymbol{b}_9 \quad \boldsymbol{b}_{10} \quad \boldsymbol{b}_{11} \quad \boldsymbol{b}_{12}]$$
$$\boldsymbol{B}_1^2=[\boldsymbol{b}_5 \quad \boldsymbol{b}_6],\quad \boldsymbol{B}_2^2=[\boldsymbol{b}_7 \quad \boldsymbol{b}_8],\quad \boldsymbol{B}_3^2=[\boldsymbol{b}_{13} \quad \boldsymbol{b}_{14} \quad \boldsymbol{b}_{15} \quad \boldsymbol{b}_{16}] \tag{10.35}$$

同时，在仿真中设置推力器能产生的最大推力为 100 N，这样就可以知道推力器沿本体坐标系主轴方向能产生的最大推力为

$$\begin{cases} f_1^1 = 200\ \text{N}, & f_2^1 = 200\ \text{N}, & f_3^1 = 400\ \text{N} \\ f_1^2 = -200\ \text{N}, & f_2^2 = -200\ \text{N}, & f_3^2 = -400\ \text{N} \end{cases} \tag{10.36}$$

在以上仿真条件和对降维优化分配方法预处理的前提下，分别采用线性规划方法和降维优化方法针对多种不同的期望控制量进行分配，无降维过程的优化求解方法求解结果和降维优化方法求解结果见表 10.4 和表 10.5。

表 10.4　无降维过程的优化求解方法求解结果

序号	期望控制量	分配误差	$\sum_{i=1}^{16} \lVert \boldsymbol{u}_i \rVert$	k
1	$\boldsymbol{F}_c = [20 \quad 40 \quad 80]^T$ $\boldsymbol{T}_c = [2 \quad 4 \quad 8]^T$	$\Delta\boldsymbol{F} = [0 \quad 0 \quad 0]^T$ $\Delta\boldsymbol{T} = [0 \quad 0 \quad 0]^T$	143.82	0.973 4
2	$\boldsymbol{F}_c = [-20 \quad -40 \quad -80]^T$ $\boldsymbol{T}_c = [2 \quad 4 \quad 8]^T$	$\Delta\boldsymbol{F} = [0 \quad 0 \quad 0]^T$ $\Delta\boldsymbol{T} = [0 \quad 0 \quad 0]^T$	180	0.777 8
3	$\boldsymbol{F}_c = [20 \quad 0 \quad 0]^T$ $\boldsymbol{T}_c = [2 \quad 4 \quad 8]^T$	$\Delta\boldsymbol{F} = [0 \quad 0 \quad 0]^T$ $\Delta\boldsymbol{T} = [0 \quad 0 \quad 0]^T$	85.66	4.283 0
4	$\boldsymbol{F}_c = [220 \quad 40 \quad 80]^T$ $\boldsymbol{T}_c = [2 \quad 4 \quad 8]^T$	—	—	—
5	$\boldsymbol{F}_c = [20 \quad 220 \quad 80]^T$ $\boldsymbol{T}_c = [2 \quad 4 \quad 8]^T$	—	—	—
6	$\boldsymbol{F}_c = [20 \quad 40 \quad 420]^T$ $\boldsymbol{T}_c = [2 \quad 4 \quad 8]^T$	—	—	—

表 10.5　降维优化方法求解结果

序号	期望控制量	分配误差	$\sum_{i=1}^{16} \lVert \boldsymbol{u}_i \rVert$	k
1	$\boldsymbol{F}_c = [20 \quad 40 \quad 80]^T$ $\boldsymbol{T}_c = [2 \quad 4 \quad 8]^T$	$\Delta\boldsymbol{F} = [0 \quad 0 \quad 0]^T$ $\Delta\boldsymbol{T} = [0 \quad 0 \quad 0]^T$	140	1
2	$\boldsymbol{F}_c = [-20 \quad -40 \quad -80]^T$ $\boldsymbol{T}_c = [2 \quad 4 \quad 8]^T$	$\Delta\boldsymbol{F} = [0 \quad 0 \quad 0]^T$ $\Delta\boldsymbol{T} = [0 \quad 0 \quad 0]^T$	140	1
3	$\boldsymbol{F}_c = [20 \quad 0 \quad 0]^T$ $\boldsymbol{T}_c = [2 \quad 4 \quad 8]^T$	$\Delta\boldsymbol{F} = [0 \quad 0 \quad 0]^T$ $\Delta\boldsymbol{T} = [2 \quad 4 \quad 8]^T$	20	1

续表 10.5

序号	期望控制量	分配误差	$\sum_{i=1}^{16}\lVert\boldsymbol{u}_i\rVert$	k
4	$\boldsymbol{F}_c=[220\quad 40\quad 80]^T$ $\boldsymbol{T}_c=[2\quad 4\quad 8]^T$	$\Delta\boldsymbol{F}=[20\quad 0\quad 0]^T$ $\Delta\boldsymbol{T}=[0\quad 0\quad 0]^T$	320	1
5	$\boldsymbol{F}_c=[20\quad 220\quad 80]^T$ $\boldsymbol{T}_c=[2\quad 4\quad 8]^T$	$\Delta\boldsymbol{F}=[0\quad 20\quad 0]^T$ $\Delta\boldsymbol{T}=[0\quad 0\quad 4]^T$	300	1
6	$\boldsymbol{F}_c=[20\quad 40\quad 420]^T$ $\boldsymbol{T}_c=[2\quad 4\quad 8]^T$	$\Delta\boldsymbol{F}=[0\quad 0\quad 20]^T$ $\Delta\boldsymbol{T}=[2\quad 4\quad 0]^T$	460	1

表中期望控制量包含轨道控制要求的期望控制力 $\boldsymbol{F}_c$ 以及姿态控制要求的期望控制力矩 $\boldsymbol{T}_c$，分配结果 $\boldsymbol{U}_c$ 代表各个推力器的分配量，而所有推力器实际产生的推力和力矩分别为 $\boldsymbol{F}$ 和 $\boldsymbol{T}$，力和力矩的分配误差可以采用 $\Delta\boldsymbol{F}=\boldsymbol{F}_c-\boldsymbol{F}$、$\Delta\boldsymbol{T}=\boldsymbol{T}_c-\boldsymbol{T}$ 计算得到，其中 $\sum_{i=1}^{16}$ 代表所有推力器产生的推力大小总和，它可以用来表征燃料消耗，它的值越大，燃料消耗越多，而轨控推力效率系数满足

$$k=\frac{\sum\lVert\boldsymbol{F}\rVert}{\sum_{i=1}^{16}\lVert\boldsymbol{u}_i\rVert}\tag{10.37}$$

表示实际输出的推力大小与推力器推力总和之比，当系数为 1 时，代表推力器产生的推力全部用于轨道控制，满足了轨控优先的要求。

由表 10.5 中的 1 ~3 组可知，期望控制力在推力器控制能力范围之内，无降维过程的优化求解方法与降维优化方法都能得到满足轨道和姿态控制要求的可行解，但是从分配结果可以看出，预先经过降维的优化方法分配出的推力器推力总和更小，同时，降维优化方法求解结果的轨道推力效率系数都为 1，而无降维优化求解方法得到的效率系数都小于 1，仿真结果表明，降维优化方法能够满足轨控优先要求，在不增加燃料消耗的情况下，对姿态进行控制，保证姿态控制误差最小。这主要是由于经过降维过程可以有效地减少推力器产生的推力出现对消的情况，提高了推力效能，有效减少燃料消耗。

而 4 ~6 组期望控制力都超出推力器控制能力范围，无降维过程的优化方法得到的分配结果都是不满足推力器自身推力大小约束，而降维优化方法可以得到满足约束的可行解，仿真结果表明，当期望控制力超出推力器控制能力范围

时，降维优化方法能够在保证轨道控制误差最小的情况下，使得姿态控制误差最小。

以上仿真结果表明，降维优化方法可以在优先满足轨道控制要求的前提下，保证姿态控制误差最小。

(2)六自由度闭环数学仿真。

在轨道和姿态共用推力器作为执行机构的情况，以优先满足轨道修正控制要求的前提下，兼顾姿态控制为背景，将轨控优先推力分配方法引入控制回路中，其中动力学模型及控制律采用第 2 章的模型，采用 MiconSim 的推力器配置。具体的仿真参数选取如下。

标称轨道状态：$t_1=0$ s 时，位置矢量 $\boldsymbol{r}=-3\ 443.059\ 7\boldsymbol{I}+5\ 665.487\ 2\boldsymbol{J}-260.456\ 6\boldsymbol{K}$，速度矢量 $\boldsymbol{v}=-5.147\ 6\boldsymbol{I}-2.530\ 7\boldsymbol{J}-8.171\ 1\boldsymbol{K}$；

实际轨道状态：$t_1=0$ s 时，位置矢量 $\boldsymbol{r}_1=-4\ 292.600\ 7\boldsymbol{I}+6\ 284.135\ 5\boldsymbol{J}-81.909\ 1\boldsymbol{K}$，速度矢量 $\boldsymbol{v}_1=-4.726\ 5\boldsymbol{I}-2.543\ 0\boldsymbol{J}-7.628\ 2\boldsymbol{K}$；

转移时间：$t_m=300$ s；

采样时间：$\delta t=0.1$ s；

最大加速度：$a_{max}=0.032\ 6\ \mathrm{km/s^2}$；

初始姿态误差：$\varphi=16°,\theta=-20°,\psi=-15°$；

航天器质量特性：$m=6\ 000$ kg；

航天器惯性矩：$I_{xx}=400\ \mathrm{kg\cdot m^2},I_{yy}=300\ \mathrm{kg\cdot m^2},I_{zz}=200\ \mathrm{kg\cdot m^2}$；

惯性积：$I_{xy}=I_{yz}=I_{xz}=0$。

利用以上仿真初值，可以得到航天器相对标称轨道的距离及速度增益变化曲线如图 10.11 所示，从中可以看到在轨道控制过程中引入轨控优先推力分配方法，轨道控制仍然能够完成任务，相对距离一直在减小，最终的位置误差为 0.191 3 km，而速度增益在前 85.5 s 以近似线性关系的衰减速度衰减至 0，与只考虑轨道控制系统得到的结果相比，可以看出位置误差更大，这主要是由于本节采用的轨道动力学模型中引入了 J_2 项摄动，使得最终的位置误差变大。

姿态角及姿态角速度变化图像如图 10.12 所示，根据仿真图像可以看到，俯仰和滚动通道的姿态角速度和姿态角偏差经过 21 s 就衰减在 0.1°范围内，而偏航通道的姿态角及姿态角速度在初始阶段没有变化，这主要是因为为了满足轨控要求，推力器无法分配出该通道的力矩，在 65 s 时，偏航姿态角才开始衰减，在轨控完成之后，俯仰和偏航通道的姿态角和姿态角度速度都衰减至零，而偏航通道的姿态角衰减为 −0.616 4°，姿态角度速度衰减至 0.162 rad/s。

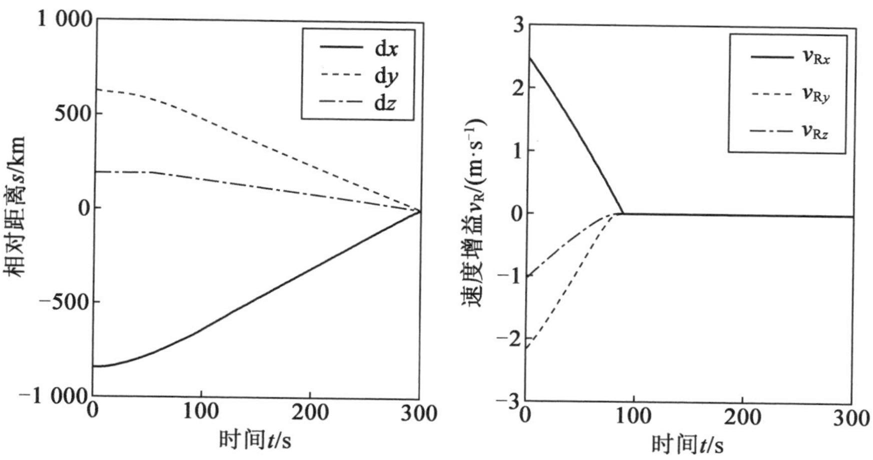

图 10.11　航天器相对标称轨道的距离及速度增益变化曲线

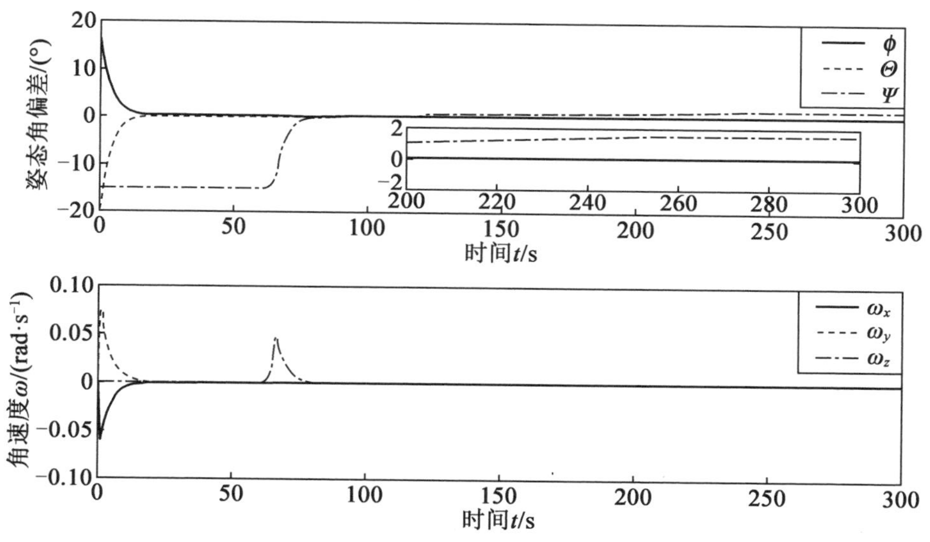

图 10.12　姿态角及姿态角速度变化图像

最后,期望控制力及期望控制力矩变化图与实际推力器输出力及力矩变化图如图 10.13 和图10.14 所示,从图中可以看到,在初始阶段,由于速度增益比较大,在 x 轴和 z 轴上的期望控制超出推力器控制能力,这时推力器以最大推力输出,而 y 轴的期望控制力始终在推力器控制能力范围之内,该轴的分配误差始终为 0。推力器推力大小总和与实际输出推力总和变化曲线如图 10.15 所示,可以观察到在整个控制过程中，两者的值始终相等，也就是说，推力器产生的推力完全用于轨道控制，轨道控制完成的过程中，在没有增加燃料消耗的情况下完成姿态控制，验证了轨控优先控制分配方法的有效性和可行性。

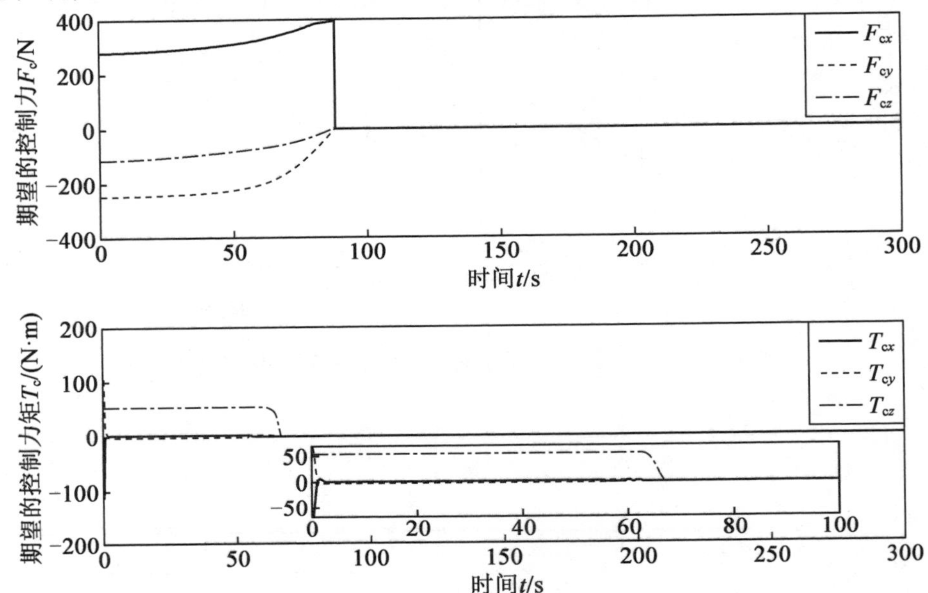

图 10.13　期望控制力及期望控制力矩变化图

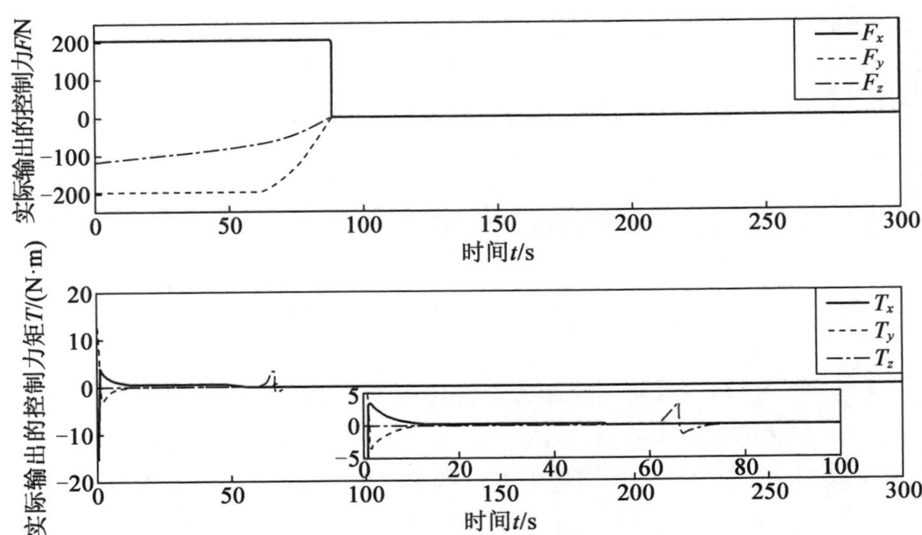

图 10.14　实际推力器输出力及力矩变化图

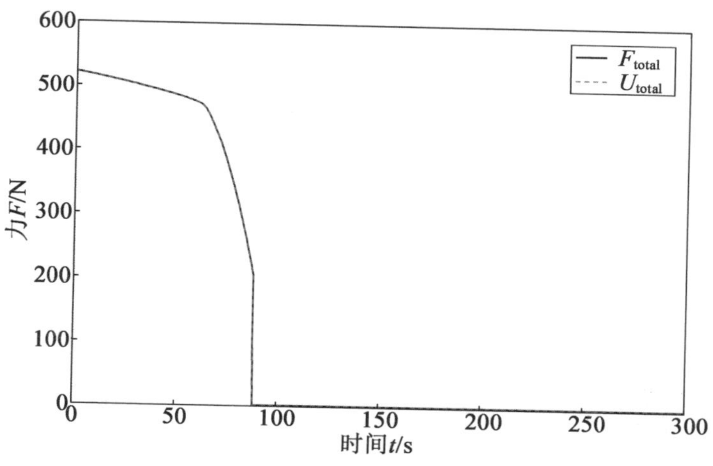

图 10.15　推力器推力大小总和(F_{total})与实际输出推力总和(U_{total})变化曲线

10.2　面向能耗优化的姿轨一体化控制分配方法

轨控优先的姿轨一体推力分配问题既要实现在推力大小限制的情况下的期望推力,又要兼顾尽可能的期望姿控力矩,实现燃料最优,使得该优化问题较为复杂。为此,本节针对这一问题,介绍一种优先满足轨控并在不消耗额外燃料的情况下尽可能提供姿控力矩的推力分配方法[5]。

10.2.1　轨控优先的姿轨一体化推力分配问题

由于轨控优先的姿轨一体化推力分配问题是在轨道和姿态六维空间中展开,尤其是推力器数量增多,约束条件和目标多样,使得采用推力器分配列表等传统方式较为困难。因此,将采用基于优化的推力器分配方法,首先构建推力器分配模型,设计基于可达集和内点优化的求解方法。

具有控制分配环节的控制系统框图如图 10.16 所示,考虑到轨道控制必须利用推力器通过消耗燃料产生反作用力,而姿态既可利用推力器作为执行机构,又可利用不消耗燃料的反作用飞轮或磁力矩器等作为执行机构,为了使燃料消耗最小,同时减轻飞轮和磁力矩器控制负担,轨控优先推力分配策略分为两个步骤,首先是优先利用推力器满足轨道控制力的需求,并在不额外消耗燃料的情况下对期望控制力矩进行分配,然后再将期望控制力矩的残差在飞轮或磁力矩器中进行分配。

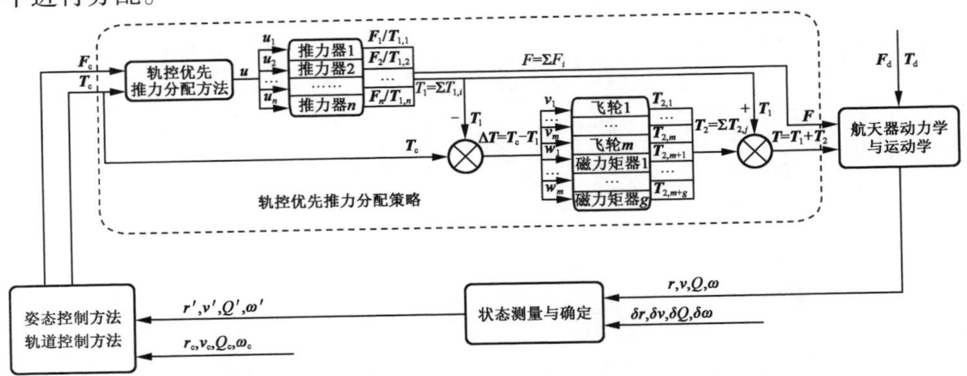

图 10.16　具有控制分配环节的控制系统框图

1. 轨控优先基本思路

针对冗余推力器配置的航天器系统，满足轨道控制要求的分配方案往往不唯一，考虑到在轨道控制的同时需要进行姿态控制，为此提出优先满足轨道控制的要求，在不消耗额外燃料的情况下，选择出能够产生与期望控制力矩最接近的轨控优先推力分配方法。

为详细描述轨控优先推力分配方法，以最简单的平面内 2 个对称布局的推力器为例，对该思想进行详细论述，推力器布局示意图如图 10.17 所示。

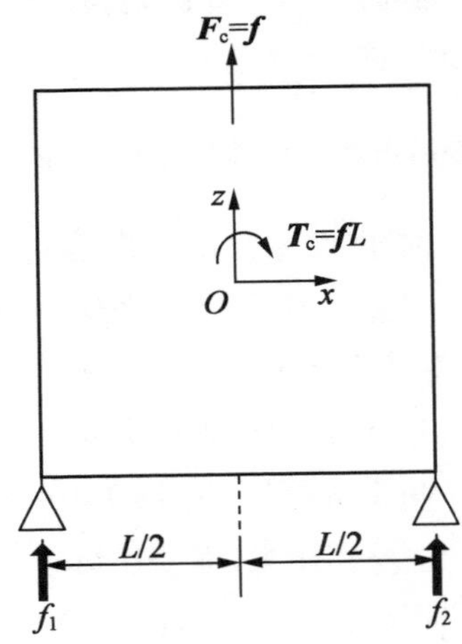

图 10.17　推力器布局示意图

传统轨道与姿态采用独立控制模式，对于图 10.17 所示构型，为减少耦合影响，一般采用成对使用方式。若期望产生 z 轴方向上大小为 f 的期望推力，则在独立控制思想下，分配方法为

$$\begin{cases} f_1 = f_2 \\ f_1 + f_2 = f \end{cases} \tag{10.38}$$

此时，1 号和 2 号推力器的输出推力均为 $f/2$。

若此时航天器还需产生 y 轴方向上，大小为 fL 的力矩进行姿态调整时，则需要增加新的推力器来进行控制。而面向轨控优先的姿轨一体化控制思想是在保证分配出期望控制力的情况下，通过调整推力器的推力，获得部分力矩，而剩余力矩由飞轮等无燃料消耗执行机构进行完成，在给定的简单算例中，可以通过调整两个成对推力器产生的推力差，如 1 号推力器分配推力为 f，2 号推力器分配推力为 0，这样可以产生 $fL/2$ 的力矩，减少其他执行机构所需产生的力矩大小。在该控制策略下，可以提高卫星的控制速率，同时减少燃料的消耗。

2. 轨控优先的优化模型

轨控优先控制分配方法需要同时兼顾推力分配、燃料消耗以及力矩分配等三个控制目标，为优先考虑轨控推力需求，引入推力饱和修正因子，构建实际输出推力与期望控制力之间的比例关系，将轨控推力分配目标转化为等式约束，而通过权重因子将燃料消耗和姿控力矩误差转化为混合优化目标，推力器输出推力范围为不等式约束，建立具有等式约束和不等式约束的混合优化模型：

$$\begin{cases} \min\limits_{\boldsymbol{u}} \|\boldsymbol{Au} - \boldsymbol{T}_{\mathrm{c}}\|_2^2 + \alpha \|\boldsymbol{u}\|_1 \\ \text{s. t.} \quad \boldsymbol{Bu} = k\boldsymbol{F}_{\mathrm{c}} \\ \qquad\quad 0 \leqslant u_i \leqslant u_{\max}, \quad i = 1, 2, \cdots, m \end{cases} \tag{10.39}$$

式中，$\|\cdot\|$代表向量范数；k 代表推力饱和修正因子；$\boldsymbol{F}_{\mathrm{c}}$、$\boldsymbol{T}_{\mathrm{c}}$ 分别代表期望控制力和期望控制力矩；u_i 代表第 i 个推力器的推力大小；$\boldsymbol{u}$ 为设计变量代表推力器的控制指令；m 代表推力器个数；$\boldsymbol{A}$、$\boldsymbol{B}$ 分别为控制力矩效率矩阵和控制力效率矩阵，具体形式为

$$\boldsymbol{B} = [\boldsymbol{e}_1 \quad \boldsymbol{e}_2 \quad \cdots \quad \boldsymbol{e}_m] \tag{10.40}$$

$$\boldsymbol{A} = [\boldsymbol{d}_1 \times \boldsymbol{e}_1 \quad \boldsymbol{d}_2 \times \boldsymbol{e}_2 \quad \cdots \quad \boldsymbol{d}_m \times \boldsymbol{e}_m] \tag{10.41}$$

式中，$\boldsymbol{e}_i$、$\boldsymbol{d}_i$ 分别表示为第 i 个推力器在体坐标系下的单位推力矢量和位置矢量。

该求解模型通过推力饱和修正因子，建立实际输出控制量 $\boldsymbol{Bu}$ 与期望控制量

$\boldsymbol{F}_c$ 之间的比例关系，可以对超出推力器输出能力范围的期望控制量进行修正，以保证优化求解模型能够求解出满足推力器输出约束条件的可行解。同时，可保证推力器输出的控制力矢量与期望控制力矢量的方向保持一致，使得分配误差中不存在方向偏差，而只可能存在幅值偏差，可保证控制分配环节不会影响控制系统的稳定性。

10.2.2 轨控优先的推力分配优化求解方法

对于轨控优先推力分配问题的求解模型(10.39)，其求解过程主要分为两部分，首先根据期望控制力求解推力饱和修正因子 k，然后再利用优化方法对模型进行求解。考虑到饱和修正因子的计算直接影响到控制推力的幅值分配误差，为此，引入能够描述执行机构最大输出能力的可达集对饱和修正因子进行计算。

利用可达集表面可表征推力器最大输出能力的性质，将其应用于推力饱和修正因子的计算，从而在不超出各推力器输出能力的情况下，使得实际输出推力与期望控制力尽可能接近，实现最小误差幅值分配。本节将在给出通用可达集构造方法的基础上，重点围绕利用可达集计算推力饱和修正因子展开，并在计算出推力饱和修正因子的基础上，给出优化求解方法。

1. 基于可达集的推力饱和修正

针对期望控制量超出可达集范围的情况，采用推力饱和修正因子对期望控制量进行修正。推力饱和修正因子定义为推力器在期望控制量方向上最大输出控制量 $F_{c,\max}$ 与期望控制向量的幅值 $\|\boldsymbol{F}_c\|$ 之间的比值，即

$$k=\frac{F_{c,\max}}{\|\boldsymbol{F}_c\|} \tag{10.42}$$

当期望控制量在可达集范围内时，此时无须修正，推力饱和修正因子为 $k=1$，因此它的计算公式可以具体表达为

$$k=\begin{cases}1 & (F_{c,\max}>\|\boldsymbol{F}_c\|)\\ \dfrac{F_{c,\max}}{\|\boldsymbol{F}_c\|} & (F_{c,\max}<\|\boldsymbol{F}_c\|)\end{cases} \tag{10.43}$$

由以上描述可知，推力饱和修正因子的取值范围为[0,1]，它的确定重点在于确定执行机构的可达集，通过确定期望控制量与可达集相交的表面，计算出推力器在期望控制量方向上的最大输出控制量 $F_{c,\max}$，且

$$F_{c,\max}=\frac{|OA|}{|OC|}\cdot|OD|=\frac{h_{ij}}{\boldsymbol{n}_{ij}\cdot\boldsymbol{F}_c}\|\boldsymbol{F}_c\| \tag{10.44}$$

式中，$\|\boldsymbol{F}_c\|$是期望控制矢量 $\boldsymbol{F}_c$ 的大小，修正因子计算公式为

$$k=\begin{cases}1 & (F_{c,\max}>\|\boldsymbol{F}_c\|)\\ \min\left(\dfrac{h_k}{\boldsymbol{n}_k\cdot\boldsymbol{F}_c}\right) & (F_{c,\max}<\|\boldsymbol{F}_c\|)\end{cases}\tag{10.45}$$

2. 推力分配优化求解

内点法通过构造增广拉格朗日函数，将具有等式约束和不等式约束的优化问题转化为无约束优化问题进行求解，利用一阶优化条件确定内点集合，由障碍因子 σ 定义中心路径，不断地迭代逐渐减小障碍因子 σ 的取值，使得优化求解变量在内点集合内沿着中心路径移动，当障碍因子趋于 0 时，优化问题趋于最优值。该方法的核心在于构造增广拉格朗日函数，获取内点集合，确定中心路径移动方向以及移动步长。

对于优化模型(10.39)，可以构造增广拉格朗日函数为

$$L(\boldsymbol{u},\boldsymbol{w},z_1,z_2)=\frac{1}{2}\boldsymbol{u}^{\mathrm{T}}\boldsymbol{H}\boldsymbol{u}+\boldsymbol{c}^{\mathrm{T}}\boldsymbol{u}-\sigma\sum_{i=1}^{n}\log w_i+z_1^{\mathrm{T}}(\boldsymbol{B}\boldsymbol{u}-k\boldsymbol{F}_c)+$$
$$z_2^{\mathrm{T}}(\boldsymbol{u}+\boldsymbol{w}-\boldsymbol{u}_{\max})-\sigma\sum_{i=1}^{n}\log u_i\tag{10.46}$$

式中，$\boldsymbol{H}=\alpha\boldsymbol{A}^{\mathrm{T}}\boldsymbol{A}^{\mathrm{T}}$；$\boldsymbol{c}=-2\alpha\boldsymbol{A}^{\mathrm{T}}\boldsymbol{T}_c+\boldsymbol{e}$；列向量 $\boldsymbol{e}$ 的元素均为 1，即 $\boldsymbol{e}=[1\ \ \cdots\ \ 1]^{\mathrm{T}}$；$z_1$ 和 z_2 为拉格朗日因子；σ 为障碍因子。

而对于形如式(10.46)所示的拉格朗日函数，可以采用内点法进行求解。

结合基于可达集计算推力饱和修正因子以及利用内定法对模型优化求解，基于可达集修正的内点优化方法的求解流程如下。

(1)根据期望控制力 $\boldsymbol{F}_c$，由式(10.45)计算推力饱和修正因子 k。

(2)对优化模型进行优化求解。

①设置初值：$(\boldsymbol{u}^0,\boldsymbol{w}^0,z_1^0,z_2^0,\boldsymbol{s}^0)$，其中 $\boldsymbol{u}^0=\boldsymbol{w}^0=0.5\boldsymbol{u}_{\max}$，$z_2^0=\boldsymbol{s}^0=(\mathrm{diag}[\boldsymbol{u}^0])^{-1}\boldsymbol{e}$，$z_1^0=[1\ \ 1\ \ 1]^{\mathrm{T}}$，精度要求 ε，迭代次数 $k=0$。

②判断是否满足精度要求：$\sigma=\zeta\dfrac{\boldsymbol{u}^{\mathrm{T}}\boldsymbol{s}+\boldsymbol{w}^{\mathrm{T}}z_2}{2n}$，计算 σ，若 $|\sigma|<\varepsilon$，则转至步骤(3)，否则转至步骤①。

③计算移动方向$[\Delta\boldsymbol{u}^{(k)}\ \ \Delta\boldsymbol{w}^{(k)}\ \ \Delta z_1^{(k)}\ \ \Delta z_2^{(k)}\ \ \Delta\boldsymbol{s}^{(k)}]^{\mathrm{T}}$，移动方向满足

$$\begin{bmatrix} \Delta \boldsymbol{u} \\ \Delta \boldsymbol{w} \\ \Delta \boldsymbol{z}_1 \\ \Delta \boldsymbol{z}_2 \\ \Delta \boldsymbol{s} \end{bmatrix} = \begin{bmatrix} \boldsymbol{H} & & \boldsymbol{B}^{\mathrm{T}} & \boldsymbol{I}_{n\times n} & -\boldsymbol{I}_{n\times n} \\ & \boldsymbol{Z}_2 & & \boldsymbol{W} & \\ \boldsymbol{B} & & & & \\ \boldsymbol{I}_{n\times n} & \boldsymbol{I}_{n\times n} & & & \\ \boldsymbol{S} & & & & \boldsymbol{U} \end{bmatrix}^{-1} \begin{bmatrix} -(\boldsymbol{Hu}+\boldsymbol{c}+\boldsymbol{B}^{\mathrm{T}}\boldsymbol{z}_1+\boldsymbol{z}_2-\boldsymbol{s}) \\ -(\boldsymbol{W}\boldsymbol{z}_2-\sigma\boldsymbol{e}) \\ -(\boldsymbol{Bu}-k\boldsymbol{F}_{\mathrm{c}}) \\ -(\boldsymbol{u}+\boldsymbol{w}-\boldsymbol{u}_{\max}) \\ -(\boldsymbol{Us}-\sigma\boldsymbol{e}) \end{bmatrix} \tag{10.47}$$

式中，$\boldsymbol{I}_{n\times n}$为 n 阶单位阵；$\boldsymbol{Z}_2$、$\boldsymbol{W}$、$\boldsymbol{S}$ 以及 $\boldsymbol{U}$ 分别为以向量 $\boldsymbol{z}_2$、$\boldsymbol{w}$、$\boldsymbol{s}$、$\boldsymbol{u}$ 元素为矩阵对角阵元素的对角阵。

④计算移动步长 λ：$\lambda=\rho\cdot\min\{\lambda_u,\lambda_w,\lambda_{z_2},\lambda_s\}$，其中 ρ 通常取值为 0.9～1，$\lambda_{\boldsymbol{v}}=\min\{[-\boldsymbol{v}_i/\Delta\boldsymbol{v}_i,1]\mid\Delta\boldsymbol{v}_i<0,\quad i=1,2,\cdots,p\}(\boldsymbol{v}\in\{\boldsymbol{u},\boldsymbol{w},\boldsymbol{z}_2,\boldsymbol{s}\})$。

⑤计算下一迭代点：由迭代公式 $\boldsymbol{u}^{(k+1)}=\boldsymbol{u}^{(k)}+\lambda\Delta\boldsymbol{u}^{(k)}$，$\boldsymbol{w}^{(k+1)}=\boldsymbol{w}^{(k)}+\lambda\Delta\boldsymbol{w}^{(k)}$，$\boldsymbol{z}_1^{(k+1)}=\boldsymbol{z}_1^{(k)}+\lambda\Delta\boldsymbol{z}_1^{(k)}$，$\boldsymbol{z}_2^{(k+1)}=\boldsymbol{z}_2^{(k)}+\lambda\Delta\boldsymbol{z}_2^{(k)}$，$\boldsymbol{s}^{(k+1)}=\boldsymbol{s}^{(k)}+\lambda\Delta\boldsymbol{s}^{(k)}$，置 $k=k+1$，转至步骤②。

(3)输出结果 $\boldsymbol{u}$。

10.2.3 仿真分析

本小节将对提出的面向轨控优先的推力分配方法进行仿真分析，通过给定多组期望的控制量，同时将该分配策略和其他推力分配方法进行对比，通过比较两种方法的燃料消耗、分配误差以及计算耗时等性能指标，对该分配方法的性能进行评估。

仿真条件设定为：推力器倾斜安装构型，航天器推力器数目为 16，单个推力器的最大输出均为 $f=5$ N，安装矩阵分别为

$$A=\begin{bmatrix} 0.5000 & 0.3175 & -0.0413 & 0.2355 & 0.7071 & -0.3280 & -0.5195 & 1.3592 & -0.5000 & 0.3280 & 0.0413 & -0.7071 & -1.3592 & -0.2355 & 0.5195 & -0.3175 \\ 0.1340 & -0.2893 & -0.5195 & 0.7440 & 0.1895 & 0.2717 & -0.0413 & -1.0383 & -0.1340 & -0.2717 & 0.5195 & -0.1895 & 1.0383 & -0.7440 & 0.0413 & 0.2893 \\ -0.6340 & 0.6069 & -0.5608 & 0.5085 & -0.5176 & -0.5997 & 0.5608 & 0.3209 & 0.6340 & 0.5997 & 0.5608 & 0.5176 & -0.3209 & -0.5085 & -0.5608 & -0.6069 \end{bmatrix}$$

$$B=\begin{bmatrix} -0.4330 & -0.4145 & 0.3830 & 0.3473 & -0.6124 & 0.7094 & 0.6634 & -0.3796 & -0.4330 & 0.7094 & 0.3830 & -0.6124 & -0.3796 & 0.3473 & 0.6634 & -0.4145 \\ -0.7500 & 0.7180 & 0.6634 & -0.6016 & 0.3536 & -0.4096 & 0.3830 & -0.2192 & -0.7500 & -0.4096 & 0.6634 & 0.3536 & -0.2192 & -0.6016 & 0.3830 & 0.7180 \\ -0.5000 & 0.5592 & -0.6428 & 0.7193 & -0.7071 & -0.5736 & 0.6428 & 0.8988 & -0.5000 & -0.5736 & -0.6428 & -0.7071 & 0.8988 & 0.7193 & 0.6428 & 0.5592 \end{bmatrix}$$

1. 推力器控制能力分析

该推力器构型产生的推力可达集如图 10.18 所示。由图 10.18 可以看出，该

构型下的推力可达集在三维控制力空间中表现为凸多面体，但非轴对称或者中心对称图像，对该可达集进行分析，原点至可达集表面处，最大的距离为 28.201 1，最小距离为 14.407 3，由此可知，16 个推力器能够输出的最大推力为 28.201 1 N，最小推力为 14.407 3 N。

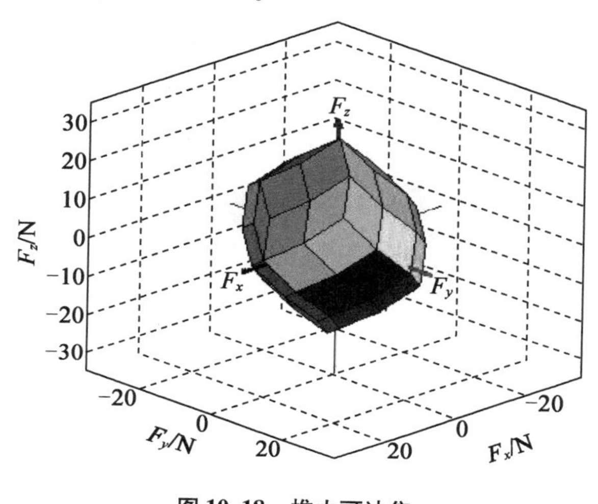

图 10.18　推力可达集

2. 仿真对比参数设置

为了能够对比说明轨控优先推力分配方法的性能，采用该方法和以推力分配误差最小与燃料最优的混合推力分配方法进行对比，该模型可以写为

$$\begin{cases} \min\limits_{\boldsymbol{u}} \|\boldsymbol{Bu} - \boldsymbol{F}_{\mathrm{c}}\|_2 + \alpha \|\boldsymbol{u}\|_1 \\ \mathrm{s.t.} \quad 0 \leqslant u_i \leqslant u_{\max} \end{cases} \tag{10.48}$$

优化模型求解时仍采用内点法进行求解。在仿真中，基于轨控优先的分配思想，优化目标函数中优先考虑燃料消耗，而混合优化模型中，优先考虑推力分配误差，为此两个优化求解模型中，权重因子均设置为 $\alpha = 10^{-3}$。根据第一小节对推力器控制能力分析的结果，设置期望控制力幅值为 20 N，位于半径为 20 N 的上半球面上，使得期望控制力同时包含在可达内和可达集外，保证仿真的完备性。

3. 仿真结果分析

(1) 推力分配误差。

基于上述仿真条件，分别采用两种推力分配方法进行分配，推力分配幅值误

差由实际输出推力与期望推力差值 $F_e = \|\boldsymbol{Bu} - \boldsymbol{F}_c\|$确定,可得轨控优先的推力分配方法的推力分配幅值偏差如图 10.19 所示。

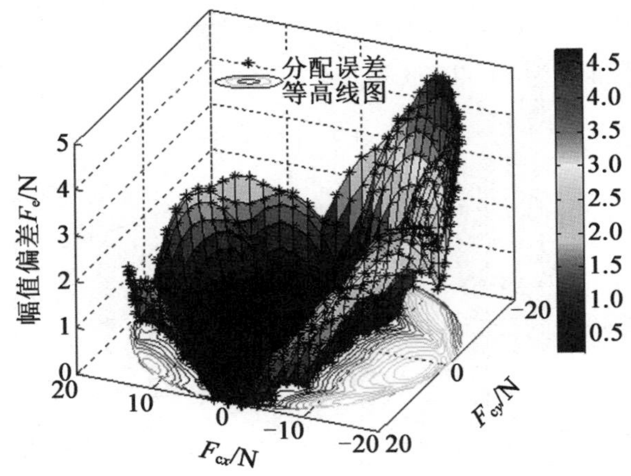

图 10.19　推力分配幅值偏差(彩图见附录)

MixOptm 方法得到的推力分配幅值偏差与 PreOrbit 方法的结果基本一致,但两者在推力分配的方向偏差上相差比较大,方向偏差由实际输出推力方向与期望控制力方向的夹角 $\theta = \langle \boldsymbol{Bu}, \boldsymbol{F}_c \rangle$ 确定,PreOrbit 方法实际分配出的推力方向与期望控制力方向始终一致,而 MixOptm 方法会存在推力方向偏差,图 10.20 为 MixOptm 方法的方向偏差。

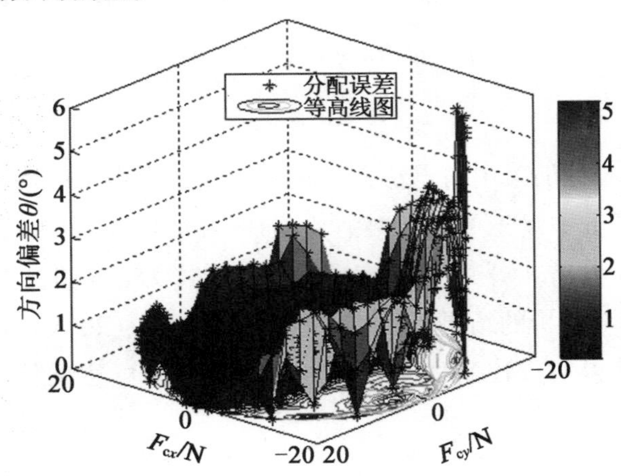

图 10.20　方向偏差(彩图见附录)

由图 10.20 可知，当期望控制力处于可达集范围内时，MixOptm 方法的推力方向偏差以及幅值偏差均几乎为 0，而当期望控制力超出可达集范围时，MixOptm 方法分配出的推力与期望控制力既会存在幅值偏差，又会存在方向偏差，而 PreOrbit 方法通过推力饱和修正因子构建实际输出与期望控制量之间的等式关系，保证方向偏差始终为 0，只有当期望控制力处于可达集外时，才会出现幅值偏差。

为了评价方法在力矩分配方面的性能，定义力矩分配误差与期望力矩的比值为力矩误差降低百分比，将降低百分比分为 10 个区间，统计 1 387 组仿真算例在每个误差区间所出现的次数，得到 PreOrbit 方法的力矩分配幅值降低百分比如图 10.21 所示。

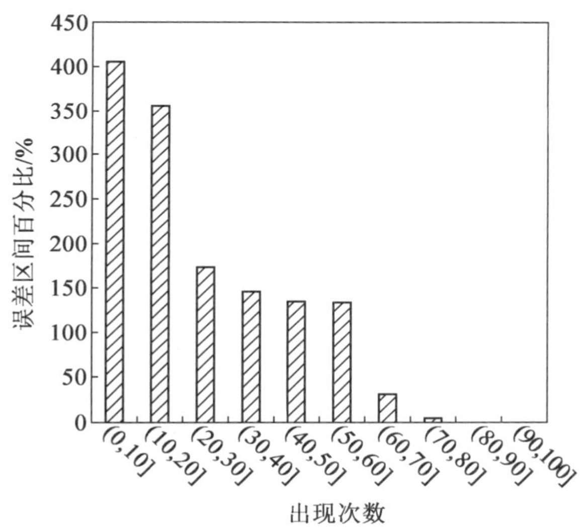

图 10.21　力矩分配幅值降低百分比

(2)燃料消耗。

在燃料消耗方面，两种方法的结果基本一致，性能参数统计结果见表 10.6。

表 10.6　性能参数统计结果

推力器分配方法		PreOrbit		MixOptm	
权重因子		10^{-3}	0	10^{-3}	0
推力大小偏差 $\|\boldsymbol{Bu}-\boldsymbol{F}_c\|_2$/N	最大值	4.957 8	4.957 8	4.748 5	4.748 5
	平均值	0.785 2	0.785 2	0.755 6	0.754 6

续表 10.6

推力器分配方法		PreOrbit		MixOptm	
推力方向偏差 $\theta/(^\circ)$	最大值	0	0	5.469 5	5.469 9
	平均值	0	0	0.579 6	0.578 6
权重因子		10^{-3}	0	10^{-3}	0
燃料消耗因子 $\\|\boldsymbol{u}\\|_1$/N	最小值	24.099 1	24.099	24.097 9	30
	平均值	35.918 9	35.918 9	35.913 2	40.835 1
力矩大小偏差 $\\|\boldsymbol{Au}-\boldsymbol{T}_c\\|_2/(\mathrm{N\cdot m})$	最小值	1.800 1	8.660 3	8.660 2	8.660 3
	平均值	6.647 9	8.660 3	8.660 3	8.660 3

表 10.6 中统计了两种方法，当权重因子设置为 0.001 以及 0 时的仿真结果。对于 PreOrbit 方法，当权重因子为 0 时，表示不考虑力矩分配误差，而对于 MixOptm 方法，表示不考虑燃料消耗，只对推力分配幅值误差进行优化，此时该求解方法能够获得分配误差幅值最小的分配结果。

由仿真结果可以看出，与 MixOptm 方法相比，PreOrbit 方法在推力分配误差方面，推力幅值偏差相当，平均推力幅值偏差仅增加 0.030 6 N，且方法具有很好的保方向性，方向偏差始终为 0，而 MixOptm 方法的方向偏差最大可达 5.469 5°，同时平均力矩分配误差降低 23.23%。从仿真结果可以看出，所提面向轨控优先的姿轨一体化推力分配方法能够保证在不消耗燃料的情况下，对力矩进行分配，该方法有效地利用了推力器冗余特性。

10.3 本章小结

针对基于冗余配置推力器的航天器姿态和轨道控制问题，本章介绍了一种优先满足轨控并在不消耗额外燃料情况下，尽可能提供姿控力矩的轨控优先姿轨一体化控制策略，以保证航天器控制能力的同时，降低航天器的燃料消耗。首先，介绍了一种基于降维方法的轨控优先姿轨一体化推力分配方法，在构建推力器分配优化模型的基础上，基于可达集给定推力器输出可达范围，并引入可达集修正因子对期望控制力进行修正，依据效率矩阵和推力器布局特性的降维优化求解方法，对期望控制的可能推力器组合提前筛选，缩小优化求解空间，进而降低方法的运算量。其次，提出了一种基于优化方法的姿轨一体化推力分配方法，

引入推力饱和修正因子,构建了实际输出力与期望控制力间的等式约束关系、推力器推力饱和的不等式约束、控制力矩分配误差和以燃料消耗为优化目标的混合优化模型,实现对推力器冗余度的充分利用。

本章参考文献

[1] DURHAM W C. Constrained control allocation [J]. Journal of guidance, control, and dynamics, 1993, 16(4): 717-725.

[2] 王敏, 解永春. 考虑推力器推力上界及故障情况的航天器实时指令分配最优在线查表法[J]. 宇航学报, 2010, 31(6):1540-1546.

[3] 王敏, 解永春. 基于最优推力器组合表的一种航天器推力器降维控制指令分配算法及其应用[C]// 中国控制会议. 西安:中国自动化学会控制理论专业委员会, 2013.

[4] 张世杰, 聂涛, 赵亚飞,等. 一种面向姿轨一体化控制的多执行机构协同控制分配方法: CN105892478B[P]. 2018-09-07.

名词索引

附 录

部分彩图

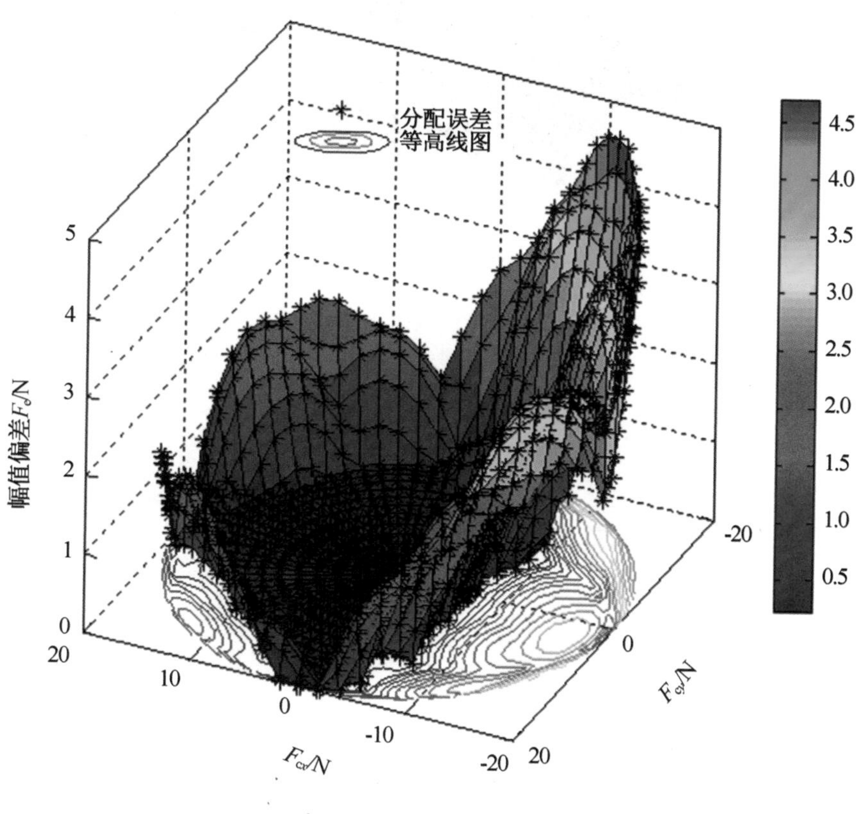

图 10.19

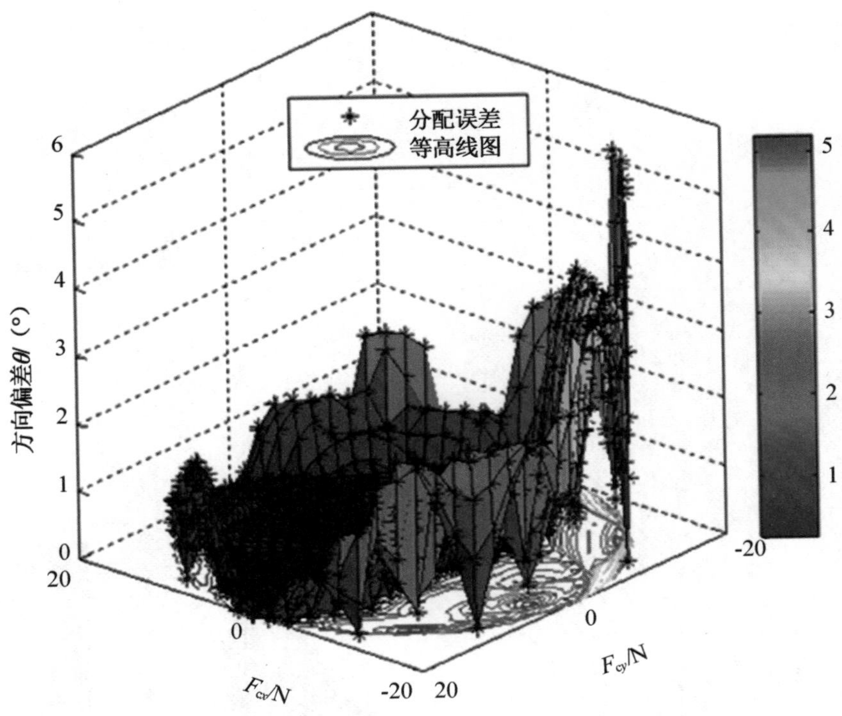

图 10.20